# Python 编程从零基础到项目实战
## （微课视频版）

刘 瑜 著

中国水利水电出版社
www.waterpub.com.cn
·北京·

## 内 容 提 要

《Python 编程从零基础到项目实战（微课视频版）》是一本介绍 Python 相关知识的 Python 基础教程，也是一本 Python 视频教程，内容涉及算法、Python 数据分析、图形处理、Web 开发、科学计算、项目管理、人工智能、Python 爬虫等。其中第 I 部分为 Python 基础篇，首先从 Python 的安装开始，随后介绍了变量和数据类型、条件分支与循环、列表与元组、字典、函数、类、标准库以及程序中的异常现象及处理方法；第 II 部分为 Python 提高篇，介绍了文件处理、图形用户界面、数据库操作、线程与进程、测试及打包等知识；第 III 部分为拓展篇，介绍了 Python 在 Web 应用、商业级别的技术框架、大数据应用、AI 应用等方面的拓展知识。全书通过"三酷猫"将案例串联起来，由浅入深、生动有趣，在增加趣味性的同时，让读者对 Python 的具体使用有一个完整的认识。另外，本书配备了 77 集微视频讲解、提供完整的源代码及 PPT 课件下载。具体下载方法见"前言"中的相关介绍。

《Python 编程从零基础到项目实战（微课视频版）》适合 Python 编程零基础读者、Python 编程从入门到精通读者、在校学生、对 Python 编程感兴趣的在职 IT 人员、教师等使用。本书也可作为相关培训机构的培训教材使用。

**图书在版编目（CIP）数据**

Python 编程从零基础到项目实战:微课视频版 / 刘瑜著. -- 北京:中国水利水电出版社, 2018.10（2019.11 重印）

ISBN 978-7-5170-6714-6

Ⅰ. ①P... Ⅱ. ①刘... Ⅲ. ①软件工具－程序设计 Ⅳ. ①TP311.561

中国版本图书馆 CIP 数据核字(2018)第 180509 号

| 书　　名 | Python 编程从零基础到项目实战（微课视频版）<br>Python BIANCHENG CONG LING JICHU DAO XIANGMU SHIZHAN |
|---|---|
| 作　　者 | 刘　瑜　著 |
| 出版发行 | 中国水利水电出版社<br>（北京市海淀区玉渊潭南路 1 号 D 座　100038）<br>网址：www.waterpub.com.cn<br>E-mail：zhiboshangshu@163.com<br>电话：（010）62572966-2205/2266/2201（营销中心） |
| 经　　售 | 北京科水图书销售中心（零售）<br>电话：（010）88383994、63202643、68545874<br>全国各地新华书店和相关出版物销售网点 |
| 排　　版 | 北京智博尚书文化传媒有限公司 |
| 印　　装 | 三河市鑫焱淼印装有限公司 |
| 规　　格 | 185mm×235mm　16 开本　26.5 印张　540 千字 |
| 版　　次 | 2018 年 11 月第 1 版　2019 年 11 月第 8 次印刷 |
| 印　　数 | 48601—56600 册 |
| 定　　价 | 79.80 |

凡购买我社图书，如有缺页、倒页、脱页的，本社营销中心负责调换

**版权所有·侵权必究**

# 前　　言

　　Python 语言简单易学，语法优雅，尤其擅长科学计算，在物联网、大数据、云、人工智能（Artificial Intelligence，AI）等新技术的引领下，日益体现出它强大的生命力。震惊全球的"阿尔法狗"（AlphaGo）部分核心代码就是用它来实现的。

　　不管 Python 语言还是 C 语言，选择了一门编程语言，只要学精通了，就可以做到一通百通。本书竭尽作者所能，发挥其 20 多年的编程经验、大数据实战经验、高校教学经验、企业应用经验，为读者贡献一套美味的编程大餐。

## 一、本书设计原则

### 1. 易读

　　（1）内容安排由浅入深、层层推进，深入考虑了零基础读者的知识结构、吸收特点和需求。

　　（2）书中提供图、文、代码、表格、注释、说明、注意等丰富多彩的表达方式，尝试实现读者无障碍阅读。

　　（3）提供的代码和案例由浅入深，并考虑了读者的记忆规律，采用递进方式增加实例的难度，在巩固原先知识的同时增加新的难度。

### 2. 实用

　　（1）书中所有代码都融入了作者多年的编程实战经验，在每一处细节上都进行了精雕细刻。

　　（2）代码案例尽量跟实际工作环境下的需求保持一致。

　　（3）突出实战，要求读者先掌握基本的 Python 语言编程环境的使用，然后进行上机实验。书中所有代码都经过了作者的严格测试，要求读者多上机执行体验。每章末的实验题都要求上机编程。

### 3. 知识面广

　　（1）跟踪了 Python 最新发展情况，对早先版本的 Python 进行了比较说明（见相关注释、脚注等）。如最新版本支持"!="，不再支持"<>"等。

　　（2）强调对基础知识掌握的重要性，尤其突出了数学、英语、编程语言三者结合的特点。当然，也多少涉及微机原理、软件工程等学科的相关内容或思想。想要成为编程高手，综合基础是先决条件。

　　（3）书中第 3 部分给出了 Python 语言在实际工程中的发展方向，并给出了代码编写入门途径。这里的实际工程使用涉及 Web 应用、大数据、AI 等。让读者在建立牢固的 Python 语言基础的同时，可以深入思考，后续将要学什么？自己准备走哪条路？自己的知识还缺少什么？

### 4. 愉快

　　现在公认"程序猿"都很辛苦，学起来也辛苦。但是，如果想到"自己能非常好地掌握 Python 语言，并在工作中编写出超酷的代码。然后，钱包高高地鼓起来，或变成受人尊重的专业应用领域的科学家"，那时，你应该会开心地笑了。

　　为此，本书也想给"程序猿"们增加点快乐情绪。愉快地学习，有什么不好呢？所以，本书跳出了有些教材古板、单调的印象，引入了一个可爱的家伙"三酷猫"。它帮助读者一起编程。

"三酷猫"是《Three Cool Cats》的中文名称。作者刘瑜先生跟他孩子柏明小朋友一起观看电影《九条命》时，发现其主题插曲《Three Cool Cats》非常酷，于是灵光一闪，就是那只"三酷猫"！让我们听着它的歌，一起编程吧。

## 二、读者及学习技巧

### 1．读者对象

（1）大中专院校学生。本书主体定位于 Python 编程基础教材，主要面向高校编程零基础的大中专院校学生，以 Python 语言编程基础为核心内容。

（2）IT 行业编程人员、初中级程序开发人员、程序测试及维护人员。对于有掌握其他语言（如 Java 语言）却从来没有接触过 Python 语言的程序员，如果想快速掌握该语言，本书则提供了快速阅读功能，有利于程序员在几周或几天内整体了解 Python 语言。

（3）相关培训机构的教师和学员，本书可作为相关培训机构的培训教材使用。

（4）编程爱好者。

### 2．学习技巧

（1）上机实践。编程语言最佳学习方法就是上机编写程序，然后不断地调试、运行。多写代码，熟能生巧，而且可以不断积累编程经验。

（2）学会寻求帮助。其实 Python 语言本身所包含的知识量是巨大的，读者可以查看 Python 官网的相关英文资料。在本书的基础上，学会查看资料、学会搜索、学会进入代码社区交流……如果能学会随时发现问题，随时查找并解决问题，那么离高手就不远了。

（3）学习高手编写的代码。编写代码，一条捷径就是学习世界高手编写的原始代码。在使用这个学习方法之前，建议先牢固掌握本书的内容。

## 三、本书相关资源及获取方式

（1）为方便读者学习，本书录制了 77 集视频讲解，读者可以边看视频边学习，提高学习效率。

（2）为方便读者对比学习，本书附赠所有章节的案例源代码。

（3）为方便老师教学需要，本书制作了教学课件 PPT。

**资源下载方式**

（1）读者可以加入下面的微信公众号，关注后，在后台留言本书书号：9787517067146，获得本书资源下载链接。

（2）读者可以加入本书 QQ 群交流平台 1018540192（若群满，会创建新群，请注意加群时的提示），在群公告中获得本书资源下载链接。

## 四、作者介绍

刘瑜，具有 20 多年 C、ASP、Basic、Foxbase、Delphi、Java、C#、Python 等编程经验，专著有《战神——软件项目管理深度实战》《NoSQL 数据库入门与实践》，高级信息系统项目管理师、软件工程硕士、CIO、硕士企业导师。

## 五、编写内容约定

（1）本书主体代码是在 Windows 操作系统下通过 Python 语言编程实现的，但是在 Linux 操作系统下也可以实现 Python 语言编程，因为 Python 语言本身是跨平台语言。对于想在 Linux 下编程的读者来说，首先要具备基础的 Linux 操作系统使用知识，然后可以参考本书的一些相关知识介绍，进行 Python 安装操作，或者参考 Python 官网介绍，这样才能更好地在 Linux 等操作系统上进行编程实践。

（2）书中代码行首出现的"$"若不作特殊说明，指 Linux 下的命令提示符。

（3）本书主要内容以 Python 3.6.X 版本为基准进行编写，兼顾 Python 2.X 版本部分内容。

## 六、习题及实验使用说明

习题主要是为高校学生提供知识巩固测验之用。作者将为购买本书作为教材的学校提供习题标准答案（可以通过 QQ 群或出版社、联系作者获取）。

实验是针对所有读者的，无论是在校学生，还是编程从业人员，均应该认真完成每章所提供的实验任务，以切实掌握每章的核心编程内容（对于实验结果，学校可以从作者处获得标准答案；编程从业人员可以参与 QQ 群讨论和咨询）。

## 七、致　　谢

本书作者为刘瑜，其他参与编写的人员有左开中、朱海洋、宋志恒、星生辉、王丹丹、丁知平、尹菡、王骏、张晓伟、安义、徐子翔、温怀玉、陈江鸿、李振霖、吕博、陈暄、黄瑛、曾晓宇、朱卿、刘现军、崔正纲、魏立勇、杨红蕾，在此一并表示感谢。

本书上市 1 个月就开始重印，在此特别感谢热心读者仇念尧、熊宇、吴洁、燕兆耀、孙德洲、王世辉、尚庆亮、邹伟、梁松达、管文杰、凌博格、魏朴渊……他们指出了书中的部分错漏和不当之处，并给出了积极的修改意见和改进建议，为本书的完美之路起到了添砖加瓦的作用。欢迎广大读者继续关注和支持本书，并提出您的宝贵意见，谢谢！

作　者

# 目　　录

## 第 I 部分　基础篇

### 第 1 章　从零开始 ... 2
视频讲解：35 分钟
- 1.1　概述 ... 3
- 1.2　什么是 Python 语言 ... 3
- 1.3　安装 Python ... 5
  - 1.3.1　安装准备工作 ... 5
  - 1.3.2　安装 Python 的过程 ... 5
- 1.4　Python 代码编辑工具 ... 8
  - 1.4.1　交互式解释器 ... 9
  - 1.4.2　自带 GUI 工具 IDLE ... 10
  - 1.4.3　其他商业级开发工具 ... 11
- 1.5　第一个程序 ... 12
  - **1.5.1　案例［嗨，三酷猫！］** ... 12
  - 1.5.2　Help ... 14
  - 1.5.3　出错与调试 ... 14
- 1.6　良好的编程约定 ... 17
- 1.7　习题及实验 ... 20

### 第 2 章　变量和简单数据类型 ... 22
视频讲解：27 分钟
- 2.1　变量 ... 23
- 2.2　字符串 ... 23
  - 2.2.1　字符串基本操作 ... 24
  - 2.2.2　其他常用操作 ... 26
  - **2.2.3　案例［三酷猫钓鱼记录］** ... 27
- 2.3　数字和运算符 ... 27
  - 2.3.1　算术运算符 ... 28
  - 2.3.2　整数 ... 28
  - 2.3.3　浮点数 ... 29
  - 2.3.4　复数 ... 29
  - 2.3.5　布尔 ... 29
  - 2.3.6　二进制 ... 30
  - 2.3.7　比较运算符 ... 31
  - 2.3.8　赋值运算符 ... 33
- 2.4　数据类型转换 ... 33
- **2.5　案例［三酷猫记账单］** ... 34
- 2.6　习题及实验 ... 35

### 第 3 章　条件分支与循环 ... 37
视频讲解：37 分钟
- 3.1　if 条件分支 ... 38
  - 3.1.1　if 语句基本用法 ... 38
  - **3.1.2　案例［三酷猫判断找鱼］** ... 39
- 3.2　while 循环 ... 40
  - 3.2.1　while 语句基本用法 ... 40
  - **3.2.2　案例［三酷猫线性法找鱼］** ... 42
- 3.3　for 循环语句 ... 43
  - 3.3.1　for 语句基本用法 ... 43
  - **3.3.2　案例［三酷猫统计鱼数量］** ... 45
- 3.4　循环控制语句 ... 45
  - 3.4.1　break 语句 ... 45
  - 3.4.2　continue 语句 ... 46
- 3.5　复杂条件及处理 ... 47
  - 3.5.1　成员运算符 ... 47
  - 3.5.2　身份运算符 ... 48
  - 3.5.3　运算符优先级 ... 49
- **3.6　案例［三酷猫核算收入］** ... 50
- 3.7　习题及实验 ... 51

### 第 4 章　列表与元组 ... 53
视频讲解：29 分钟
- 4.1　接触列表 ... 54
  - 4.1.1　列表基本知识 ... 54
  - 4.1.2　列表元素增加 ... 56
  - 4.1.3　列表元素查找 ... 56
  - 4.1.4　列表元素修改 ... 57
  - 4.1.5　列表元素删除 ... 57
  - 4.1.6　列表元素合并 ... 59
  - 4.1.7　列表元素排序 ... 59
  - 4.1.8　列表其他操作方法 ... 60
- 4.2　基于列表算法 ... 62

4.2.1 案例［三酷猫列表记账］............62
**4.2.2 案例［三酷猫冒泡法排序］**......64
**4.2.3 案例［三酷猫二分法查找］**......65
4.2.4 案例［三酷猫列表统计］............67
4.3 元组........................................................68
4.3.1 元组基本知识..............................68
4.3.2 元组操作实例..............................69
**4.4 案例［三酷猫钓鱼花样大统计］**......72
4.5 习题及实验..............................................74

## 第 5 章 字典..........................................76

视频讲解：23 分钟

5.1 接触字典..................................................77
5.1.1 字典基本知识..............................77
5.1.2 字典元素增加..............................78
5.1.3 字典值查找..................................79
5.1.4 字典值修改..................................80
5.1.5 字典元素删除..............................80
5.1.6 字典遍历操作..............................81
5.1.7 字典其他操作方法......................83
5.2 字典嵌套..................................................84
5.2.1 字典嵌入字典..............................84
5.2.2 列表嵌入字典..............................85
5.2.3 字典嵌入列表..............................86
5.3 基于字典算法..........................................87
**5.3.1 案例［三酷猫字典记账］**........87
**5.3.2 案例［三酷猫字典修改］**........88
**5.3.3 案例［三酷猫分类统计］**........90
**5.4 案例［三酷猫管理复杂的钓鱼账本］**..92
5.5 习题及实验..............................................95

## 第 6 章 函数..........................................97

视频讲解：19 分钟

6.1 函数基本知识..........................................98
6.1.1 为什么要使用函数......................98
6.1.2 函数基本定义..............................99
6.2 自定义函数第一步................................100
6.2.1 不带参数函数............................100
6.2.2 带参数函数................................101
6.2.3 带返回值函数............................102
6.2.4 自定义函数的完善....................103
6.2.5 把函数放到模块中....................105
6.3 自定义函数第二步................................108
6.3.1 参数的变化................................108

6.3.2 传递元组、列表、字典值........111
6.3.3 函数与变量作用域....................113
6.3.4 匿名函数....................................115
6.3.5 递归函数....................................115
6.4 案例［三酷猫利用函数方法实现记账统计］......................................................119
6.4.1 函数统计需求............................119
6.4.2 主程序实现................................120
6.4.3 自定义函数实现........................120
6.4.4 本案例代码执行结果................122
6.5 习题及实验............................................123

## 第 7 章 类............................................124

视频讲解：27 分钟

7.1 初识类....................................................125
7.1.1 为什么要引入类........................125
**7.1.2 案例［编写第一个类］**..........127
7.1.3 实例............................................128
7.2 属性使用................................................130
7.2.1 属性值初始化............................130
7.2.2 属性值修改................................131
7.2.3 把类赋给属性............................132
7.3 类改造问题............................................133
7.3.1 继承............................................133
7.3.2 重写方法....................................134
7.4 私有........................................................134
7.5 把类放到模块中....................................135
7.5.1 建立独立类模块过程................136
**7.5.2 案例［把盒子类放到类模块中］**..136
7.6 类回顾....................................................137
7.6.1 静态类........................................137
7.6.2 类与实例概念总结....................139
7.6.3 类与面向对象编程....................139
7.6.4 类编写其他事项........................140
**7.7 案例［三酷猫把鱼装到盒子里］**......141
7.8 习题及实验............................................143

## 第 8 章 标准库....................................145

视频讲解：25 分钟

8.1 Python 标准库知识................................146
8.2 datetime 模块........................................146
8.3 math 模块..............................................149
8.4 random 模块..........................................151
8.5 os 模块..................................................152

| | |
|---|---|
| 8.6 sys 模块 ........................................... 153 | 视频讲解：16 分钟 |
| 8.7 time 模块 ......................................... 154 | 9.1 程序中的问题 ................................... 162 |
| 8.8 再论模块 ........................................... 155 | 9.2 捕捉异常 ........................................... 163 |
|     8.8.1 模块文件 ............................... 155 |     9.2.1 基本异常捕捉语句 ............... 163 |
|     8.8.2 包 ........................................... 156 |     9.2.2 带 finally 子句的异常处理 ......... 165 |
| 8.9 窥探标准库源码 ............................... 157 |     9.2.3 捕捉特定异常信息 ............... 166 |
| **8.10** 案例［三酷猫解放了］.............. 159 | 9.3 抛出异常 ........................................... 167 |
| 8.11 习题及实验 ..................................... 160 | 9.4 习题及实验 ..................................... 168 |
| 第 9 章 异常 ............................................... 161 | |

## 第 II 部分　Python 提高篇

| | |
|---|---|
| 第 10 章 文件处理 ..................................... 170 |     11.2.4 常见属性对象 ..................... 208 |
| 视频讲解：20 分钟 | 11.3 tkinter 模块下基本组件 ................. 209 |
| 10.1 文本文件 ......................................... 171 |     11.3.1 tkinter 下组件清单 ............. 209 |
|     10.1.1 建立文件 ............................. 171 |     11.3.2 简易组件使用案例 ............. 210 |
|     10.1.2 基本的读写文件 ................. 172 |     11.3.3 Menu 及 messagebox 组件使用 |
|     10.1.3 复杂的读写文件 ................. 174 |          案例 ....................................... 213 |
|     10.1.4 文件异常处理 ..................... 176 |     11.3.4 Canvas 组件使用案例 ........ 215 |
|     10.1.5 文件与路径 ......................... 177 |     11.3.5 PhotoImage 组件使用案例 ........ 216 |
|     **10.1.6** 案例［三酷猫把钓鱼结果数据 | 11.4 ttk 子模块下组件 ............................ 217 |
|           存入文件］ ......................... 179 |     11.4.1 Combobox 组件 ................. 217 |
| 10.2 JSON 格式文件 .............................. 180 |     11.4.2 Notebook 组件 ................... 218 |
|     10.2.1 JSON 格式 ........................... 181 |     11.4.3 Progressbar 组件 ................ 219 |
|     10.2.2 读写 JSON 文件 ................. 182 |     11.4.4 Sizegrip 组件 ..................... 219 |
| 10.3 XML 格式文件 ............................... 184 |     11.4.5 Treeview 组件 .................... 220 |
|     10.3.1 初识 XML ............................ 184 | 11.5 tix 子模块下组件 ............................ 222 |
|     10.3.2 生成 XML 文件 ................... 185 |     11.5.1 文件选择类组件 ................. 222 |
|     10.3.3 xml 模块 ............................. 187 |     11.5.2 ButtonBox 组件 ................. 223 |
|     10.3.4 用 SAX 读 XML 文件 ........ 188 | 11.6 scrolledtext 子模块下组件 .............. 224 |
|     10.3.5 用 DOM 读写 XML 文件 ........ 190 | 11.7 拖拽组件 ......................................... 225 |
| **10.4** 案例［三酷猫自建文件数据库］ ........ 193 | 11.8 编译成可执行文件的实现过程 ........ 228 |
| 10.5 习题及实验 ..................................... 199 | **11.9** 案例［三酷猫做到了数据可视化］.. 230 |
| 第 11 章 图形用户界面 ............................. 201 | 11.10 美轮美奂的 turtle ............................ 231 |
| 视频讲解：26 分钟 | 11.11 习题及实验 ..................................... 233 |
| 11.1 初识图形用户界面 ......................... 202 | 第 12 章 数据库操作 ................................. 235 |
|     11.1.1 接触图形用户界面 ............. 202 | 视频讲解：17 分钟 |
|     11.1.2 相关开发工具 ..................... 203 | 12.1 数据库使用概述 .............................. 236 |
| 11.2 tkinter 开发包 .................................. 203 |     12.1.1 数据库基本知识 ................. 236 |
|     11.2.1 窗体 ..................................... 203 |     12.1.2 访问数据库基本原理 ......... 237 |
|     11.2.2 组件 ..................................... 205 |     12.1.3 ODBC 与 ADO .................. 238 |
|     11.2.3 常见事件类型 .....................207 | 12.2 关系型数据库 .................................. 238 |

12.2.1 关系型数据库支持清单 .............. 238
12.2.2 连接 SQLite ............................. 239
12.2.3 连接 MySQL ........................... 242
12.2.4 连接 Oracle ............................. 247
**12.2.5** 案例［三酷猫建立记账管理系统］............................................ 249
12.3 NoSQL 数据库 ................................. 251
12.3.1 NoSQL 数据库支持清单 .......... 252
12.3.2 连接 MongoDB ....................... 252
12.3.3 连接 Redis .............................. 254
12.4 习题及实验 ....................................... 255

## 第 13 章 线程与进程 ................................. 257

视频讲解：17 分钟

13.1 接触多任务技术 ............................... 258
13.1.1 进程与线程简介 ..................... 258
13.1.2 多线程模块 ............................. 259
13.2 第一个多线程［抢火车票］............. 262
13.2.1 不使用线程 ............................. 262
13.2.2 threading 函数方式实现 .......... 264
13.2.3 threading 类方式实现 .............. 266
13.3 线程同步 ........................................... 268
13.3.1 多线程竞争出错 ..................... 268
13.3.2 尝试让多线程共享数据出错 ... 268
13.3.3 CPython 的痛 ........................... 271

13.3.4 加锁 ........................................ 273
13.3.5 防止死锁 ................................. 273
13.4 线程队列模块 ................................... 275
13.5 并发进程模块 ................................... 278
13.5.1 Process 创建多进程 ................ 279
13.5.2 基于 Pool 的多进程 ................ 280
13.5.3 基于 Pipe 的多进程 ................ 282
13.5.4 基于 Queue 的多进程 ............. 283
13.6 其他同步方法 ................................... 284
**13.7** 案例［三酷猫玩爬虫］..................... 285
13.7.1 需求与准备工作 ..................... 285
13.7.2 简易多线程爬虫实现 ............. 286
13.8 习题及实验 ....................................... 287

## 第 14 章 测试及打包 ................................. 288

14.1 代码测试 ........................................... 289
14.1.1 doctest ..................................... 289
14.1.2 unittest ..................................... 291
14.2 代码打包 ........................................... 293
14.2.1 distutils 模块 ........................... 294
14.2.2 基本打包与安装 ..................... 295
14.2.3 扩展打包与安装 ..................... 297
14.2.4 编写安装配置文件 ................. 297
14.2.5 源码发布格式 ......................... 299
14.3 习题及实验 ....................................... 299

# 第Ⅲ部分　Python 拓展篇

## 第 15 章 Web 应用入门 ........................... 302

视频讲解：11 分钟

15.1 Web 基础知识 ................................... 303
15.1.1 接触 Web ................................. 303
15.1.2 Browser/Server 使用原理 ........ 305
15.1.3 网页 ........................................ 307
15.1.4 感觉第一个 Web 应用 ............ 308
15.2 Web 服务器 ....................................... 310
15.2.1 Web 服务器会做什么工作 ...... 311
15.2.2 Apache 服务器 ........................ 311
15.2.3 IIS 服务器 ............................... 314
15.3 WSGI 服务器接口 ............................. 316
15.4 Web 应用程序开发 ........................... 316
**15.5** 案例［三酷猫简易网站］................. 317
15.5.1 网站需求 ................................. 317

15.5.2 实现代码 ................................. 317
15.6 习题及实验 ....................................... 319

## 第 16 章 商业级别的技术框架 ................. 320

16.1 初识 Web 应用程序框架 ................. 321
16.2 web.py 框架 ...................................... 321
16.2.1 使用准备 ................................. 321
16.2.2 开发 Web 应用程序 ................ 322
16.2.3 使用模板 ................................. 323
16.2.4 数据库访问 ............................. 324
16.2.5 表单处理 ................................. 326
16.2.6 使用 Session ............................ 328
16.2.7 使用 Cookie ............................ 331
16.2.8 Web 实际使用环境部署 .......... 333
16.3 Django 框架 ...................................... 334
16.3.1 Django 简介 ............................. 334

16.3.2　Django 安装 ..................... 335
  16.3.3　网站（创建项目）................. 335
  16.3.4　网站（连接数据库）............... 337
  16.3.5　网站（创建应用）................. 339
  16.3.6　网站（后台管理）................. 341
  16.3.7　网站（投票应用）................. 342
  16.3.8　网站（学习拓展）................. 346
 16.4　案例［三酷猫鱼产品动态网站］........ 346
  16.4.1　网站准备工作..................... 346
  16.4.2　建立数据库....................... 346
  16.4.3　Web 应用实现..................... 347
 16.5　习题及实验........................... 349
第 17 章　大数据应用入门..................... 350
 17.1　什么是大数据......................... 351
  17.1.1　大数据基本知识................... 351
  17.1.2　大数据技术三步曲................. 352
 17.2　案例［一个完整的网络爬虫］........... 353
  17.2.1　编写网络爬虫准备工作............. 353
  17.2.2　基于 MongoDB 的数据存储......... 353
  17.2.3　爬虫获取网页数据................. 355
  17.2.4　爬虫获取网页内指定数据........... 357
  17.2.5　爬虫知识拓展..................... 360
 17.3　Python+Spark......................... 361
  17.3.1　Spark 基础知识.................... 362
  17.3.2　使用环境安装..................... 363
  17.3.3　pyspark 基础...................... 367
  17.3.4　案例［蒙特卡洛法求 π］........... 369
 17.4　案例［三酷猫了解鱼的价格］........... 371

 17.5　习题及实验........................... 372
第 18 章　AI 应用入门........................ 374
 18.1　什么是人工智能....................... 375
  18.1.1　从深蓝到阿尔法狗................. 375
  18.1.2　人工智能基础知识................. 376
 18.2　Python AI 编程库...................... 377
  18.2.1　科学计算和数据分析库............. 377
  18.2.2　数据可视化库..................... 380
  18.2.3　计算机视觉库..................... 381
  18.2.4　机器学习库....................... 382
  18.2.5　其他知名的第三方库............... 383
 18.3　NumPy 应用示例....................... 383
  18.3.1　安装 NumPy....................... 383
  18.3.2　数组相关计算..................... 384
  18.3.3　傅里叶变换....................... 387
  **18.3.4　案例［一维离散傅里叶变换］**.... 389
  **18.3.5　案例［二维离散傅里叶变换］**.... 391
 18.4　三酷猫的梦........................... 392
 18.5　习题及实验........................... 392
附录一　IDLE 代码编写工具菜单使用说明....... 394
附录二　字符串转义字符...................... 396
附录三　ASCII 表............................. 397
附录四　math 模块函数....................... 401
附录五　第三方库列表........................ 404
附录六　正则表达式.......................... 405
附录七　附赠案例代码清单.................... 407
参考文献.................................... 411
后记........................................ 412

# 基础篇

千里之行,始于足下。本部分主要介绍 Python 语言的基础用法,对于零基础的读者,该部分内容必须熟练掌握,而且要反复去使用,做到熟能生巧。

第 I 部分的内容涉及以下几个部分:

- 从零开始介绍 Python
- 变量和简单数据类型
- 条件分支与循环
- 列表与元组
- 字典
- 函数
- 类
- 标准库
- 异常

# 第 1 章 从零开始

为了确保零编程基础的读者顺利入门,本章采用尽可能详细的方式讲解了 Python 语言的基础知识。

## 学习重点

- Python 语言的背景知识
- Python 软件包的安装方法
- 代码编写工具的基本使用技巧
- 第一个 Python 程序
- 良好的编程约定

## 1.1 概　　述

21世纪的今天，计算机已经非常普及，人们利用它上网购物、聊天、视频通话、唱歌、玩游戏……甚至利用它代替人类做一些非常专业的工作，如模拟人的视觉做图像识别、模拟人的听觉做声音信号判断、模拟人的发音做语音控制服务、模拟人的大脑思维下棋……。计算机为什么具有如此强大的功能呢？是因为其上安装各种各样的软件，如聊天的微信、QQ软件，知识发布与交流的微博，具有深度思考与学习能力的人工智能软件……

而这些软件是通过编程语言来实现的。人们利用编程语言，编写出一行行计算机能识别的命令代码，然后实现了上述软件功能，并产生了巨大的应用价值。我们称编程的人为程序员。本书将通过学习Python语言，指挥计算机实现各种各样的软件功能。

**定义1：计算机软件（Software）**，简称软件，是一系列按照特定顺序组织的计算机数据和指令的集合。如日常熟悉的办公软件Office、Windows操作系统、微信、QQ、网站等都是软件。

**定义2：编程语言（Programming Language）**，是一种形式语言，它指定了一组可用于产生各种输出的指令。编程语言通常由计算机的指令组成，可以用来创建实现特定算法的程序。

目前常见的编程语言包括Python、C、Java、C++、C#、R、JavaScript、PHP等。

**定义3：计算机程序（Computer Program）**，简称程序，是由计算机执行的执行特定任务指令的集合。

软件、编程语言、程序之间的关系：通常程序员通过编程语言编写程序，通过编译和发布，产生为用户所使用的软件，如图1.1所示。

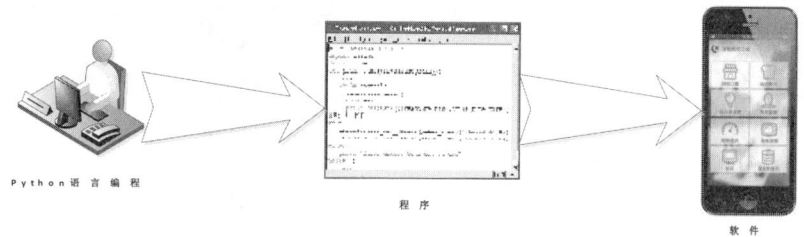

图1.1　编程语言、程序、软件三者关系

## 1.2　什么是Python语言

Python语言的名称来自英国BBC的一个节目名称《蒙提·派森的飞行马戏团》(*Monty Python's Flying Circus*)。由于Python语言的作者Guido Van Rossum是该节目的忠实粉丝，于是把该节目里

的Python一词作为该语言的正式名称。

Python是一种应用广泛的通用高级编程语言，由Guido Van Rossum在1989年创建并于1991年首次发布。Python是一种解释型语言，它具有强调代码可读性的设计理念，以及允许程序员用比C++或Java等语言更简练的代码来实现语言相关表达功能。[1]Python语言的底层是用C语言编写的，运行速度快。

**1．Python语言的优点**

（1）简单易用。相比较而言，它的语法比C、C++等更加简洁、易用，对初学语言者来说是件好事。

（2）提供了大量的功能类库。除了Python自带的标准库外，还获得了大量的第三方类库的支持。这里尤其是对科学计算和数据分析、人类语言处理、视觉处理、机器学习、医学图像处理等第三方功能类库的支持，让Python编程过程变得更加容易，而且功能强大。这也是Python区别于其他语言的一个强大功能点。

（3）Python具有语言兼容性。它常被昵称为胶水语言，能够把用其他语言制作的各种模块（尤其是C/C++）很轻松地联结在一起。常见的一种应用情形是，使用Python快速生成程序的原型（有时甚至是程序的最终界面），然后对其中有特别要求的部分，用更合适的语言改写，如3D游戏中的图形渲染模块，性能要求特别高，就可以用C/C++重写，而后封装为Python可以调用的扩展类库。[2]

（4）具有跨系统移植能力。这个能力同Java语言的移植能力相似。Python支持的操作系统包括Windows系列、UNIX系列、OS/2、MacOS X、Android等。

（5）代码免费、开源。仅遵循GPL[3]使用协议。使用者可以自由地发布这个软件的备份、阅读它的源代码、对它做改动、把它的一部分用于新的自由软件中。

**2．Python语言发展的现状**

（1）2017年IEEE Spectrum编程语言排名第一[4]，如图1.2所示。

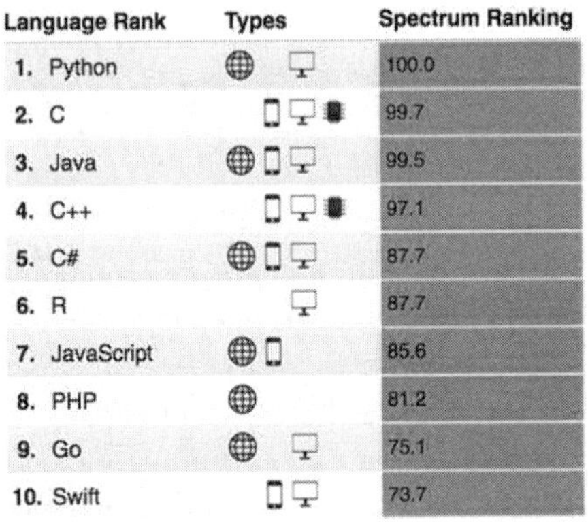

图1.2　2017年IEEE编程语言排行（前10名）

---

[1]Python，维基百科，https://en.wikipedia.org/wiki/Python_(programming_language)
[2]Python，百度百科，https://baike.baidu.com/item/Python/407313
[3]GPL，百度百科，https://baike.baidu.com/item/GPL/2357903
[4]IEEE官网，https://spectrum.ieee.org/computing/software/the-2017-top-programming-languages

（2）被全球计算机领域顶尖的大学作为程序设计课程，如卡内基梅隆大学、麻省理工学院等。

以上 Python 的优点和发展趋势，是初学者选择学 Python 的理由。当然，Python 语言的红火，与最近十多年全球范围大数据、人工智能等的发展是紧密相关的。

## 1.3　安装 Python

学习任何一门计算机语言，最好是边学习边上机实践，只有这样，才能快速、有效地掌握它。

### 1.3.1　安装准备工作

不同的操作系统下，安装准备工作有所不同。

**1. Windows 下的安装准备**

在安装 Python 之前，先在操作系统的"运行"界面（如图 1.3 所示）中输入 Python，按 Enter 键，执行该命令。若跳出 Python 解释器界面，则意味着该操作系统已经安装了 Python，反之则需要下载并安装 Python。

图 1.3　Windows 运行界面

对于版本过低的 Python，可以先卸载，然后重新安装新的 Python 版本。本书教学指定 Python 3.6.3 版本，该版本只能在 Windows Vista SP2、Windows 7、Windows 8、Windows 10 等较高版本的 Windows 操作系统上使用。

**2. Linux 下的安装准备**

目前主要的 Linux 产品都默认安装了 Python，可以通过以下方式检查：

```
$ python –version            #若安装，输出 Python 2.5.1（$为 Linux 命令提示符）
$ python3 –version           #若安装，输出 Python 3.6.3
```

若上述命令检查结果，都有对应的 Python 版本信息号显示，则意味着 Linux 下已经安装了相应的 Python。

### 1.3.2　安装 Python 的过程

Python 安装包下载地址：https://www.python.org/downloads/。在该下载界面上提供了不同操作系统下的 Python 下载地址，选中需要的操作系统类型后，进入具体的下载页面，在其上可以发现如图 1.4 所示的 Python 安装包下载界面。一般情况下选择第二项或第三项进行下载即可。这里需要注意,如果计算机的 CPU 版本是 64 位的,则需要选择带"-64"的安装包下载,才能正常安装使用,否则在安装过程会提示安装版本不正确,并终止安装过程。

- Python 3.6.3 - 2017-10-03
    - Download Windows x86 web-based installer
    - Download Windows x86 executable installer
    - Download Windows x86 embeddable zip file
    - Download Windows x86-64 web-based installer

图 1.4　Python 安装包下载界面

### 1. Windows 下安装

对应的 Python 3.6.3.exe 安装包下载完成后,双击它,就弹出如图 1.5 所示的安装启动界面,在其上选中 Install launcher for all users(recommended)和 Add Python 3.6 to PATH 复选框,然后单击 Customize installation 选项,进入下一个选择界面(默认全选安装),单击 Next 按钮,进入如图 1.6 所示界面。

图 1.5　Python 安装启动界面

图 1.6 中,除了默认选中的复选框外,可以在 Customize install location 下,通过 Browse 按钮选择自定义安装路径。这样做的好处是,除了避免抢占 C 盘空间资源外,还能保证所编写代码的安全。当然,如果只是为了学习,直接单击图 1.5 中的 Install Now 选项进行全过程默认安装,也是允许的。

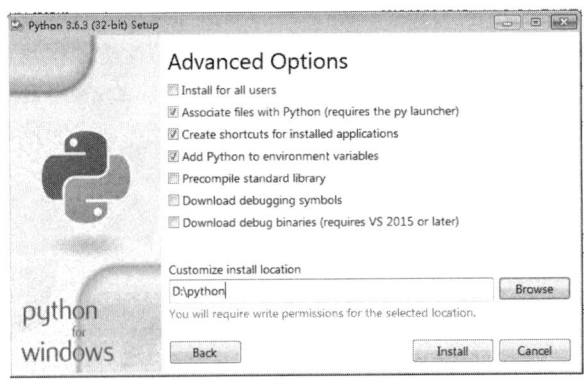

图 1.6　Python 安装设置界面(可以自定义安装路径)

自定义路径选择完成后,单击图 1.6 中的 Install 按钮,就可以完成 Python 安装过程。

📢 **注意**

(1)务必选中图 1.5 最下方的 Add Python 3.6 to PATH 复选框,否则需要人工进行运行环境参数设置。

(2)在正式软件项目开发的情况下,强烈建议选择自定义安装路径,而且不要把 Python 安装在 C 盘下。

Python 安装完成后,就可以在 Windows "运行"界面(如图 1.3 所示)输入 Python 并按 Enter 键,调用 Python 解释器。若无法调用,就存在运行环境参数设置问题。

假设按照如图 1.6 所示,把 Python 已经安装到 D:\python 路径下,则在运行环境参数未配置的情况下,可以直接访问该路径,并找到 python.exe,如图 1.7 所示,然后双击执行 python.exe。但是,这样做比较麻烦,使用一次找一次,然而通过 Windows 运行环境参数配置,就可以解决 Python 在"运行"界面被快速调用问题。

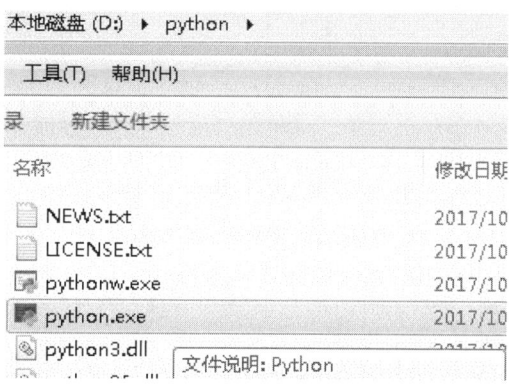

图 1.7　python.exe 可执行程序(解释器)

在 Windows 命令提示符下输入如下命令,就可以完成相应的 Python 运行环境参数配置,如图 1.8 所示。

path=%path%;d:\python

图 1.8　Python 运行环境参数配置

📢 **注意**

配置 D:\python 与 Python 实际安装路径一定要保持一致。

### 2. Linux 下安装

Linux 操作系统一般默认情况下自带 Python,但往往是 2.X 版本的比较多。为了使用 3.X 版本的 Python，可以在 Linux 操作系统上安装多个版本的 Python，或者只安装最新版本的 Python。其主要安装方式有两种：在线自动安装、人工手动安装。

1）利用 Linux 命令在线自动安装

利用 Linux 的 root 权限，执行如下命令：

$ sudo apt-get install Python3　　　　　　　　#在线自动下载并安装 Python3 的最新版本安装包

apt-get 要求执行命令的服务器必须与 Internet 进行连接，才能顺利下载并安装软件包。

2）下载安装包手动安装

（1）从 Python 官网下载 Linux 版本的 Python 安装包 Python 3.6.3.tgz。

（2）释放安装包文件：

$tar -xvzf Python 3.6.3.tgz

（3）进入安装包释放文件目录：

$cd Python 3.6.3/

（4）添加 Python 运行环境参数配置：

$./configure --prefix=/usr/python

（5）编译 Python 源代码：

$make

（6）执行安装：

$make install

安装成功后，Python 安装于/usr/python 目录下。

操作系统存在多个 Python 版本情况时，为了默认调用 Python 3.6.3，需要调整软链接。其修改命令如下：

$ mv /usr/bin/python /usr/bin/python.bak　　　　#user/bin/python 为早期版本的 Python 安装目录

$ ln -s /usr/python/bin/python3 /usr/bin/python

 说明

其他操作系统的 Python 安装，可以参考 https://www.python.org/downloads/。

## 1.4　Python 代码编辑工具

在 Windows 下安装完成 Python 软件包后，在"开始"菜单里的"所有程序"下，将看到如图 1.9 所示安装功能清单，包括 IDLE（Python 自带代码编辑工具）、Python.exe（Python 代码解释器）、Python Manuals（Python 使用手册）、Python Module Docs（Python 标准库帮助文档）。本节重点介绍如何使用 IDLE 和 Python.exe。

 说明

本书 Python 解释器名称约定：为了区别，这里用 Python.exe（加了".exe"）表示 Python 解释器。Python 指 Python 语言本身。

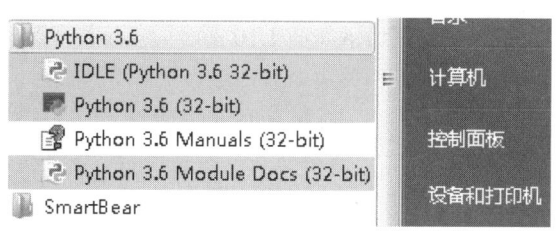

图 1.9　Python 主要安装功能清单

## 1.4.1　交互式解释器

绝大多数编程语言是无法直接让计算机 CPU 识别的，因为编程语言主要面向的是人，用人类易懂的方式进行代码表示，并进行编程。但是，编程的结果是想让代码去指挥计算机实现相关功能的输出，如让计算机播放音乐、显示文字、图片美化，甚至去控制机器人等，于是科学家们在计算机和编程语言之间引入了中间角色，这个角色就是语言解释器或编译器。

当程序员用编程语言把程序编写完成后，通过语言解释器或编译器翻译成计算机能读懂的机器指令，然后实现相关软件的功能。

**定义 4**：**编译器**（**Compiler**），就是把高级语言一次性翻译成计算机能识别的机器语言的一种软件。

这个翻译过程是一次性的，是预先翻译完成的。所以翻译完成后，执行速度很快。一次编译通过的代码软件，后续再次执行时，无须再翻译。

**定义 5**：**解释器**（**Interpreter**），就是把高级语言编写的程序，在执行时，一行一行地翻译成机器语言的一种软件。

这个解释过程是边执行软件代码边翻译，所以执行速度相对编译器产生的代码明显比较慢，而且每执行一次，就得解释一次。

既然解释执行代码速度比较慢，为什么不直接用编译方式呢？因为采用解释方式的编程语言考虑了跨系统移植要求。这样的语言代码既可以在 Windows 环境下运行，也可以在 Linux 环境下运行，甚至可以在不同的智能手机平台上运行，无须反复调整代码或进行再编译，这就是解释方式语言的优势。反之，编译方式的软件在一种操作系统下运行正常，在另外一种操作系统下可能无法运行。

Python 语言属于典型的带解释器的编程语言，安装包完成后，单击 Python.exe 或在"运行"界面输入 Python 命令，就可以显示如图 1.10 所示的 Python 解释器软件。

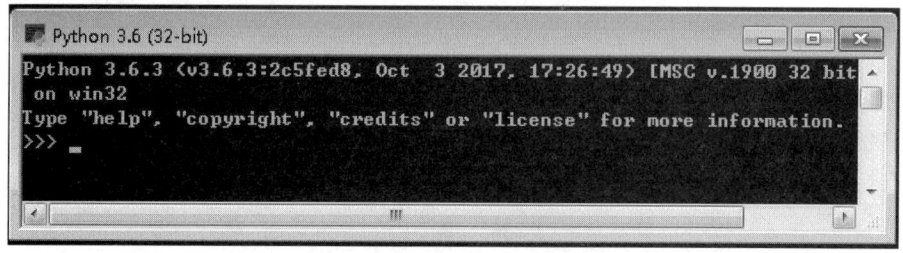

图 1.10　Python 语言解释器

若 Python 软件安装及配置正确，则显示如图 1.10 所示的正确提示信息。这里包括 Python 语言的版本（3.6.3）、发布日期、输入帮助等相关命令获取更多信息等。最后一行">>>"是解释器命令提示符，可以在此输入 Python 语言代码，进行一行一行交互式的代码提交运行。例如，试着输入 help 并按 Enter 键，看看运行结果是什么。所谓交互式的解释器，就是执行一行代码，显示一行结果。但是，这样的编程语言编辑器，操作不太方便，可视化差，给程序员带来很大的学习和使用考验。所以，学习和使用 Python 语言时，另有专用编程工具，Python 解释器只能用于日常简单代码验证和软件项目代码运行后台服务支持功能。Python 语言默认的解释器内部称为 CPython（核心代码用 C 语言编写），另外还有 Jython（Java 语言编写）、PyPy（Python 语言编写）等。

### 说明

用 Python 语言编写的软件，在实际环境下安装使用时，都需要安装 Python 解释器作为运行支持环境。

## 1.4.2 自带 GUI 工具 IDLE

在商业环境下的编程，工作量往往是非常大的。选择一款好的编程工具，尤为重要。它可以帮助程序员智能判断代码的正确与否，并给出修改建议，提供图形可视化操作界面，提供复杂软件项目代码的组织与管理等。最为重要的是为程序员节省了大量的编程时间。

在 Python 安装完成后，自带提供了图形用户界面（Graphical User Interface，GUI）代码开发工具 IDLE。IDLE 中文全称是集成开发和学习环境( Integrated Development and Learning Environment )，是 Python 主推的初学者代码学习和开发工具。本书主要代码都采用该工具进行编写和调试。

在 Windows 环境下，可以通过图 1.9 所示界面调用该工具，其显示界面如图 1.11 所示。该界面名称叫 Python 3.6.3 Shell，主界面功能同 Python 的交互式解释器，其上提供了 File、Edit、Shell、Debug、Options、Window、Help 菜单选项[1]。

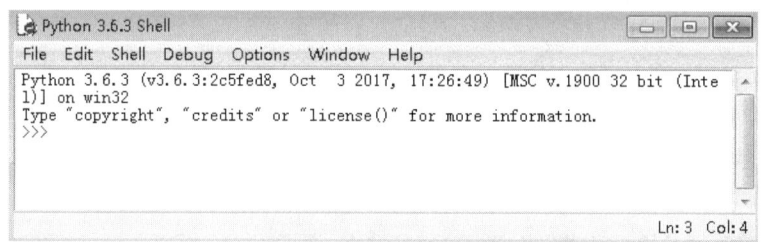

图 1.11　IDLE 编程工具

**1. IDLE 的功能要点**

（1）具备交互式解释器代码编写功能，具备连续编辑、执行代码脚本功能。
（2）支持代码彩色显示、格式智能缩进、输出错误代码信息、多窗口代码编辑功能。
（3）具备多文件代码搜索、代码连续断点跟踪调试功能。

---

[1]IDLE 菜单功能的详细使用方法，见附录一

（4）支持 Python 标准库的引用功能。
（5）提供了下拉式菜单项选择功能。

**2．IDLE 操作要点**

（1）交互式代码编辑。在图 1.11 所示界面上的 ">>>" 代码编写提示符后输入 Python 代码，按 Enter 键就可以显示代码命令执行结果。该操作过程同解释器的交互式操作过程。

（2）脚本式代码编辑。如图 1.12 所示，在 Python Shell 界面上，选择 File 菜单里的 New File 菜单项（可以直接按 Ctrl+N 快捷键），跳出 Python 代码脚本编辑窗口，如图 1.12 右侧所示，然后在该界面上可以连续输入命令行，进行统一代码编写（本界面显示的是两个 print 打印功能），最后在脚本编辑窗口上选择 Save 菜单项，输入脚本文件名称（本图为 helloWorld.py），保存所编写的代码到指定 Python 文件，文件扩展名为 py。

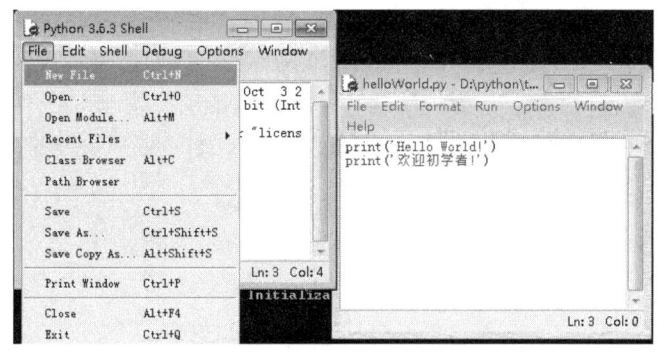

图 1.12　IDLE 脚本式编辑

在脚本编辑窗上完成代码编写并保存后，按 F5 键，IDLE 就调用解释器开始执行所编写的代码，然后，在 Python Shell 上显示执行结果（若编写代码有错误，则显示错误提示信息）。

在脚本编辑窗上也可以通过选择 Run 菜单里的 Run Module F5 菜单项，执行 Python 脚本代码。

> **注意**
>
> （1）Python Shell 窗口与脚本编辑窗口之间的两个主要外观区别：一、后者有 Format、Run 菜单项，前者没有；二、后者没有 ">>>" 命令执行提示符，而前者有。
> （2）本书将主要通过脚本编辑窗来编写 Python 程序。

## 1.4.3　其他商业级开发工具

把 Python 自带的代码编辑工具 IDLE 作为本书学习使用工具绰绰有余，它有利于初学者快速掌握代码编写知识。但是，在实际商业环境下，更多的程序员将选择功能更加强大、更加高效的专业编程工具，这里简单介绍几款，作为读者后续重点关注的内容之一。

（1）Eclipse Pydev。其主要特性包括 Django 集成、自动代码完成、多语言支持、集成 Python 调试、代码分析、代码模板、智能缩进、括号匹配、错误标记、源代码控制集成、代码折叠、UML 编辑和查看以及单元测试整合。它适合熟悉 Eclipse 的读者使用，免费。下载地址：www.pydev.org/download.html。

（2）PyCharm。它是由 JetBrains 公司开发并提供的一个专业的 Python 集成开发环境(Integrated Development Environment IDE）。作为是 Python 语言顶尖的开发工具之一，PyCharm 旨在使开发更轻松愉快。PyCharm 有两种版本：免费社区版和面向企业开发者的高级专业版。免费社区版缺少远程开发数据库支持和 Web 开发框架支持等功能。下载地址：https://www.jetbrains.com/pycharm/download/#section=windows。

（3）VIM。VIM 在 Python 开发者社区中非常流行。它是开源的、免费的，但在使用前需要做些配置工作。下载地址：https://vim.sourceforge.io/download.php。

（4）Wing。它是 Wingware 公司提供的商业 Python 集成开发环境（Integrated Development Enviro-nment，IDE），面向专业开发人员。Wing IDE 支持 Windows、OS X 和 Linux，并且支持最新的 Python 版本，包括无堆栈 Python。Wing IDE 有一个免费的基本版本个人版和强大的专业版（收费）。下载地址：https://wingware.com/。

（5）Spyder。这是一个用 Python 编写的轻量级的软件，它提供了多语言编辑器、交互式控制台、文档查看器、变量浏览器、查找文件、文件浏览器等功能，支持多种平台，包括 Windows、Linux、MacOS、MacOS X 等；可以在 MIT 许可下免费使用。下载地址：https://github.com/spyder-ide/spyder。

其他比较有名的 Python 专业代码开发工具包括 Komodo、PTVS、Eric、Sublime Text、Emacs、PyScripter 等。

## 1.5 第一个程序

安装了 Python 软件包，了解 IDLE 的基本功能后，就可以用 Python 语言编程了。

### 1.5.1 案例［嗨，三酷猫！］

三酷猫听着《Three Cool Cats》歌曲，开始利用 IDLE 编写第一个 Python 程序——"嗨，三酷猫！"，用 Python 语言代码指挥计算机，向读者打个招呼。

图 1.13 所示为 6 行代码交互式输入，并执行对应输出结果。">>>"后都为输入的代码，不带">>>"的都是前一行代码执行输出的结果。

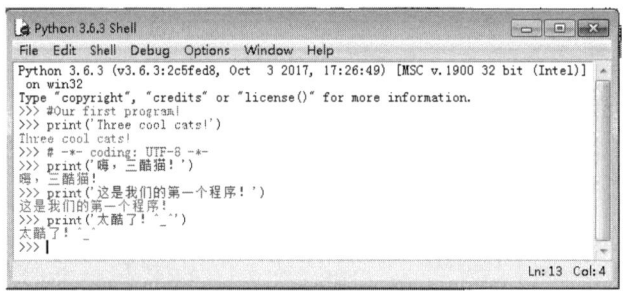

图 1.13  "嗨，三酷猫"第一段交互式代码

第1章　从零开始

第一行代码是#Our first program!，输入并按 Enter 键，没有给出执行结果，因为"#"是 Python 语言的行注释符号，带"#"开头的代码不被执行，用来单行说明程序的相关信息，如程序的功能意思、编程时间、编程作者等，方便读者阅读代码。

第二行代码是 print('Three cool cats!')，输入并按 Enter 键，显示的是"Three cool cats!"。

第三行代码是# -*- coding: UTF-8 -*-，输入并按 Enter 键，没有显示任何结果。但是这个带"#"开头的注释代码，其实设置解释器为 UTF-8 编码格式。在 Python3 前的版本默认的编码格式是 ASCII，在 Python3.X 版本默认使用 UTF-8 编码，所以在 Python3.6.3 版本上，设置与不设置都是一样的，这里仅起演示功能作用。

第四行代码是 print('嗨，三酷猫！')，输入并按 Enter 键，执行显示"嗨，三酷猫！"。

第五行代码、第六行代码都执行显示三酷猫想说的一句话。

📖 说明

ASCII 指单字节编码，如英文的 a、b、c；UTF-8 为多字节编码，又叫万国码，如中文的每个汉字，必须用双字节表示。

在严格输入上述 6 行代码的情况下，三酷猫成功借助 Python 语言指挥计算机，说出了它想说的话，第一次编程成功！

但是输入一句，执行一句，显示一句的交互式编程方式是不受欢迎的，而且看着就费劲，代码和显示结果混在一起了。于是三酷猫把上述 6 行代码集中放到 Python 脚本文件里，如案例 1.1，然后用脚本编辑界面打开该文件，如图 1.14 上面窗口所示，然后按 F5 键，执行结果如图 1.14 下面所示。这样集中编写代码，集中执行并显示执行结果，效率很高，而且看上去非常清晰。

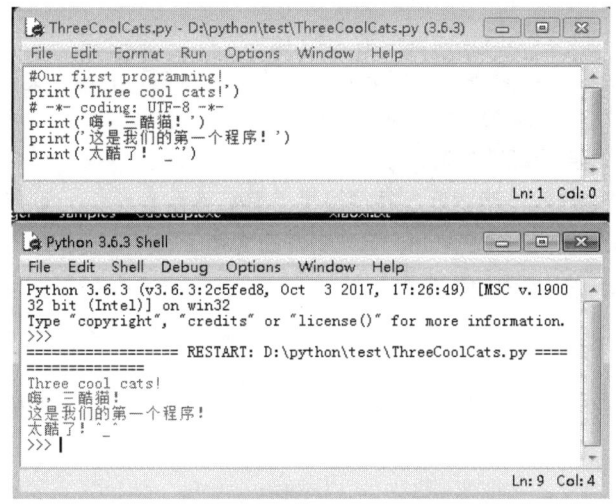

图 1.14　脚本执行"嗨，三酷猫！"代码

[案例 1.1] ThreeCoolCats.py

```
#Our first programming!
print('Three cool cats!')
```

```
# -*- coding: UTF-8 -*-
print('嗨，三酷猫！')
print('这是我们的第一个程序！')
print('太酷了！^_^')
```

> **注意**
>
> （1）以上代码要严格输入，不能随意输入，如大小写问题、全角半角问题、括号问题等，否则解释器执行时将报错。
>
> （2）在脚本环境下编写代码时，要习惯性地合理地按 Ctrl+S 快捷键保存所编写的代码，防止代码丢失。

### 1.5.2 Help

若要成为专业编程人员，则 Python 相关的各种帮助资料是离不开的。因为 Python 知识涉及面很广，作为程序员，不可能把所有的东西都记住，在遇到问题时，借助各种帮助，就成了代码编写过程的一项必须的操作技能。

在 IDLE 界面上，有一个 Help 菜单项，里面提供了 About IDLE、IDLE Help、Python Docs F1、Turtle Demo 四项帮助功能，另外在 Windows 操作系统 Python 安装包里还提供了 Python 3.6 Module Docs 帮助功能（如图1.9所示）。

**1. About IDLE（关于 IDLE）**

简单介绍了 IDLE 编程工具的官网地址、联系 E-mail、版本号等信息。

**2. IDLE Help（IDLE 使用帮助）**

给出了 IDLE 编程工具使用帮助信息，主要介绍了各个菜单的使用方法。

**3. Python Docs F1 键（Python 语言帮助文档）**

给出了 Python 编程语言的各种使用功能介绍，读者可以在其上输入关键字，查找相关的功能使用帮助。按 F1 键可以跳出该使用帮助功能界面。

**4. Turtle Demo（乌龟代码实例演示）**

提供了一些非常酷的代码使用案例，并可以执行显示。在 Python 早期版本无该项功能。

**5. Python 3.6 Module Docs（Python 标准库帮助文档）**

提供了全面的 Python 标准库使用帮助。

### 1.5.3 出错与调试

程序员在代码编写过程中的一项重要的工作就是对代码进行调试，发现并解决出错问题。

**1. 代码出错**

为了体验出错情况，三酷猫把案例 1.1 的代码进行了修改，然后执行，如图 1.15 所示。执行结果提示为 invalid syntax，中文意思为"无效的语法"。再仔细观察所输入的代码，发现第二个 print 后面少了一个左括号，于是提醒出现了语法错误。其实，该段代码在最后一个 print 处还存在一个错误，p 不能大写。由于 Python 解释器是一行一行地执行代码的，执行过程还没有到达最后一行，所以还未给出出错信息。把第一个问题纠正后，再执行代码，第二个问题才能报错。

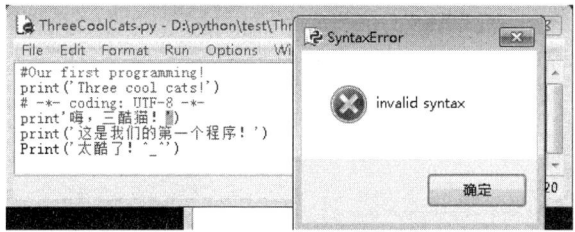

图 1.15　三酷猫的代码出错了

📖 说明

对于出错英文提示，强烈建议读者熟悉并明白其意思，这样有助于提高代码调试水平。

图 1.16 所示为第一处左括号纠正后，代码继续执行的结果。在 Python Shell 显示最后一行执行的错误信息 "Traceback…"。这里的错误信息有两处关键信息，需要引起读者额外注意：

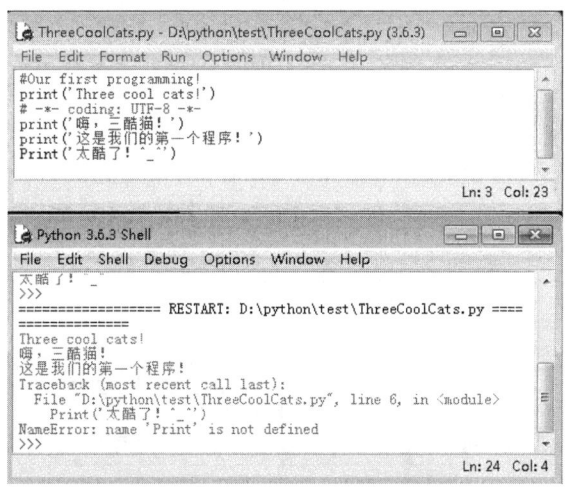

图 1.16　三酷猫的第 2 处代码出错

（1）line 6，这个信息明确指出了出错的代码在脚本编辑窗里的位置，可以借助这个帮助，快速找到出错的代码行。这在脚本代码行数较多的情况下，尤其有用。

（2）NameError:name 'Print' is not defined，这里的中文意思是"命名错误：名字'Print'在解释器里没有被定义"。这意味着 Print 这个名字 IDLE 无法识别，正确的命名应该是 print。对出错问题的正确掌握，有利于快速解决问题。

**2．利用 IDLE 专业调试功能调试代码**

在代码编写复杂化后，有些代码没有明显的语法错误（也就是代码不报错），但是所执行的结果与预期的不一致，即所谓的逻辑错误。对于这样的隐性代码编写错误，IDLE 提供了专业执行跟踪调试工具，如图 1.17 所示。利用该工具，程序员可以分析被调试程序的数据，并监视程序的执行流程。其基本操作过程如下：

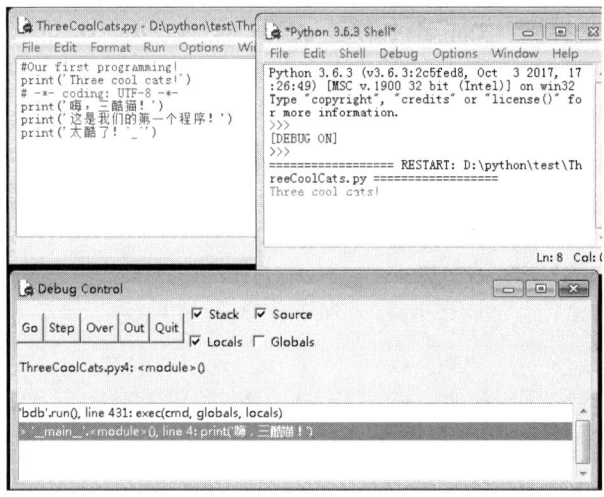

图 1.17　Debugger 调试

（1）用 Python Shell 打开需要运行的脚本文件。

（2）在 Python Shell 上打开 Debugger 调试工具（选择 Debug—>Debugger 菜单项，弹出 Debug Control 窗口）。

（3）在打开代码文件的脚本编辑窗口上按 F5 键执行代码。

（4）可以在 Debug Control 窗口做各种调试跟踪。其主要跟踪功能如表 1.1 所示。

表 1.1　Debug Control 调试工具主要功能

| 功 能 名 称 | 功能使用说明 | 执 行 说 明 |
| --- | --- | --- |
| Go | 直接运行代码到指定的断点处 | 在脚本窗口上，先在指定代码行处，按鼠标右键设置 Set Breakpoint，可以用 Clear Breakpoint 取消 |
| Step | 一次让程序执行一行代码，如果当前行是一个函数调用，则 Debugger 会跳进这个函数里面 | 在 Debug Control 窗口上直接单击 Step 按钮 |
| Over | 让程序一次执行一行代码，如果当前行是一个函数调用，则 Debugger 不会跳进这个函数，而是直接得到其运行结果，并移动到下一行 | 在 Debug Control 窗口上直接单击 Over 按钮 |
| Out | 当 Debugger 已进入某一个函数调用的时候，可以直接跳出这个函数；当未进入函数调用的时候（即在主程序中），则与 Go 作用相同 | 在 Debug Control 窗口上直接单击 Out 按钮 |
| Quit | 退出调试过程 | 在 Debug Control 窗口上直接单击 Quit 按钮 |
| Stack | 堆栈调用层次 | 在 Debug Control 窗口上选中 Stack 复选框 |
| Locals | 局部变量查看 | 在 Debug Control 窗口上选中 Locals 复选框 |
| Source | 跟进源代码 | 在 Debug Control 窗口上选中 Source 复选框 |
| Globals | 全局变量查看 | 在 Debug Control 窗口上选中 Globals 复选框 |

## 1.6 良好的编程约定

在1.5.3节,我们已经发现编程工作要求非常仔细,要按照Python语言约定编程,否则编程将出错。

为了保证Python解释器能顺利编译所编写的代码,也为了程序员对自己和对别人所编写的程序易于阅读、维护,对编程语言的语法做一些基本约定是非常必要的。

**1. 标识符(Identifier)**

**定义6:标识符(Identifier)**,在Python语言中用于规范命名解释器能识别的可执行代码对象的名称。

前面的print就是解释器能识别的函数名称,在后续将介绍的变量、关键字、函数、运算符、类名等都是标识符[1]。

1)变量、关键字、函数、类等的组成

在Python里,上述名称只能由字母、数字、下划线组成。也就是小写字母a~z、大写字母A~Z、下划线(_)和数字0~9,才能被使用。注意,在命名时数字不能被放在名称首字符。

(1)正确的命名:

变量:i=0,price=10.0。

函数:print(),sum(),my_definition()。说明:小括号本身不是函数名。

关键字:if,break。

(2)错误的命名:

变量:9i=0,^h=11。说明:9不能用于命名首字符,^不能作为变量名称组成使用。

函数:Print(),my.definition()。说明:内置函数组成字母不能大写,"."不能作为函数名称的组成。

关键字:if=1,IF。说明:if关键字不能当作变量名称使用,关键字不能用大写表示。

📖 **说明**

可以在IDLE交互式界面上执行上述代码,观察一下正确的与不正确的执行结果的提示信息。错误的命名报"无效的语法"或"命名错误"。

2)Python语言是大小写敏感的语言,如a=0和A=0是两个变量

[案例1.2] 在IDLE上交互式执行下列命令

```
>>>a=0                              #定义a变量
>>>print(a)                         #打印变量
0                                   #输出变量值为0
>>>print(A)                         #打印未经过定义的A变量
Traceback (most recent call last):  #提示英文出错,指出A没有被定义
```

---

[1]完整的标识符还包括格式控制符、#等

```
    File "<pyshell#17>", line 1, in <module>
        print(A)
NameError: name 'A' is not defined
```

从案例 1.2 代码的执行结果可以证明，a 与 A 不是同一个变量；前面的 print 与 Print 也不是同一个函数。由此，可以确定 Python 语言是大小写敏感的。

3）命名必须简洁、易读

Python 命名长度没有限制，只要计算机允许，任意长度都可以。显然太长的命名不易阅读，而且占用内存或硬盘空间资源。

如变量名称，iamagoodboyfromchina='三酷猫'，这样命名，显然不好看。但是，也不能太简略，如 i='三酷猫'，看不出"i"代表什么意思。合理的命名应该是 my_name='三酷猫'，懂英文的立即明白这是一个"我的名字"的变量名。

📖 说明

（1）现实编程命名规则有多种，命名的原则：一是编译器能识别，二是有利于程序员阅读。
（2）本书主要采用英文小写单词，多单词组合时采用中间加"_"的方法来标识。
（3）驼峰命名规则是另外一种常用的命名规则，要求英文首字母大写，其他字母小写，如 MyName。

4）以下划线开头的命名

以下划线开头的标识符是有特殊意义的。以单下划线开头（如_food）的代表不能直接访问的类属性，需通过类提供的接口进行访问；以双下划线开头的（如__food）代表类的私有成员；以双下划线开头和结尾的（如__food__）代表 Python 里特殊方法专用的标识，如__init__()代表类的构造函数。详细用法见第 7 章。

**2. 数据（Data）**

在 Python 语言中除了标识符外，剩余的对象都可以叫数据，如变量的值、引号里的内容、存放于数据库中的记录、调用的文件、图片、音频及视频等。print 函数引号内部的信息就是一种数据。

程序代码主要由标识符（可执行命令）和数据两部分组成。

**3. 基本代码格式**

1）多行语句

Python 语言一般一行写完一条语句，如案例 1.1 里的三个 print，一行执行一个 print，但是当一条语句过长时，可以使用斜杠（\）将一行的语句分为多行显示。例如：

```
>>>one_price=9
>>>two_price=11
>>>three_price=20
>>>total=one_price+\
        two_price+\
        three_price
```

另外，若语句中包含[]、{}或()括号，就不需要使用多行连接符。例如：

```
>>>animal=['Cats','Dogs',
'Monkeys',
'Tigers']
```

2)多行缩进格式

Python 语言多行编写时,为了代码执行和阅读方便,采用了严格的缩进格式。其形式如图 1.18 所示。

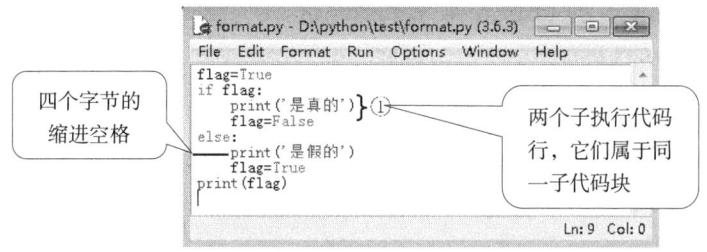

图 1.18　Python 语言的缩进格式

缩进格式使用约定:

(1)智能化的 Python 编辑工具具有自动缩进格式定位功能,当编辑完成一行代码按 Enter 键后,下一行会自动缩进到指定编写位置,继续输入代码即可。如图 1.18 采用四个字节的缩进空格。必须严格遵守该缩进格式进行多行编程,否则代码执行过程容易出现逻辑错误,并导致代码可读性大幅下降。

(2)Python 代码以缩进格式来区分不同子代码块的执行。如图 1.18①处有两行代码语句是属于同一个子代码块。它们在这段代码里将被一起执行;而 else 后面的两行代码,是属于另外一个子代码块,在这段代码里将不被执行。

**4. Python 3.6.3 保留关键字(Keywords)**

如表 1.2 所示,Python 3.6.3 共有 33 个保留关键字,可以在 IDLE 上连续执行如下代码,查看 Python 的关键字。

```
>>> import keyword              #引用标准库里的 keyword 模块
>>> keyword.kwlist
```

表 1.2　Python 保留关键字

| 保留关键字 | | | | |
|---|---|---|---|---|
| False | class | finally | is | return |
| None | continue | for | lambda | try |
| True | def | from | nonlocal | while |
| and | del | global | not | with |
| as | elif | if | or | yield |
| assert | else | import | pass | |
| break | except | in | raise | |

这些保留关键字不能用于变量名、函数名、类名等,它们属于 Python 语言本身的专用标识符,所以叫保留关键字。本书后续章节将陆续对上述关键字的使用方法进行详细介绍。

**5. 注释(Comment)**

在程序的合理的地方加上注释内容,可以起到进一步解释代码的作用,有利于程序员对代码的阅读，是一种好习惯。注释语句用井号（#）开头，井号后面的内容将不被执行。

（1）单行注释，具体如案例1.1第一行所示。

（2）行末注释，如表1.2上面第一行代码后面所示。

**6．Python的PEP8代码规范**

Python官网提供了详细的Python编程代码规范，感兴趣的读者可以在如下网址上找到完整的《PEP8代码规范》：https://www.python.org/dev/peps/pep0008/。

## 1.7　习题及实验

**1．判断题**

（1）编程语言的原始代码，都可以让任意一台计算机直接执行。（　　）

（2）解释器执行软件速度比编译器编译后的软件执行速度快。（　　）

（3）Python 3.6.3（32-bit）版本的软件包，能安装到64位CPU的计算机上。（　　）

（4）Python的一大亮点是提供了强大的标准库和第三方库支持。（　　）

（5）Python支持强大的科学计算功能。（　　）

（6）Print()与print()是同一个函数。（　　）

**2．填空题**

（1）Python 3.6.3自带的编程调试环境包括了（　　）和（　　）。

（2）脚本式代码编辑，先要把代码保存到（　　）文件中。

（3）Python语言在命名上是（　　）敏感的。

（4）Python语言的注释符号是（　　）。

（5）Python语言变量、关键字、函数、类等的组成只能是（　　）、（　　）和（　　）。

**3．实验一：安装Python软件包**

实验要求：

（1）自行下载Python版本软件包（根据实验计算机的操作系统版本）。

（2）上机进行安装，并记录安装过程。

（3）在IDLE和python.exe解释器上分别输入print('OK')，记录操作过程和显示结果（可以用截屏方式记录执行结果）。

（4）编写实验报告。

**4．实验二：编写第一个程序**

实验要求：

（1）用IDLE的交互解释界面，依次输入如下代码：

```
#我的第一个Python程序
print('嗨，三酷猫！')
```

```
print('这是我们的第一个程序！')
print('太酷了！ ^_^)
#print('太酷了！ ^_^)                    #解释该行执行结果原因
print ('太酷了！ ^_^)                    #要求 t 后面有一个空格，并讨论格式要求
```

（2）把上述代码保存到 my_first.py 文件里，然后用脚本方式连续执行，并记录执行结果。

（3）用调试模式执行 my_first.py，并分别操作 Go、Step、Over、Out、Quit 按钮，记录操作过程。

（4）把上述代码进行修改，使其至少产生一个错误代码，然后执行，记录出错信息。

（5）编写实验报告。

# 第 2 章 变量和简单数据类型

本章介绍 Python 语言使用的基础知识。

**学习重点**

- 变量
- 字符串
- 数字和运算符
- 数据类型转换
- 案例［三酷猫记账单］

## 2.1 变  量

**定义1**：**变量（Variable）**，指在计算机编程中与关联的标识符配对的内存存储位置，在使用时含相关类型的值，其值可以修改。

这里的标识符就是变量名。在 Python 当变量被使用时，在内存里将产生两个动作，一是开辟指定地址的空间，二是赋予指定的变量值。在 Python 语言中，变量在指定的同时，必须强制赋初始值，否则解释器报错。

```
>>>a                    #a 变量未赋值，解释器认为非法，报未定义出错
>>>a=0                  #a 变量赋予初始值 0，解释器执行通过
```

这里的 a 为变量名，其值为数字 0，Python 变量赋值通过等号（=）来实现。变量建立的结果，往往被其他代码所使用。例如：

```
>>>print(a)             #print()函数打印变量 a，输出 0
```

### 1．多个变量赋值

Python 允许同时为多个变量赋值。

```
>>>one=two=three=10
>>>print(one,two,three)    #print 函数允许多值打印输出，用逗号分隔变量
10 10 10                   #print 输出值
```

one,two,three 三个变量在内存中指向同一个地址，获得同一个值 10。也可以按照如下格式，给不同的变量名赋值：

```
>>>one,two,three=10,10,10
>>>print(one,two,three)    #print 输出值也为连续的三个 10
```

### 2．变量值类型

所有编程语言的变量值都是分类型的，Python 语言变量值的类型在赋值后才被隐性确定。例如 a=0，那么 0 就是整数类型的值；a='OK'，那么 OK 就是字符串类型的值；a=True，那么 True 就是布尔类型的值。

Python 语言的基本变量类型包括字符串（String）、数字（Numeric）、列表（List）、元组（Tuple）、字典（Dictionary）五大类。

📢 **注意**

（1）变量命名规则，必须严格遵循 1.6 节介绍的命名约定。
（2）变量对应的是常量，即不能变的数据对象，如 print('OK')，这个 OK 就是常量。

## 2.2 字  符  串

**定义2**：**字符串（String）**，由任意字节的字符组成，用单引号（'）、双引号（"）或三引号（"'）

成对表示。

下面为正确的字符串使用方式：

>>>name='Tom'                                    #单引号字符串变量
>>>name1="Jerry"                                 #双引号字符串变量
>>>name2='''Sreck'''                             #三引号字符串变量
>>>print(name,name1,name2,'《Tom&Jerry》')       #最后一项是直接使用字符串
Tom Jerry Sreck 《Tom&Jerry》                    #上一行 print()输出结果

上述字符串变量赋值过程，也可以改为如下：

>>>name,name1,name2='Tom',"Jerry " ,'''Sreck'''  #一行多字符串变量赋值

下面为错误的字符串使用方法：

>>>1name='Tom'          #字符串名不能用数字作为首字母，要严格遵循命名约定
>>>name1='Tom           #引号必须成对出现，不能缺失右引号
>>>name='Tom'           #单引号不能采用全角引号，注意观察本行的左引号占 2 个字节

上述错误的字符串执行时，将报出错。

一般情况下单引号、双引号作为字符串使用足够。在特殊情况下，可以发挥三引号的优势。三引号允许一个字符串跨多行，字符串中可以包含换行符、制表符以及其他特殊字符（详见附录二）。示例如下：

>>>text1='''带格式的文本，往往含有特殊格式控制符号，如
制表符 TAB (\t)，又如
换行符 [\n]'''
>>> print(text1)                                 #输入上述多行带特殊符号的字符串，输出如下：
带格式的文本，往往含有特殊格式控制符号，如
　制表符 TAB (   )，又如          #两个空格代替了\t
　换行符 [
]                                                #利用\n 换行符，把]在另外一行独立显示出来

📢 **注意**

（1）只有引号，没有字节内容的字符串也是合法的，如 name=''。
（2）在英文输入模式下（EN）为半角输入，中文、日文等模式下默认为全角输入。中文全角一个字符占两字节，如"，"为全角，","为半角。
（3）在字符串中用反斜杠（\）开头的代表字符转义符号。

## 2.2.1 字符串基本操作

字符串值基本操作包括读取、合并、修改、删除。

**1．字符串值读取**

>>>name='Tom is a cat!'

代码中的字符串在内存中的存放顺序如图 2.1 所示。

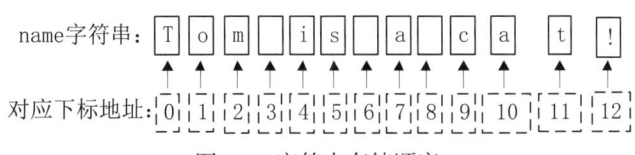

图 2.1 字符串存储顺序

从图 2.1 可以看出，字符串每个字符都对应一个下标。可以利用[下标]方式读取字符串对应的值，这种读取方式又称索引（Index）。字符串的下标都是从 0 开始，后续为 1、2、3…

（1）单下标读取：[下标]。

>>>name[1]　　　　　　　　　　　　#读取下标为 1 的字符
o

（2）切片：[左下标:右下标]。

**定义 3：切片（Slice）**，Python 把通过带"左下标:右下标"方式，获取集合一部分元素的操作叫切片。

如下为对字符串进行的切片操作。后续的列表、元组都可以通过切片进行类似操作。

>>>name[4:6]　　　　　　　　　　　#读取下标为 4~6 的字符
is

这里需要注意，右下标值需要比确定的对应下标值多加 1。如上述代码右下标 6 虽然指向"s"后面的空格（如图 2.1 所示），但是切片范围没有包括这个空格。这可以用数学区间公式来理解：name[4:6]可以看作所要切片的字符 X 范围为 4<=X<6。

（3）带冒号省略下标方式切片：[:右下标][左下标:][:]。

冒号左右两边的下标可以灵活省略，代表不同意思。

>>>name[:3]　　　　　　　　　　　　#读取下标为 0~3 的字符
Tom

从上可以看出，对于从下标 0 开始的若干个字符的读取，可以采用省略左下标的方式读取，其作用等价于[0:3]。

>>>name[:]　　　　　　　　　　　　 #读取整个字符串
Tom is a cat!

（4）带步长的切片读取：[左下标:右下标:步长]。

>>>name[::2]　　　　　　　　　　　 #从头到尾，步长为 2，读取对应字符
'Tmi a!'

（5）负数下标读取：用负数下标从右到左读取对应的字符串值。

>>>name[-1]　　　　　　　　　　　　#从右往左，读取右边第一个字符
!
>>>name[-4:-1]　　　　　　　　　　 #从右往左，读取倒数第四个、第三个、第二个字符
cat

📢 **注意**

Python 在采用下标读取其他对象值时，也统一采用类似风格的下标使用方法，如后续的列表、元组等。

使用下标时，超出字符串范围读取值，解释器将报错。

>>>name[13]　　　　　　　　　　　　#读取"!"后的值，输出结果提示索引范围出错

## 2. 字符串值合并

对于不同的字符串可以通过加号(+)进行合并操作。

```
>>>name='Tom'
>>>job='teacher'
>>>record=name+','+job          #用加号合并三个字符串
>>>print(record)                #打印合并后的字符串变量 record
'Tom,teacher'
```

## 3. 字符串值修改

```
>>>name='Three cool cat'
>>>new_name=name[:11]+'dogs'
>>>print(new_name)
'Three cool dogs'
```

上述字符串值的修改，是通过读取子字符串并合并的方式实现的。不能直接对字符串做如下修改操作：

```
>>>name[6]='C'                  #解释器将报赋值出错
```

## 4. 字符串值删除

整个字符串值的删除，可以采用如下方式：

```
>>>del(name)                    #用 del 清除内存中的 name，再次调用 name 将报错
```

📖 **说明**

del(x)函数删除内存中一个指定的对象 x，x 可以是字符串、数字、列表、元组、字典、类等。

### 2.2.2 其他常用操作

其他常见的字符串处理方式如下。

#### 1. 获取字符串长度

用 len 函数可以获取字符串的长度。

```
>>>hello='Hello,三酷猫!'            #在 Python 3.6.3 版本上把一个汉字看作一个字符串长度
>>>len(hello)                      #用 len 函数求字符串长度
10                                 #hello 字符串的长度为 10，在 Python 2.X 版本为 13，一个汉字两个长度
```

📖 **说明**

len(x)函数返回一个对象的长度，x 可以是字符串、列表、元组、字典。

#### 2. r/R 原始字符串控制符号

```
>>>print('C:\back\name')        #字符串里含特殊转义符号，\b 和\n
C:ack                           #没有使用 r 情况下，\b 转为了退格符，实现了退一格的效果
ame                             #\n 转为了换行符，实现其后字母的换行显示
>>>print(r'C:\back\name')
C:\back\name                    #在使用 r 符号情况下，字符串原样输出，特殊转义符不起作用
```

注意：不同操作系统、不同 python 代码工具，所执行结果有可能存在差异，以实际测试结果为准。

#### 3. 重复输出字符串（*）

```
>>>print('Cat'*2)               #重复显示两个 Cat，2*'Cat'与'Cat'*2 等价
CatCat
```

**4．格式字符串（%）**

```
>>>age=10
>>>print("Tom's name is %d"%(age))        #%d 为格式化整数
Tom's name is 10
```

其他字符串格式化符号见 Python 帮助文档，在其上搜索"%"，即可查看相关说明。

### 2.2.3 案例［三酷猫钓鱼记录］

三酷猫喜欢吃鱼，也喜欢钓鱼，它通过 Python 编程记录钓鱼的情况，记录的内容如表 2.1 所示。

表 2.1  三酷猫钓鱼记录表

| 日　　期 | 鱼　　名 | 数量（条） |
| --- | --- | --- |
| 2017 年 11 月 23 日 | 鲫鱼 | 6 |
| 2017 年 11 月 24 日 | 鲤鱼 | 5 |
| 2017 年 11 月 25 日 | 草鱼 | 8 |

对于上述记录内容，三酷猫编程时要解决以下几个问题：
（1）用程序记录上述内容。
（2）要模仿表格整齐显示。
（3）要统计总共钓了多少条鱼。
（4）所有代码随时可以执行。

［**案例 2.1**］ThreeCatFishRecord.py

```
one,two,three=6,5,8                    #给三个整型变量赋值
print('    '*3+'三酷猫钓鱼记录表')
print('|序号|+'日期           |+'鱼名 |+'数量(条)|')
print('|1    |+'2017 年 11 月 23 日|+'鲫鱼 |+'%d     |'%(one))
print('|2    |+'2017 年 11 月 24 日|+'鲤鱼 |+'%d     |'%(two))
print('|3    |+'2017 年 11 月 25 日|+'草鱼 |+'%d     |'%(three))
print('|合计：            %d+%d+%d=19 条        |'%(one,two,three))
```

三酷猫利用现有已学的 Python 知识，通过编程实现了钓鱼记录。虽然功能非常简单，但是它实现了可以随时调用记录的功能，免去了用纸笔记录的问题。但是上述代码存在记录条数固定、真正自动统计没有实现、无法保存统计结果等问题。这是三酷猫后续代码学习需要努力解决的问题。

## 2.3  数字和运算符

Python 语言的**数字**（**Digital**）与数学里的数字是一致的，可以通过各种运算符号实现各种计算。根据计算机语言处理的要求，这里把数字分为**整数**（**Integer**）、**浮点数**（**Float**）、**复数**（**Complex**）、**布尔**（**Boolean**）。

## 2.3.1 算术运算符

表 2.2 所示为计算机能识别的算术运算符，用于数字的各种计算。

表 2.2 算术运算符

| 运算符 | 中文名称 | 功能描述 | 例子 |
| --- | --- | --- | --- |
| + | 加 | 两个数字相加 | print(3+5)，输出 8 |
| - | 减 | 两个数字相减 | print(5-3)，输出 2 |
| * | 乘 | 两个数字相乘 | print(3*5)，输出 15 |
| / | 除 | 两个数字相除 | print(6/3)，输出 2 |
| % | 取模 | 返回除法的余数 | print(5%3)，输出 2 |
| ** | 幂 | 返回 x 的 y 次幂 | print(5**3)，输出 125 |
| // | 取整除 | 返回商的整数部分 | print(5//3)，输出 1 |

## 2.3.2 整数

**定义 4**：**整数**（Integer，简写为 Int）又称整型，由正整数、零和负整数构成，不包括小数、分数。在 Python 语言里整数的长度不受限制，仅受可用（虚拟）内存的限制。

**1. 加、减、乘、除运算**

```
>>> num1=10                              #第一个整数变量
>>> num2=3                               #第二个整数变量
>>> count=num1+num2                      #两整数相加，结果赋给新整数变量 count
>>> print('加法和为：%d'%(count))         #带格式打印加法计算结果
加法和为：13                              #打印输出
>>> print('减法差为：%d'%(num1-num2))     #减法，并打印结果
减法差为：7
>>> print('乘法积为：%d'%(num1*num2))     #乘法，并打印结果
乘法积为：30
>>> print('除法商为：%d'%(num1/(num2+2))) #除法，并打印结果
除法商为：2
>>>result=(num1+num2)*(num1-num2)/7-3    #加、减、乘、除混合运算
>>>print('加减乘除混合运算：%d'%(result))
加减乘除混合运算：10
```

从加、减、乘、除混合运算可以看出，Python 语言运算也存在优先级，小括号里的最先计算，乘除运算级别高于加减。这与数学里的运算优先级是一样的。

**2. 取模、幂、取整除运算**

```
>>>x=5
>>>y=3
>>>x%y
2                                        #5 与 3 的模为 2
>>>x//y
```

```
1                                           #5 与 3 的取整为 1
>>>x**y
125                                         #5 的 3 次幂的结果为 125
```
数字运算符里幂的优先级最高,其次为乘、除、取模、取整,再次为加、减。

> **注意**
> (1)在 python 2.X 版本下,不能整除的两个整数相除时,将会产生取整(//)的效果。例如,5/2 运算结果为 2。在 python 3.X 版本下,5/2 运算结果为 2.5,所有的除法结果都为带小数的(浮点数)。
> (2)0 不能做除数。

### 2.3.3 浮点数

**定义 5:浮点数(Float)**,对应于数学中的实数(Real)。在 Python 语言中,浮点数是带小数点的数字。由于计算机内存中存储浮点数的位数有限,所以超过指定长度后,末尾将采取近似值处理。因此,浮点数不一定是精确值。

```
>>> 10.0/3                                  #10.0 是浮点数
3.3333333333333335                          #近似结果
```
从以上可以看出,只要计算公式中存在一个浮点数,其计算结果为浮点数。
```
>>> 10*2 +0.1
20.1                                        #在早期 Python 会出现 20.100000000000001 问题
>>> 1.1+0.9
2.0
>>>4.0/2.0
2.0
```

### 2.3.4 复数

**定义 6:复数(Complex)** 由实部和虚部组成,把实数扩展到了虚数,其数学表示形式为 $a$+b$j$($a$、$b$ 均为实数)。$a$ 称为实部,$b$ 称为虚部,$j$(J)为虚数单位($j^2$=-1),$bj$ 称为虚数。
```
>>> (1-2j)                                  #Python 语言里的复数表示
(1-2j)
>>> (1-2j)*(2-3j)                           #复数的乘法
(-4-7j)
```
复数的实部和虚部,可以通过以下方式来检索确认。
```
>>> (1-2j)
>>> (1-2j).real                             #检测复数实部
1.0
>>> (1-2j).imag                             #检测复数虚部
-2.0
```

### 2.3.5 布尔

**定义 7:布尔(Boolean)** 又称逻辑。在 Python 中用 True、False 表示,用于逻辑判断。该数据是一种特殊的整数类,True 可以用 1 替换,代表"真";False 可以用 0 替换,代表"假"。

```
>>> True                          #首字母T必须大写,否则出错
True
```
布尔的逻辑运算方式与数学完全一致,如表2.3所示。
```
>>> True and True
True
>>> True or False
True
>>>not False
True
```

表2.3 逻辑运算符

| 运算符 | 中文名称 | 功能描述 |
| --- | --- | --- |
| and | 与 | 只有and两侧的逻辑值为1时,其结果为1,其他情况为0 |
| or | 或 | 如果or两侧至少有一个逻辑值为1时,其结果为1,其他情况为0 |
| not | 非 | not 0得1,not 1得0 |

## 2.3.6 二进制

**定义8**:二进制(**Binary**)数据是用0和1两个数字来表示的数。它的基数为2,进位规则是"逢二进一"。在最新的Python版本中用0b开始表示二进制数。

```
>>>0b1110
14                                #输出十进制值14
```
二进制码(范围为00000000~01111111)对应的十进制码详见ASCII[1]表。在ASCII表中可以找到二进制码00001110对应的十进制码为14。
```
>>>bin(14)                        #bin()函数把十进制数转为二进制数
0b1110                            #输出二进制值0b1110
```

**注意**

(1)在早期Python版本中,不支持0b开头的二进制数。
(2)冯·诺伊曼计算机,底层的机器码就是二进制码,所以利用二进制计算速度最快。

表2.4 二进制位运算符

| 运算符 | 中文名称 | 运算规则描述 |
| --- | --- | --- |
| & | 按位与运算符 | (m&n),参与运算的m、n,如果相应位数都为1,则该位的结果为1,否则为0 |
| \| | 按位或运算符 | (m\|n),参与运算的m、n,只要对应的二进制位有一个为1,则结果为1;只有当对应的位都为0时,结果才为0 |
| ^ | 按位异或运算符 | (m^n),参与运算的m、n,当对应的二进制位相异时,结果为1;相同时,结果为0 |
| ~ | 按位反转运算符 | (~m),将二进制数+1之后乘以-1,m的按位翻转是-(m+1) |
| << | 左移动运算符 | m<<x,把m的二进制位全部左移x位,高位在超出操作系统支持位数时,丢弃,不超出时左移,低位补0。x为需要移动的数量 |
| >> | 右移动运算符 | m>>x,把m的二进制位全部右移x位,低位丢弃,高位补0。x为需要移动的数量 |

注:m、n都为二进制数,x为整数。

---

[1]ASCII 表详见附录三,或百度百科,https://baike.baidu.com/item/ASCII

从 ASCII 表里可以查出，字符 5 的二进制值为 00110101，字符 a 的二进制值为 01100001，通过表 2.4 所示的运算符，对这两个数进行二进制位运算。

**1．与运算（&）**

```
>>>0b00110101&0b01100001
33                    #输出十进制值33，对应的字符为"!"，其二进制为00100001
```

图 2.2 所示的是上述代码执行过程的二进制位的详细计算过程。第①排与第②排的二进制位数对应并进行运算，运算结果为第③排二进制的对应位值。

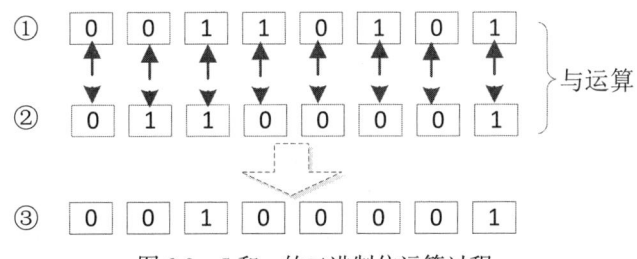

图 2.2　5 和 a 的二进制位运算过程

**2．或运算（|）**

```
>>>0b00110101|0b01100001
117                   #输出十进制值117，对应的字符为u，其二进值制为01110101
```

或运算过程类似图 2.2，也是按位运算，只不过运算符号是|，需要按照或的运算规则计算。

**3．异或运算（^）**

```
>>>0b00110101^0b01100001
84                    #输出十进制值84，对应的字符为T，其二进制值为01010100
```

**4．反转运算（~）**

```
>>>~0b00110101
-54                   #输出十进制值-54，其二进制值为-00110110
```

**5．左移动运算（<<）**

```
>>>0b00110101<<2
212                   #输出十进制值212，对应的字符为Ô，其二进制值为11010100
```

**6．右移动运算（>>）**

```
>>>0b00110101>>2
13                    #输出十进制值13，对应的字符为"\r"（按Enter键），其二进制值为00001101
```

📖 **说明**

（1）可以用 chr(x) 函数把 x 转为对应的 ASCII 码字符，x 为十进制数。
（2）Python 语言还支持八进制（0o 开头表示）、十六进制（0x 开头表示）的运算。

### 2.3.7　比较运算符

Python 语言的比较运算符如表 2.5 所示，可以对字符串、整数、列表、元组、字典等进行比较运算操作。

表 2.5　比较运算符

| 运算符 | 中文名称 | 运算规则描述 |
| --- | --- | --- |
| == | 等于 | x==y，比较结果相等，返回 True；否则返回 False |
| != | 不等于 | x!=y，比较结果不相等，返回 True；否则返回 False |
| > | 大于 | x>y，比较结果 x 大于 y，返回 True；否则返回 False |
| < | 小于 | x<y，比较结果 x 小于 y，返回 True；否则返回 False |
| >= | 大于等于 | x>=y，比较结果 x 大于等于 y，返回 True；否则返回 False |
| <= | 小于等于 | x<=y，比较结果 x 小于等于 y，返回 True；否则返回 False |

**1．整数比较**

1）等于比较（==）

```
>>>age1,age2,age3=10,9,0o12
>>>age1==age3              #十进制值与八进制值比较
True                       #age1=10，age3 的值由八进制转为十进制，也为 10，所以比较结果为 True
>>>age1==age2              #十进制值与十进制值比较
False                      #age1=10，age2=9，值不一样，所以结果为 False
>>>False==True
False                      #False 与 True 不一致，所以结果为 False
>>>3==3.0                  #整数与浮点数比较
True
>>>5-2j==5+2j              #复数与复数比较
False
>>>0b00110001==0b00110010  #二进制值与二进制值比较
False
```

从以上可以看出，整数里的任何数都可以互相比较，并产生布尔值。

2）其他比较

```
>>>age1,age2,age3=10,9,0o12
>>>age1!=age2
True
>>>age1>=age2
True
>>>age1<=age2
False
>>>age1>age2
True
>>>age1<age2
False
```

**2．字符串比较**

```
>>>'a'=='b'       #字符串 a 与 b 比较，其实比较的是 ASCII 码数字的大小
False
>>>'ab'=='ab'     #字符串 ab 与 ab 比较
True
>>>'a'==1         #字符串 a 与整数 1 比较
False
```

从字符串与整数比较，可以得出 Python 3.6.3 版本允许它们做比较运算。

### 3. 优先级

比较运算符优先级低于算术运算符、位运算符，高于逻辑运算符。

```
>>>5+1>5 and True              #先计算 5+1=6，然后 6>5 得 True，最后做 True and True 运算
True
>>>(5+1)*2>5 and True          #小括号内最优先计算，也就是可以用小括号改变运算次序
True
```

## 2.3.8 赋值运算符

在计算机编程中，类似 Num=x+y 把等号（=）作为赋值符号使用已经很常见了。但是在 Python 语言中出现了一种新的赋值表达方式（又称增量赋值），如表 2.6 所示。从第 3 行到第 14 行，把所有的计算符号都放到了等号前面，如把 Num=x+y 写成 x+=y。这样写的目的，除了代码更加简洁外，还可以简化内存操作（由三个数字地址空间变成了两个地址空间），所以这种赋值方式也经常被使用。

表 2.6 赋值运算符

| 运算符 | 中文名称 | 运算规则描述 |
| --- | --- | --- |
| = | 简单赋值 | Num=x+y |
| += | 加法赋值 | x+=y，等于 Num=x+y |
| -= | 减法赋值 | x-=y，等于 Num=x-y |
| *= | 乘法赋值 | x*=y，等于 Num=x*y |
| /= | 除法赋值 | x/=y，等于 Num=x/y |
| %= | 取模赋值 | x%=y，等于 Num=x%y |
| **= | 幂运算 | x**=y，等于 Num=x**y |
| //= | 取整除赋值 | x//=y，等于 Num=x//y |
| <<= | 左移位赋值 | B1<<=m，等于 B=B1<<m |
| >>= | 右移位赋值 | B1>>=m，等于 B=B1>>m |
| &= | 位与赋值 | B1&=B2，等于 B=B1&B2 |
| \|= | 位或赋值 | B1\|=B2，等于 B=B1\|B2 |
| ^= | 位异或赋值 | B1^=B2，等于 B=B1^B2 |

表 2.6 中，Num、x、y 为任意数字，m 为正整数，B、B1、B2 为二进制数。

```
>>>x,y=10,20
>>>x+y
30
>>>x+=y
>>>print(x)
30
```

注意观察，上述代码采用普通赋值时 x 本身值不变；采用增量赋值方式时 x 本身值已经变化。

## 2.4 数据类型转换

当一种类型的数据被使用时，有时需要将其转换为其他类型的数据。Python 为此提供了一些内置函数。

(1) 转化为整数函数 int(x)，x 为数字或字符串型的数字，但不支持复数。
```
>>>int(3.2)
3                              #把浮点数转为整数时，小数部分丢弃
>>>int('10')
10                             #字符串型的 10 转为整数 10
```
(2) 转化为浮点数函数 float(x)，x 为数字或字符串型的数字，但不支持复数。
```
>>>float(10)
10.0
>>>float('10')
10.0
```
(3) 转化为复数函数 complex(x,y)，x、y 为整数、浮点数、布尔数；当只有 x 参数时（y=0），可以是字符串型整数、浮点数、布尔数。
```
>>> complex(2,2)
(2+2j)
>>> complex('10')
(10+0j)
```
(4) 转化为字符串函数 str(x)，x 在 Python2.x 版不支持二进制、八进制、十六进制数字的转化。
```
>>>str(5+2j)                   #把复数转为字符串
'(5+2j)'
```
(5) 转化为二进制函数 bin(x)，x 为非负整数。
```
>>>bin(0)
0b0                            #二进制数 0
```
(6) 转化为八进制函数 oct(x)，x 为非负整数。
```
>>>oct(10)
0o12                           #八进制数 12
```
(7) 转化为十六进制函数 hex(x)，x 为非负整数。
```
>>>hex(20)
0x14                           #十六进制数 14
```
(8) 把十进制数转为 ASCII 字符，chr(x)，x 为十进制数。
```
>>>chr(97)
'a'                            #可以通过 ASCII 表进行对照检查
```
(9) 把 ASCII 字符转为十进制数，ord(x)，x 为 ASCII 码字符。
```
>>>ord('a')
97                             #可以通过 ASCII 表进行对照检查
```

## 2.5 案例 [三酷猫记账单]

至此，三酷猫又学会了用 Python 做各种计算编程。它回顾了 2.2.3 节的钓鱼记录，感觉实在太简单了，应该对这个记录代码进行改造，编写个正规的记账单。于是它提出了新的编写要求：

(1) 记录每天的钓鱼内容，包括地点、日期、鱼名、数量、单价。

（2）统计总的数量、总金额、每天平均钓鱼数量。
（3）记账单格式整齐、美观。
（4）打印记账单。

案例 2.2 代码是三酷猫根据上述需求，对案例 2.1 代码大改的结果。读者可以在 IDLE 里用脚本执行方式先运行该代码文件，仔细观察运行结果。

[案例 2.2] ThreeCatBilling.py

```
num1,num2,num3=5,6,9
price1,price2,price3=8.1,8.2,8
fish1,fish2,fish3='鲫鱼','鲤鱼','草鱼'
date='2017 年 12 月'
Total_Num=num1+num2+num3                              #总的鱼数
Total_Amount=num1*price1+num2*price2+num3*price3#总金额
print("-----"*4+"三酷猫记账单"+"-----"*4)
print('钓鱼地点    '+'钓鱼日期   '+'  鱼名   '+'数量（条）'+' 单价（元）')
print('左小河      '+date+'1 日 '+fish1+'    '+str(num1)+'         '+str(price1))
print('右小河      '+date+'2 日 '+fish2+'   '+str(num2)+'          '+str(price2))
print('长江        '+date+'3 日 '+fish3+'   '+str(num3)+'          '+str(price3))
print("----"*12+'--')
print('鱼数总计%d 条，市场价格总计%.2f 元，每天平均钓鱼数量约%d 条（%f 条）'%(Total_Num,Total_Amount,int(Total_Num/3),Total_Num/3))
```

## 📖 说明

（1）该代码接近实用化，超市、酒店等 POS 机打印出来的小票据就采用类似打印格式。
（2）%.2f 是字符串浮点数格式控制符，其中的 ".2" 代表小数点保留 2 位（采用四舍五入）。
（3）这里需要注意变量、空格、数据类型转化等编程技巧。

## 2.6 习题及实验

**1．判断题**

（1）num1=num2=num3=20 在内存中指向不同的变量地址。（    ）
（2）字符串变量 str1="abcde"的 str1[2:]结果为"cde"。（    ）
（3）bin(97)得到的值是字符串。（    ）
（4）整数、浮点数在 Python 语言中都表示精确数字。（    ）
（5）增量赋值比一般赋值在内存中具有空间占用优势。（    ）

**2．填空题**

（1）在字符串中，一个汉字是（    ）字节，一个英文字母是（    ）字节，一个字节是（    ）Bit 位。
（2）字符串长度用（    ）来获取。

（3）Python 语言里数字包括（　　）、（　　）、（　　）、（　　）。
（4）布尔值可以用（　　）、（　　）、（　　）、（　　）表示。
（5）0b11^0b00 计算结果用二进制数表示为（　　）。

**3．实验一：三酷猫记账单继续改造**

**实验要求：**

（1）对案例 2.2 每行代码做注释，要求准确说明每行代码执行意思。
（2）修改第一行等号右边的三个数值，保存并执行新代码文件，给出执行结果答案。
（3）把第一个 print 右括号从 ")" 改为 ")"，保存代码并执行，记录执行结果，并说明出错原因。
（4）求鱼的平均价格，计算结果分原状态输出、保留小数点 2 位输出、整数输出（丢掉小数位）。
（5）在记账单最后增加记账日期，记账人名。

**4．实验二：三酷猫做数学**

**实验要求：**

（1）把字符串 "a" 转为二进制数、八进制数、十六进制数。
（2）左移 "a" 对应的二进制数 2 位，并用十进制、八进制、十六进制数及 ASCII 字符显示。
（3）对 "a" 对应的十进制数和 3 进行除法、取整、求模运算。
（4）打印上述所有数字和字符，打印保留两位小数的除法商。

# 第 3 章

# 条件分支与循环

　　Python 语言的条件分支、循环使代码内容具有了逻辑判断及处理能力,如判断某个条件是真的还是假的,然后去执行不同的代码功能模块。这好比野外探险者,往山上走,结果会迷路;往山下走,会碰到提供帮助的人。不同的逻辑判断和选择,会产生不同的结果,在计算机编程上也是如此。程序员把条件分支与循环语句结合数据,可以实现灵活而功能强大的各种代码算法。

**学习重点**

- if 条件分支
- while 循环
- for 循环
- break 语句
- continue 语句
- 复杂条件及处理
- 案例 [三酷猫核算收入]

# 3.1 if 条件分支

if 语句是 Python 语言基本的条件分支判断语句,它为代码的逻辑判断提供了操作方法。从 if 语句的使用开始,读者会发现用 Python 语言编程开始变得灵活起来。

## 3.1.1 if 语句基本用法

if 语句通过条件判断,进行代码模块的分支执行。其语法格式有如下三种:

**1. 格式一:单分支判断**

```
if boolean_value1:
    子代码模块 1
```

1)判断条件

boolean_value1 为 if 语句判断条件,以布尔值的形式判断 if 语句是否执行子代码模块 1。当 boolean_value1 值为 True 时,则执行子代码模块 1;当值为 False 时,则不执行。

2)示例

```
>>>if True:            #注意一定要有冒号,表示后面跟需要执行的子代码模块
    print('OK')        #缩进 4 个空格
OK                     #条件为 True 执行打印输出
```

从上述示例也可以看出,if 语句支持多行执行,但是必须要加冒号。

对于 boolean_value1,除直接采用布尔值外,还可以以表达式的形式体现,表达式计算最终结果为布尔值。

```
>>>if 2>5:             #这里采用比较运算符,表达式值为 False
    print('OK')        #这一行不执行
                       #条件判断结果为 False,执行结果无输出
```

> 📖 **说明**
>
> 初学者一定要注意上述代码的以下两点要求:
> (1)第一行的":"不能省略,而且必须是半角。
> (2)注意缩进格式,如上述代码第二行,必须先空四格再输入 print('OK');或直接按 Enter 键接受默认空格数,再输入。

**2. 格式二:双分支判断**

```
if boolean_value1 :
    子代码模块 1
else :
    子代码模块 2
```

示例

```
>>>if False:           #条件值为 False
```

```
        print('OK')                          #不执行这一行
else:                                        #执行第二子代码模块
        print('No')
No                                           #输出 No
```

**3．格式三：多条件多分支判断**

```
if boolean_value1:
    子代码模块 1
elif boolean_value2 :
    子代码模块 2
else :
    子代码模块 3
```

这里新引入 elif 进行新的条件判断，在 if 语句中 elif 可以根据实际情况连续使用。但是 else 只能用在最后而且只能用一次。

```
>>>cat_type='黄猫'                           #定义字符串变量
>>> if cat_type=='白猫':                     #第一次比较
    print('不是三酷猫!')
elif cat_type=='黑猫':                       #第二次比较
    print('不是三酷猫!!')
elif cat_type=='灰猫':                       #第三次比较
    print('不是三酷猫!!!')
else:
    print('它是一只灰白猫！')                 #执行该语句
它是一只灰白猫！
```

## 3.1.2　案例［三酷猫判断找鱼］

三酷猫经过几天钓鱼，钓上了鲫鱼、鲤鱼、鲢鱼、草鱼、黑鱼、乌龟，在其记账单里记录为鲫鱼 5 条、鲤鱼 8 条、鲢鱼 7 条、草鱼 2 条、黑鱼 6 条、乌龟 1 只。

**1．编程要求**

（1）用字符串记录上述内容。

（2）检查字符串的长度。

（3）用条件判断找出三酷猫想要找的乌龟，想知道钓了几只，并告诉是奇数还是偶数只。

（4）在 Python 3.6.3 中以脚本代码形式连续执行。

［**案例 3.1**］FindFishInString.py

```
#三酷猫钓鱼记录查找，Python 3.6.3 版本下执行
fish_record='鲫鱼5条、鲤鱼8条、鲢鱼7条、草鱼2条、黑鱼6条、乌龟1只'
print(len(fish_record))                      #检查字符串的长度
if fish_record[0:2]=='乌龟':
    print("是乌龟吗?，是"+fish_record[0:2])
elif fish_record[5:7]=='乌龟':
```

```
        print("是乌龟吗?是"+fish_record[5:7])
    elif fish_record[10:12]=='乌龟':
        print("是乌龟吗?是"+fish_record[10:12])
    elif fish_record[15:17]=='乌龟':
        print("是乌龟吗?是"+fish_record[15:17])
    elif fish_record[20:22]=='乌龟':
        print("是乌龟吗?是"+fish_record[20:22])
    elif not fish_record[25:27]!='乌龟':              #条件表达式包括逻辑运算符、比较运算符
        if int(fish_record[27])%2==0:                 #嵌套一个 if...else...语句
            print("找到乌龟了,是%d 只,偶数"%(int(fish_record[27])))
        else:
            print("找到乌龟了,是%d 只,奇数"%(int(fish_record[27])))
    #=================================执行结果如下:
    29
    找到乌龟了,是 1 只,奇数
```

**2. 案例 3.1 代码有以下几个特点**

（1）if 语句连续判断，中间用了 5 个 elif。

（2）在 if 语句条件里用到了数学运算符、比较运算符、逻辑运算符，而且不同运算符可以组合成综合条件判断表达式。

（3）if 语句里可以嵌套 if 语句，可以多层级嵌套。

（4）规范地用了缩进格式（四个空格符）。

## 3.2 while 循环

while 循环语句为程序员提供了循环处理算法的功能。

### 3.2.1 while 语句基本用法

while 语句的基本语法格式如下:

```
while boolean_value1 :
    子代码模块 1
```

**1. while 语法格式说明**

boolean_value1 为 while 语句的循环判断条件。当其值为 True 时，继续执行子代码模块 1；当其值为 False 时，终止循环。boolean_value1 可以直接为布尔值，也可以是运算表达式。while 语句的基本循环过程如图 3.1 所示。

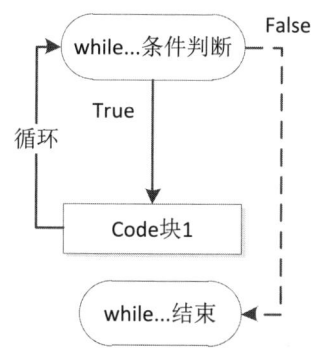

图 3.1　while 语句的基本循环过程

**2．示例一**

```
>>> i=0                    #循环控制变量 i 赋初值为 0
>>> while i<3:             #当 i 小于 3 时，执行下面两行子代码模块
    i+=1                   #i 做加 1 运算
    print(i)               #打印输出 i
1                          #第 1 次循环结果，i=1
2                          #第 2 次循环结果，i=2
3                          #第 3 次循环结果，i=3
```

当 i=3 时，i<3 的比较结果为 False，所以循环终止，while 循环结束。

与 if 语句一样，while 语句也具备嵌套使用功能。

从循环开始程序代码将会越来越复杂，为了理解并验证所编写的代码是否符合要求，这里提供了以下三种代码跟踪验证方法。

1）人工模拟法

如要知道示例一代码每一步的运行过程，可以这样进行人工分析：

（1）第 1 次循环，i=0，while 判断条件 i<3 为 True，控制语句 i=1，打印 1。

（2）第 2 次循环，i=1，while 判断条件 i<3 为 True，控制语句 i=2，打印 2。

（3）第 3 次循环，i=2，while 判断条件 i<3 为 True，控制语句 i=3，打印 3。

（4）第 4 次循环，while 判断条件 i=3，while 判断条件 i<3 为 False，循环结束。

2）调试工具跟踪法

第 2 种方法可以借助 IDLE 里的 Debug Control 工具来一步步执行代码，并记录变量值的变化过程。如图 3.2 所示，该工具具体使用方法见 1.5.3 节。

**注意**

要利用 Debug Control 工具跟踪代码执行过程，先要把程序代码保存到扩展名为 ".py" 的文件中，再打开 Debug Control 工具，然后在代码界面上按 F5 键，单击 Step 按钮一步步执行。

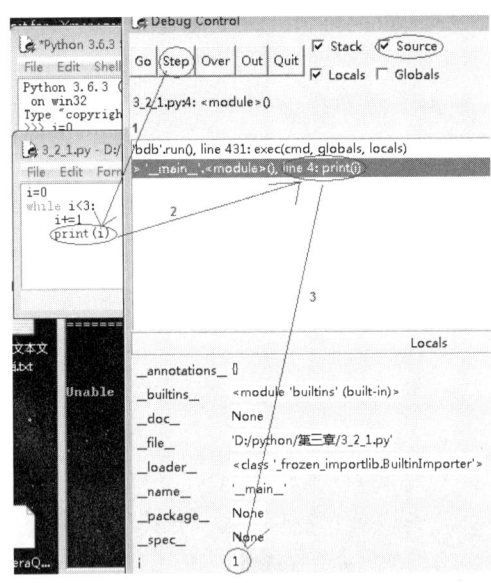

图 3.2 Debug Control 跟踪代码执行过程

3）设置 print 跟踪法

当代码变得复杂后，可以在代码需要跟踪部分合理插入 print 函数，让它输出变量变化过程的值，这有利于程序员直观地判断代码执行逻辑是否正确的问题。示例一里最后一行 print，就起了 while 循环一次，打印一下 i 变化值的作用。

**3．示例二（嵌套）**

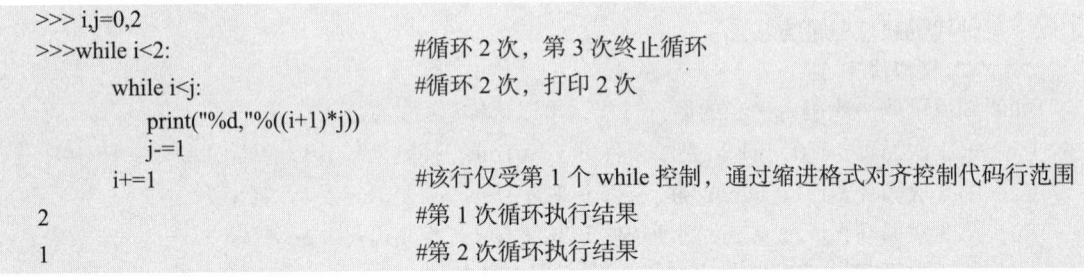

**◁»注意**

所有的循环语句必须考虑循环控制问题。若示例一中把 i+=1 控制语句去掉，程序将进入无限循环状态或发生内存溢出等问题。可以用 Ctrl+C 组合键强制终止无限循环过程。

### 3.2.2 案例[三酷猫线性法找鱼]

**定义：线性查找（Linear Search）**，又称顺序查找，是一种最简单的查找方法。它的基本思想是从第一个记录开始，逐个比较记录的关键字，直到和给定的 K 值相等，则查找成功；若比较结果与文件中 N 个记录的关键字都不等，则查找失败。

K 为需查询的值，N 为被查找的内容记录条数。

使用 while 语句，通过线性查找，可以更简洁、漂亮地完成案例 3.1 里三酷猫找鱼的任务。

[案例 3.2]ExhaustiveMonthed.py

```
#三酷猫钓鱼记录查找，Python 3.6.3 版本下执行
fish_record='鲫鱼5条、鲤鱼8条、鲢鱼7条、草鱼2条、黑鱼6条、乌龟1只'
print(len(fish_record))
record_len=len(fish_record)
i=0
while i<record_len:              #从字符串最左下标 0 开始，以 5 为间隔，循环查找是否存在乌龟记录
    if fish_record[i:i+2]=='乌龟':
        if int(fish_record[i+2]) %2==0:
            print("找到乌龟了，是%d 只，偶数"%(int(fish_record[i+2])))
        else:
            print("找到乌龟了，是%d 只，奇数"%(int(fish_record[i+2])))
    i+=5                         #循环一次，增加 5
#===========================================执行结果如下：
29
找到乌龟了，是 1 只，奇数
```

通过 while 语句加判断语句，使代码变得更加简洁，而且更加灵活。线性查找法最少查找次数为 1 次，就可以发现乌龟记录；最长要查到字符串末，也就是要经过 N 次才能找到乌龟记录，所以线性查找法的平均查找次数为(1+N)/2。

## 3.3　for 循环语句

for 循环语句为 Python 语言的另外一种形式的循环控制语句。

### 3.3.1　for 语句基本用法

for 语句的基本语法格式如下：

```
for <variable> in <sequence>:
    子代码模块 1
else:
    子代码模块 2
```

**1．for 语句的基本语法格式说明**

variable 接收 sequence 集合中获取的成员元素，循环一次接收一次。sequence 为 Python 语言所支持的集合对象，包括序列集合或可迭代对象，如数字序列、字符串、列表、元组、字典等。子代码模块 1、2 为 Python 语言支持的子代码行，这里也可以包括 for 本身的嵌套语句。当 variable 接收完最后一个元素，并执行完最后一次子代码模块后，for 语句循环执行结束。else 为当 for 循环结束时，再执行对应的子代码模块 2。图 3.3 所示为 for 循环过程。

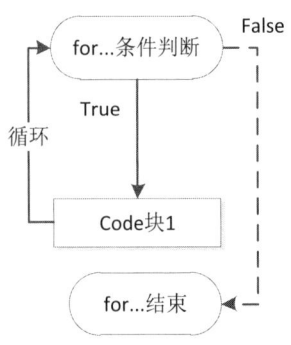

图 3.3 for 循环过程

📖 **说明**

在实际编程时 while、for 循环后再直接跟 else 子句，用的相对比较少。因为不用 else 子句，while 循环结束后，同样可以执行后续程序代码。这是 Python 语言与其他语言相比，一个比较奇怪的地方。

**2．示例一：利用自定义集合对象实现 for 循环**

```
>>>fish_record='鲫鱼5条、鲤鱼8条、鲢鱼7条、草鱼2条、黑鱼6条、乌龟1只'
>>>i=0
>>>for var in fish_record:              #循环一次 var 获取一个字符
                                        #一个汉字为一个双字节字符

if var=='条':
    i=i+1
    print(i)                            #执行结果如下：
1                                       #找到第一个"条"
2                                       #找到第二个"条"
3                                       #找到第三个"条"
4                                       #找到第四个"条"
5                                       #找到第五个"条"
```

该例子把字符串当作集合，对所有字符进行遍历比较，并把经过比较确认是"条"的字符个数进行统计，并打印输出。

**3．示例二：利用内建范围函数 range 实现 for 循环**

```
>>>for i in range(9):                   #range(9)为 0~8 的有序集合
    if i%2 == 0:
        print('%d 是偶数'%(i))          #执行结果如下：
0 是偶数
2 是偶数
4 是偶数
6 是偶数
8 是偶数
```

range(9)代表0、1、2、3、4、5、6、7、8九个顺序数字的集合。在执行for循环时,按照从左到右的顺序把数字分次赋值给i变量。

**4. 示例三:range函数另外一种用法**

格式为range(start,stop[,step])。start代表数字的开始值,stop代表数字的结束值,step代表循环时数字递增的步长(默认值为1,无须设置)。

```
>>>for i in range(1,5,2):
    print(i)                                #执行结果如下
1
3
```

### 3.3.2 案例[三酷猫统计鱼数量]

三酷猫钓了几天鱼,想统计一下,它到底钓了多少鱼。

[**案例3.3**] easyStat.py

```
#三酷猫钓鱼记录查找,Python 3.6.3版本下执行
fish_record='鲫鱼5条、鲤鱼8条、鲢鱼7条、草鱼2条、黑鱼6条、乌龟1只'
count1=0
count2=0
for i in range(len(fish_record)):
    if fish_record[i]=='鱼':
        count1=count1+int(fish_record[i+1])     #统计鱼数量
        count2=count2+1                          #统计鱼次数
print('三酷猫钓上的鱼有%d条,统计鱼%d次,乌龟数没有统计!'%(count1,count2))
#================================================执行结果如下
三酷猫钓上的鱼有28条,统计鱼5次,乌龟数没有统计!
```

上述代码实现了对字符串内容的遍历,并进行了针对性的统计。

## 3.4 循环控制语句

在while和for循环过程中,为了更加灵活地控制循环次数,Python提供了break和continue循环控制语句。

### 3.4.1 break语句

当while或for循环过程所产生的操作已经满足业务要求时,可以通过break语句立刻终止并跳出循环语句,避免过度循环次数的发生,以提高处理效率。通用的带break语句的for循环过程如图3.4所示。开始执行for循环,先执行Code块1,然后进行条件判断,若符合条件,则执行break语句,for循环结束;若不符合条件,则执行Code块2,继续for循环。

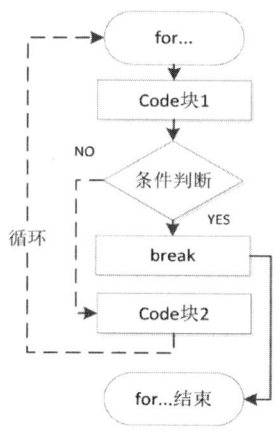

图 3.4 带 break 的 for 循环过程

**示例**：利用 break 语句，实现高效率的循环查找过程。

```
>>>cm='Tom,Jerry,Sreck!'
>>>for i in range(len(cm)):
    print('for 循环%d 次'%(i+1))              #检查循环次数
        if cm[i:i+3]=='Tom':                  #条件判断
            print('Tom is %d'%(i))
            break                             #跳出 for 循环
    print('for 继续循环吗？%d 次'%(i+1))       #该语句在 for 循环内，但不执行
for 循环 1 次
Tom is 0
```

上述 for 循环语句很幸运，只循环了 1 次，就找到了"Tom"，满足了查找要求，然后通过 break 控制语句跳出 for 循环。若不用 break 控制语句，该程序需要循环 16 次，显然后续 15 次是做无用功。类似方法，同样适用于 while 语句的控制过程。

**注意**

上述例子的最后一条 print 并没有被执行，是因为该语句受缩进格式控制，在 for 循环语句内，与 if 语句并列对齐；break 执行时，直接跳过了该语句，跳出了整个 for 语句块。

### 3.4.2 continue 语句

continue 是循环语句的另外一种控制循环方向的语句。当满足指定条件时，continue 使循环回到开始处，继续循环，而忽略 continue 语句后的执行代码行。图 3.5 所示为带 continue 的 for 循环过程，从 for...循环开始，执行 Code 块 1，然后进行条件判断，若条件判断满足要求，则执行 continue 语句，接着返回 for...；然后进行下一轮循环，若条件判断不满足，才执行 Code 块 2，然后再返回 for...；直至 for...循环条件值为 False，for 循环结束。通过 continue 语句的控制，Code 块 2 的执行次数可以得到有效控制。

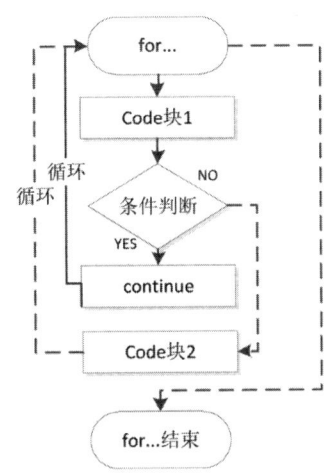

图 3.5 带 continue 的 for 循环过程

示例：求 9 以内的偶数。

```
>>>for i in range(1,9):
      if i%2!=0:                    #判断是否为偶数
         continue                   #非偶数直接返回到 for 循环开始位置，继续下一个循环
      print('%d 是偶数.'%(i))        #执行结果如下
2 是偶数.
4 是偶数.
6 是偶数.
8 是偶数.
```

> **说明**
> 在实际编程中，continue 语句使用比较少。如本示例中求 9 以内的偶数，其实在 3.3.1 节示例二里没有使用 continue 同样也可以实现相应求值。

## 3.5 复杂条件及处理

if、while、for 语句的条件分支判断或循环控制判断，除了简单的变量、算术运算符、比较运算符、赋值运算符、逻辑运算符、位运算符（很少见）参与逻辑判断外，还可以利用成员运算符、身份运算符进行参与逻辑判断，或者在上述的基础上进行综合条件判断。

### 3.5.1 成员运算符

对于具有集合概念的对象如数字序列、字符串、列表、元组、字典，可以通过成员运算符进行快速判断，而且代码会显得非常简洁。表 3.1 所示为 Python 语言的成员运算符。

表 3.1　成员运算符

| 运算符 | 运算规则描述 |
| --- | --- |
| in | 如果在指定的序列中找到值,则返回 True,否则返回 False |
| not in | 如果在指定的序列中没有找到值,则返回 True,否则返回 False |

**示例一**:三酷猫找乌龟改进(字符串成员集合)

在 3.2.2 节三酷猫找乌龟是通过 while 循环找到的,这里将采用 in 成员运算符进行简化设计。

```
#三酷猫钓鱼记录查找,Python3.6.3 版本下执行
fish_record='鲫鱼5条、鲤鱼8条、鲢鱼7条、草鱼2条、黑鱼6条、乌龟1只'
if '乌龟' in fish_record:              #乌龟在字符串集合里,in 运算结果是 True
    print("乌龟在字符串里!")            #打印乌龟在的信息
else:
    print("乌龟没有在字符串里")
乌龟在字符串里!                        #执行结果
```

上述代码核心行是 if 判断代码行,把 3.2.2 节的循环查找功能都替代了,显示出 in 运算符的优势。

**示例二**:数字序列成员判断

```
>>>if 2 not in range(10):              #2 不在 0~9 的序列里,值为 True
    print("2 不在集合里!")              #上一行,值为 True,执行本行
else:
    print("2 在集合里!")                #2 在 0~9 的序列里,值为 False,执行 else 下的子代码
2 在集合里!                            #执行结果
```

**注意**

成员运算符 in 与 for …in 语句里的 in 的区别:
(1)两者不是同一种符号,后者是 for 中固定语法组成成员;前者是独立集合成员判断运算符号;
(2)for 中 in 返回的是集合中的一个个元素;成员运算符返回的是逻辑值结果(True 或 False)。

### 3.5.2　身份运算符

Python 代码在内存中运行时会生成各种各样的实体对象,如数字对象、字符串对象、列表对象、元组对象、字典对象等。通过身份运算符可以判断两个标识符(对象名)是否引用自一个对象。若在内存中不同对象名指向的内存地址为同一个地址,那么它们是引用自一个对象。表 3.2 所示为身份运算符。

表 3.2　身份运算符

| 运算符 | 运算规则描述 |
| --- | --- |
| is | is 是判断两个标识符是不是引用自一个对象。如果是,则返回 True,否则返回 False |
| is not | is not 是判断两个标识符是不是引用自不同对象。如果是不同对象,则返回 True,否则返回 False |

**示例一**:简单身份运算符比较

```
>>> i=t=1                              #连续给变量 i、t 赋同一个值 1
>>> i is t                             #对 i、t 对象进行身份运算比较
```

| | | |
|---|---|---|
| True | | #执行结果为 True，说明 i、t 在内存里指向同一个地址，引用自一个对象 |
| >>> s=1 | | #给 s 变量赋值 1 |
| >>> i is s | | #对 i、s 对象进行身份运算比较 |
| True | | #执行结果为 True，说明指向值为 1 的 i、s 引用自一个对象 |
| >>> s=2 | | #给变量 s 重新赋值 2 |
| >>> print('i 是%d,s 是%d,'%(i,s)) | | #打印 i、s 值 |
| i 是 1,s 是 2, | | #i 值还是 1，s 值变成了 2，说明 s 变量在内存重新开辟了新的地址 |
| >>> i is s | | #再次对 i、s 对象进行身份运算比较 |
| False | | #执行结果为 False，说明 i、s 不再引用同一个对象了 |

**📖 说明**

可以通过 id(x)函数查看具体的变量在内存中的地址是否一致。例如，继续在上面代码的基础上执行 id(i)、id(t)，看看 i、t 在内存的地址是多少。

**示例二**：身份运算符作为条件判断使用

```
>>> t1='turtle'
>>> t2='turtle'
>>> if t1 is t2:      #t1、t2 若换成中文"乌龟",在 Python3.x 版本里执行结果不在一个地址里。
      print('两只英文乌龟来自一个地址:^_^!')
两只英文乌龟来自一个地址:^_^!
```

## 3.5.3 运算符优先级

在数学里加、减、乘、除等都存在运算优先级的问题，在 Python 语言里也一样。表 3.3 所示为运算符优先级。

表 3.3 运算符优先级

| 优先级顺序 | 运 算 符 | 运算符名称 |
|---|---|---|
| 1 | ** | 指数 |
| 2 | ~、+、- | 按位翻转，数前的正号、负号 |
| 3 | *、/、%、// | 乘、除、取模、取整 |
| 4 | +、- | 加法、减法 |
| 5 | >>、<< | 右移、左移运算符 |
| 6 | & | 位与（AND）运算符 |
| 7 | ^\| | 位异或（XOR）位或（OR）运算符 |
| 8 | ==、!=、<、>、>=、<= | 比较运算符 |
| 9 | =、%=、/=、//=、-=、+=、*=、**= | 赋值运算符 |
| 10 | is、is not | 身份运算符 |
| 11 | in、not in | 成员运算符 |
| 12 | not、or、and | 逻辑运算符 |

可以通过小括号改变运算的优先顺序。

**示例**：复杂条件演示。

```
>>> if (3+5)/2**2<2 and 8 is range(1):          #小括号最优先执行
        print('YES!')
else:
        print('No!')
No!                                              #执行结果
```

上述 if 判断条件里的运算顺序为：

（1）计算(3+5)和 2**2。

（2）计算/和<。

（3）计算 8 is range(1)。

（4）计算 and。

and 左边计算结果 2<2 为 False，所以执行 else 里的 print('No!')。

## 3.6 案例［三酷猫核算收入］

2.5 节利用变量实现了简单记账功能，这里继续对三酷猫记账功能进行提高。三酷猫钓鱼预计收入记录表如表 3.4 所示。

表 3.4　三酷猫钓鱼预计收入表

| 水产品名称 | 数量 | 单价（元） |
| --- | --- | --- |
| 鲫鱼 | 5 | 8 |
| 鲤鱼 | 8 | 5 |
| 鲢鱼 | 7 | 3 |
| 草鱼 | 2 | 2 |
| 黑鱼 | 6 | 9 |
| 乌龟 | 1 | 8 |

（1）利用字符串变量分别记录对应水产品名称数量和单价。

（2）利用循环语句实现所有水产品金额和数量统计。

（3）打印统计结果。

［案例 3.4］CheckIncome.py

```
#三酷猫钓鱼核算收入，Python 3.6.3 版本下执行
fish_record='鲫鱼 5 条、鲤鱼 8 条、鲢鱼 7 条、草鱼 2 条、黑鱼 6 条、乌龟 1 只'
fish_price='8、5、3、2、9、8'                      #单位：元
num1=0
sum1=0
Amount=0
i=0
while i<len(fish_price)/2:
```

```
            num1=int(fish_record[2+i*5])
            sum1=sum1+num1                          #水产品数量累计
            Amount=Amount+int(fish_price[i*2])*num1  #收入累计
            i+=1                                     #循环增1控制语句
print('三酷猫钓上水产品数为%d，预计收入%d 元。'%(sum1,Amount))
#==================================================执行结果如下
三酷猫钓上水产品数为 29，预计收入 167 元。
```

📖 **说明**

（1）案例 3.4 采用循环语句后，比案例 2.2 代码控制明显灵活。
（2）用字符串处理财务记录内容，存在诸多问题，后续将继续改进记账功能。

## 3.7 习题及实验

**1．判断题**

（1）if 语句、while 语句、for 语句都可以代码嵌套编程。（   ）
（2）成员符号 in 和 for 语句里的 in 返回结果类型一样。（   ）
（3）+、-、*、/、<、>、and、or 运算符号，是按照优先级从高到低的顺序排列的。（   ）
（4）if true: print('OK')#该语句语法正确。（   ）
（5）range(10)函数是一个数字序列函数。（   ）

**2．填空题**

（1）在编程中，逻辑判断的用（   ）语句，集合迭代判断循环的用（   ）语句，用循环控制语句控制的用（   ）语句。
（2）在循环语句中，跳出循环控制的用（   ）语句；跳回循环开始位置的用（   ）语句。
（3）for 循环的 in 迭代集合，可以是（   ）、字符串、（   ）（   ）、字典。
（4）在内存中用于判断变量是否为同一个变量地址的用（   ）运算符，用于判断某一个变量是否属于某一个集合成员的用（   ）运算符。
（5）运算符号"//"优先级别（   ）于"is"，"~"优先级别（   ）于"**"。

**3．实验一：求 10 的因数**

**实验要求：**

（1）用 for 循环。
（2）把求得的因数存放于一个字符串上。
（3）把 10 的所有因数累加求和。
（4）打印 10 的所有的因数和因数累加和。
（5）编写实验报告。

**4．实验二：文本字符统计**

请结合 ASCII 表统计下列内容的英文字母、汉字、数字、符号的数量：
text='中国+china2017 是-*/OK 很难 a 也不难'

**实验要求：**

（1）用循环语句判断统计。

（2）打印英文字母、汉字、数字、符号统计结果。

（3）编写实验报告。

# 第 4 章
## 列表与元组

通过前面几章的学习,读者体会到了字符串结构带来的好处,可以用它结合下标、循环语句、分支判断语句等更灵活地处理相关记录内容。但是,字符串结构类型也存在很多缺点。例如:

(1) 无法对字符串中的每个字符进行直接修改操作。

无法对类似 str='鲫鱼 5 条、鲤鱼 8 条…'的每个字符进行直接修改,必须通过截取子串、再组合的方法,才能更换字符串里的内容。操作很不方便。Str[2]='8',是不允许的。

(2) 数字处理严格受限。

在字符串内容更加复杂的情况下,如 Str='鲫鱼单价 8.5 元、鲤鱼单价 6 元、鲢鱼单价 10.5 元',对单价进行下标获取将非常困难,而且运算过程将变得低效。

(3) 字符串里相关记录内容无法很好区分数据类型。

对 str='鲫鱼 5 条、单价 8.5 元、鲤鱼 8 条、单价 6 元、鲢鱼 7 条、单价 10.5 元',如果用该字符串进行编程统计核算,程序员将会崩溃——太难了!

显然,处理这么复杂的记录内容,都让字符串去解决问题是不科学的。由此本章引入新的带结构的数据类型:列表、元组。

### 学习重点

- 接触列表
- 基于列表算法
- 元组
- 案例[三酷猫钓鱼花样大统计]

# 4.1 接触列表

列表（List）是 Python 语言显著区别于其他语言的一种数据结构，其设计得更加灵活性，可以弥补字符串本身的各种缺陷。

## 4.1.1 列表基本知识

**定义 1：列表（List）**，是可变的序列，也是一种可以存储各种数据类型的集合，用中括号（[]）表示列表的开始和结束，元素之间用逗号（,）分隔。列表中每个元素提供一个对应的下标。

**1．列表的基本格式表示**

```
>>> []                                          #空列表
[]
>>> test1=[]                                    #定义空列表变量
>>> len(test1)                                  #检查空列表长度（元素个数）
0                                               #空列表元素个数为 0
>>> test2=[1]                                   #定义带一个元素列表的变量
>>> len(test2)                                  #检查 test2 列表的元素个数
1                                               #test2 有一个元素
>>> test3=[1,2]                                 #定义两个元素的列表变量
>>> print(test3)                                #打印 test3 列表
[1, 2]                                          #打印 test3 执行结果
```

**2．列表的不同数据类型元素成员**

```
>>> testn=[1,2,3,4]                             #列表集合元素都为整数类型
>>> len(testn)                                  #检查元素个数
4                                               #testn 元素个数为 4 个
>>> tests=['Tom','John','Jim']                  #列表集合元素都为字符串
>>> len(tests)                                  #检查元素个数
3                                               #tests 元素个数为 3 个
>>> testx=['鲫鱼',5,8.5,'鲤鱼',8,6,'鲢鱼',7,10.5]  #综合数据类型元素
>>> len(testx)                                  #检查元素个数
9                                               #testx 元素个数为 9 个
>>> testx1=[1,2,3,tests]                        #列表元素可以是列表
>>> len(testx1)                                 #检查元素个数
4                                               #testx1 元素个数为 4 个
>>> print(testx1)                               #打印 testx1 列表
[1, 2, 3, ['Tom', 'John', 'Jim']]               #testx1 执行打印结果
```

**3．列表的下标**

列表的下标也从 0 开始表示，如 testx1 列表集合的元素与下标的对应关系如图 4.1 所示。

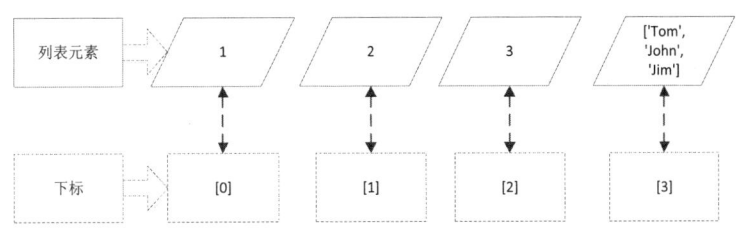

图 4.1 列表集合元素与下标对应关系

```
>>> testx1[0]          #图 4.1 testx1 取第一个下标对应的元素
1                      #0 下标对应的列表集合元素是 1
```

### 4．列表基本操作

列表支持对集合元素进行增加、查找、修改、删除、合并操作等，其详细支持方法如表 4.1 所示。

Python 语言中的方法概念来自类的定义，详细内容见第 7 章。这里使用列表的方法，只需要记住用点号（.）把列表名和方法进行连接即可。IDLE 工具里的使用技巧如图 4.2 所示，先输入列表变量名称，然后输入"."稍等几秒钟，IDLE 代码编辑器就会把列表相关的所有方法名称罗列出来，读者可以通过键盘的"↑""↓"键移动定位到所需要的方法名处，最后按 Enter 键选择相关方法。当然，对列表方法熟悉了，则可以直接输入方法名，而无须等 IDLE 感应，再去选择。

表 4.1 列表基本操作方法

| 方法名称 | 方法功能描述 |
| --- | --- |
| append | 在列表尾部增加元素 |
| clear | 列表清空 |
| copy | 复制生成另外一个列表 |
| count | 统计指定元素个数 |
| extend | 两个列表元素合并 |
| index | 返回指定元素的下标 |
| insert | 在指定位置插入新元素 |
| pop | 删除并返回指定下标对应的元素 |
| remove | 删除列表中指定元素 |
| reverse | 反转列表元素顺序 |
| sort | 对列表元素进行排序 |

若想进一步知道列表某一方法的用处，则可以用以下方法获取帮助。

```
>>> help(list1.append)    #按 Enter 键后，显示的是英文帮助
```

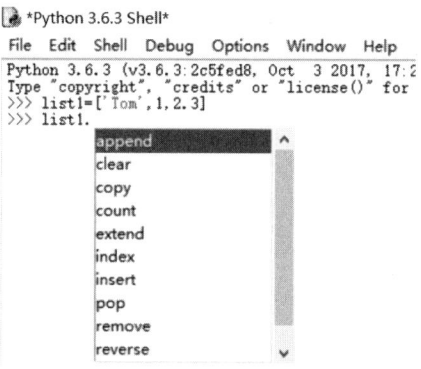

图 4.2　列表相关方法使用技巧

## 4.1.2　列表元素增加

列表提供 append()方法、insert()方法增加列表元素。

**1．append()方法**

在列表已经存在元素的情况下，如果需要在列表尾部新增元素，可以采用如下方法进行：

```
>>> fruits=['apple',5,'peach',2,'watermelon',15.5]      #原有的列表
>>> fruits.append('pear')
#用 fruits 列表对象自带的 append()方法增加新元素
>>> fruits.append(3.2)                                  #增加浮点数元素
>>> print(fruits)                                       #打印新增元素后的 fruits 列表
['apple', 5, 'peach', 2, 'watermelon', 15.5, 'pear', 3.2]   #打印结果
```

上述代码利用 fruits 列表自带的 append()方法，增加了一个字符串元素和一个浮点数元素。

**2．insert()方法**

append()方法只能在列表的最后增加元素，列表自带 insert()方法可以在任意指定位置增加元素。在上面代码的基础上继续执行如下代码：

```
>>> fruits.insert(0,'starfruit')                        #在 fruits 列表第一个位置插入新元素
>>> fruits.insert(1,6.8)                                #在 fruits 列表第二个位置插入新元素
>>> print(fruits)                                       #打印新插入两个元素后的 fruits 列表
['starfruit',6.8, 'apple', 5, 'peach', 2, 'watermelon', 15.5, 'pear', 3.2]
```

insert()方法的第一个参数为需要插入列表位置的下标，第二个为指定新增元素值。

## 4.1.3　列表元素查找

列表可以通过 index()方法、in 成员运算、下标、切片查找相应的元素信息。

**1．用 index()方法查找元素**

index ()方法使用格式为 L.index(value,[start[,stop]])。其中，L 代表列表对象，value 代表需要在列表 L 查找的元素，start 代表在列表里开始查找的下标数，stop 代表查找结束的下标数，带中括号代表 start、stop 参数可选。若查到元素，则返回第一个找到的元素（在相同元素存在多个的情况下）；若没有找到，则返回"ValueError…"出错信息。

```
>>> list1=['Tom',1,2.3,1]
>>> list1.index('Tom')                  #在列表里查找元素 Tom
0                                       #Tom 在列表 list1 里的下标是 0
>>> list1.index(1)                      #在列表里查找元素 1
1                                       #1 在列表 list1 里的下标是 1，这里只查第一个
>>> list1.index(1,2)                    #从下标 2 开始找 1 元素
3                                       #元素 1 在下标 3 处
>>> list1.index('a')                    #在列表中找不存在的元素 a，显示出错信息
Traceback (most recent call last):
    File "<pyshell#11>", line 1, in <module>
        list1.index('a')
ValueError: 'a' is not in list
```

**2．in 成员运算判断**

若只想知道指定元素是否在列表里，则可以用 in 成员运算符做简单判断。

```
>>> list1=['Tom',1,2.3,1]
>>> 'a' in list1                        #做成员运算判断
False                                   #返回 False，代表 a 不在列表 list1 里
```

用 in 判断的好处是，不会产生出错信息。

**3．用下标读取对应的元素**

```
>>> list1=['Tom',1,2.3,1]
>>>list1[2]                             #通过指定下标，读取对应的元素
2.3                                     #读取结果
```

**4．切片读取**

```
>>> list1=['Tom',1,2.3,1]
>>> list1[1:]                           #切片截取从下标 1 开始的列表元素
[1, 2.3, 1]                             #切片结果
```

### 4.1.4　列表元素修改

列表可以通过指定下标，对对应的元素进行赋值修改。

```
>>> list1=['Tom',1,2.3,1]
>>> list1[3]=2                          #对下标为 3 的元素进行修改
>>> print(list1)                        #打印修改后的列表
['Tom', 1, 2.3, 2]                      #下标 3 对应的元素从"1"改为了"2"
```

与字符串相比，列表元素具有可修改特点，使其具有了更大的操作灵活性。

```
>>> list1=['Tom',1,2.3,2]
>>> list1[3]='元'                        #下标 3 的元素从"2"改为"元"
>>> list1                               #执行 list1 变量
['Tom', 1, 2.3, '元']                    #显示已经修改完的新元素
```

### 4.1.5　列表元素删除

列表提供了 clear()方法、pop()方法、remove()方法并支持 del 函数，实现对列表元素的删除操作。

### 1．clear()方法

列表的 clear()方法清除列表对象里的所有元素，列表对象变成空列表。

```
>>> listColor=['red',1,'green',2,'yellow',3]
>>> len(listColor)                    #获取 listColor 元素个数
6                                     #执行结果为 6
>>> listColor.clear()                 #清除 listColor 对象所有元素
>>> print(listColor)                  #打印清除后的 listColor
[]                                    #执行结果为空列表
>>> len(listColor)                    #获取 listColor 元素个数
0                                     #执行结果为 0
```

### 2．pop()方法

pop()方法使用格式为 L.pop([index])。其中，L 代表列表对象，index 为可选参数，当指定该参数时，在指定参数下标处弹出对应元素并删除该元素；当不指定该参数时，pop()方法默认从列表尾部弹出并删除一个元素。

```
>>> listpop=['球 1','球 2','球 3']
>>> get_one=listpop.pop()             #pop()默认列表尾部操作
>>> print(get_one,' ',listpop)        #打印弹出元素和删除后的列表元素
球 3   ['球 1', '球 2']                #弹出"球 3"，列表里删除了"球 3"
>>> get_one=listpop.pop(0)            #弹出并删除第一个元素
>>> print(get_one,' ',listpop)        #打印弹出元素和删除后的列表元素
球 1   ['球 2']                        #弹出"球 1"，列表里删除了"球 1"
>>> listpop.pop(2)                    #在 listpop 里试图弹出不存在的元素
Traceback (most recent call last):    #第二个元素不存在出错提示
    File "<pyshell#14>", line 1, in <module>
        listpop.pop(2)
IndexError: pop index out of range
```

在实际应用环境下，发生英文出错提示，显然是个糟糕的现象，应该杜绝这种情况的发生。

### 3．remove()方法

remove()方法使用格式为 L.remove(value)。其中，L 代表列表对象，value 为需要删除的元素。当需要删除的列表元素具有多个时，一次只能删除左边第一个。

```
>>> listpop=['球 1','球 2','球 3','球 2']      #元素"球 2"有两个
>>> listpop.remove('球 2')                    #删除左边第一个元素"球 2"
>>> print(listpop)                            #打印 listpop
['球 1', '球 3', '球 2']                      #删除左边第一个元素"球 2"后结果
```

若指定删除元素在列表中不存在，则返回英文出错信息。

### 4．del 函数

Python 语言里的 del 函数具有强大的对象删除功能，它也可以用来删除列表里指定的元素，甚至把整个列表对象予以删除。

```
>>> listpop=['球 1','球 2','球 3','球 2']
```

```
>>> del(listpop[2])                    #删除下标为 2 的列表
>>> print(listpop)                     #打印 listpop 对象
['球 1', '球 2', '球 2']                #删除"球 3"后的 listpop 列表元素
>>> del listpop                        #删除 listpop 列表对象
>>> listpop                            #调用 listpop 对象
Traceback (most recent call last):     #调用出错信息显示 listpop 没有被定义
    File "<pyshell#38>", line 1, in <module>
Listpop
NameError: name 'listpop' is not defined
```

从以上代码可以知道,一旦元素或列表对象被删除,将无法继续使用它。

### 4.1.6 列表元素合并

对于两个列表对象的合并,可以通过列表对象提供的 extend()方法进行。

```
>>> team1=['张三','李四','王五']         #列表 team1
>>> team2=['Tom','Jack','John']         #列表 team2
>>> team1.extend(team2)                 #把列表 team2 合并到列表 team1 中
>>> print(team1)                        #打印合并后的 team1
['张三', '李四', '王五', 'Tom', 'Jack', 'John']   #合并后的列表 team1 结果
```

要合并两个列表元素,也可以直接采用如下方法:

```
>>> team1=['张三','李四','王五']         #列表 team1
>>> team2=['Tom','Jack','John']         #列表 team2
>>> id(team1)                           #获取 team1 的内存地址号
59187648                                #合并前 team1 内存地址号
>>> team1=team1+team2                   #用加号直接把两个列表合并,并赋值给 team1
>>> id(team1)                           #获取合并后 team1 的内存地址号
59074840                                #合并后 team1 内存地址号
>>> print(team1)                        #打印合并后的 team1 对象元素
['张三', '李四', '王五', 'Tom', 'Jack', 'John']   #合并后的结果
```

采用直接"+"合并,并赋值给 team1 的方法,会导致 team1 在内存中的地址号的改变,这说明 team1 合并后被重新定义了,不是合并前的列表对象了。

而采用列表 extend()方法,不会导致 team1 对象内存地址号的变化。

但是这两种方法都导致了 team1 元素个数的变化。

> 📢 **注意**
> 
> 在编程过程中要注意上述区别和变化。细微的区别,在连续代码编写过程,往往会产生不同的执行结果。

### 4.1.7 列表元素排序

列表元素提供了 sort()排序方法。

**定义 2**：**排序（Sort）**，按照次序分增序和减序（又叫升序、降序）；**增序**一般根据 ASCII 码由小到大对字符、数字等进行排序，如 0->1->3->7->10；**减序**一般根据 ASCII 码由大到小对字符、数字等进行排序，如's'<-'m'<-'d'<-'b'<-'a'。

sort()方法使用格式为 L.sort(key=None, reverse=False)。其中，L 为列表对象；key 为可选参数，用于指定在作比较之前，调用何种函数对列表元素进行处理，如 key=str.lower（**lower** 为大写字母转为小写字母函数），代表先把所有元素字母从大写转换成小写；reverse 为可选参数，默认情况下 sort()方法为增序排序，若 reverse=True，则为减序排序。

**示例一**：用 sort()方法实现增序、减序排列

```
>>> fruit=['banana','pear','apple','peach']
>>> fruit_l=fruit.copy()                    #复制新列表 fruit_l
>>> fruit_l.sort()                          #对新列表元素进行增序排序
>>> print(fruit_l)                          #打印增序排序，其排序结果是永久性
['apple', 'banana', 'peach', 'pear']        #元素之间，首字母从小到大排序，增序
>>> fruit_h=fruit.copy()                    #复制新列表 fruit_h
>>> fruit_h.sort(reverse=True)              #对新列表元素进行减序排序
>>> print(fruit_h)                          #打印减序排序，其排序结果是永久性
['pear', 'peach', 'banana', 'apple']        #元素之间，首字母从大到小排序，减序
```

最后一条'pear''peach'之间，减序排序判断过程为，第一个字母"p" ASCII 码相等，然后比较第二个字母"e"、第三个字母"a"，一直比较到第四个字母，因为"r"的 ASCII 码大于"c"的 ASCII 码，所以，最后在减序排序规则的情况下，'pear'排前，'peach'排后。

📖 **说明**

如果不想改变原有列表，则可以采用 **sorted 函数**，对列表对象直接排序。sorted 函数也可用于元组、字典等的排序。

**示例二**：通过 key 参数影响 sort()排序规则

采用 key=str.lower 方法，让列表所有字符串，统一采用小写字母进行比较。

```
>>> listA=['Tom','tim','john','Jack']       #元素首字母带大、小写的列表
>>> listA1=listA.copy()                     #复制一个新列表 listA1
>>> listA1.sort()                           #对 listA1 元素进行默认排序
>>> print(listA1)                           #打印 listA1 排序结果
['Jack', 'Tom', 'john', 'tim']              #执行排序结果，大写字母在前
>>> listB=listA.copy()                      #复制一个新列表 listB
>>> listB.sort(key=str.lower)               #先把大写转为小写，再进行排序
>>> print(listB)                            #打印 listB 排序结果
['Jack', 'john', 'tim', 'Tom']              #按照小写字母进行比较和增序排序
```

### 4.1.8 列表其他操作方法

Python 语言还为列表对象提供了 copy()、count()、reverse()方法，并提供了基于列表的解析方法。

**1. copy()方法**

copy()方法使用格式为 L.copy()。其中，L 代表列表对象，通过 copy()方法实现 L 列表对象在内存中的复制，形成新的列表对象。

```
>>>vegetable=['白菜','萝卜','青菜','芹菜','花菜','白菜']
>>>id(vegetable)                    #获取 vegetable 在内存中的地址
42718272                            #获得的地址
>>>new_vege=vegetable.copy()        #复制 vegetable 对象到 new_vege 对象
>>>id(new_vege)                     #获取 new_vege 在内存中的地址
42718112                            #获得的新地址
```

由此可见，通过 copy()方法新生成的列表，它的内存地址与原先列表地址不一样。因此可以确定，通过 copy()方法得到的是一个新的列表对象。这与下述通过赋值产生的列表对象是有明显区别的。在上述代码基础上继续执行下列代码：

```
>>>same_list=vegetable              #把 vegetable 直接赋给 same_list
>>>id(same_list)                    #获得 same_list 的内存地址
42718272                            #获得的地址
```

读者会发现通过赋值方法,把原先的 vegetable 赋给 same_list 后,它们在内存中的地址都为 42718272，说明采用赋值方法得到的列表变量与原先列表变量都指向同一个地址，也就是它们是同一变量，只不过名称不一样。

**2. count()方法**

count()方法使用格式为 L.count(e)。其中，L 代表列表对象，e 代表需要统计的元素。通过 count()方法实现对列表指定元素个数的统计。

```
>>>vegetable=['白菜','萝卜','青菜','芹菜','花菜','白菜']
>>>vegetable.count('白菜')          #统计白菜的数量
2                                   #白菜数量为 2
```

**3. reverse()方法**

reverse()方法使用格式为 L.reverse()。其中，L 代表列表对象。通过 reverse()方法实现对列表 L 元素的永久性反向记录。

**示例一**：实现列表中数字元素反向记录

```
>>> l_to_m=[9,8,7,6,5,4,2,1]
>>> print(l_to_m)
[9, 8, 7, 6, 5, 4, 2, 1]
>>> l_to_m.reverse()                #反向 l_to_m 中的所有元素
>>> print(l_to_m)                   #打印反向后的 l_to_m
[1, 2, 4, 5, 6, 7, 8, 9]            #执行结果
```

**示例二**：实现列表中字符串元素反向记录

```
>>> fruit=['banana','pear','apple','peach']
>>> fruit.reverse()                 #反向 fruit 中的所有元素
>>> print(fruit)                    #打印反向后的 fruit
['peach', 'apple', 'pear', 'banana'] #执行结果
```

## 注意

列表做反向操作前后，列表对应的地址不变。可以通过 id() 来确认。

### 4. 列表解析

Python 语言还为列表提供了基于列表本身的元素操作语句解析功能。

语法如下：

[expression for iter_val in iterable]
[expression for iter_val in iterable if cond_expr]

说明：expression 为基于元素的运算表达式，如 i**2，对每个元素求平方；iter_val 为从列表 iterable 迭代获取的元素 i；if 子句判断元素，cond_expr 为判断元素的表达式。

**示例一**：对集合 0…10 中，除了 0 外，其他元素做平方运算

```
>>> Nums=[i**2 for i in range(11) if i>0]    #一行代码，就可以解决上述运算要求
>>> print(Nums)                               #打印运算后的 Nums 对象
[1, 4, 9, 16, 25, 36, 49, 64, 81, 100]        #运算结果
```

上述代码的优点：代码简练。但有些专家建议不推荐该方式的编程，理由如下。

（1）在计算过程中若发生出错，调试不方便。

（2）该风格的代码比较另类，不常见。

**示例二**：等价一般代码实现

```
>>> Nums=[]                        #定义空列表 Nums
>>> for i in range(1,11):          #循环获取 1~10 的元素
        Nums.append(i**2)          #对获取的每个元素求平方，存入列表
>>> print(Nums)                    #打印 Nums 对象
[1, 4, 9, 16, 25, 36, 49, 64, 81, 100]    #求平方结果
```

## 4.2 基于列表算法

本节将利用列表对象相比字符串对象具有更大的灵活性，来实现三酷猫更高的钓鱼记录的操作要求。

### 4.2.1 案例［三酷猫列表记账］

3.6 节三酷猫所记录的单价，不能考虑带小数点的或超过 1 位的数字，不然统计字符串里的内容将非常复杂。通过学习列表，三酷猫可以更加灵活、更加真实地记录它每天钓鱼的数量。记录内容如表 4.2 所示。

操作需求：

（1）用列表对象记录三酷猫每天钓鱼的种类和数量。

（2）统计三酷猫所钓水产品的总数量和预计收获金额。

（3）打印财务报表一张。

表 4.2　三酷猫钓鱼记录

| 钓鱼日期 | 水产品名称 | 数量（条） | 市场预计单价（元） |
|---|---|---|---|
| 1月1日 | 鲫鱼 | 18 | 10.5 |
| 1月1日 | 鲤鱼 | 8 | 6.2 |
| 1月1日 | 鲢鱼 | 7 | 4.7 |
| 1月2日 | 草鱼 | 2 | 7.2 |
| 1月2日 | 鲫鱼 | 3 | 12 |
| 1月2日 | 黑鱼 | 6 | 15 |
| 1月3日 | 乌龟 | 1 | 71 |
| 1月3日 | 鲫鱼 | 1 | 9.8 |

[案例 4.1] ListBookkeeping.py

```
#三酷猫列表记账，Python 3.6.3 版本下执行
nums=0                                      #统计数量变量
amount=0                                    #统计金额变量
i=0                                         #循环控制变量
fish_records=['1 月 1 日','鲫鱼',18,10.5,'1 月 1 日','鲤鱼',8,6.2,'1 月 1 日','鲢鱼',7,4.7,'1 月 2 日','草鱼',2,7.2,'1
月 2 日','鲫鱼',3,12,'1 月 2 日','黑鱼',6,15,'1 月 3 日','乌龟',1,71,'1 月 3 日','鲫鱼',1,9.8]
                                            #列表对象记录三酷猫钓鱼内容
print('钓鱼日期名称数量单价(元)')
print('---------------------------')
while i<len(fish_records):
    nums=nums+fish_records[i+2]             #累计数量
    amount=amount+fish_records[i+2]*fish_records[i+3]   #累计金额
    print('%s,%s,%.2f,%.2f' % (fish_records[i],fish_records[i+1],fish_records[i+2],fish_records[i+3]))
    i=i+4                                   #循环控制
print('---------------------------')
print('        总数:%d,总金额%.2f 元' % (nums,amount))
#==============================================执行结果如下
钓鱼日期名称数量单价(元)
---------------------------
1月1日 ，鲫鱼 ,18 , 10.50
1月1日 ，鲤鱼 ,8 , 6.20
1月1日 ，鲢鱼 ,7 , 4.70
1月2日 ，草鱼 ,2 , 7.20
1月2日 ，鲫鱼 ,3 , 12.00
1月2日 ，黑鱼 ,6 , 15.00
1月3日 ，乌龟 ,1 , 71.00
1月3日 ，鲫鱼 ,1 , 9.80
---------------------------
总数:46,总金额 492.70 元
```

读者可以把这段代码与3.6节的代码实现效果进行比较，会发现列表至少有以下几点优势。

（1）列表存储元素更加灵活，可以独立存储字符串、数字等类型的数据。

（2）避免字符串转化问题。

（3）循环统计更加简单、灵活。

### 4.2.2 案例［三酷猫冒泡法排序］

三酷猫在钓鱼记账过程中发现记录的内容有点混乱，看着不舒服，于是它想按照钓鱼的数量从少到多的顺序对原先记录内容进行重新排序。

**定义3：冒泡排序**[1]（**Bubble Sort**），通过不断调整排序元素的次序，实现集合元素从小到大的排序过程。

**1. 冒泡排序过程**

（1）取左边第一个元素，然后与后面的元素进行比较，若发现后面的元素比第一个元素小，则交换位置，继续往后比较，一直比较调整到最后一个元素，该元素为最大的元素。

（2）再取第一个元素，根据第一步依次比较、调整，直至倒数第二个停止；其他元素都依次循环比较、调整，每次循环多减一次，$n-m$（$n$为集合长度，$m$为每循环一次，增加1，$m$从0开始）。

（3）所有元素比较、调整完毕，完成集合元素增序排序。

**2. 冒泡法排序示意图**

如图4.3所示为冒泡法排序示意图。

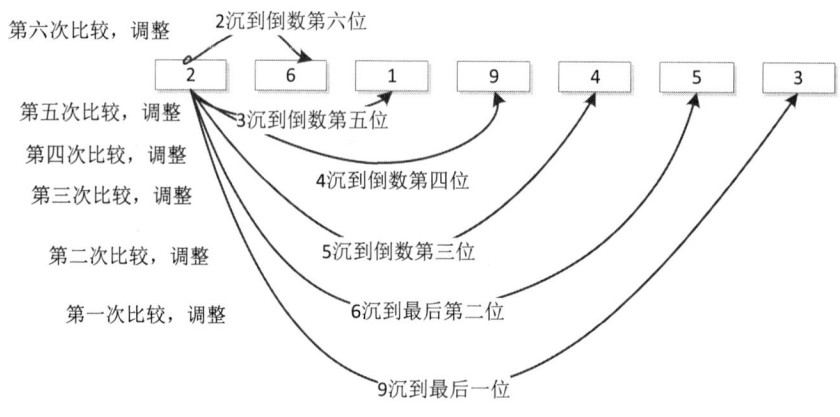

图4.3 冒泡法排序示意图

第一次比较、调整，把最大的9放到最后一个位置。

第二次比较、调整，把剩余的最大数6放到倒数第二个位置。

以此类推，把最大数往集合尾部移动，把最小数往集合前面移动。从图形上看，好似鱼儿在河水里冒气泡，大气泡在下面，小气泡在上面，这就是所谓的冒泡法排序。

---

[1] 百度百科，冒泡排序，https://baike.baidu.com/item/冒泡排序

### 3. 三酷猫列表排序：采用冒泡法排序

三酷猫想对表 4.2 记录的内容按照数量从小到大进行一次排序，以更加方便地了解自己哪些天什么鱼钓得多，哪些鱼不好钓。这里采用冒泡法进行排序。为了直观起见，这里只对钓鱼的数量进行冒泡排序，其他相关内容去掉。

[案例 4.2] ListBubbleSort.py

```
fish_records=[18,8,7,2,3,6,1,1]              #表 4.2 里数量的原始顺序
i=0                                          #循环控制变量
compare=0                                    #比较元素初始值
fish_len=len(fish_records)                   #获取列表长度
while i<fish_len:
    j=1                                      #循环控制变量
    while j<fish_len-i:                      #循环一遍，长度减 1
        if fish_records[j-1]>fish_records[j]:#比较前后两元素哪个大
            compare=fish_records[j-1]        #前一个大的放到临时比较变量里
            fish_records[j-1]=fish_records[j]#把小的元素放到前面
            fish_records[j]=compare          #把临时变量里的大元素放到后面
        j+=1                                 #内循环控制变量加 1
    i+=1                                     #外循环控制变量加 1
print(fish_records)                          #打印冒泡排序结果
#==============================输出结果，为从小到大的增序集合
[1, 1, 2, 3, 6, 7, 8, 18]
```

## 4.2.3 案例[三酷猫二分法查找]

针对列表记录的钓鱼内容，三酷猫有很多种方法进行相关内容查找。但是，不同查找方法，算法不同，同时查找速度也会不一样。这里主要介绍二分查找法，并与线性查找法进行比较。

**定义 4**：**二分法查找（Binary Search）**，指在有序集合里，对集合下标范围通过取中位法获取对应的元素值，进行叠代查找比较，直至找到所需要的元素。如 Set1[1...N]，（1...N 为集合元素下标顺序值）先取一个下标中位值 $K_1=(1+N)/2$，获取 Set1[$K_1$]值与查找对象 M 进行比较。若 Set1[$K_1$]等于 M，则查找成功，返回查找位置；若 Set1[$K_1$]小于 M，则在[K+1,N]区间里再取中位值，进行查找比较；若 Set1[$K_1$]大于 M，则在[1,K-1]区间里再取中位值，进行查找比较。通过不断缩小查找区间范围，可以快速获取所需要查找的值。

### 1. 三酷猫二分法查找

[案例 4.3] ListBinarySearch.py

```
fish_records=[1,1,2,3,6,7,8,18]              #排序后的钓鱼数量记录
low=0                                        #查找范围下界
high=len(fish_records)-1                     #查找范围上界
find_value=7                                 #要寻找的值，可以灵活调整
find_OK=False                                #是否找到标志，True 为找到
```

```
i=1                                              #统计在列表里的查找次数
while low<=high:
    middle=int((low+high)/2)                     #用int取整数，避免浮点数问题的发生
    if find_value==fish_records[middle]:         #找到时
        find_OK=True                             #设置找到标志为True
        break
    elif find_value>fish_records[middle]:        #没有找到，要找的值范围大于中位值时
        low=middle+1                             #范围在middle+1和high之间
    elif find_value<fish_records[middle]:        #没有找到，要找的值范围小于中位值时
        high=middle-1                            #范围在low和middle-1之间
    i+=1                                         #统计在列表里的查找次数
if find_OK:                                      #判断是否找到，并打印相应结果
    print("%d在列表下标%d处,找了%d次."%(find_value,middle,i))
else:
    print('要找的数%d没有!找了%d次.'%(find_value,i))
#==============================寻找结果
7在列表下标5处,找了2次.
```

上述代码运算示意图如图4.4所示。

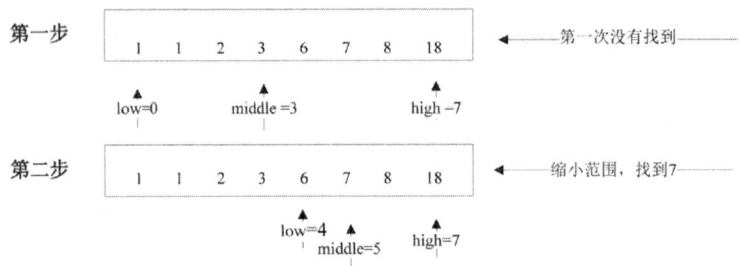

图4.4 二分法查找运算示意图

**2．二分法查找分析**

（1）二分法查找的前提条件：集合中的元素必须进行排序，否则失去了二分法查找的意义。

（2）二分法查找效率较高。要说二分法查找效率较高，是相对而言的。如采用线性查找方法对同样的列表[1,1,2,3,6,7,8,18]，从左到右查找7，则需要比较查找6次；而二分法只需要2次，查找速度明显比线性查找法要快。

## 📖 说明

学习算法提示：
（1）要成为编程高手，算法锻炼是必须的！它能反映编程高手和低手的差距！
（2）高质量的算法，造就高质量的程序！
（3）学过数据库的程序员，应该可以敏锐地意识到排序、查找算法是数据库的一项重要技术。
（4）列表本身提供了排序方法sort()，程序员也可以拿过来直接使用。

## 4.2.4 案例[三酷猫列表统计]

三酷猫有一天心血来潮,想对自己钓鱼的数量进行偶数统计,凡是记录数量为偶数的都累计,并按日为单位进行统计,最后打印统计结果。原始记录数据如表 4.2 所示。

[案例 4.4] ListStat.py

```
fish_records=['1月1日','鲫鱼',18,10.5,'1月1日','鲤鱼',8,6.2,'1月1日','鲢鱼',7,4.7,'1月2日','草鱼',2,7.2,'1月2日','鲫鱼',3,12,'1月2日','黑鱼',6,15,'1月3日','乌龟',1,71,'1月3日','鲫鱼',1,9.8]
    stat_list=['1月1日','',0,0]              #用于统计记录
    j=0                                      #循环控制变量
    while j<len(fish_records):
        get_list=fish_records[j:j+4]         #获取新的比较记录
        if get_list[0]==stat_list[0]:        #同一个日期统计
            if get_list[2]%2==0:             #能被2整除,是偶数
                stat_list[2]+=get_list[2]    #统计当日的偶数累计数
            print(get_list)                  #打印同日钓鱼记录
        else:
            print('%s,偶数累计为%d'%(stat_list[0],stat_list[2]))
            stat_list=get_list               #获取新日期的初始累计
            print(get_list)                  #打印新同日第一条钓鱼记录
            stat_list[1]=''
            if get_list[2]%2!=0:             #新第一条记录如果不是偶数,则累计从0开始
                stat_list[2]=0
        j+=4
print('%s,偶数累计为%d'%(stat_list[0],stat_list[2]))
#打印最后一类累计情况
#=====================================分类统计结果如下
['1月1日', '鲫鱼', 18, 10.5]
['1月1日', '鲤鱼', 8, 6.2]
['1月1日', '鲢鱼', 7, 4.7]
1月1日,偶数累计为26
['1月2日', '草鱼', 2, 7.2]
['1月2日', '鲫鱼', 3, 12]
['1月2日', '黑鱼', 6, 15]
1月2日,偶数累计为8
['1月3日', '乌龟', 1, 71]
['1月3日', '鲫鱼', 1, 9.8]
1月3日,偶数累计为0
```

类似的分类统计,在各种统计报表中经常被用到。目前,主流的关系型数据库也提供类似的统计语句。

# 4.3 元　　组

元组（Tuple）类似列表，与列表的主要区别有以下两点。
（1）元组不能对其元素进行变动，而列表允许。
（2）元组用小括号表示（()），而列表用中括号（[]）表示。

## 4.3.1 元组基本知识

**定义 5：元组（Tuple）**，是不可变的序列，也是一种可以存储各种数据类型的集合，用小括号（()）表示元组的开始和结束，元素之间用逗号（,）分隔。

这里的不可变，包括不能对元组对象进行增加元素、变换元素位置、修改元素、删除元素操作。元组中每个元素提供对应的一个下标，下标从 0 开始，0、1、2…按顺序标注。

### 1. 元组的基本格式及用法

1）元组基本定义及使用

```
>>>()                      #空元组
>>>test1=()                #定义空元组变量
>>>len(test1)              #统计元组元素个数
0                          #统计结果为 0
```

多数据类型的、多元素、重复元素元组对象定义：

```
>>> test2=(1,2,2,'1','a')  #定义多元素、多数据类型、可重复的元组
>>> test2                  #执行元组变量 test2
(1, 2, 2, '1', 'a')        #显示元组变量的所有元素结果
```

2）一个元素的元组定义及使用

```
>>> test3=(1)              #给变量 test3 赋值
>>> type(test3)            #用 type 函数检查 test3 对象类型
<type 'int'>               #检查结果是整型
```

当给元组变量赋一个元素时，不能采用 test3=(1)。该赋值结果 Python 会把 1 两边的小括号当作数学公式中的小括号，其计算结果与 test3=1 是一样的。要给元组变量赋一个元素，并为了消除小括号歧义，需要采用如下方式：

```
>>>test3=('OK',)           #给 test3 变量赋一个元组元素，必须带逗号
>>>type(test3)             #用 type 函数检查 test3 对象类型
<type 'tuple'>             #检查结果是元组类型，符合赋值预期
>>> print(test3)           #打印 test3 对象
('OK',)                    #结果为带逗号的元组
```

> **注意**
>
> test3=(X,)方式给一个元组变量赋一个元素，是元组区别于其他结构数据类型的一个特例，必须牢牢记住，防止编程或考试时出错。

3）省略小括号的元组定义及使用

Python 语言为元组提供了一种特殊默认格式——省略小括号的元组。在变量或常量中间用逗号(,)分隔时,可以把这些看作是元组对象。也就是只要有逗号分隔,省略小括号情况下(同时要没有中括号、大括号),这些对象可以组合成一个元组对象。

```
>>> name,age='tom',19           #这里既是给变量连续赋值,也可以把它们看作是一个不带
                                 小括号的元组的赋值
>>> (name,age)                  #执行带变量的元组
('tom', 19)                     #元组执行结果
>>> name,age                    #执行不带小括号的元组
('tom', 19)                     #执行结果与上面带小括号的一样
>>> test4=('jack',10)           #定义元组变量 test4
>>> name1,age1=test4            #把 test4 所有元素赋给不带小括号的元组
>>> name1                       #执行变量 name1
'jack'                          #显示执行结果
>>> age1                        #执行变量 age1
10                              #显示执行结果
```

**2. 元组的基本操作**

元组的基本操作包括建立元组、删除元组、查找元素、合并元组、统计元素、转换元组等。注意,这里缺少列表具有的排序、元素修改、元素增加、元素删除操作功能。

元组操作实现可以分三部分:第一部分可以借助各种操作符号实现相关操作,如"+""="实现基本的定义、合并等操作;第二部分可以借助元组自带的方法实现相关操作,如表 4.3 所示;第三部分可以借助 Python 内置函数实现相关操作,如表 4.4 所示。

表 4.3 元组操作基本方法

| 方法名称 | 方法功能描述 |
| --- | --- |
| count | 统计指定元素个数 |
| index | 返回指定元素的下标 |

表 4.4 元组操作相关内置函数

| 函数名称 | 函数功能描述 |
| --- | --- |
| len | 统计元组元素个数 |
| max | 返回元组中最大值的元素 |
| min | 返回元组中最小值的元素 |
| tuple | 将列表转换为元组 |
| type | 返回对象类型 |
| del | 删除整个元组对象 |
| sum | 对元组对象的所有元素求和 |

## 4.3.2 元组操作实例

**1. 建立元组**

```
>>> select_nums=(1,2,3,4,5)
>>> select_Names=('中国','美国','英国','法国','俄罗斯')
```

```
>>> select_mix=('中国',1,'美国',2,'英国',3,'法国',4,'俄罗斯',5)
>>> select_nested=('排名',select_nums)          #元组作为元素
>>> print(select_nested)
('排名', (1, 2, 3, 4, 5))                       #元组嵌套元组结果
>>> list1=['OK']                                #定义列表
>>> select_nested1=('排名',select_nums,list1)   #列表作为元组的元素
>>> print(select_nested1)
('排名', (1, 2, 3, 4, 5), ['OK'])               #含列表的元组
```

以上元组的建立，说明元组可以接受各种数据类型的元素。

由于元组不支持对元素进行修改和增加，若需要增加元素，则可以采用重新定义元组对象的方法来实现。

```
>>> id(select_Names)                            #原先 select_Names 对象内存地址
42460528                                        #原先 select_Names 地址值
>>> select_Names=select_Names+('日本',)         #重新定义 select_Names 并加一个元素
>>> id(select_Names)                            #重新定义后 select_Names 对象内存地址
43001872                                        #地址与原先地址值不一样
>>> print(select_Names)                         #打印新 select_Names 对象
('中国', '美国', '英国', '法国', '俄罗斯', '日本')  #增加了"日本"
```

### 2．查找元素

查找元组中的元素，主要通过元组下标来实现。

```
>>> select_Names[0]                             #指定下标值，显示对应的元素
'中国'
>>> select_Names[:3]                            #采用下标切片方法，显示需要的元素
('中国', '美国', '英国')
```

**示例**：循环查找。其中，select_Names 采用上面代码执行结果。

```
>>> for get_name in select_Names:               #遍历 select_Names 对象元素
        if get_name=='法国':
            print('法国的下标是%d'%select_Names.index('法国'))
            break
法国的下标是3                                    #查找结果
```

### 📖 说明

这里纯粹为了演示循环查找技巧，其实可以通过 select_Names.index('法国')直接获取对应的下标值。加循环属于做无用功！唯一的好处：当找不到元素时，可以避免英文报错问题的发生。

### 3．删除元组

对元组的元素进行删除是不允许的。但可以通过 del 函数，实现对整个元组对象的删除。

```
>>> test1=(3,'TOme',[])                         #定义元组对象 test1
>>> del(test1)                                  #删除元组对象 test1
>>> id(test1)                                   #获取被删除的 test1 对象内存地址
Traceback (most recent call last):
```

```
    File "<pyshell#28>", line 1, in <module>
        id(test1)
NameError: name 'test1' is not defined          #显示 test1 未被定义，说明已经删除
```

**4．统计元素**

要统计元组对象的个数可以采用如下办法。

**示例一**：通过 count()方法直接统计。

```
>>> nums=(1,5,7,5,0,3,5)
>>> nums.count(5)                                #统计值为 5 的元素
3
```

**示例二**：通过 len 函数统计。

```
>>> len(nums)                                    #统计元组对象的元素个数
7
```

**示例三**：统计元组所有元素的累计和。

```
>>> nums=(1,5,7,5,0,3,5)
>>> sum1=0
>>> for add in nums:
        sum1=sum1+add
>>> print('元组和为:%d'%(sum1))
元组和为:26
```

**示例四**：利用 sum 函数直接对元组求和。

```
>>> nums=(1,5,7,5,0,3,5)
>>> sum(nums)                                    #利用 Python 内置函数 sum 求和
26
```

**5．合并元组**

```
>>> t1=(1,2,3)                                   #定义 t1 元组对象
>>> t2=(4,5,6)                                   #定义 t2 元组对象
>>> t3=t1+t2                                     #利用加号连接 t1、t2 元组，生成 t3
>>> print(t3)                                    #打印新生成的 t3 元组对象
(1, 2, 3, 4, 5, 6)                               #合并结果
```

**6．转换元组**

**示例一**：列表转换为元组。

```
>>> list1=['Tom','John','Tim']                   #定义列表变量 list1
>>> l_to_t=tuple(list1)                          #列表转为元组
>>> type(l_to_t)                                 #获取 l_to_t 对象的类型
<class 'tuple'>                                  #显示元组对象
```

**示例二**：元组转换为列表。

```
>>> t_to_l=list(l_to_t)                          #把元组转为列表对象，在示例一的基础上执行
>>> type(t_to_l)                                 #获取 t_to_l 对象类型
<class 'list'>                                   #显示列表对象
>>> print(t_to_l)                                #打印列表对象 t_to_l
['Tom', 'John', 'Tim']                           #显示列表对象 t_to_l 内容
```

## 4.4 案例［三酷猫钓鱼花样大统计］

三酷猫在晚上空闲时核对表4.2的记录内容，然后，需要对记账内容做如下处理。

1）详细出错内容如表4.5所示。

表4.5　三酷猫钓鱼记录

| 钓鱼日期 | 水产品名称 | 数量 | 市场预计单价（元） | 出错项 |
|---|---|---|---|---|
| 1月1日 | 鲫鱼 | 18 | 10.5 | 一条鲫鱼被野猫叼走，需调整 |
| 1月1日 | 鲤鱼 | 8 | 6.2 | |
| 1月1日 | 鲢鱼 | 7 | 4.7 | |
| 1月2日 | 草鱼 | 2 | 7.2 | |
| 1月2日 | 鲫鱼 | 3 | 12 | |
| 1月2日 | 黑鱼 | 6 | 15 | 黑鱼最新市场价格上浮10% |
| 1月3日 | 乌龟 | 1 | 71 | |
| 1月3日 | 鲫鱼 | 1 | 9.8 | |

2）三酷猫想根据水产品的名称，做实际数量、金额统计。

3）三酷猫仔细核对了一下三天的钓鱼成本，记录如下。

（1）三天吃饭成本为180元。

（2）购买鱼饵成本为20元。

（3）钓鱼工具折旧费三天1元（含钓杆、网兜、鱼桶、凳子、太阳帽）。

（4）预计销售额纳税成本，税率为5%。

4）根据预计销售额、成本，求纯利润。

［案例4.5］List_Tuple_Mix_Stat.py

```
fish_tuple=('鲫鱼','鲤鱼','鲢鱼','草鱼','黑鱼','乌龟')
fish_sum=[0,0,0,0,0,0,0,0,0,0,0,0]                    #记录每种水产品的数量和金额
fish_records=['1月1日','鲫鱼',18,10.5,'1月1日','鲤鱼',8,6.2,'1月1日','鲢鱼',7,4.7,'1月2日','草鱼',2,7.2,'1月2日','鲫鱼',3,12,'1月2日','黑鱼',6,15,'1月3日','乌龟',1,71,'1月3日','鲫鱼',1,9.8]
fish_records[2]-=1                                    #减去野猫叼走的那一条
#-------------------------------------------------修改黑鱼升值价格
i=1
fishs_len=len(fish_records)
while i<fishs_len:
    if fish_records[i]=='黑鱼':
        fish_records[i+2]=fish_records[i+2]*1.1       #黑鱼都升值10%
    i+=4                                              #循环变量控制
#-------------------------------------------------统计每种水产品的数量和金额
i=0
while i<fishs_len:
```

```
        if fish_tuple[0]==fish_records[i+1]:                    #统计鲫鱼
            fish_sum[0]+=fish_records[i+2]                      #记录数量
            fish_sum[1]+=fish_records[i+2]*fish_records[i+3]    #记录金额
        elif fish_tuple[1]==fish_records[i+1]:                  #统计鲤鱼
            fish_sum[2]+=fish_records[i+2]                      #记录数量
            fish_sum[3]+=fish_records[i+2]*fish_records[i+3]    #记录金额
        elif fish_tuple[2]==fish_records[i+1]:                  #统计鲢鱼
            fish_sum[4]+=fish_records[i+2]                      #记录数量
            fish_sum[5]+=fish_records[i+2]*fish_records[i+3]    #记录金额
        elif fish_tuple[3]==fish_records[i+1]:                  #统计草鱼
            fish_sum[6]+=fish_records[i+2]                      #记录数量
            fish_sum[7]+=fish_records[i+2]*fish_records[i+3]    #记录金额
        elif fish_tuple[4]==fish_records[i+1]:                  #统计黑鱼
            fish_sum[8]+=fish_records[i+2]                      #记录数量
            fish_sum[9]+=fish_records[i+2]*fish_records[i+3]    #记录金额
        elif fish_tuple[5]==fish_records[i+1]:                  #统计乌龟
            fish_sum[10]+=fish_records[i+2]                     #记录数量
            fish_sum[11]+=fish_records[i+2]*fish_records[i+3]   #记录金额
        i+=4                                                    #循环变量控制
j=0
amount=0                                                        #销售额初始化赋值
total_nums=0                                                    #总数量初始化赋值
while j<len(fish_sum):
    if j%2==0:
        total_nums+=fish_sum[j]
    else:
        amount+=fish_sum[j]
    j+=1

#-----------------------------------------------------------核算成本,求纯利润
cost=180+20+1+amount*0.05                                       #求成本
profit=amount-cost                                              #求纯利润
#-----------------------------------------------------------打印三酷猫花样统计结果
i=0
while i<len(fish_tuple):
    print('%s 总数是%d ,金额是%f'%(fish_tuple[i],fish_sum[i*2],fish_sum[i*2+1]))
    i+=1
print('-'*30)
print('三酷猫总共钓上%d 条水产品,预计销售额为%.2f 元,成本为%.2f 元,利润为%.2f 元'%(total_nums,amount,cost,profit))
#======================================执行结果如下
鲫鱼总数是 21 ,金额是 224.300000
鲤鱼总数是 8 ,金额是 49.600000
鲢鱼总数是 7 ,金额是 32.900000
草鱼总数是 2 ,金额是 14.400000
```

```
黑鱼总数是 6 ,金额是 99.000000
乌龟总数是 1 ,金额是 71.000000
-------------------------------------------------------------------
三酷猫总共钓上 45 条水产品,预计销售额为 491.20 元,成本为 225.56 元,利润为 265.64 元
```

## 4.5 习题及实验

**1. 判断题**

（1）列表的元素可以做增加、修改、排序、反转操作。（　　）
（2）字符串、列表、元组都可以通过下标对上述对象做切片操作。（　　）
（3）列表、元组都可以用 count() 方法统计集合元素个数。（　　）
（4）tuple1=()，tuple2=('中国')，tuple3=('中国',1,[]) 都是合法的元组变量赋值。（　　）
（5）list1=[1,3,3]，list1[2]=4；tuple1=(1,2,3)，tuple1[0]=0，都是合法的赋值。（　　）

**2. 填空题**

（1）列表是（　　）的序列，元组是（　　）的序列。
（2）对列表对象元素排序，可以采用（　　）编程方法、自带（　　）方法和（　　）函数法。
（3）对元组对象的元素，不能采用（　　）（　　）（　　）（　　）操作。
（4）id 函数、type 函数、len 函数都可以用于（　　）（　　）（　　）结构类型操作。
（5）把一个列表变量 L1 直接赋给另外一个变量 L2，它们都指向同一个（　　）。

**3. 实验一：求编程兴趣小组活动投入**

某高校成立编程兴趣活动小组，每个人的投入如表 4.6 所示。

表 4.6　编程活动小组投入表

| 姓　　名 | 购买物品 | 数　　量 | 单价（元） |
| --- | --- | --- | --- |
| 张力 | 笔记本电脑 | 1 | 5000 |
| | U 盘 | 1 | 123 |
| | 耳麦 | 1 | 500 |
| 丁玲 | 笔记本电脑 | 1 | 5000 |
| | U 盘 | 1 | 123 |
| | 耳麦 | 1 | 100 |
| 毛小 | 笔记本电脑 | 1 | 5000 |
| | U 盘 | 1 | 123 |
| | 耳麦 | 1 | 88 |
| 王刚 | 笔记本电脑 | 1 | 5000 |
| | U 盘 | 1 | 123 |
| | 耳麦 | 1 | 200 |
| 李云 | 笔记本电脑 | 1 | 5000 |
| | U 盘 | 1 | 123 |
| | 耳麦 | 1 | 100 |

**实验要求：**

（1）用适当数据类型记录上述表格内容，要求用上列表、元组对象。

（2）姓名中的"毛小"写错了，用代码修改为"毛大"。

（3）分别统计每位同学的投入金额，打印每位同学的投入金额。

（4）统计编程兴趣小组的总投入，并打印。

（5）统计过程不能使用 sum 函数。

（6）编写实验报告。

**4．实验二：三酷猫的购物单**

三酷猫钓鱼发财了，然后买了如下内容，准备改善一下生活条件：收音机 1 台，单价 250 元；盆 10 只，每只 5.2 元；鲜花 3 盆，每盆 25 元；书 10 本，每本 5 元；水笔 20 支，每支 2 元。

**实验要求：** 对上述记录内容按如下格式要求进行打印和统计。

（1）第一行打印购物单名称，如"三酷猫购物单"。

（2）第二行打印"商品名称、数量、单价、金额"。

（3）第三行开始连续打印所购商品内容。

（4）紧接着打印合计总金额（元）。

（5）编写实验报告。

附加要求：第（3）步，按照消费金额从小到大的顺序排序。

# 第 5 章

## 字典

第 4 章的列表与元组为程序提供了灵活的数据保存和处理能力。本章继续提供另外一个功能强大的结构数据类型——字典。

**学习重点**

- 接触字典
- 字典嵌套
- 基于字典算法
- 案例［三酷猫管理复杂的钓鱼账本］

## 5.1 接触字典

Python 的字典数据类型在操作灵活性、使用的复杂性方面接近于列表操作。如果读者认真学习了列表操作，那么再学习字典操作，就会感觉有相似的风格。当然，字典有其独特的应用场景和使用方法，需要读者仔细体会。

### 5.1.1 字典基本知识

**定义**：**字典（Dict**[1]**）**，是可变的无序集合，同时是一种以键值对为基本元素的可以存储各种数据类型的集合，用大括号（{}）表示字典的开始和结束，元素之间用逗号（,）分隔。

键值对，由键（Key）和值（Value）组成，中间用冒号（:）分隔。如"tom:29"的键为 tom，对应的值为 29。采用键值对，可以更加独立而紧密地表示两者之间的关系。例如 tom 代表姓名，29 代表 tom 的年龄，实现了紧密的一对一关系。从键值对可以看出，字典属于典型的一对一映射关系的数据类型。

**1. 字典的基本格式表示**

```
>>> {}                              #空字典
{}
>>> d1={'tom':29}                   #定义一个元素的字典变量
>>> len(d1)                         #获取字典元素个数
1                                   #显示 1 个
>>> d2={1:'car',2:'bus'}            #定义两个元素的字典变量
>>> len(d2)                         #获取字典元素个数
2                                   #显示 2 个
```

**2. 字典的键、值设置要求**

1）键的设置要求

（1）唯一性

一个字典对象里所有的键必须唯一，读者可以尝试如下定义。

```
>>> d3={1:'car',2:'bus',2:'bus'}    #定义字典变量，其中两个键值一样
>>> len(d3)                         #获取字典对象 d3 的元素个数
2                                   #字典对象把重复的元素归并成了 1 个
>>> d3                              #执行变量 d3
{1: 'car', 2: 'bus'}                #显示两个不同的键值对
```

上述代码把相同键值对的元素保留最后一个。

```
>>> d4={1:'car',2:'bus',2:'train'}  #定义字典变量，其中两个元素键相同
>>> len(d4)                         #获取字典对象 d4 的元素个数
```

---

[1]字典，英文对应于 dictionary，Python 语言里用 dict 表示。

```
2                                          #显示字典对象 d4 有 2 个元素
>>> d4                                     #执行变量 d4
{1: 'car', 2: 'train'}                     #字典只保留了键相同的最后一个元素
```

当定义字典变量时，Python 竟然允许程序员输入重复键的元素！而实际调用时，3X 版本的 Python 只会保留最后一个键相同的元素。为了避免类似问题的发生，程序员在定义字典对象时，应该养成严格定义每个元素键并保证键的唯一性的良好习惯。

（2）不可变性

字典在使用过程中明确，不能对元素的键进行直接修改，例如：

```
>>> d5={'Tomx':29,'John':18}               #Tom 错误写成了 Tomx
```

针对上述键出错问题，不能直接修改键，只能通过其他方法处理（见 5.1.5 节）。同理，不能接受可以修改的列表对象作为键被使用。

2）值的设置要求

字典对象的键值对的值可以是 Python 语言支持的任何对象。

### 3．字典的基本方法

字典对象的自带方法如表 5.1 所示。

表 5.1　字典基本操作方法

| 方法名称 | 方法功能描述 |
| --- | --- |
| clear | 字典清空 |
| copy | 复制生成另外一个字典 |
| fromkeys | 使用给定的键建立新的字典，每个键默认对应的值为 None |
| get | 根据指定键，返回对应值；访问键不存在时，返回 None |
| items | 以元组数组的形式返回字典中的元素 |
| keys | 以可以浏览的类似列表形式返回字典中的键 |
| pop | 删除指定键的元素，并返回指定键对应的值 |
| popitem | 随机返回元素，并删除元素 |
| setdefault | 当字典中键不存在时，设置键值对；当存在键时，获取键对应的值 |
| update | 利用一个字典更新另外一个字典 |
| values | 以可以浏览的类似列表的形式返回字典中的值 |

**注意**

（1）字典内部结构由哈希表构成，通过唯一的键访问对应的值，所以字典对象没有提供排序功能，字典数据类型是无序的，这是与列表、元组之间的一个明显区别。

（2）列表、元组的元素允许重复，字典的元素（其实是键）不允许重复。

## 5.1.2　字典元素增加

在字典对象中，可以根据需要增加元素。

### 1．利用赋值给字典增加元素

```
>>> d1={'Tom': 2, 'Jim': 5}                #定义字典变量 d1
>>> d1['Mike']=8                           #字典变量增加新元素'Mike':8
```

```
>>> d1                                    #执行 d1 变量
{'Tom': 2, 'Jim': 5, 'Mike': 8}           #显示新增元素后的字典结果
```
上述新增元素的前提，要求字典里没有新增的键，否则会修改指定键的值（详见 5.1.4 节）。

> **说明**
>
> 列表变量带中括号与字典变量带中括号之间的区别：
> （1）列表通过 L[x]=value 的方法，修改对应的元素，x 为指定的下标。
> （2）字典通过 D[k]=value 的方法，为字典增加新元素，k 为指定的键，且 k 在字典对象中不存在。

**2．利用 setdefault()方法给字典增加元素**

setdefault()使用格式为 D.setdefault(k[,d])。其中，D 代表字典对象，k 代表新增键，d 代表新增键对应的值（如果不提供值，则默认值为 None）。

```
>>> d1={'Tom': 2, 'Jim': 5, 'Mike': 9}        #定义字典变量 d1
>>> d1.setdefault('Alice',10)                 #新增'Alice':10 键值对
10                                             #显示新增键的值
>>> d1                                         #执行 d1
{'Tom': 2, 'Jim': 5, 'Mike': 9, 'Alice': 10}   #显示新增后的字典变量 d1 结果
>>> d1.setdefault('tim')                       #新增键为 tim 的元素，未指定值
>>> d1                                         #执行 d1
{'Tom': 2, 'Jim': 5, 'Mike': 9, 'Alice': 10, 'tim': None}  #显示 d1 结果
```
用 setdefault()方法新增键值对时，若指定键已经存在，则显示已经存在键的值。

## 5.1.3 字典值查找

建立字典对象后，可以通过指定键来查找对应的值。

**1．字典名+[Key]查找**

```
>>> d2={'red':1,'green':2,'yellow':3}    #定义字典变量 d2
>>> print(d2['green'])                    #打印键为'green'的值
2                                         #显示对应的值为 2
```
假设指定了一个不存在的键，将会发生什么现象呢？在上述代码的基础上继续执行如下代码：
```
>>> d2['greem']                           #执行 d2['greem'], 'greem'不存在
Traceback (most recent call last):        #执行结果报错
  File "<pyshell#56>", line 1, in <module>
    d2['greem']
KeyError: 'greem'                         #提示键出错
```
**2．利用 get()方法查找**

get()方法的使用格式为 D.get(k[,d])。其中，D 代表字典对象，k 为指定的键，d 为键对应的值（可选）。
```
>>> d2={'red':1,'green':2,'yellow':3}    #定义字典变量 d2
>>> d2.get('green')                       #通过 get()方法获取'green'的值
2                                         #显示对应的值为 2
```
让 get()方法查找一个不存在的键，将会产生什么结果呢？在上述代码的基础上继续执行如下代码：

```
>>> d2.get('greem')                    #查找一个并不存在的键
>>>                                    #显示空值
```

get()方法在指定的键并不存在时返回空值，而不是英文报错，这样的操作效果更加符合实际业务需要。

### 5.1.4 字典值修改

建立字典对象后，需要提供键对应的值的修改功能。因为无论是值设置出错，如把 5 设置成了 6；还是业务原因，如鱼的数量从 10 条增加到 11 条，都需要对值进行修改操作。

**1．利用赋值修改键对应的值**

```
>>> d1={'Tom': 2, 'Jim': 5, 'Mike': 8}   #定义字典变量 d1
>>> d1['Mike']=9                         #对已经存在的键'Mike'赋新值 9
>>> d1                                   #执行 d1
{'Tom': 2, 'Jim': 5, 'Mike': 9}          #显示键'Mike'的值修改后的结果
```

上述操作要求，在字典对象里确保存在需要修改的键，否则变成了增加新的键值对，详见 5.1.2 节。

**2．利用 update()方法修改键对应的值**

update()方法的使用格式为 D.update(d1)。其中，D 代表要更新的字典，d1 为提供更新内容的字典。若 d1 里提供的键在 D 里存在，则更新 D 里对应的键值；若 d1 里提供的键在 D 里不存在，则增加键值对。

1）更新字典里键对应的值

```
>>> d1={'Tom': 2, 'Jim': 5, 'Mike': 8}   #定义字典变量 d1
>>> d2={'Tom':10,'Mike':11}              #定义字典变量 d2
>>> d1.update(d2)                        #调用 update()方法用 d2 更新 d1
>>> d1                                   #执行更新后的 d1
{'Tom': 10, 'Jim': 5, 'Mike': 11}        #显示更新后的 d1 结果
```

2）新增键值对

在上述代码基础上继续执行下列代码：

```
>>> d1.update({'Jack':12})               #增加新的键值对
>>> d1                                   #执行 d1
{'Tom': 10, 'Jim': 5, 'Mike': 11, 'Jack': 12}  #新增元素后的执行结果
```

> **注意**
>
> 在 Python 语言里有不少对象的方法，存在两种操作状态。例如，update()方法既可以实现对字典现有键的值的更新，又可以实现对字典新元素的增加。setdefault()方法既可以实现对字典新元素的增加，又可以实现对现有元素值的显示作用。需要注意和归纳记忆。

### 5.1.5 字典元素删除

对于不需要的字典元素，需要提供对应的删除功能。

### 1. 利用 del 函数删除

```
>>> d1={'Tom': 10, 'Jim': 5, 'Mike': 11, 'Jack': 12}    #定义字典变量 d1
>>> del(d1['Jim'])                                       #利用 del 函数直接删除对应元素
>>> d1                                                   #执行 d1
{'Tom': 10, 'Mike': 11, 'Jack': 12}                      #显示删除元素后的 d1 结果
```

### 2. 利用 pop() 方法删除

pop()方法的使用格式为 D.pop(k[,d])。其中，D 代表字典对象，k 为需要删除的元素的键，d 为键对应的值（可选）。

```
>>> d1={'Tom': 10, 'Jim': 5, 'Mike': 11, 'Jack': 12}    #定义字典变量 d1
>>> p1=d1.pop('Mike')                                    #删除键为'Mike'的元素，并把值返回给 p1
>>> p1                                                   #执行变量 p1
11                                                       #显示返回键'Mike'对应的值为 11
>>> d1                                                   #执行 d1 变量
{'Tom': 10, 'Jim': 5, 'Jack': 12}                        #显示删除后的 d1 结果
```

### 3. 利用 popitem() 方法删除

popitem()方法的使用格式为 D.popitem()。其中，D 代表字典对象，随机返回一个键值对元组，并在字典里删除对应的元素。

```
>>> d1={'Tom': 10, 'Jim': 5, 'Mike': 11, 'Jack': 12}    #定义字典变量 d1
>>> k1,v1=d1.popitem()                                   #随机删除并返回一个键值对
>>> k1,v1                                                #执行 k1,v1（其实以元组的形式）
('Jack', 12)                                             #以元组的形式显示返回的键值对
>>> d1                                                   #执行删除一个元素后的 d1
{'Tom': 10, 'Jim': 5, 'Mike': 11}                        #显示删除一个元素后的 d1 结果
>>> t1=d1.popitem()                                      #随机删除并返回一个元组格式键值对
>>> t1                                                   #执行获取的元组变量 t1
('Mike', 11)                                             #显示元组的内容
>>> type(t1)                                             #获取变量 t1 的类型
<class 'tuple'>                                          #显示元组类型
```

del 函数、pop()方法、popitem()方法若对不存在的元素进行操作时，都将报英文出错。

## 5.1.6 字典遍历操作

字典为遍历键值对、键、值提供了相应的操作功能。

### 1. 遍历所有键值对

利用 items()方法遍历所有键值对。

items()方法的使用格式为 D.items()。其中，D 代表字典对象。以元组数组形式返回字典的所有元素。

```
>>> d1={'Tom': 10, 'Jim': 5, 'Mike': 11, 'Jack': 12}    #定义字典变量 d1
>>> for get_L in d1.items():                             #循环获取元组
```

```
        print(get_L)                          #打印获取的元组，结果如下
('Tom', 10)
('Jim', 5)
('Mike', 11)
('Jack', 12)
```
在上述基础上继续执行如下代码：
```
>>> d1.items()                                #执行 d1 的 items()方法
dict_items([('Tom', 10), ('Jim', 5), ('Mike', 11), ('Jack', 12)])
>>> type(d1.items)                            #获取 d1.items 对象类型
<class 'builtin_function_or_method'>          #结果是一个功能或方法类
```

### 📢 注意

（1）在 Python2.X 版本里，d1.items()得到的结果是以列表形式显示。
（2）在 Python3.X 版本里，d1.items()得到的结果是一个 dict_items 对象方法+列表形式。

### 2. 遍历所有键

1）利用字典变量循环遍历
```
>>> d1={'Tom': 10, 'Jim': 5, 'Mike': 11, 'Jack': 12}    #定义字典变量 d1
>>> for gets in d1:                           #循环获取字典的键
       print(gets)                            #打印获取的键，其结果如下
Tom
Jim
Mike
Jack
```
2）利用 keys()方法获取字典键

keys()方法的使用格式为 D.keys()。其中，D 代表字典变量。
```
>>> d1={'Tom': 10, 'Jim': 5, 'Mike': 11, 'Jack': 12}    #定义字典变量 d1
>>> for gets1 in d1.keys():                   #通过 keys()循环获取字典键
       print(gets1)                           #打印获取的键，其结果如下
Tom
Jim
Mike
Jack
```
细心的读者会发现利用字典变量循环遍历和利用 keys()方法获取对应的键过程几乎是一样的。

### 3. 遍历所有值

1）通过键遍历值
```
>>> d1={'Tom': 10, 'Jim': 5, 'Mike': 11, 'Jack': 12}    #定义字典变量 d1
>>> for get_key in d1:                        #循环获取字典的键
       print(d1[get_key])                     #打印字典键对应的值
10
5
11
12
```

2）利用 values()方法获取字典值

values()方法的使用格式为 D.values()。其中，D 代表字典变量。

```
>>> d1={'Tom': 10, 'Jim': 5, 'Mike': 11, 'Jack': 12}   #定义字典变量 d1
>>> for get_v in d1.values():                          #循环获取字典的所有值
        print(get_v)                                   #打印所有值，执行结果如下
10
5
11
12
```

## 5.1.7 字典其他操作方法

字典的其他操作涉及 in 成员操作、clear()方法、copy()方法、fromkeys()方法等。

### 1．in 成员操作

字典的元素对象、键对象、值对象，其实质上构成了相应的集合，由此可以通过集合成员操作符号进行相关操作。

```
>>> d1={'Tom': 10, 'Jim': 5, 'Mike': 11, 'Jack': 12}   #定义字典变量 d1
>>> if 'Jim' in d1.keys():                             #判断 Jim 是否在 keys()获取的集合内
        print('Jim 在键集合内!')                        #在集合内容，打印在的提示信息
    else:
        print('Jim 不在键集合内!')                      #不在集合内容，打印不在的提示信息
Jim 在键集合内!                                         #显示提示信息
```

类似的成员操作还可以用于字典的 items()、values()方法的相关操作。

### 2．clear()方法

clear()方法的使用格式为 D.clear()。其中，D 代表字典变量。

```
>>> d5={'OK':1,'莫名其妙':2,222:3}                      #定义字典变量 d5
>>> d5.clear()                                         #清空字典变量 d5 里的所有元素
>>> d5                                                 #执行 d5
{}                                                     #显示清空后的字典变量 d5 是空字典
```

### 3．copy()方法

copy()方法的使用格式为 D.copy()。其中，D 代表字典变量。

```
>>> d6={'八宝粥':13.5,'小米粥':5,'皮蛋粥':8}            #定义字典变量 d6
>>> d7=d6.copy()                                       #把字典 d6 复制生成新字典变量 d7
>>> id(d6)                                             #获取 d6 在内存中的地址
42939520                                               #显示其地址值
>>> id(d7)                                             #获取 d7 在内存中的地址
42913200                                               #显示其地址值
```

通过 copy()方法的复制，可以避免字典变量之间直接赋值指向同一个地址的问题。在上述代码的基础上继续执行下列代码：

```
>>> d8=d7                                              #把字典变量 d7 直接赋给 d8
```

| | |
|---|---|
| >>> id(d8) | #获取 d8 在内存中的地址 |
| 42913200 | #显示其地址值 |

从以上代码执行结果可以看出字典变量之间直接赋值,变量 d8、d7 在内存中的地址是一样的,也就是指向同一个地址。这会导致修改一个变量里的元素,另外一个字典变量也同步改变的问题。而 copy()复制不会产生这样的问题。在上述代码的基础上继续执行如下代码:

| | |
|---|---|
| >>> d6['小米粥']=4.8 | #修改字典变量 d6 小米粥的价格 |
| >>> d6 | #执行修改后的 d6 |
| {'八宝粥': 13.5, '小米粥': 4.8, '皮蛋粥': 8} | #显示修改后的 d6 的结果 |
| >>> d7 | #执行字典变量 d7 |
| {'八宝粥': 13.5, '小米粥': 5, '皮蛋粥': 8} | #显示执行结果,发现没有受 d6 影响 |

继续执行如下代码:

| | |
|---|---|
| >>> del(d6['皮蛋粥']) | **#删除 d6 里键为'皮蛋粥'的元素** |
| >>> d6 | #执行 d6 |
| {'八宝粥': 13.5, '小米粥': 4.8} | #显示删除'皮蛋粥':8 后的结果 |
| >>> d7 | #执行 d7 |
| {'八宝粥': 13.5, '小米粥': 5, '皮蛋粥': 8} | #显示 d7 元素不受 d6 删除元素影响 |

📖 **说明**

在 Python3.X 版本里,字典的 copy()复制是深度复制,复制后产生的两个字典变量完全没有关系,互不影响。

**4.fromkeys()方法**

fromkeys()方法使用格式为 D.fromkeys(iterable)。其中,D 代表字典变量;iterable 代表列表对象,用于指定字典键。生成的 D 的键对应的值默认为 None。

| | |
|---|---|
| >>>d8={}.fromkeys(['pen','rule','paper']) | #fromkeys()指定相关键生成空值字典 |
| >>> d8 | #执行 d8 |
| {'pen': None, 'rule': None, 'paper': None} | #显示新生成字典 d8 的执行结果 |

利用 fromkeys()只能给字典增加键而对应的值为空的特点,可以应用于一些特定场景。例如,商品开始只能确定商品名称,而不能确定单价的情况。

## 5.2 字典嵌套

字典的键可以是简单的数字、字符串,也可以是元组;其对应的值可以是 Python 语言支持的任何类型对象,如除了数字、字符串,还可以是列表、元组、字典等。由此产生了字典嵌套使用的问题。这里主要介绍字典嵌入字典、列表嵌入字典、字典嵌入列表三种情况的用法。

### 5.2.1 字典嵌入字典

在多重关系、多行记录的情况下,可以考虑字典嵌入字典的方法,如表 5.2 所示为一家餐厅就餐记录内容。一个餐厅的每张桌子对应着若干个顾客的就餐记录，每个顾客对应着消费金额，显然一个餐厅记录数据涉及两层关系，一张桌子的若干消费记录看作一行记录，那么 $N$ 张桌子有 $N$ 行记录，属于多行记录情况。

表 5.2  餐厅就餐记录

| 桌号 | 消费者 | 消费额（元） | 消费者 | 消费额（元） | 消费者 | 消费额（元） |
|---|---|---|---|---|---|---|
| 1 号 | 张三 | 35.5 | 李四 | 200 | 王五 | 800 |
| 2 号 | Tom | 99.8 | John | 183 | Jim | 429 |
| 3 号 | 阿毛 | 12 | 阿狗 | 33 | | |
| … | … | … | … | … | … | … |

对上述三行就餐记录，采用字典嵌入字典方式实现如下：

```
>>> no1={'张三':35.5,'李四':200,'王五':800}        #字典 no1
>>> no2={'Tom':99.8,'John':183,'Jim':429}          #字典 no2
>>> no3={'阿毛':12,'阿狗':33}                       #字典 no3
>>> rest={'1 号':no1,'2 号':no2,'3 号':no3}         #字典键对应的值都为字典的 rest
>>> rest                                            #字典嵌入字典的 rest 变量执行结果如下
{'1 号': {'张三': 35.5, '李四': 200, '王五': 800}, '2 号': {'Tom': 99.8, 'John': 183, 'Jim': 429}, '3 号': {'阿毛': 12, '阿狗': 33}}
```

字典嵌入字典记录数据的方式具有如下优点。

（1）可以很方便地体现数据之间的关系，如"1 号"桌对应的就餐记录在字典变量 no1 里，而 no1 里则记录了三个消费者消费信息。

（2）体现了字典记录数据的灵活性，如横向的可以记录两个消费者的记录，也可以记录三个消费者的记录；竖向的可以记录三行记录，也可以记录五行、十行……

在上述代码的基础上继续统计当天该餐厅的总消费额：

```
>>> total=0                                         #金额累计初始变量
>>> for get_values in rest.values():                #循环获取字典型的值
        total=total+sum(get_values.values())        #获取并统计字典值
>>> print('餐厅今天营业额为:%.2f'%(total))           #打印统计结果
餐厅今天营业额为:1792.30                             #显示统计结果
```

## 5.2.2  列表嵌入字典

若餐厅老板不关心就餐者是谁，只关心每一桌一天的收入多少，则可以采用列表嵌入字典的方式来实现（继续利用表 5.2 所示的数据）。代码如下：

```
>>> L1=[35.5,200,800]                               #1 号桌就餐金额列表 L1
>>> L2=[99.8,183,429]                               #2 号桌就餐金额列表 L2
>>> L3=[12,33]                                      #3 号桌就餐金额列表 L3
>>> rest1={'1 号桌消费':L1,'2 号桌消费':L2,'3 号桌消费':L3}   #列表嵌入字典
```

```
>>> rest1                                                    #执行 rest1 的结果如下
{'1 号桌消费': [35.5, 200, 800], '2 号桌消费': [99.8, 183, 429], '3 号桌消费': [12, 33]}
```

采用列表嵌入字典的方式记录就餐消费金额，可以使老板更加关注每桌的收入情况。在上述代码的基础上，继续统计每桌的消费金额：

```
>>> for get_k,get_L in rest1.items():                        #循环获取字典元素（元组形式）
        print('%s:%.2f 元'%(get_k,sum(get_L)))                #sum 函数统计每桌消费金额，并打印
1 号桌消费:1035.50 元                                         #1 号桌合计金额
2 号桌消费:711.80 元                                          #2 号桌合计金额
3 号桌消费:45.00 元                                           #3 号桌合计金额
```

### 5.2.3 字典嵌入列表

若该餐厅的客户经理想了解一下每桌就餐明细，并分类统计每桌消费额，则可以采用如下方法（继续利用表 5.2 所示的数据）：

```
>>> no1={'张三':35.5,'李四':200,'王五':800}                   #第一桌消费记录明细，字典变量 no1
>>> no2={'Tom':99.8,'John':183,'Jim':429}                    #第二桌消费记录明细，字典变量 no2
>>> no3={'阿毛':12,'阿狗':33}                                 #第三桌消费记录明细，字典变量 no3
>>> list1=[no1,no2,no3]                                      #字典对象嵌入列表变量中
>>> list1                                                    #执行 list1 变量，显示结果如下
[{'张三': 35.5, '李四': 200, '王五': 800}, {'Tom': 99.8, 'John': 183, 'Jim': 429}, {'阿毛': 12, '阿狗': 33}]
>>> i=0                                                      #循环控制变量初始化
>>> total=0                                                  #消费总额变量初始化
>>> r_L=len(list1)                                           #获取 list1 变量的元素个数
>>> get_d={}                                                 #定义一个空的字典变量
>>> sum1=0                                                   #每桌的消费总额变量初始化
>>> while i<r_L:                                             #循环开始
        get_d=list1[i]                                       #获取下标为 i 的列表元素（一个字典）
        sum1=sum(get_d.values())                             #对获取字典的所有值进行求和并赋值
        total+=sum1                                          #进行总消费额累加求和
        print(get_d)                                         #打印每一桌的消费明细
        print('第%d 桌日消费:%.2f 元'%(i+1,sum1))              #打印每桌消费总额
        i+=1                                                 #循环控制增 1
```

循环打印每桌明细及累计消费结果如下：

```
{'张三': 35.5, '李四': 200, '王五': 800}
第 1 桌日消费:1035.50 元
{'Tom': 99.8, 'John': 183, 'Jim': 429}
第 2 桌日消费:711.80 元
{'阿毛': 12, '阿狗': 33}
第 3 桌日消费:45.00 元
>>> print('该餐厅日消费总额为:%.2f 元  '%(total))
```

打印该餐厅当日总消费额如下：

该餐厅日消费总额为:1792.30 元

## 5.3 基于字典算法

学了字典数据类型后，三酷猫脑洞大开，觉得用简单数据类型记账太原始（见 2.5 节），用字符串记账太古板（见 3.6 节），用列表记账还是有所遗憾（见 4.2.1 节），它要尝试利用字典构建更加灵活、真实的记账内容，然后进行各种算法操作。

### 5.3.1 案例［三酷猫字典记账］

三酷猫想利用字典清晰的键值对关系以及灵活的操作功能，实现对每天所钓鱼内容的记账过程。

**1．每天记录内容**

三酷猫在钓鱼过程真实的记录过程如下：它把每天钓鱼内容按照日期为单位进行记录，并详细记录当日所钓内容的名称、数量、市场预计单价，其记录结果如表 5.3 所示。

表 5.3  三酷猫钓鱼记录

| 钓鱼日期 | 水产品名称 | 数量（条） | 市场预计单价（元） |
| --- | --- | --- | --- |
| 1月1日 | 鲫鱼 | 18 | 10.5 |
| | 鲤鱼 | 8 | 6.2 |
| | 鲢鱼 | 7 | 4.7 |
| 1月2日 | 草鱼 | 2 | 7.2 |
| | 鲫鱼 | 3 | 12 |
| | 黑鱼 | 6 | 15 |
| 1月3日 | 乌龟 | 1 | 71 |
| | 鲫鱼 | 1 | 9.8 |
| | 草鱼 | 5 | 7.2 |
| | 黄鱼 | 2 | 40 |

这样记录的优势是记录每天钓鱼的内容更加清晰，起到了记录分类、建立明确关系的作用。

**2．操作需求**

（1）按照表 5.3 建立关系明确的记账内容。

（2）按照日期关系打印清晰的记账单。

（3）统计总的所钓数量、预计总金额。

**3．代码实现**

［案例 5.1］Dict_Bookkeeping.py

```
d_date1={'鲫鱼':[18,10.5],'鲤鱼':[8,6.2],'鲢鱼':[7,4.7]}           #1月1日钓鱼记录
d_date2={'草鱼':[2,7.2],'鲫鱼':[3,12],'黑鱼':[6,15]}              #1月2日钓鱼记录
```

```
d_date3={'乌龟':[1,71],'鲫鱼':[1,9.8],'草鱼':[5,7.2],'黄鱼':[2,40]}      #1月3日钓鱼记录
fish_records={'1月1日':d_date1,'1月2日':d_date2,'1月3日':d_date3}      #所有钓鱼记录
nums=0                                                    #钓鱼总数量变量初始化定义
amount=0                                                  #钓鱼总金额变量初始化定义
day=''                                                    #日期记录变量初始化定义
day_record={}                                             #钓鱼每天记录字典变量初始化定义
for day,day_record in fish_records.items():               #循环获取每天记录（元组形式）
    print('%s 钓鱼记录为:'%(day))                           #打印当天的日期
    for name,sub_recods in day_record.items():            #循环获取当天鱼与数量、单价关系的记录
        nums+=sub_recods[0]                               #数量累加
        amount+=sub_recods[0]*sub_recods[1]               #金额累加
        print('%s 数量%d,单价%.2f 元'%(name,sub_recods[0],sub_recods[1]))
                                                          #打印名称、数量、单价
print ('钓鱼总数量为%d,总金额为%.2f 元'%(nums,amount))        #打印总数量、总金额
```

代码执行结果如下：

1月1日钓鱼记录为:
  鲫鱼数量 18,单价 10.50 元
  鲤鱼数量 8,单价 6.20 元
  鲢鱼数量 7,单价 4.70 元
1月2日钓鱼记录为:
  草鱼数量 2,单价 7.20 元
  鲫鱼数量 3,单价 12.00 元
  黑鱼数量 6,单价 15.00 元
1月3日钓鱼记录为:
  乌龟数量 1,单价 71.00 元
  鲫鱼数量 1,单价 9.80 元
  草鱼数量 5,单价 7.20 元
  黄鱼数量 2,单价 40.00 元
钓鱼总数量为 53,总金额为 608.70 元

当记录条数越多时，类似的分类记账显示方式将更有利于用户管理。

## 5.3.2 案例［三酷猫字典修改］

  三酷猫是一个勤快的家伙，它记录了每天的钓鱼内容；它也是个认真负责的家伙，在记账过程发现了一些问题（原始记录内容见表5.3）。

**1. 钓鱼记账存在的问题**

（1）黄鱼怎么可以记入账本呢？那是它在市场里买来的鱼，看来记错了！

（2）"1月1日"钓上来的一条鲫鱼让野猫给叼走了，保管不善啊！

（3）"1月3日"的实际市场价格都上浮10%，因为要过春节了，货源偏紧俏，顾客需求增大，

三酷猫可以发点小财了!

**2．操作需求**

（1）利用 5.3.1 节原始数据的记录方式。

（2）删除黄鱼记录。

（3）修改"1月1日"鲫鱼数量。

（4）把"1月3日"所有的单价上浮 10%。

（5）统计总数量、总金额。

**3．代码实现**

[案例 5.2] Dict_fish_edit.py

```
#===========================钓鱼原始记录
d_date1={'鲫鱼':[18,10.5],'鲤鱼':[8,6.2],'鲢鱼':[7,4.7]}                #1月1日钓鱼记录
d_date2={'草鱼':[2,7.2],'鲫鱼':[3,12],'黑鱼':[6,15]}                    #1月2日钓鱼记录
d_date3={'乌龟':[1,71],'鲫鱼':[1,9.8],'草鱼':[5,7.2],'黄鱼':[2,40]}      #1月3日钓鱼记录
fish_records={'1月1日':d_date1,'1月2日':d_date2,'1月3日':d_date3}       #所有钓鱼记录
#===========================修改错误的记录
d_date1['鲫鱼']=[17,10.5]                                               #修改键'鲫鱼'对应的值
del(d_date3['黄鱼'])                                                    #删除键'黄鱼'指定的元素
for get_name,get_L in d_date3.items():                                  #'1月3日'所有的单价都上浮10%
    get_L[1]=get_L[1]*1.1                                               #把列表对应的单价乘以1.1，并修改列表单价
    d_date3[get_name]=get_L                                             #修改字典变量对应的值
#===========================打印修改后的结果（与5.3.1节一样）
nums=0
amount=0
day=''
day_record={}
for day,day_record in fish_records.items():
    print('%s 钓鱼记录为:'%(day))
    for name,sub_recods in day_record.items():
        nums+=sub_recods[0]
        amount+=sub_recods[0]*sub_recods[1]
        print('    %s 数量%d,单价%.2f 元'%(name,sub_recods[0],sub_recods[1]))
print('钓鱼总数量为%d,总金额为%.2f 元'%(nums,amount))
#===========================打印输出结果
     1月1日钓鱼记录为:
鲫鱼数量 17,单价 10.50 元         （18 条改为了 17 条）
鲤鱼数量 8,单价 6.20 元
鲢鱼数量 7,单价 4.70 元
     1月2日钓鱼记录为:
草鱼数量 2,单价 7.20 元
鲫鱼数量 3,单价 12.00 元
```

黑鱼数量 6,单价 15.00 元
　　　1 月 3 日钓鱼记录为:
乌龟数量 1,单价 78.10 元
鲫鱼数量 1,单价 10.78 元
草鱼数量 5,单价 7.92 元
　　　钓鱼总数量为 50,总金额为 529.88 元

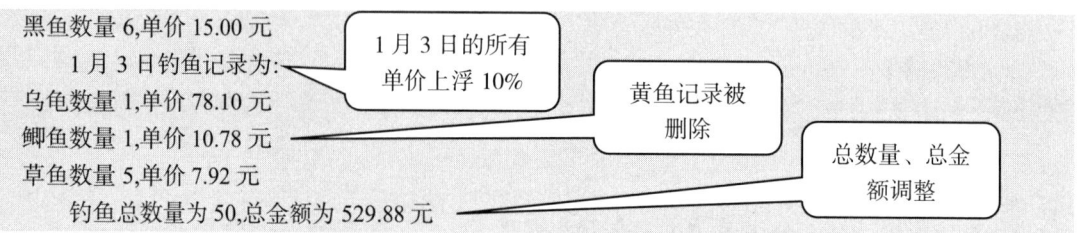

通过这个案例读者应该清楚地认识到,d_date1、d_date3 类似变量里的元素的变化,会同步影响到直接引用上述变量的 fish_records 字典内容的变化。

### 5.3.3 案例 [ 三酷猫分类统计 ]

当三酷猫钓鱼记录达到几百条、几千条后,进行分类统计的需求将产生。

**1. 分类统计要求**

(1)想知道每天的钓鱼数量、金额。

(2)想知道哪种鱼最多,哪种鱼的价值最高。

(3)想知道所有鱼的数量、金额。

**2. 操作需求**

(1)利用案例 5.2 的修改结果。

(2)对每天的钓鱼数量、金额进行统计。

(3)对每种鱼的数量、金额进行累计。

(4)求钓得最多的鱼、求钓得价值最高的鱼。

(5)求所有钓得鱼的数量、求所有钓得鱼的金额。

**3. 代码实现**

[案例 5.3] Dict_fish_stat.py

```python
d_date1={'鲫鱼':[17,10.5],'鲤鱼':[8,6.2],'鲢鱼':[7,4.7]}        #1月1日钓鱼记录
d_date2={'草鱼':[2,7.2],'鲫鱼':[3,12],'黑鱼':[6,15]}              #1月2日钓鱼记录
d_date3={'乌龟':[1,78.10],'鲫鱼':[1,10.78],'草鱼':[5,7.92]}      #1月3日钓鱼记录
fish_records={'1月1日':d_date1,'1月2日':d_date2,'1月3日':d_date3}  #所有钓鱼记录
nums=0                      #钓鱼总数量初始化定义
amount=0                    #钓鱼总金额初始化定义
day=''                      #日期记录变量初始化定义
day_record={}               #钓鱼每天记录字典变量初始化定义
stat_record={}              #统计记录变量初始化定义
name_n=''                   #最大数量的鱼
max_nums=0                  #数量
name_a=''                   #金额的鱼
max_amount=0                #金额
print('========每日钓鱼记录========')
```

```
for day,day_record in fish_records.items():              #循环获取每天记录(元组形式)
    print("%s 钓鱼记录为:"%(day))                         #打印当天的日期
    for name,sub_recods in day_record.items():           #循环获取当天鱼与数量、单价关系的记录
        nums+=sub_recods[0]                              #数量累加
        amount+=sub_recods[0]*sub_recods[1]              #金额累加
        print('     %s 数量%d,单价%.2f 元'%(name,sub_recods[0],sub_recods[1]))
                                                         #打印名称、数量、单价
        if name in stat_record:                          #判断鱼是否在统计字典里,存在,则做累计处理
            stat_record[name][0]+=sub_recods[0]          #每种鱼数量累计
            stat_record[name][1]+=sub_recods[0]*sub_recods[1]   #每种鱼金额累计
        else:
            stat_record[name]=[sub_recods[0],sub_recods[0]*sub_recods[1]]
                                                         #第一次累计,直接在字典里赋值
print('=====按鱼进行数量,金额统计=====')
for name1,get_L in stat_record.items():
    print('%s 的总数量%d,金额为%.2f 元'%(name1,get_L[0],get_L[1]))   #打印按鱼统计情况
    get_nums_d={name1:get_L[0]}                          #取鱼对应的数量
    if get_L[0]>max_nums:                                #找最大数量的鱼
        name_n=name1
        max_nums=get_L[0]
    get_amount_d={name1:get_L[1]}
    if get_L[1]>max_amount:                              #最大金额的鱼
        name_a=name1
        max_amount=get_L[1]
#==========================================统计结果打印
print('====最大值,总数量,总金额统计====')
print('最大数量的鱼是%s,%d 条'%(name_n,max_nums))          #印最大数量的鱼
print('最大金额的鱼是%s,%.2f 元'%(name_a,max_amount))      #印最大金额的鱼
print('钓鱼总数量为%d,总金额为%.2f 元'%(nums,amount))       #印总数量、总金额
```

上述代码执行结果如下:

```
========每日钓鱼记录==========
    1 月 1 日钓鱼记录为:
鲫鱼数量 17,单价 10.50 元
鲤鱼数量 8,单价 6.20 元
鲢鱼数量 7,单价 4.70 元
    1 月 2 日钓鱼记录为:
草鱼数量 2,单价 7.20 元
鲫鱼数量 3,单价 12.00 元
黑鱼数量 6,单价 15.00 元
    1 月 3 日钓鱼记录为:
乌龟数量 1,单价 78.10 元
```

鲫鱼数量1,单价10.78元
草鱼数量5,单价7.92元
=====按鱼进行数量,金额统计=====
鲫鱼的总数量21,金额为225.28元
鲤鱼的总数量8,金额为49.60元
鲢鱼的总数量7,金额为32.90元
草鱼的总数量7,金额为54.00元
黑鱼的总数量6,金额为90.00元
乌龟的总数量1,金额为78.10元
====最大值,总数量,总金额统计====
最大数量的鱼是鲫鱼,21条
最大金额的鱼是鲫鱼,225.28元
钓鱼总数量为50,总金额为529.88元

> 利用stat_record字典变量记录并显示的结果。其记录形式如：
> stat_record={
> '鲫鱼':[21,225.28],
> '鲤鱼':[8,49.60]...}

案例5.3新增的代码编写技巧为：

（1）通过建立stat_record字典变量，实现对每种鱼的数量、金额进行累计记录。

（2）stat_record[name][0]+=sub_recods[0]的累加赋值方式是合法的。stat_record[name]获取的是该字典变量里键name对应的值（如'鲫鱼'对应的是[21,225.28]），获取值后，根据值的类型（这里确定是列表）同步做列表操作是合法的（这里通过[0]直接获取列表的第一个元素，即鱼的数量）。

这意味着下列操作是等价的：

| | |
|---|---|
| >>> [21,225.28][0] | #列表后直接进行下标操作 |
| 21 | #0下标对应的是元素21 |
| >>> get_L=[21,225.28] | #把列表赋给变量get_L |
| >>> get_L[0] | #通过列表变量加下标获取第一个元素 |
| 21 | #获取结果也是21 |

那么类似方式操作可以用到元组、字典作为字典值的情况吗？答案是肯定的。同样情况也适用于列表、元组嵌套情况下对元素的操作，如元组嵌套。

| | |
|---|---|
| >>> (2,3,(8,10))[2] | #在元组后直接进行下标操作 |
| (8, 10) | #获取第三个元素（本身也是一个元组） |
| >>> t1=(2,3,(8,10)) | #利用元组变量 |
| >>> t1[2] | #通过变量指定下标方式获取第三个元素 |
| (8, 10) | #结果也一样 |
| >>> t1[2][1] | **#可以采用多重指定下标形式直接获取嵌套元组的元素** |
| 10 | #获取嵌套元组(8,10)里的第二个元素为10 |

这里进一步确定集合对象嵌套的情况下，有些操作可以多重使用，如下标。由此提醒读者，根据自己的逻辑判断，大胆尝试也是必要的。

## 5.4 案例［三酷猫管理复杂的钓鱼账本］

鱼钓多了，三酷猫觉得比较孤独，于是它邀请了加菲猫、大脸猫一起来钓鱼。由此，钓鱼记录

明显复杂了起来。其记录内容如表 5.4 所示。

表 5.4 三酷猫复杂的钓鱼记录

| 钓鱼日期 | 钓鱼者 | 水产品名称 | 数量（条） | 市场预计单价（元） |
|---|---|---|---|---|
| 1月1日 | 三酷猫 | 鲫鱼 | 17 | 10.5 |
| | | 鲤鱼 | 8 | 6.2 |
| | | 鲢鱼 | 7 | 4.7 |
| | 加菲猫 | 黑鱼 | 8 | 16 |
| | 大脸猫 | 草鱼 | 12 | 8 |
| 1月2日 | 三酷猫 | 草鱼 | 2 | 7.2 |
| | | 鲫鱼 | 3 | 12 |
| | | 黑鱼 | 6 | 15 |
| | 加菲猫 | 鲤鱼 | 9 | 7.1 |
| 1月3日 | 三酷猫 | 乌龟 | 1 | 78.10 |
| | | 鲫鱼 | 1 | 10.78 |
| | | 草鱼 | 5 | 7.92 |
| | 大脸猫 | 鲫鱼 | 8 | 9.8 |
| | | 螃蟹 | 5 | 15 |

**1．操作需要**

（1）根据上述记录内容，用合适的数据类型实现记账过程。

（2）统计每天的钓鱼数量、金额。

（3）统计所有的数量、金额。

（4）打印明细及统计结果。

**2．代码实现**

[案例 5.4] Dict_fish_mix_stat.py

```
d_date1={'三酷猫':{'鲫鱼':[17,10.5],'鲤鱼':[8,6.2],'鲢鱼':[7,4.7]},'加菲猫':{'黑鱼':[8,16]},'大脸猫':{'草鱼':[12,8]}}                                    #1月1日钓鱼记录
d_date2={'三酷猫':{'草鱼':[2,7.2],'鲫鱼':[3,12],'黑鱼':[6,15]},'加菲猫':{'鲤鱼':[9,7.1]}}
                                    #1月2日钓鱼记录
d_date3={'三酷猫':{'乌龟':[1,78.10],'鲫鱼':[1,10.78],'草鱼':[5,7.92]},'大脸猫':{'鲫鱼':[8,9.8],'螃蟹':[5,15]}}
                                    #1月3日钓鱼记录
fish_records={'1月1日':d_date1,'1月2日':d_date2,'1月3日':d_date3}  #所有钓鱼记录
nums=0                              #钓鱼总数量初始化定义
amount=0                            #钓鱼总金额初始化定义
day=''                              #日期记录变量初始化定义
print('========每日钓鱼记录========')
for day,day_record in fish_records.items():      #循环获取每天记录（元组形式）
    if nums>0:
```

```python
            print('----------------')
        day_nums=0                                                    #每天钓鱼数量
        day_amount=0                                                  #每天钓鱼金额
        print('%s 钓鱼记录为:'%(day))                                    #打印当天的日期
        for name1,get_fish_record1_d in day_record.items():           #循环获取当天钓鱼记录
            print('    %s:'%(name1))                                  #打印钓鱼者
            for name2,get_fish_record2_d in get_fish_record1_d.items():  #获取鱼名和对应值(列表)
                day_nums+=get_fish_record2_d[0]                       #当天数量累加
                day_amount+=get_fish_record2_d[0]*get_fish_record2_d[1] #当天金额累加
                print('%s 数量%d,单价%.2f元'%(name2,get_fish_record2_d[0],get_fish_record2_d[1]))
                                                                      #打印名称、数量、单价
        print('%s,钓鱼数量为%d,金额为%.2f元'%(day,day_nums,day_amount))
                                                                      #打印当天钓鱼数量、金额
        nums+=day_nums                                                #所有数量累加
        amount+=day_amount                                            #所有金额累加
print('========统计结果打印========')
print('钓鱼总数量为%d,总金额为%.2f元'%(nums,amount))                     #打印总数量、总金额
```

上述代码执行结果如下：

========每日钓鱼记录========
1月1日钓鱼记录为:
三酷猫:
鲫鱼数量17,单价10.50元
鲤鱼数量8,单价6.20元
鲢鱼数量7,单价4.70元
加菲猫:
黑鱼数量8,单价16.00元
大脸猫:
草鱼数量12,单价8.00元
1月1日,钓鱼数量为52,金额为485.00元
----------------
1月2日钓鱼记录为:
三酷猫:
草鱼数量2,单价7.20元
鲫鱼数量3,单价12.00元
黑鱼数量6,单价15.00元
加菲猫:
鲤鱼数量9,单价7.10元
1月2日,钓鱼数量为20,金额为204.30元
----------------
1月3日钓鱼记录为:

三酷猫：
乌龟数量 1,单价 78.10 元
鲫鱼数量 1,单价 10.78 元
草鱼数量 5,单价 7.92 元
大脸猫：
鲫鱼数量 8,单价 9.80 元
螃蟹数量 5,单价 15.00 元
1 月 3 日,钓鱼数量为 20,金额为 281.88 元
=========统计结果打印=========
钓鱼总数量为 92,总金额为 971.18 元

## 5.5 习题及实验

**1. 判断题**

（1）字典是无序、可变数据类型，其键和值都可以存储任何类型的数据。（　　）

（2）字典、列表、元组可以互相嵌套使用。（　　）

（3）字典虽然没有利用下标访问元素，但可以排序。（　　）

（4）字典对象的键一旦确定，就不可修改。（　　）

（5）字典对象定义时键所对应的值可以定义为空。（　　）

**2. 填空题**

（1）字典的元素由（　　）和（　　）构成，形成（　　）关系。

（2）len({1:'a',2:{'tom':29,'tim':30},3:(2,3,3)})运算结果是（　　）。

（3）字典 d['a']=97，若 a 键不存在，则（　　）元素；若 a 键存在，则（　　）元素。

（4）字典{1:'a',2:'a',1:'b'}最后运算结果为（　　）。

（5）要生成两个元素一样的字典变量，可以采用（　　）方法。

**3. 实验一：按要求修改 5.3.2 节内容**

**实验要求：**

（1）调试运行 5.3.2 节原始代码，并记录运行结果。

（2）按照 5.3.2 节修改要求，直接显示 fish_records 字典值里的内容。

（3）打印 d_date1、d_date3 的最终结果。

（4）判断原始 d_date1、d_date3 与最终结果之间的变化情况，得出 fish_records 与 d_date1、d_date3 的修改关系。

（5）编写实验报告。

**4. 实验二：期末考试成绩管理**

哆来咪小学五年级学生小明、小王、小丽、小花的语文、英语、数学成绩如表 5.5 所示。

表 5.5　哆来咪小学学生成绩

| 姓　　名 | 语　　文 | 英　　语 | 数　　学 |
| --- | --- | --- | --- |
| 小明 | 95.5 | 98 | 97 |
| 小王 | 96 | 92 | 82 |
| 小丽 | 91 | 100 | 90 |
| 小花 | 88 | 93 | 99 |

**实验要求：**

（1）要求利用字典内嵌列表形式记录表 5.5 所示内容。

（2）打印上述记录内容。

（3）要求用一个 for 循环统计所有人的语文、英语、数学成绩。

（4）求每科的平均成绩。

（5）求每科最高成绩及对应姓名。

（6）编写实验报告。

# 第 6 章

## 函数

作为初学者,面对"函数"这个词时不要吃惊。这里的函数并非数学里的函数,而是编程语言中普遍存在的一个组织特定代码功能的通用概念。

如果认真阅读了本书的前面几章,那么你已经接触了不少"函数"。

下面罗列几个 Python 语言自带的函数:用于打印输出的 print,用于提供帮助的 help,用于确定对象类型的 type,用于删除对象的 del,用于获取集合长度的 len,用于判断对象内存地址的 id,用于求数字集合最大值的 max,用于求数字绝对值的 abs,这些函数是否很熟悉?答案应该"是",否则你是刚刚打开这本书,恰好翻到了这一页!

这些函数,如 del 函数可以删除任何 Python 语言产生的对象,可以应用到任何编程代码中,而不用关心其内部是怎么实现的。感觉很酷,好处多多!

### 学习重点

- 函数基本知识
- 自定义函数第一步
- 自定义函数第二步
- 案例[三酷猫利用函数方法实现记账统计]

# 6.1 函数基本知识

函数是程序员经常需要打交道的一项编程技能，善于利用函数，程序因此而更加精彩！

## 6.1.1 为什么要使用函数

早期的高级语言[1]属于**过程语言**（**Procedural Language**），程序员按照先后处理顺序一行行地写代码，然后顺序执行（最多加些跳转语句 goto），而且经常出现大段的重复功能的代码行。这导致了代码非常臃肿、调试困难、阅读麻烦。当代码要实现的功能强大起来后，相应的代码行不断膨胀，问题非常大！图 6.1 所示是用 Python 语言模拟了早期的过程语言代码编程的情况。

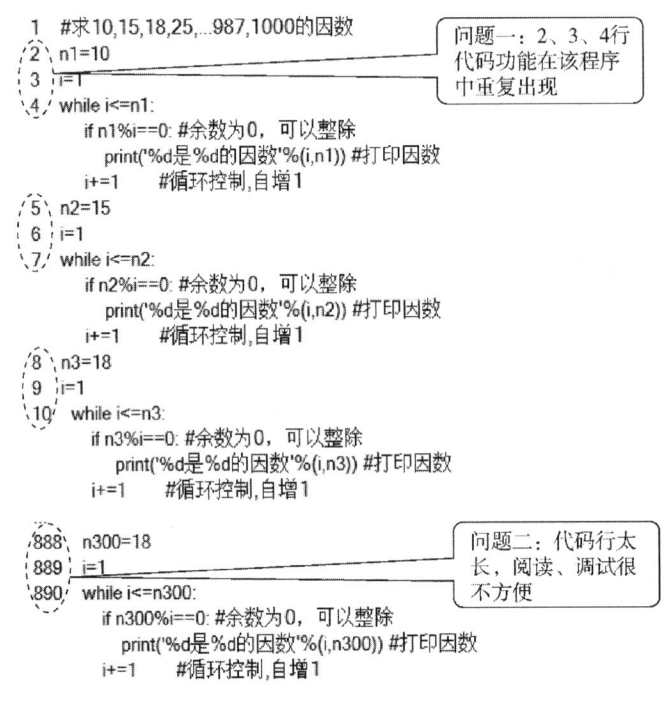

图 6.1 用 Python 语言模拟早期的过程语言

于是计算机语言科学家准备把功能相同的代码单独抽取出来，独立实现一个功能，供需要的代码调用，这就是函数的来源。如可以把图 6.1 中求因数并打印因数的功能代码组织成一个独立的功能单位，供其他代码反复调用。其抽取的结果如图 6.2 所示。

---

[1] 如 C、Pascal、Basic、Fortran 等

```
#求10, 15, 18, 25, ...987,1000的因数
num2_L=[10,15,18,25...,987,1000]    #数的列表变量
i=0
num_len=len(num2_L)                  #求列表长度
while i<num_len:
    find_factor(num2[i])             #求列表里各个元素的因数
    i+=1                             #循环控制, 自增1
                                     #find_factor(x)为求因数自定义函数
```

图 6.2　把重复代码提取成一个求因数的自定义函数 find_factor

图 6.2 所示代码和图 6.1 所示代码相比，存在以下几个优点。

**（1）代码非常简练**。从 890 行减少到 5 行（自定义函数代码单独另算）。

**（2）提高代码编写效率和质量**。自定义函数单独实现了整数求因数功能，可以重复使用，避免了代码重复臃肿的问题；避免了代码功能调整，重复修改的问题；避免了调试过程低效的问题。

**（3）代码功能可以自由共享**。自定义函数 find_factor 可以供其他程序调用使用，可以大幅提高编程的效率。例如，把这个自定义函数独立打包共享，那么全世界的程序员将因你而减轻编程的工作量。

## 6.1.2　函数基本定义

**定义 1：函数（Function）**，指通过专门的代码组织，用来实现特定功能的代码段，具有相对独立性，可供其他代码重复调用。

**1. 函数定义基本语法**

def 函数名([参数]):
　　函数体
　　[return 返回值]

**2. 函数使用格式说明**

标准自定义函数由 def 关键字、函数名、"([参数]):"、函数体、[return 返回值]五部分组成。

1）def 关键字

Python 语言任何函数定义必须以关键字 def 开始，其后空一格紧跟函数名。

2）自定义函数名

自定义函数命名除了要遵循 1.6 节基本命名规则约定外，还需要遵循如下要求。

（1）不能与现有内置函数名发生冲突，如不能使用 del 作为名称，因为 del 已经存在。

（2）名称本身要准确表达函数的功能，建议用英文单词全称开头，英文单词之间可以用下划线，如 find_factor，可以清楚地表达"求因数"。

（3）([参数]):

带中括号的参数，意味着函数可以有参数，也可以没有参数。小括号及后面紧跟的冒号（:）是函数的基本格式要求，不能省略。目前，读者见过的大多数函数都是带参数的，如 del(x)，x 为需要删除的对象。这里的参数传递对象可以是简单数据，如数字、字符串；可以是元组、列表、字典，也可以是类对象。

（4）函数体

函数体为实现函数功能的相关代码段，如 find_factor 函数里具体的求因数过程代码段。

（5）[return 返回值]

return 语句后面空一格，跟需要返回的值。由于带中括号，意味着函数可以有返回值，也可以没有返回值。例如，id()返回的是一个整数，代表对象唯一性内存地址（Identity）。

## 6.2 自定义函数第一步

根据自定义函数知识使用的频繁程度，这里把经常需要使用的函数知识作为学习自定义函数的第一步进行介绍。

### 6.2.1 不带参数函数

**1. 不带参数函数格式**

```
def 函数名():
    函数体
```

**2. 不带参数求因数案例**

实现一个不带参数的求因数的自定义函数。

[案例 6.1] factor_no_parameter.py

```
def factor_no_para():                    #不带参数的求因数的自定义函数
    i=1
    nums=10
    print('%d 的因数是:'%(nums))
    while i<=nums:                       #循环求 10 的因数
        if nums%i==0:                    #能整除 10 的整数是 10 的因数
            print('%d'%(i))              #打印因数
        i+=1
#==================================自定义函数体结束，下面为调用自定义函数
factor_no_para()                         #调用自定义函数
tt=type(factor_no_para)                  #检查是否是函数类型
print(tt)                                #打印 tt 变量的类型
#==================================自定义函数执行结果如下:
10 的因数是:
1
2
5
10
<class 'function'>                       #自定义函数确实是函数类型
```

案例 6.1 仅仅根据自定义函数要求实现了相应功能，并进行了调用，事实上 factor_no_para()只能求 10 的因数，很不实用。

> **注意**
> 使用自定义函数,必须先定义或先引入定义模块文件(见6.2.5节),再调用自定义函数;不能先调用,再定义,否则报"找不到自定义函数错误"。

## 6.2.2 带参数函数

### 1. 带参数函数格式

```
def 函数名(参数):
    函数体
```

### 2. 带参数求因数函数案例

好的函数要求通用性强,如案例 6.1 里的 factor_no_para()只能处理 10 的因数,而实际要求能处理任意正整数的因数。由此,需要继续对 factor_no_para()函数进行改进,让函数能接受任意的正整数,然后对其求因数。

[案例 6.2] factor_seq1_parameter.py

```
def find_factor(nums):                     #带参数 nums 的求因数的自定义函数
    i=1
    str1=''
    print('%d 的因数是:'%(nums))
    while i<=nums:                         #循环求参数 nums 传递值的因数
        if nums%i==0:
            str1=str1+' '+str(i)           #用字符串循环记录一个整数的因数
        i+=1
    print(str1)                            #打印一个正整数的所有因数
#===================================
num2_L=[10,15,18,25]                       #定义四个整数的列表
i=0
num_len=len(num2_L)
while i<num_len:
    find_factor(num2_L[i])                 #循环调用 find_factor(nums)
    i+=1
#===================================求四个正整数因数结果如下
    10 的因数是:
    1 2 5 10
    15 的因数是:
    1 3 5 15
    18 的因数是:
    1 2 3 6 9 18
    25 的因数是:
    1 5 25
```

从案例 6.2 可以看出,用带参数的自定义函数 find_factor(nums)灵活、实用多了,可以接受任意正整数的传递并求因数。

说明

通常把 def 函数名(参数)里的参数叫**形式参数**，即本书所指的**参数**；把调用函数时赋予的值叫**实际参数**，本书统一用"**值**"来称呼，参数可以是多个的、多种形式的，详见 6.3.1 节。

### 6.2.3 带返回值函数

#### 1．带返回值函数格式

```
def 函数名([参数]):
    函数体
    return 返回值
```

返回值可以是 Python 语言支持的任何对象。

#### 2．函数返回值

不带 return 语句的函数，其实默认都返回 None 值，如调用案例 6.1 的 factor_no_para()，其代码如下：

```
print(factor_no_para())             #打印 factor_no_para()返回值
10 的因数是:
1
2
5
10
None                                #返回值为 None
```

return 语句在函数中除了返回值外，还起中断函数执行作用。

```
def test_re():                      #自定义函数 test_re()
    return 1                        #return 语句终止函数执行并返回值 1
    print("OK")                     #该行将不会被执行
print(test_re())                    #打印结果如下
1                                   #只打印返回的 1，而没有输出 OK
```

 说明

上述自定义函数 return 执行返回值后，下一行再出现不能被执行的代码，属于隐性代码缺陷。

#### 3．带返回值的求因数函数案例

在实际自定义函数过程中，尽量让函数一心一意地做好一件事情。如案例 6.2 求正整数因数的自定义函数 find_factor(nums)，实现了求因数的过程，同时在函数体里打印求因数结果。这不符合函数只做好一件事情的设计要求。于是需要对 find_factor(nums)函数进行改进，把求值结果返回给调用者，让调用者根据返回值，灵活处理返回结果。

[**案例 6.3**] factor_parameter_return.py

```
def find_factor(nums):              #带参数 nums 的求因数的自定义函数
    i=1
    str1=''
    while i<=nums:                  #循环求参数 nums 传递值的因数
        if nums%i==0:               #能整除 nums 的整数是 nums 的因数
            str1=str1+' '+str(i)
```

```
            i+=1
        return str1                               #返回因数字符串
#===========================================调用自定义函数
num2_L=[10,15,18,25]                              #定义四个整数的列表
i=0
num_len=len(num2_L)
return_str=''
while i<num_len:
    return_str=find_factor(num2_L[i])             #循环调用 find_factor(nums)，并返回因数字符串
    print("%d 的因数是:%s"%(num2_L[i],return_str)) #打印正整数求因数结果
    i+=1
#===========================================求四个正整数因数结果如下
    10 的因数是: 1 2 5 10
    15 的因数是: 1 3 5 15
    18 的因数是: 1 2 3 6 9 18
    25 的因数是: 1 5 25
```

案例 6.3 把所求因数通过字符串变量直接返回到函数调用处，并赋值给字符串接收变量 return_str，然后在调用函数外面对返回值进行打印处理。这样设计结果有以下两个明显的好处。

（1）可以从自定义函数灵活获取处理结果，为调用代码所用。

（2）新的 find_factor(nums)函数更专注于解决求正整数因数这一个功能上，把附加的打印功能转移到函数体外，提高了调用者处理打印信息的灵活性。

## 6.2.4 自定义函数的完善

案例 6.3 里的自定义函数 find_factor(nums)初步实现了正整数求因数的功能。但它还不好使，还需要继续改进。

**1．函数文档**

自定义函数编写完成后，需要考虑使用的方便性，如编程人员过了几个月、几年都能轻易地知道函数的功能及如何使用。商业级别的函数，更需要提供相应的函数使用帮助。图 6.3 所示为通过 help 函数获取 id 函数使用功能的信息。

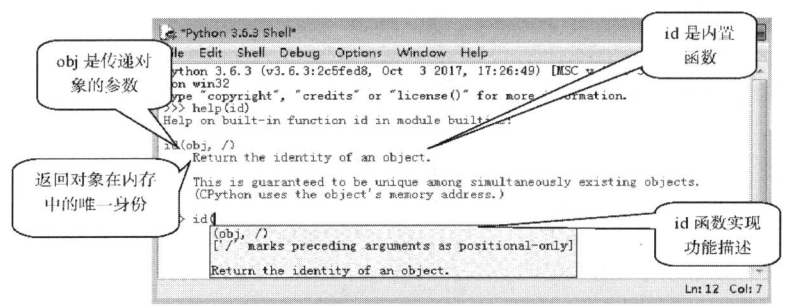

图 6.3 提供使用帮助信息的函数

由此，也需要对自定义函数建立相应的函数文档。继续对 find_factor 函数进行完善，代码如下：

[案例6.4] factor_docstring.py

```
def find_factor(nums):                              #带参数nums的求因数的自定义函数
    '''
    find_factor 是自定义函数
    nums 是传递一个正整数的参数
    以字符串形式返回一个正整数的所有因数'''         #用一对三个单引号来包括描述文档
    i=1
    str1=''
    while i<=nums:                                  #循环求nums传入值的因数
        if nums%i==0:                               #求传入值的因数
            str1=str1+' '+str(i)
        i+=1
    return str1                                     #返回因数
#===================================
help(find_factor)                                   #用help函数获取find_factor函数帮助信息★
                                                    #执行结果如下:

Help on function find_factor in module __main__:   #在主代码模块上的函数find_factor
    find_factor(nums)                              #自定义函数格式
    find_factor 是自定义函数                        #自定义内容
    nums 是传递一个正整数的参数                     #自定义内容
    以字符串形式返回一个正整数的所有因数            #自定义内容
```

**2. 健壮性考虑**

中国有句古话叫"病从口入"。函数也需要考虑类似的问题。如果把函数的参数看作传递值的入口，必须考虑所传递的值是否符合要求。

假如向 find_factor(nums) 传递一个字符、一个符号，会怎么样？

把案例6.4带★行的代码替换为下面一行代码：

```
find_factor('a')                                    #传递一个字符a
```

然后，执行 factor_docstring.py 文件里的代码，报英文出错如下：

```
Traceback (most recent call last):
  File "D:\Python\第6章\factor_docstring.py", line 15, in <module>
    find_factor('a')                                #传递一个字符a
  File "D:\Python\第6章\factor_docstring.py", line 9, in find_factor
    while i<=nums:                                  #循环求nums的因数
TypeError: '<=' not supported between instances of 'int' and 'str'
```

最后一行英文指出了传递值类型出错，不支持字符串类型的值的处理。但是，在实际软件使用过程中，报这样的英文出错将非常糟糕！需要对函数做进一步改进，确保只有正整数才能做求因数处理。

在案例6.4的描述文档代码下插入以下几行代码：

```
if type(nums)!=int:                                 #不是整型，提示出错，并终止函数执行
    print('输入值类型出错,必须是整数!')             #提示传递值类型出错
    return                                          #终止函数执行
```

```
    if nums<=0:                                      #小于等于 0 的整数不在求因数范围之内
        print('输入值范围出错,必须正整数!')            #提示传输值范围出错
        return                                       #终止函数执行
```

上述两个 if 条件判断确保了函数传递值只有为正整数时,才进行求因数处理,否则给出友善的中文出错提示,并自动终止函数的执行。

通过持续的改进,find_factor(nums)函数才具备了实用化的基础。

## 6.2.5 把函数放到模块中

自定义函数建立后,如果需要被其他代码文件调用(以.py 为扩展名的文件);或者需要通过共享,让项目组其他程序员使用;或者需要通过正式的商业发布,让全世界的程序员使用,那么就需要把函数代码单独存放到一个可以共享的地方。在 Python 语言中,它就是通过建立独立的函数模块(Module)文件(以.py 为扩展名的文件),共享给其他代码文件调用的。

**1. 建立函数模块**

(1)在 Python 语言编辑器中,新建立一个空白的代码文件,用于存放自定义函数代码。如建立文件名为 test_function.py 的空函数模块文件。

(2)编写并调试完成自定义函数代码,如前面介绍的 find_factor(nums)函数。

(3)把只属于自定义函数的代码复制到函数模块文件上,若有多个自定义函数,按照顺序复制保存即可。

[案例 6.5] test_function.py

```
    def find_factor(nums):                          #带参数 nums 的求因数的自定义函数
        '''
        find_factor 是自定义函数
        nums 是传递一个正整数的参数
        以字符串形式返回一个正整数的所有因数'''       #用一对三个单引号来包括描述文档
        if type(nums)!=int:                         #不是整型,提示出错,并终止函数执行
            print('输入值类型出错,必须是整数!')      #提示传递值类型出错
            return                                  #终止函数执行
        if nums<=0:                                 #小于等于 0 的整数不在求因数范围之内
            print('输入值范围出错,必须正整数!')      #提示传输值范围出错
            return                                  #终止函数执行
        i=1
        str1=''
        while i<=nums:                              #循环求 nums 传入值的因数
            if nums%i==0:                           #求传入值的因数
                str1=str1+' '+str(i)
            i+=1
        return str1                                 #返回因数
```

案例 6.5 的 test_function.py 函数模块文件里,实现了对 find_factor(nums)函数代码的完整保存,完成这个过程后,该函数被其他 Python 文件里的代码进行调用成为了可能。

## 2．调用函数模块

在 Python 语言的编辑器里，除了默认内置函数外，其他函数的调用，必须先通过 import 语句进行导入，才能使用。

1）用 import 语句导入整个函数模块

导入格式：import 函数模块名

**示例一**：导入模块，使用 find_factor(nums)函数。

程序员张三想通过调用案例 6.5 的 find_factor(nums)函数求正整数的因数。

（1）新建一个名称为 I_study_math1.py 的文件，在文件里输入如下调用代码。

```
import test_function                              #导入模块
print(test_function.find_factor(8))               #调用自定义函数
```

（2）按 F5 键执行 I_study_math1.py 文件代码。

（3）显示执行结果。

```
>>>
======= RESTART: D:/python 入门及实践/第六章/I_study_math1.py =======
 1 2 4 8                                          #调用 find_factor 函数求 8 的因数成功
>>>
```

import 语句直接导入函数模块后，调用模块文件里的函数格式如下：

模块名.函数名

通过模块名中间连接点号与函数名连接方式调用函数。

### 注意

必须保证 I_study_math1.py 与模块文件 test_function.py 在同一个文件夹下，不然报"找不到模块错误（ModuleNotFoundError）"。

2）用 import 语句导入指定函数

导入格式：from 模块名 import 函数名 1[,函数名 2,…]

示例一调用函数，需要在前面加上模块名称，并用点号连接，有点小麻烦。是否可以像采用使用内置函数一样，直接使用自定义函数的方法呢？答案是可以的。

**示例二**：导入模块指定 find_factor(nums)函数，并使用它。

这里继续采用案例 6.5 里的 test_function.py 模块，依次输入如下代码，并保存到 I_study_math1.py 文件中，按 F5 键执行代码。

```
from test_function import find_factor             #导入指定函数
    print(find_factor(8))                         #直接调用函数
```

该调用自定义函数方式与直接使用内置函数的方式一模一样。在指定函数时，可以同时指定多个函数名，函数名之间用逗号隔离。

3）用 import 语句导入所有函数

导入格式：from 模块名 import *

"*"代表指定模块文件里的所有函数。

**示例三**：导入模块指定所有函数。

这里先对 test_function.py 模块进行改造，增加一个新的自定义函数。

```
def say_ok():                                    #第二个自定义函数
    print('OK')
```

把模块文件另存为 test_functions.py，通过新建 I_study_math2.py 调用自定义函数如下：

```
from test_functions import *                     #导入所有函数
    print(find_factor(8))                        #直接调用第一个函数
    say_ok()                                     #直接调用第二个函数
```

按 F5 键执行 I_study_math2.py 代码结果如下：

```
>>>
1 2 4 8
OK
```

4）模块名、函数名别名方式

在导入模块、函数过程若发现模块名、函数名过长，则可以通过 as 语句定义别名方式解决。

as 使用格式：模块名[函数名] as 别名

在 IDLE 解释器上继续执行下列代码：

```
>>> import test_functions as t1                  #设置模块名别名为 t1
>>> t1.find_factor(8)                            #用别名代替模块名调用函数
'1 2 4 8'                                        #函数执行结果
>>> from test_functions import find_factor as f1 #设置函数别名为 f1
>>> f1(8)                                        #直接用函数别名执行函数
'1 2 4 8'                                        #函数执行结果
```

使用 as 语句除了解决名称过长问题外，还可以用于解决函数名称发生冲突问题。

如在加拿大的一名程序员写了一个名叫 TomCat 的自定义函数，而在北京的一名程序员也写了一个同样函数名的代码，当这两个程序员交换自定义函数模块文件时，就会发生两个 TomCat 函数名重名的问题。于是使用时，可以采用给它们加别名的方式加以区别。

📖 **说明**

在使用 IDLE 解释器用交互方式直接调用自定义函数之前，需要先运行对应的模块文件，才能被正确导入使用，否则报"找不到模块"英文错误。

### 3．模块搜索路径

当函数模块文件变多时，有经验的编程人员都会把所有的函数文件独立存放到一个子文件夹下，方便统一管理。但是，在不同文件夹下的模块调用需要解决访问路径问题，不然会报"找不到模块"英文提示，而且程序无法继续运行。

用 sys.path 方法指定需要访问的函数模块文件。

**示例四**：用 sys.path 指定特定搜索模块路径。

在示例三的文件夹下再建立一个子文件夹（\function），然后把 test_functions.py 文件剪切（注意，不要复制）到新建子文件夹下，在 IDLE 里执行 I_study_math2.py 代码，报如下错误：

```
>>>
Traceback (most recent call last):
  File "D:\Python\第 6 章\I_study_math2.py", line 1, in <module>
    from test_functions import *
ModuleNotFoundError: No module named 'test_functions'        #模块找不到
>>>
```

为了解决这个问题,需要对 I_study_math2.py 代码进行改进:

```
import sys                                          #导入 IDLE 自带 sys 模块
sys.path[0]='D:\Python\第 6 章\\function'            #临时增加指定读取模块路径❶
from test_functions import *                        #❷
    print(find_factor(8))
    say_ok()
```

按 F5 键,代码执行成功!

代码说明:❶处为 sys.path[0]对象指定 test_functions.py 模块路径。执行上述代码时,代码解释器先搜索当前 I_study_math2.py 文件路径下是否有 test_functions.py 模块,若没有,则会去指定的模块路径搜索 test_functions.py 模块,找到了该模块后,则通过❷正常导入,并被调用。

📢 **注意**

正常路径字符串为 D:\Python\第 6 章\function 格式,但是"\f"在字符串中代表"换页"转义字符,直接执行该字符串赋值,代码将无法执行(用 sys.path 执行获得的路径是 D:\\Python\\第 6 章\x0cunction),设置路径出错,为了得到正确的路径,需要在"\f"前再加一个"\"让"\f"原样输出。

# 6.3 自定义函数第二步

这里把复杂的或不常用的自定义函数知识作为第二步的学习内容进行集中介绍。

## 6.3.1 参数的变化

人们对自定义函数传递参数值的需求是多样的,有希望一次传递多个参数的,有希望根据实际需要传递不确定个数的,有希望传递时有些参数有默认值的。为此 Python 提供了相应的解决办法。

### 1. 位置参数

所谓的位置参数,就是在传递参数值时,必须和函数定义的参数一一对应,位置不能打乱。

**示例一**:两个固定参数的自定义函数调用。

```
def test1(name,age):                                #带两个固定参数
    print('姓名%s,年龄%s'%(name,str(age)))          #打印
test1('Tom',11)                                     #调用函数时,所传值必须与参数对应上❶
```

使用函数时不能出现如下情况:

```
test1(11,'Tom')                                     #把年龄赋给了 name 参数,姓名赋给了 age 参数 ❷
```

❶打印结果如下：

姓名 Tom,年龄 11                                    #正确的结果

❷打印结果如下：

姓名 11,年龄 Tom                                    #错误的结果

这种固定形式传递值，要求读者对函数参数熟悉，或会借助 help 查看函数使用方法。

### 📖 说明

在实际情况下，位置参数的值传递方式是一种最常用的方法。

**2．关键字参数**

为了避免传递值出错（主要是和函数参数对应混乱），这里提供"参数名=值"的方式，在调用函数时显示表示，而且无须考虑参数的位置顺序。

**示例二**：关键字参数对应指定。

在示例一的基础上继续执行如下代码：

test1(name='John',age=20)                        #所有参数都用"参数名=值"的方式指定
test1(age=20,name='John')                        #关键子参数指定时，可以不考虑位置对应问题
test1('John',age=20)                             #部分指定时，左边的可以不指定，从右边指定开始
test1(name='John',20)                            #该指定调用将出错，不支持左边指定、右边不指定方式

上述代码执行打印结果如下：

姓名 John,年龄 20
姓名 John,年龄 20
姓名 John,年龄 20

**3．默认值**

为参数预先指定默认值，当没有给该参数传值时，该参数自动选择默认值。

**示例三**：修改示例一的自定义函数。

```
def test1(name='',age=20):                       #name 默认值为''，age 默认值为 20
    print('姓名%s,年龄%s'%(name,str(age)))        #打印
test1(18)                                        #默认情况下是给第一个默认的参数赋值
test1()
test1('Tom',11)
```

上述代码调用函数执行结果如下：

姓名 18,年龄 20                                   #函数默认输入一个值的情况下，把值赋给了第一个参数❶
姓名 ,年龄 20                                     #参数传递全部省略，结果正确
姓名 Tom,年龄 11                                  #所有参数都传递值，结果正确

代码说明：❶赋值情况需要避免，不是程序员设计想要的结果。

对于自定义函数设置默认值，允许左边的参数没有默认值，而右边的有；反过来则不行。

```
def test1(name='',age):                          #该方式无法通过解释器正常执行
    print('姓名%s,年龄%s'%(name,str(age)))
```

**4．不定长参数 *、\*\***

Python 允许程序员编写不定长参数，方便函数调用时，根据实际情况传递值的数量。

1）传递任意数量的参数值

使用格式：函数名([param1,param2,...,]*paramX)

带"*"的 paramX 参数，可以接收任意数量的值。但一个自定义函数只能有一个带"*"的参数，而且只能放置最右边的参数中，否则自定义函数执行时报语法出错。

**示例四**：传递西瓜的多特征属性值。

```
def watermelon(name,*attributes):              #带*的为可以传递任意数量值的参数
    print(name)
    print(type(attributes))                    #验证 attributes 的类型
    description=''
    for get_t in attributes:                   #暗示是以集合数据类型进行操作
        description+=' '+get_t                 #形成字符串属性说明内容
    print(description)                         #打印属性说明
```

调用自定义函数 watermelon。

```
watermelon('西瓜','甜','圆形','绿色')              #调用自定义函数，任意参数传 3 个值
print('--------------------')
watermelon('西瓜','甜','圆形','绿皮','红瓤','无籽')  #任意参数传 5 个值
```

执行结果如下：

```
西瓜                                            #固定参数 name 传递的值
<class 'tuple'>                                #attributes 参数实质上是元组类型
 甜 圆形 绿色                                    #任意传入 3 个值，打印结果
--------------------
西瓜                                            #固定参数传递值
<class 'tuple'>
 甜 圆形 绿皮 红瓤 无籽                            #任意传入 5 个值，打印结果
```

2）传递任意数量的键值对

使用格式：函数名([param1,param2,...,]**paramX)

带"**"paramX 参数用法与带"*"用法类似，区别：传递的是键值对。

**示例五**：传递西瓜的多特征属性"键=值"。

```
def watermelon(name,**attributes):             #带**的为可以传递任意数量"键=值"的参数
    print(name)
    print(type(attributes))                    #验证 attributes 的类型
    return attributes                          #返回字典类型对象
```

调用自定义函数 watermelon。

```
print(watermelon('西瓜',taste='甜',shape='圆形',color='绿色'))
```

执行结果如下：

```
西瓜                                            #固定参数 name 传递的值
<class 'dict'>                                 #attributes 参数实质上是字典类型
{'taste': '甜', 'shape': '圆形', 'color': '绿色'}  #打印输出字典类型结果
```

## 6.3.2　传递元组、列表、字典值

自定义函数除了传递字符串、数字、键值以外，还可以传递元组、列表、字典值。

### 1．传递元组

[**案例 6.6**] watermelon_tuple.py 用元组形式传递西瓜的特性

```
def watermelon(name,attributes):          #自定义函数，传递元组、列表、字典
    print(name)
    print(type(attributes))               #验证 attributes 的类型
    return attributes                     #返回对应类型对象
get_t=watermelon('西瓜',('甜','圆形','绿色'))  #调用自定义函数，带元组传递
print(get_t)                              #打印元组
```

调用 watermelon 自定义函数，执行结果如下：

```
>>>
西瓜
<class 'tuple'>                           #元组类型
('甜', '圆形', '绿色')                      #打印输出是元组结果
```

### 2．传递列表

直接利用案例 6.6 自定义函数传递列表，调用函数如下：

```
get_L=watermelon('西瓜',['甜','圆形','绿色'])  #调用自定义函数，带列表传递
print(get_L)                              #打印列表
```

调用 watermelon 自定义函数，执行结果如下：

```
西瓜
<class 'list'>
['甜', '圆形', '绿色']
```

> **注意**
>
> 在本节中细心的读者会发现在传递元组、列表的过程中，watermelon 函数根本没有变化，由固定参数 attributes 直接传递实现。同理，它也可以用于传递字典对象。

### 3．传递字典

在案例 6.6 的基础上继续调用 watermelon 函数：

```
attri={'taste':'甜','shape':'圆形','color':'绿色'}  #定义字典变量
get_D=watermelon('西瓜',attri)                   #传递字典对象
print(get_D)                                    #打印返回的字典对象
```

执行结果如下：

```
西瓜
<class 'dict'>
{'taste': '甜', 'shape': '圆形', 'color': '绿色'}
```

### 4．传递列表、字典后的问题

在自定义函数内获取从参数传递过来的列表、字典对象后，若在函数内部对它们的元素进行变

动,则会同步影响函数外部传递前的变量的元素。

[**案例 6.7**] edit_watermelon_L_D.py

```
#在自定义函数内部修改直接传递的列表的元素,会影响函数外面的列表对象
def EditFrult(name,attributes):       # attributes 将用于传递列表对象
    attributes[0]=attributes[0]*0.9   #打九折,修改列表元素
    return attributes                 #返回修改后的列表对象
#调用 EditFrult 函数如下:
attri_L=[21,'甜','圆形','绿色']        # 21 为价格
get_L=EditFrult('西瓜',attri_L)       #调用 EditFrult,并返回修改后的列表
print(get_L)                          #打印返回的列表对象
print(attri_L)                        #打印原始列表对象
```

代码执行结果如下:

```
>>>
[18.900000000000002, '甜', '圆形', '绿色']   #显示修改并返回的列表对象
[18.900000000000002, '甜', '圆形', '绿色']   #显示 attri_L 列表对象结果
```

在自定义函数体内修改所传递的列表对象的元素后(这里修改了21),函数体外面的列表对象 attri_L 的值也同步被修改了。这在有些应用上是不希望被发生的,人们希望原始的 attri_L 列表对象保持不变。

在函数中,列表对象直接传递导致函数体外列表对象同步变化的现象,证明了传递列表(字典)其实传递的是内存里同一个地址的对象(如图6.4所示)。当函数体里修改这个传入对象值时,函数体外面的对象自然也跟着变化。为了解决这个问题,可以采用复制列表(字典)对象方法来避免。

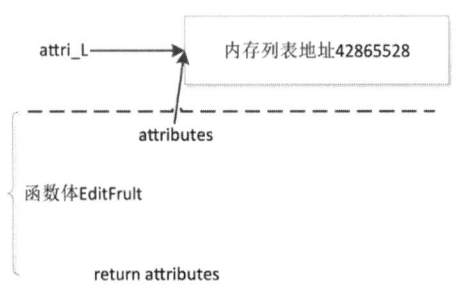

图 6.4 列表对象指向同一个内存地址

把案例 6.7 调用 EditFrult 函数改成如下方式:

```
get_L=EditFrult('西瓜',attri_L.copy())   #利用列表 copy()方法实现对象的复制
```

然后,重新执行案例 6.7 代码,执行结果如下:

```
[18.900000000000002, '甜', '圆形', '绿色']   #函数修改后返回的列表结果
[21, '甜', '圆形', '绿色']                   #函数体外的列表对象没有变化
```

## 说明

（1）列表、字典都可以采用 copy() 方法实现对象的复制。
（2）列表复制除了 copy() 方法，也可以通过设置下标[:]方式获取列表对象的副本。
（3）可以用 id 函数验证列表对象地址变化的情况。

**5．函数传递对象总结**

根据传递对象在函数里的变化情况，可以把传递的对象分为不可变对象、可变对象。数字、字符串、元组属于不可变对象；列表、字典属于可变对象。

不可变对象，在函数里进行值修改，会变成新的对象（在内存产生新的地址）。

可变对象，在函数里进行值修改，函数内外还是同一个对象，但是值同步发生变化。

### 6.3.3 函数与变量作用域

学了函数，就需要考虑变量作用范围（**作用域**）的问题，只有清楚变量作用范围，所编写的代码才不会逻辑混乱。

**1．全局变量与局部变量**

Python 语言根据变量**可供访问的**作用范围，可以分为**全局变量（Global Variable）**和**局部变量（Local Variable）**。

全局变量自赋值定义开始，后续代码都可以访问该变量；局部变量只能在被定义的函数（后续还有类）内部被访问。

**示例一**：演示全局变量和局部变量的作用范围。

```
j=5                                         #j 为全局变量，在定义并赋值时确定
def sum1(i):                                #i 在函数第二行被赋值，明确为内部局部变量
    i=i+j                                   #j 全局变量可以被函数内部访问
    return i
i=8                                         #i 在函数外面被赋值，非函数内部的 i
print('j 值为%d, 是全局变量；i 值为%d 是局部变量'%(j,sum1(5)))    #打印执行结果
print('函数外面的 i 值为%d, 是新的变量,而非函数内的 i'%(i))        #打印外面 i
```

上述代码执行结果如下：

```
>>>
j 值为 5, 是全局变量；i 值为 10, 是局部变量
函数外面的 i 值为 8, 是新的变量,而非函数内的 i
```

**注意**

（1）示例一里的全局变量 j 被自定义函数 sum1 直接使用，该编程方法不鼓励，如果要引用 j 变量值，可以通过参数传递。这里仅作全局变量范围的演示用。

（2）变量的作用范围与变量的赋值位置是紧密相关的，如最后一行代码 i=8，它不是 sum1 的局部变量，也不是能影响它的全局变量。它是后续代码的全局变量，如果后续还有代码，则需要增加。

**2．global 关键字**

函数内部默认只能读取全局变量的值，若需要修改全局变量，则需要使用 global 关键字进行事

先声明，否则在函数内修改全局变量会报英文出错。

**示例二**：全局变量在函数体里用 global 关键字声明后才能用于修改操作。

```
j=5
print('全局变量 j 的地址为：%d'%(id(j)))
k=2
def sum1():
    global j          #声明 j 为全局变量
    j=j+5             #全局变量 j 加 5
    k=4               #新定义局部变量 k，其值为 4
    return k
print('局部变量 k 值为%d，全局变量 k 值为%d' %(sum1(),k))
print('全局变量 j 的值为%d，在函数里赋值后的地址为%d' %(j,id(j)))
```

执行结果如下：

```
>>>
全局变量 j 的地址为：140709830124496
局部变量 k 值为 4，全局变量 k 值为 2
全局变量 j 的值为 10，在函数里赋值后的地址为 140709830124656(全局变量 j 地址没有变)
```

📖 **说明**

这里仅对 global 关键字的使用起演示作用，平时不鼓励采用该方法传递值及修改值。

### 3．闭包（Closure）

闭包是介于全局变量和局部变量之间的一种特殊变量。它的使用方法如示例三。

**示例三**：闭包变量的使用。

```
j=5                           #全局变量 j
def sum0():                   #外部函数 sum0
    k=2                       #闭包变量 k
    def sum1():               #嵌套的内部函数 sum1
        i=k+j                 #局部变量 i
        return i
    return sum1()
```

调用带闭包变量的函数 sum0：

```
print('调用 sum0 结果%d'%(sum0()))
```

代码执行结果如下：

```
调用 sum0 结果 7
```

全局变量、闭包变量、局部变量的使用范围的关系如下。

全局变量>闭包变量>局部变量。闭包变量定义位置在外部函数与内部嵌套函数之间。

### 4．nonlocal 关键字

要在 sum1 函数中修改示例三中闭包变量 k，则需要事先用 nonlocal 关键字声明 k，才能对它进行修改操作。修改的结果 k 也变成函数 sum1 的局部变量，不鼓励使用该方法传递值及修改值。

## 说明

本节重在理解全局变量、闭包变量、局部变量的使用范围关系，避免编程逻辑混乱，这是首要任务，相关的编程方法不鼓励使用。

### 6.3.4 匿名函数

Python 使用 lambda 来创建匿名函数。所谓匿名函数，与用 def 关键字定义函数相比，没有函数名称。

**1．匿名函数定义及特点**

lambda[para1,para2,…]:expression
从匿名函数定义格式可以看出以下几个使用特点。

（1）lambda 后没有跟函数名，这就是匿名函数名称的由来。
（2）[para1,para2,…]参数是可选的，任何类型的，参数往往在后面的 expression 体现。
（3）expression 表达式实现匿名函数功能的过程，并返回操作结果，具有通常函数 return 的功能。
（4）整个匿名函数在一行内实现所有定义。

**2．代码示例**

```
>>> lambda x,y:x*y                    #在同一行定义匿名函数
<function <lambda> at 0x035E4150>     #按 Enter 键执行结果
>>> a=lambda x,y:x*y                  #定义匿名函数并赋值给 a
>>> a(2,3)                            #a 具有匿名函数的功能，通过参数传值
6                                     #输出匿名函数两数相乘结果为 6
```

### 6.3.5 递归函数

在计算机编程语言中递归是一个相对抽象的概念，不少读者往往对此深感头疼。本书的作者在 20 多年前学递归时，也是囫囵吞枣，先学会了照猫画虎使用递归函数的编写方法，后来才慢慢明白其运行原理。本节将竭尽所能为读者奉献尽可能接受的递归函数使用方法。

**1．什么是递归**

**定义 2**：递归（Recursion Algorithm，递归算法）在计算机科学中是指一种通过重复将问题分解为同类的子问题而解决问题的方法。计算理论证明递归的作用可以完全取代循环，因此在很多函数编程语言（如 Scheme）中习惯用递归来实现循环。[1]

上述定义主要提供了递归的算法思想，具体如下。

（1）"重复"，既凡是通过循环语句可实现的，都可以通过递归来实现。
（2）"将问题分解为同类的子问题"，如持续循环的运算操作、持续循环的判断操作，它们的每次循环都是同样的一个"动作"，这个"动作"就是一个子问题。

利用函数实现递归算法的过程就是**递归函数**。递归函数通过**自己调用自己**来实现递归算法。有点狗转圈咬自己的尾巴，自己跟自己玩的意思！

---

[1]百度百科，递归算法 https://baike.baidu.com/item/递归算法

**2. 使用递归函数**

[案例 6.8] 求 1, 2, 3, …, n 加法和（recursion_add.py）

```
def recursion_sum(num):                    #定义递归函数
    if num==1:                             #分解到最小数 1
        return num                         #返回最小分解数 1 给上一层
    return recursion_sum(num-1)+num        #自己调用自己，重复动作：两个相邻数相加
                                           #调用递归函数
print(recursion_sum(4))                    #调用递归函数并打印结果
```

> 如果看不明白，可以先记住实现过程

执行结果如下：

```
>>>
10                                         #1、2、3、4 的累加和为 10
```

案例 6.8 求和过程，对应的一般循环实现过程如下：

```
def sum1(num):                             #定义一般求和函数
    i=1                                    #循环控制变量初始化
    add=0                                  #累加数变量定义
    while i<=num:                          #循环
        add=add+i                          #求累加
        i+=1                               #循环控制，并自增 1
    return add                             #返回求和结果
```

调用一般求和函数：

```
print(sum1(4))                             #求 1、2、3、4 的和
```

执行结果如下：

```
10                                         #1、2、3、4 累加和为 10
```

从案例 6.8 可以确定，递归函数 recursion_sum(num) 实现了一般循环函数的求和过程，其求值结果是一样的。若不深究递归函数的实现原理，通过上述思路和方法，就可以把递归函数编程方法应用到实际编程中，这就是所谓的"囫囵吞枣"吧。

**3. 递归函数在内存中的运行原理**

案例 6.8 所示的递归调用过程，在计算机内存中到底是怎么实现的呢？

**总体实现思想：递归一次，在内存中开辟一个新的地址空间，记录递归过程状态，一直递归分解到最小范围，最后得出要么找到对应的值，要么返回找不到的结果。**

为了证明递归过程，每递归一次在内存中开辟新的地址空间，这里把案例 6.8 的代码进行进一步改造，使之可以跟踪在内存中开辟新地址的情况。

[案例 6.9] 跟踪递归函数在内存中开辟新地址的情况（recursion_add_.memory.py）

```
def recursion_sum(num):                    #定义自定义递归函数
    if num==1:                             #分解到最小数 1
        return num                         #返回最小分解数 1 给上一层
    tt=recursion_sum(num-1)+num            #自己调用自己，重复动作，两个相邻数相加
    print('第%d 次递归'%(num))              #用 print 跟踪递归次数
```

```
            print('返回值%d 在内存中地址:%d'%(tt,id(tt)))        #跟踪递归过程变量地址的变化
            return tt                                            #返回递归结果
#调用递归函数
print(recursion_sum(10))                                         #调用递归函数对 1，2，…，10 进行累加
```

执行结果如下：

```
第 2 次递归返回#num=2
返回值 3 在内存中地址:1713755984#recursion_sum(2-1)+2=3
第 3 次递归返回#num=3
返回值 6 在内存中地址:1713756032#recursion_sum(3-1)+3=6
第 4 次递归返回#num=4
返回值 10 在内存中地址:1713756096#recursion_sum(4-1)+4=10
第 5 次递归返回#num=5
返回值 15 在内存中地址:1713756176#recursion_sum(5-1)+5=15
第 6 次递归返回#num=6
返回值 21 在内存中地址:1713756272#recursion_sum(6-1)+6=21
第 7 次递归返回#num=7
返回值 28 在内存中地址:1713756384#recursion_sum(7-1)+7=28
第 8 次递归返回#num=8
返回值 36 在内存中地址:1713756512#recursion_sum(8-1)+8=36
第 9 次递归返回#num=9
返回值 45 在内存中地址:1713756656#recursion_sum(9-1)+9=45
第 10 次递归返回#num=10
返回值 55 在内存中地址:1713756816#recursion_sum(10-1)+10=55
55
```

从案例 6.9 的执行结果可以看出：

（1）每递归一次，代码在内存中开辟新的保存运算过程的地址空间，记录运算过程。这就解决了初次学习递归函数的读者，不明白这个中间值放在哪里的问题。

（2）递归算法其实分**缩小范围**和求值结果的层层**返回**两大步骤。若学过计算机《数据结构》这门课程，就知道其实是在调用**栈（stack）**[1]的进栈、出栈操作过程。每递归调用自己一次，就进栈一次，并在栈列表里记录调用的内容；每返回一次，就是出栈弹出值的过程，并把值返回到上一个栈列表里，最后返回所求最终答案。

图 6.5 所示为递归在内存中的运行操作原理，这里用案例 6.9 递归函数求 1，2，…，10 的累加过程来演示。当调用递归函数开始，先进行入栈操作，先调用的先进入，并在内存中开辟地址空间，记录调用过程；后进行出栈操作，最上面的先出栈，并返回第一个值 1，然后，再第二个出栈，并返回值 3 给下一个，以此类推，最后把值返回给函数调用处 print(recursion_sum(10))打印结果，返回结果为 55。

---

[1]百度百科，栈，https://baike.baidu.com/item/栈/12808149

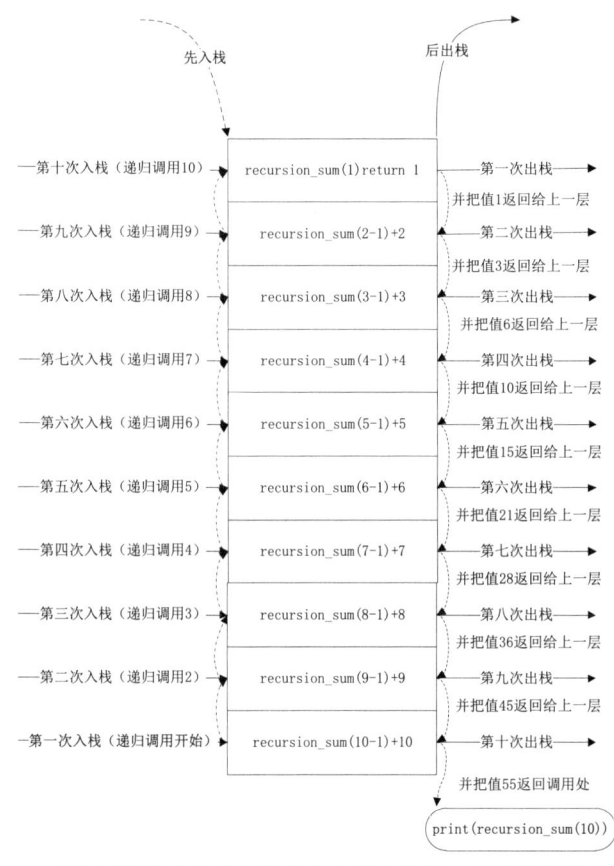

图 6.5　递归函数在内存中以栈的方法进行进栈、出栈操作并求结果

### 4．利用递归函数实现二分法查找

[案例 6.10] 二分法查找（recursion_dichotomy.py）

```
def r_dichotomy(nums,find,left,right):          #二分法查找，自定义递归函数
    middle=(right+left)//2                      #求商的整数，取中间值的下标
    if nums[middle]==find:                      #找到列表中的值
        return middle                           #返回找到值对应的下标
    if right==left+1 :                          #若指定范围只有一个未找元素
        if nums[middle]!=find:                  #而且没有找到
            return -1                           #返回-1，-1代表没有找到
    if nums[middle]>find:                       #值的查找范围在[left,middle)之间
        return r_dichotomy(nums,find,left,middle)   #在左边递归查找
    elif nums[middle]<find:                     #值的查找范围在(middle,right]之间
        return r_dichotomy(nums,find,middle+1,right) #在右边递归查找
#调用递归函数代码如下：
nums_L=[1,2,3,4,8,16,20,30]                     #必须提供排序的列表，才能供二分法使用
print(r_dichotomy(nums_L,2,0,len(nums_L)))      #在列表里查找值为2的元素的下标
```

递归调用查找结果如下：
```
>>>
1                                                    #在 nums_L 列表中 2 的下标为 1
```

**5．使用递归函数的优点、缺点**

1）优点

递归的力量显然在于通过有限陈述来定义无限的对象集合的可能性，即使这个程序没有明确的重复，也可以用有限递归程序来描述无限次的计算[1]。

如案例 6.8、案例 6.9 求累加过程，可以对任何大小集合的整数求累加；又如二分法查找，不同的查找值查找过程次数不确定，但是采用递归方法，可以灵活、有效地解决这些问题。

2）缺点

当所计算的对象数量变得庞大起来时，内存空间压力就大增。如二分法每递归调用一次，需要新开辟一个地址空间，若需要查找的数据集元素达到了几十万、几百万个时，很容易使内存空间崩溃。

## 6.4 案例［三酷猫利用函数方法实现记账统计］

三酷猫掌握了自定义函数的知识后，它突然觉得可以把 5.3.3 节案例［三酷猫分类统计］里的代码做得更加酷，于是决定改造案例 5.3 的代码。

### 6.4.1 函数统计需求

三酷猫的分类统计内容如表 6.1 所示。

表 6.1　三酷猫钓鱼记录

| 钓鱼日期 | 水产品名称 | 数量（条） | 市场预计单价（元） |
| --- | --- | --- | --- |
| 1月1日 | 鲫鱼 | 17 | 10.5 |
|  | 鲤鱼 | 8 | 6.2 |
|  | 鲢鱼 | 7 | 4.7 |
| 1月2日 | 草鱼 | 2 | 7.2 |
|  | 鲫鱼 | 3 | 12 |
|  | 黑鱼 | 6 | 15 |
| 1月3日 | 乌龟 | 1 | 78.10 |
|  | 鲫鱼 | 1 | 10.78 |
|  | 草鱼 | 5 | 7.92 |

**1．原有操作要求**

（1）对每天的钓鱼数量、金额进行统计。

---

[1] NiklausWirth . Algorithms + Data Structures = Programs[M]. Prentice-Hall,page 126.1975.

（2）对每种鱼的数量、金额进行累计。
（3）求钓得最多的鱼、求钓得价值最高的鱼。
（4）求所有钓得鱼的数量、求所有钓得鱼的金额。

**2．新增操作要求**

（1）要求每个原有操作要求都用自定义函数实现。
（2）把所有的自定义函数都独立存放到独立模块文件内。
（3）在主程序文件里，要求采用与内置函数类似的使用自定义函数方法。

### 6.4.2 主程序实现

[**案例 6.11**] 利用函数方法实现记账统计（test_function.py）

```python
#主程序，对三酷猫钓鱼记账内容进行统计
from FishStat_M import *                              #引入自定义函数模块
d_date1={'鲫鱼':[17,10.5],'鲤鱼':[8,6.2],'鲢鱼':[7,4.7]}      #1月1日钓鱼记录
d_date2={'草鱼':[2,7.2],'鲫鱼':[3,12],'黑鱼':[6,15]}         #1月2日钓鱼记录
d_date3={'乌龟':[1,78.10],'鲫鱼':[1,10.78],'草鱼':[5,7.92]}   #1月3日钓鱼记录
fish_records={'1月1日':d_date1,'1月2日':d_date2,'1月3日':d_date3}  #所有记录
#==============================天统计
print('===鱼每日统计===================')
for day,day_record in fish_records.items():
    day_stat(day,day_record)
#==============================
print('\n===鱼所有数量统计===============')
name1=''
maxstat=['',0,'',0,0,0]                   #前4个元素记录最大值，后2个记录总数量、总金额
all_stat=allday_stat(fish_records,maxstat) #对每种鱼的数量、金额统计
                                          #总数量、总金额、最大数量、最大金额进行统计
for name1,subs in all_stat.items():       #打印所有鱼的统计
    print('%s 数量%d 金额 %.2f'%(name1,subs[0],subs[1]))
#==============================
print("\n===最大值，总数量，总金额打印======")
PrintMaxValues(maxstat)
```

**编程技巧**：这里利用了函数直接传递列表对象，在函数里修改列表对象元素，导致函数内外对象值同步改变的特点来传递列表对象值，参考案例6.7。

与5.3.3节案例5.3的代码相比本案例的主程序代码显得非常简练，有利于代码阅读与调试。

### 6.4.3 自定义函数实现

对应的存放鱼的自定义函数的模块文件是FishStat_M.py，实现统计鱼自定义模块的代码如下：

```python
#统计鱼自定义模块
def day_stat(day,fishs):          #第一个自定义函数，统计每天的鱼，并保存到统计字典里
```

```
    '''统计每天的鱼,并保存到统计字典里
    day 为字符串参数
    fishs 为两层嵌套字典参数'''
    nums=0                                    #数量
    amount=0                                  #金额
    for name0,sub_records in fishs.items():
        print('%s 数量%d 单价%.2f 元'%(name0,sub_records[0],sub_records[1]))
        nums+=sub_records[0]
        amount+=sub_records[0]*sub_records[1]
    print('%s 数量小计%d 金额小计%.2f'%(day,nums,amount))
def allday_stat(fishs):                       #第二个自定义函数,统计所有鱼,并保存到统计字典里
    '''统计所有鱼,并保存到统计字典里
       fishs 为两层嵌套字典参数'''
    name1=""
    sub_recods={}
    stat_record={}
    for day,day_record in fishs.items():      #循环获取每天记录(元组形式)
        for name1,sub_recods in day_record.items():#循环获取当天鱼相关记录
            if name1 in stat_record:                        #判断鱼是否在统计字典里,存在,则做累计处理
                stat_record[name1][0]+=sub_recods[0]        #每种鱼数量累计
                stat_record[name1][1]+=sub_recods[0]*sub_recods[1]    #鱼金额累计
            else:
                stat_record[name1]=[sub_recods[0],sub_recods[0]*sub_recods[1]]
                                              #第一次累计,直接在字典里赋值
    #================================================
    for name1,nums in stat_record.items():
        if maxs[1]<nums[0]:                   #求最大数量
            maxs[0]=name1
            maxs[1]=nums[0]
        if maxs[3]<nums[1]:                   #求最大金额
            maxs[2]=name1
            maxs[3]=nums[1]
        maxs[4]=maxs[4]+nums[0]               #求所有数量
        maxs[5]=maxs[5]+nums[1]               #求累计总金额
    #考虑一下:maxs 值是怎么返回到主程序的代码里的?
    return stat_record
def PrintMaxValues(maxstat1):                 #第三个自定义函数,打印最大值
    '''打印最大值
       maxstat1[:4]为列表参数,记录最大值
       maxstat1[4]记录总数量
       maxstat1[5]记录总金额'''
    print('最大数量的鱼是%s,%d 条'%(maxstat1[0],maxstat1[1]))
    print('最大金额的鱼是%s,%.2f 元'%(maxstat1[2],maxstat1[3]))
```

```python
print('钓鱼总数量为%d,总金额为%.2f 元'%(maxstat1[4],maxstat1[5]))    #打印总数量、总金额
```

### 6.4.4 本案例代码执行结果

代码执行结果如下：

```
===鱼每日统计====================
鲫鱼数量 17 单价 10.50 元
鲤鱼数量 8 单价 6.20 元
鲢鱼数量 7 单价 4.70 元
1 月 1 日数量小计 32 金额小计 261.00
草鱼数量 2 单价 7.20 元
鲫鱼数量 3 单价 12.00 元
黑鱼数量 6 单价 15.00 元
1 月 2 日数量小计 11 金额小计 140.40
乌龟数量 1 单价 78.10 元
鲫鱼数量 1 单价 10.78 元
草鱼数量 5 单价 7.92 元
1 月 3 日数量小计 7 金额小计 128.48
===鱼所有数量统计=================
鲫鱼  数量 21  金额 225.28
鲤鱼  数量 8  金额 49.60
鲢鱼  数量 7  金额 32.90
草鱼  数量 7  金额 54.00
黑鱼  数量 6  金额 90.00
乌龟  数量 1  金额 78.10
===最大值，总数量，总金额统计=====
最大数量的鱼是鲫鱼,21 条
最大金额的鱼是鲫鱼,225.28 元
钓鱼总数量为 50,总金额为 529.88 元
```

合理使用自定义函数，不但可以使代码更容易阅读和调试，而且可以实现代码复用的功能。如可以把本案例里第一个自定义函数 day_stat(day,fishs)直接应用到第 5.3 节的案例 5.1、案例 5.2、案例 5.3 中，这样可以减少代码重复编写问题，并大幅提高工作效率。经过反复实际使用的函数还是可靠代码质量的保证。

## 6.5 习题及实验

**1．判断题**

（1）def、lambda 关键字都可以自定义函数，可以交换使用。（    ）
（2）自定义函数可以是不带参数函数、带参数函数、不带返回值函数、带返回值函数。（    ）
（3）所有的循环语句都可以通过递归来实现。（    ）
（4）在计算机内存中递归函数可以无限层次的递归。（    ）
（5）全局变量可以在自定义函数里直接访问和修改。（    ）

**2．填空题**

（1）函数的优点包括可以使代码（    ），提高编程（    ）（    ），可以与他人（    ）代码。
（2）函数的文档说明用（    ）表示，返回值通过（    ）语句返回。
（3）自定义函数可以独立存放于（    ）文件中，通过（    ）（    ）、（    ）导入到主程序中。
（4）通过函数参数传递列表、字典对象时，为了保证传递前的对象不受函数操作影响，列表可以采用（    ）（    ）方法，字典可以采用（    ）方法传递对象的副本。
（5）自定义函数的参数可以分为（    ）参数、（    ）参数、（    ）参数、（    ）参数。

**3．实验一：调试［案例 6.11］代码并改进代码**

**实验要求：**

（1）根据案例 6.11 所示代码，手工输入，并运行代码，记录输出结果。
（2）把自定义函数 allday_stat(fishs)拆分成功能相对独立的两个自定义函数，并调整主程序代码。
（3）自定义函数，统计鱼的种类。

**4．实验二：求 $5^{10}$**

**实验要求：**

（1）编写代码，用自定义递归函数求，并记录运行结果。
（2）编写代码，用一般循环方法求，并记录运行结果。

# 第 7 章

## 类

类是一种全新的面向对象的编程方法,可以更加有效地把数据和函数集成在一起,形成独立的数据类型。

对初学者而言,学习编程语言里的类知识将面临着新的挑战:相对更加抽象的、新的概念比较多,使用方法更加复杂。这好比第一次见到外星人一样,既陌生又担心不好沟通,但是外星人也是人,一回生二回熟,多接触、了解几次,就熟悉了。学习类知识也是如此。

好在 Python 语言的类概念比 Java、C++等语言的更加简单,而且采用类方法进行编程,更加容易解决实际问题,提高代码的共享使用水平,大幅提高工作效率,减少开发成本。掌握了类编程方法后,你会发自内心微笑的,因为你正在通向编程高手的正确道路上。

### 学习重点

- 初识类
- 属性使用
- 类改造问题
- 私有
- 把类放到模块中
- 类回顾
- 案例[三酷猫把鱼装到盒子里]

## 7.1 初识类

第一次接触类的读者请不要担心,沉住气,仔细阅读本章的内容,多理解几次,多尝试编写几次相关的代码。类知识也不会太难,只不过开始时太陌生,需要多熟悉。

### 7.1.1 为什么要引入类

在软件编程领域,按照编程方法的不同可以分为**面向过程**的编程和**面向对象**的编程。

**1. 面向过程的编程**

**面向过程**(Procedure Oriented,PO)是一种以过程为中心的编程方法。

早期的编程都采用面向过程的编程方法,如 6.4 节案例 6.11 利用函数方法实现记账统计,就是典型的面向过程的编程方法。这里涉及钓鱼记录内容代码实现过程,每天钓鱼记录统计代码实现过程,所有数量统计代码实现过程,钓鱼数量最大值、金额最大值、总数量、总金额打印代码实现过程,如图 7.1 所示。编程思路的核心是一个个实现相关功能的过程,围绕这些过程,实现案例 6.11 的特定要求。程序员是从"过程"看问题,解决问题的。

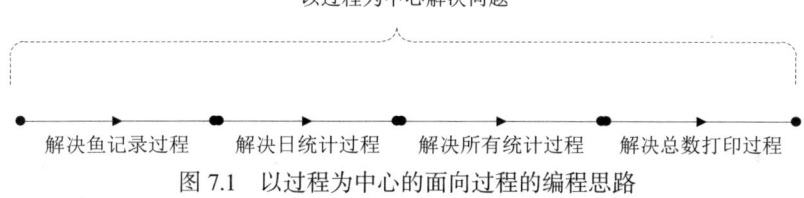

图 7.1 以过程为中心的面向过程的编程思路

当利用面向过程方法处理的问题越来越复杂时,如图 7.1 所示的过程达到了几十、上百个时,面向过程的编程方法就暴露了其缺点,具体如下。

(1)数据变量代码重复现象将再出现。

虽然出现了函数等方法,解决了一部分代码重复及利用问题,但是相似数据变量的重复定义还是存在,而且随着相关功能过程的增加而大幅重复出现。

详细观察第 5.3 节的案例 5.1、案例 5.2、案例 5.3 及第 6 章的案例 6.11,四个案例存在记账内容反复记录(定义字典变量)问题。

(2)当自定义函数变多时,将产生新的管理和使用混乱。

这里可以假设一下,上百个自定义函数都存放在一起,将会产生什么问题?自定义函数名称多了,记忆、重复命名的问题怎么解决?不同程序员之间的自定义函数共享,在名称、功能识别等方面的冲突怎么解决?

(3)变量和函数的相关联性不强。

案例 6.11 虽然采用了自定义函数,但是该自定义函数与相关数据变量关联不紧密。如果把该函数单独共享给其他程序员,由于缺少相关数据变量的整体共享,容易导致其他程序员使用函数的困难。这里隐含着是否能同时共享数据和函数的问题。

针对新的问题,计算机学者们提出了新的解决方法——面向对象的编程。

**2. 面向对象的编程**

**面向对象**(Object Oriented,OO)是一种对现实世界理解和抽象的方法。

这里把现实世界里的任何事物都可以当作一个相对独立的对象来看待,如人、鸟、车、飞机等;也可以是抽象的事情,如战争、交通规则、出行计划等。

将现实世界的事物进行抽象,就出现一种新的可以高效利用的数据类型——类。

**定义**:**类**(**Class**),指把具有相同特性(数据)和行为(函数)的对象抽象为类[1]。

从类的定义可以看出类的特性通过数据来体现,类的行为通过函数来操作,现实世界对象都可以抽象为数据和函数相结合的一种**特殊结构**的新**数据类型**。

数据通过类内的局部变量来实现对数据的读写操作。

函数可以实现对类的相关行为的操作。

**示例**:抽象盒子

盒子是个长方体,由长、宽、高构成,盒子有不同的颜色、材质、类型,这些长、宽、高、颜色、材质、类型构成了一个盒子类的特性。

可以统计盒子里存放物品的数量、重量、金额,也可以计算有多少物品可以存放到盒子里,计算盒子的体积、表面积等。这些统计、计算就是针对盒子的各种行为。

可以把图 7.2 抽象成类过程归纳为以下几个步骤。

(1)**归类**。这里把所有的大大小小的立方体盒子都归为一类。

(2)提取事物**特性**。这里把盒子的长、宽、高、颜色、材质、类型作为基本的特性,进行了提炼(注意事物特性是静态的,相对固定不变的)。

(3)确定事物相关的操作**行为**,如统计、计算、查找、修改等操作动作。

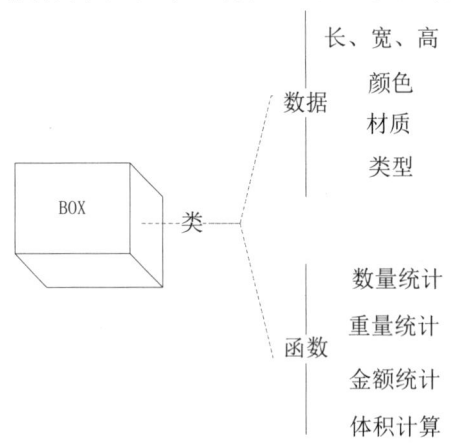

图 7.2 以对象为中心的面向对象的编程思路

---

[1] 类,也可以近似地理解为对一类事物的归类,这有助于理解和记忆。

## 📖 说明

在现实世界中,过程是易变的,对象是相对不变的。这也为面向对象的代码的共享提供了更容易的操作。

### 7.1.2 案例[编写第一个类]

为了直观展示类的技术知识,这里采用图 7.2 思路,先用代码抽象完成盒子的长、宽、高数据和求体积函数,构成一个 Box 类。

**1. 实现一个求体积函数的 Box1 类**

[案例 7.1] Box1 类的实现(BoxClass.py)

```
class Box1():                                    #类定义,类名为 Box1
    '''求立方体的类'''
    def __init__(self,length1,width1,height1):   #传递类参数的保留函数 __init__
        self.length=length1        #长数据变量
        self.width=width1          #宽数据变量
        self.height=height1        #高数据变量
    def volume(self):              #求立方体体积的函数 volume,并供实例调用
        return self.length*self.width*self.height
#==============================上面为类定义,下面开始调用类,并建立对应的实例
my_box1=Box1(10,10,10)             #通过 Box1 类赋值建立对应的一个实例 my_box1
print('立方体体积是%d'%(my_box1.volume()))  #通过实例调用 volume()方法求体积并打印
```

❶属性定义 → self.length=length1 / self.width=width1 / self.height=height1  ①数据
❷方法定义 → def volume(self): / return self.length*self.width*self.height  ②函数

上述代码的执行结果如下:

```
>>>
立方体体积是 1000
```

**2. 引出类相关的知识分析**

1) class 关键字

所有的类定义必须用 class 开始,就像所有的自定义函数必须用 def 开始一样。

2) 类名

Python 语言建议性约定类名首字母需要大写,如 Box(实质上小写开头也不影响代码执行效果,只是为了代码更加容易阅读,做了统一约定)。

3) 类开始第一行格式

class 类名():

class 关键字空一格后跟类名,然后再跟小括号加冒号。

4) 类文档说明

用三个单引号(''')成对引用说明内容,使用方法与函数的文档说明一模一样。

5) 类函数

类函数在类或实例里又叫**方法(Method)**❷。这里的方法必须依赖类或实例而存在。在案例 7.1 中包括了 __init__、volume 两个函数。

## 说明

（1）在实际独立引用对象名称时，为了区分函数与方法，本书把带小括号的统一认为是方法；不带小括号的为函数。如 volume 叫函数，volume()为方法，而这里的 volume 函数、方法都指向同一个对象。

（2）__init__()有一个专业名称叫构造方法。这个特殊方法不对实例显示。其他自定义方法都可被实例调用。

6）保留函数__init__和self关键字

所谓的保留函数，就是读者不能用其他函数代替该函数的作用，包括函数名的写法，必须严格按照__init__格式输入。

该函数在类里起什么作用呢？

（1）所有类需要实例化，必须先在类里声明__init__函数，不然类的实例无法使用。

最简约的使用格式如下：

def __init__(self)

self 关键字，在实例使用时，用于传输实例对象（其实传递的是实例对象在内存中的一个地址[1]）。所有的实例可以调用的属性（Property），必须在__init__定义并初始化，然后通过 self 传递，详细如案例 7.1 ❶ 所示。如 self.length=length1，左边的 length 是属性，右边的 length1 是类的数据变量。

另外，实例要传递多个参数时，可以通过如下代码实现：

def __init__(self,length1,width1,height1)

对应的参数传递如下：

my_box1=Box1(10,10,10)

从上可见，self 参数是隐性传递的，在实例化赋值过程中自动进行。

类里的函数要变成实例可以调用的方法也必须提供 self 参数。例如：

def volume(self):                    #去掉 self 就不能被实例调用

（2）__init__初始化实例相关参数作用。类在实例化的同时，会自动调用__init__函数，所以可以通过它初始化属性值。

### 7.1.3 实例

**实例（Instance）**是把类[2]通过等号（=）赋值给一个变量的过程，就是实例化过程，这个变量就是实例。实例的核心由属性和方法组成。

**1．实例实现**

案例 7.1 里 my_box1=Box1(10,10,10)赋值过程，就是建立类 Box1 的一个实例对象过程，该过程又叫实例化过程。其实质是在内存中建立一个独立的实例对象 my_box1。

**2．多实例**

同一个类可以给多个实例对象赋值，那就是多实例，每个实例之间互不干扰。如在案例 7.1 主

---

[1] 可以在类 Box1 的 self.height=height1 后加一行 print(id(self))，来验证每个实例都有一个独立的内存地址
[2] 严格来说，实例由动态类生成。详见 7.6.1 节相关内容。

程序调用部分对代码进行改进:

| | |
|---|---|
| my_box1=Box1(10,10,10) | #第一个实例对象 my_box1 |
| print('立方体体积是%d'%(my_box1.volume())) | #通过 my_box1 对象调用 volume()方法 |
| my_box2=Box1(5,15,10) | #第二个实例对象 my_box2 |
| print('立方体体积是%d'%(my_box2.volume())) | #通过 my_box2 对象调用 volume()方法 |
| my_box3=Box1(3,5,6) | #第三个实例对象 my_box3 |
| print('立方体体积是%d'%(my_box3.volume())) | #通过 my_box3 对象调用 volume()方法 |

其执行结果如下:

| | |
|---|---|
| >>> | |
| 立方体体积是 1000 | #第一个实例执行结果 |
| 立方体体积是 750 | #第二个实例执行结果 |
| 立方体体积是 90 | #第三个实例执行结果 |

这里进一步需要明确的是,在实例里调用的 volume()一律叫方法,不能叫函数。而在类里方法、函数都可以叫。有点别扭,但是 Python 语言就这么约定的,读者需要适应!这好比有人家里人叫他小名"狗蛋",外面人叫他正式名字"张三"是一个意思,不同的应用场景,叫法会不一样。

**3.实例的属性、方法**

实例通过点号(.)可以调用属性、方法两个对象。

1)属性调用格式

实例名.属性名

如在案例 7.1 的基础上,可以读取 length 属性值:

| | |
|---|---|
| tt=my_box1.length | |
| print(tt) | #打印属性值 |

属性定义及属性名确定通过__init__初始化实现。如案例 7.1❶处,定义了 length、width、height 三个属性,并通过 self 传递给实例 my_box1。

2)方法调用格式

实例名.方法名()

实例方法定义,在类里实现,如案例 7.1❷处的 volume(self),所定义方法必须提供 self 参数,通过 self 把该方法传递给实例 my_box1。具体调用如下:

| | |
|---|---|
| my_box1=Box1(10,10,10) | #定义实例 my_box1 |
| my_box1.volume() | #调用实例 my_box1 的方法 |

3)在 IDLE 上直观地查看实例属性、方法

用 IDLE 打开类代码文件,然后在最后输入实例名加点号(.),如案例 7.1 的"my_box1.",然后等几秒,将跳出如图 7.3 所示的界面。

从图 7.3 可以发现已经定义的三个属性(length、width、height)和一个方法(volume())。

从这里也可以看出__init__()方法并没有出现在实例对象里,说明了它是只供类内部使用的一个特殊保留函数,不被外部的实例直接调用。

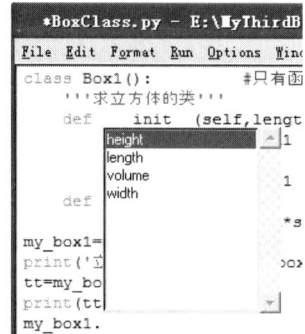

图 7.3　my_box3 实例的属性、方法

> 📖 **说明**
> 
> 验证技巧：为了验证__init__函数、self 的作用，可以在案例 7.1 的基础上，尝试把__init__函数暂时注释掉，把 volume 函数里的所有 self 关键字去掉，在执行实例时，将会报一系列的错误，导致实例无法使用。

# 7.2　属 性 使 用

属性（Property）是通过__init__函数定义，并通过 self 传递给实例的一种数据类型。上一节已经解决了属性、函数集成到类的过程，这里进一步说明属性如何使用。

## 7.2.1　属性值初始化

属性值初始化有两种方法。

**1．在__init__里直接初始化值**

```
class Box1():
    '''求立方体的类'''
    def __init__(self):
        self.length=0         ┐
        self.width=0          ├❶
        self.height=0         ┘
```

❶处直接给 length、width、height 属性赋初值为 0。调用 Box1()类，生成实例 B1 如下：

```
B1=Box1()
print(B1.length)              #打印 length 属性初始值
>>>
0                             #length 属性初始值为 0
```

**2．传递参数初始化**

```
class Box2():
    '''求立方体的类'''
    def __init__(self,length1,width1,height1):
```

```
        self.length=length1      ⎫
        self.width=width1        ⎬ ❷
        self.height=height1      ⎭
#===============================主程序调用 Box2()类,并创建 B2 实例
B2=Box2(10,10,10)                #通过对类赋初值❸
print(B2.length)                 #打印 length 属性初始值
>>>
10                               #length 属性初始值为 10
```

在类 Box2 的 __init__ 里建立传递参数 length1、width1、height1❷,然后通过❸处确定 length、width、height 属性的初始值,这里都赋 10。

## 7.2.2 属性值修改

对实例属性值的修改包括直接对属性值进行修改、通过方法对属性值进行修改。

### 1. 直接对属性值进行修改

```
class Box1():
    '''求立方体的类'''
    def __init__(self):
        self.length=0
        self.width=0
        self.height=0
#===============================主程序调用 Box1()类,并创建 B1、B2 实例
B1=Box1()
print(B1.length)                 #读属性值
B1.length=10                     #修改 B1 实例 length 属性值为 10
print(B1.length)                 #打印修改后的值
B2=Box1()                        #创建新实例 B2
B2.length=20                     #修改 B2 实例 length 属性值为 20
print(B2.length)                 #打印修改后的值
```

执行结果如下:

```
>>>
0                                #length 属性初始值为 0
10                               #B1 实例 length 属性修改后的结果
20                               #B2 实例 length 属性修改后的结果
```

从这里可以看出实例对象的属性,具有读、写值功能。

### 2. 通过方法对属性值进行修改

```
class Box1():
    '''求立方体的类'''
    def __init__(self):
        self.length=0
        self.width=0
        self.height=0
    def setNewLength(self,length1):       #定义修改属性 length 的函数
        self.length=length1
```

主程序调用类及实例：

```
b1=Box1()                        #创建新实例 b1
b1.setNewLength(15)              #通过 setNewLength(15)方法修改
print(b1.length)                 #打印修改后的值
```

执行结果如下：

```
>>>
15
```

### 7.2.3 把类赋给属性

当类的同一属性比较复杂时，可以考虑把与该属性相关的功能通过另外一个类来实现。如案例 7.1 的 Box1 假设已经有了颜色属性，但在实际操作过程中发现需要为颜色属性提供颜色设置和选择功能，这个需求将由另外一个单独类来实现。

[案例 7.2] 把颜色类赋给颜色属性（property_BoxClass.py）

```
class Color1():                                    #颜色类 Color1()
    def __init__(self,index=0):                    #index 指定颜色列表下标
        self.set_color=['white','red','black','green']   #定义列表类颜色属性
        self.index=index                           #定义下标属性，为了可以在实例之间传递
    def setColor(self):
        return self.set_color[self.index]
#==================================================
class Box1():                                      #类名为 Box1
    '''求立方体的类'''
    def __init__(self,length1,width1,height1,c1=0):   #传递类参数的保留函数 __init__
        self.length=length1
        self.width=width1
        self.height=height1
        self.color0=Color1(c1).setColor()          #颜色类 Color1 在此创建实例
                                                   #并调用实例的 setColor()得到 color0 值
    def volume(self):                              #求立方体体积的函数 volume
        return self.length*self.width*self.height
```

主程序调用类及实例如下：

```
my_box1=Box1(10,10,10,1)         #my_box1 通过 Box1 类赋值建立对应的一个实例
print(my_box1.color0)            #打印 color0 属性值
```

执行结果如下：

```
>>>
red
```

本案例通过 Box1()类内部调用颜色类 Color1()，并把其对应的 setColor()方法得到的颜色值赋给 color0 属性，最后通过创建 my_box1 实例，可以灵活设置需要的颜色值。感觉类的功能非常强大！

## 7.3 类改造问题

基本的类定义完成后,有时会不满足实际操作需要,由此需要考虑类的继承和方法的重写问题。

### 7.3.1 继承

案例 7.1 代码内容只实现了长、宽、高三个属性和一个求体积 volume()方法。如果想继续对颜色、材质、类型进行属性定义,并增加求盒子表面积的方法,有两种处理方法:一种是对案例 7.1 代码进行直接改造。但是,有些第三方提供的类没有提供原始代码(类模块被编译了),或有些自定义类已经被软件项目所使用,不允许直接修改类原始代码。这些都是新的问题,于是类技术提出了一种解决该方面问题的新技术——继承。

**继承(Inheritance)**,就是在继承原有类功能的基础上,增加新的功能(属性或方法),形成新的子类。被继承的叫父类。

**1. 继承基本格式**

class 子类名(父类名)

这里可以多父类一起继承给同一个子类。格式如下:

class 子类名(父类名1,父类名2,父类名3,…)

**2. 用继承方法实现盒子 Box1 类的继承**

[案例 7.3] Box2 子类通过继承 Box1 父类实现(inher_BoxClass.py)

```
class Box1():                                          #定义父类 Box1
    '''求立方体的类'''
    def __init__(self,length1,width1,height1):
        self.length=length1
        self.width=width1
        self.height=height1
    def volume(self):
        return self.length*self.width*self.height
#===========================================================
class Box2(Box1):                                      #继承 Box1 定义子类 Box2
    def __init__(self,length1,width1,height1):         #子类重新定义 __init__
        super().__init__(length1,width1,height1)       #super 实现父类与子类的关联
        self.color='white'                             #增加颜色属性
        self.material='paper'                          #增加材质属性
        self.type='fish'                               #增加类型属性
    def area(self):                                    #增加求表面积函数
        re=self.length*self.width+self.length*self.height+self.width*self.height
        return re*2
#==========================================主程序调用类及实例
my_box2=Box2(10,10,10)                                 #通过子类 Box2 创建 my_box2 实例
```

```
print('立方体体积是%d'%(my_box2.volume()))         #通过子类调用父类 volume()方法
print('立方体表面积是%d'%(my_box2.area()))         #调用子类的 area()方法,求表面积
print('Box 颜色%s,材质%s,类型%s'%(my_box2.color,my_box2.material,my_box2.type))
```

代码执行结果如下：

```
>>>
立方体体积是 1000
立方体表面积是 600
Box 颜色 white,材质 paper,类型 fish
```

**3．继承使用方法**

（1）在子类名声明时，引入父类名，如"class Box2(Box1):"。

（2）重新定义子类的__init__函数，若父__init__函数有参数，则照抄父函数的参数。

（3）在子类__init__函数里提供 **super 函数**，实现父类与子类的关联，若父类有参数，需要同步参数（self 除外），如 super().__init__(length1,width1,height1)。

（4）可以在子类里增加新属性定义，如 self.color='white'。

（5）可以在子类里增加新方法定义，如"def area(self):"。

📖 **说明**

（1）继承可以多层级继承，如 Box1 为父类，Box2 为 Box1 的子类，Box3 为 Box2 的子类……

（2）在 Python 2.7 版本中，定义父类时需要加 object 参数，如 class Box1(object)；同时需要在子类的 super 里加两个参数，第一个为子类名，第二个为 self，如 super(Box2,self)。

## 7.3.2 重写方法

当程序员发现父类的方法满足不了实际需要时，可以在子类重写方法。如案例 7.3 中父类 Box1 的 volume 求体积函数只求一个盒子的体积，程序员要求能求任意确定数量的盒子的体积，于是需要在子类中重写 volume()方法。

在案例 7.3 的 Box2 子类的 area()定义后，重写定义 volume()。

```
def volume(self,num=1):                          #只要求函数名称与父类的名称一致
    return self.length*self.width*self.height*num
```

然后，执行如下代码：

```
print('5 个立方体体积是%d'%(my_box2.volume(5)))     #在子类实体里调用重写后方法
```

执行结果如下：

```
5 个立方体体积是 5000
```

# 7.4 私　　有

有些程序员希望自己设计的类内有些变量或函数只允许这个类自身访问。如__init__函数，本身用于类的初始化调用，没有被实例调用的必要。

为了让类定义的变量或函数变成**私有**（**private**）的，只要在它的名字前加上双下划线即可——很简单！

［案例 7.4］变量、函数私有化（Class_private.py）

```
class TeatPrivate():
    def __init__(self):
        self.__say='ok'             #在实例处，__say 属性实例将无法看到
    def p(self):
        print(self.__say)
    def __p1(self):                 #在实例处，__p1()方法实例将无法看到
        print(self.__say)
#==========================================主程序调用类实例如下：
show=TeatPrivate()
show.p()
```

通过 IDLE 只能看到实例 show 对应的 p()方法，如图 7.4 所示。这说明双下划线屏蔽了__say、__p1 对象。

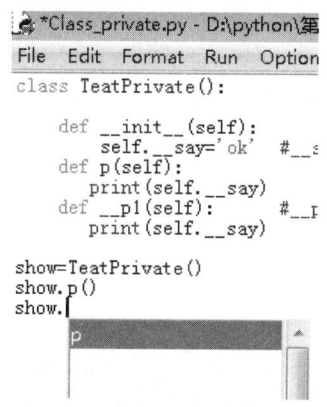

图 7.4　show 实例所能看到的所属对象

## 7.5　把类放到模块中

刚开始学类时，把类定义内容和主程序代码放在同一个 Python 代码文件里（扩展名为.py）是可以理解的。如案例 7.4，类定义 TeatPrivate()相关代码和下面的主程序代码在同一个 Class_private.py 里。

当程序变得复杂，导致同一个代码文件非常庞大时，这是一个非常不好的现象；另外程序员编写类，也是为了解决类共享利用的问题。好的公共类应该可以供其他代码文件调用，也可以供软件项目组其他程序员调用，甚至发送到世界各地供其他人使用。Python 语言一个非常吸引人的地方，在于全世界优秀的程序员为大家提供了大量优秀的第三方类库。

这似乎与函数的共享要求一样？确实一样，而且是一模一样！好了，应该建立独立的类模块文件，实现类的独立存储并供别人调用。

## 7.5.1 建立独立类模块过程

建立独立类模块过程与建立类模块过程一模一样，其建立的主要操作过程如下。

（1）建立一个空白的 Python 模块文件。模块文件扩展名为 .py，给这个类模块起一个容易识别的名称，如 Class_module.py。

（2）把自定义类放到 Class_module.py 文件里。这里可以采用直接在该文件里编写自定义类（这适合编程熟练者使用），也可以把其他地方已经编写、调试成熟的类代码复制过来。如这里把案例 7.3 中的 Box1 类、Box2 类代码完整地复制到 Class_module.py 文件，然后按 Ctrl+S 键保存。

（3）在主程序代码文件导入自定义类。导入自定义类过程的语法与导入函数一模一样。如这里的主程序代码文件名为 Main_Program.py，然后想在其中导入 Class_module.py 文件的所有自定义类，而且可以直接使用，则在 Main_Program.py 开始行写入如下导入语句：

```
from Class_module import *            #*代表导入所有类
```

（4）在主程序使用自定义类。把案例 7.3 里的主程序代码原封不动地复制到 Main_Program.py 文件里，然后保存，就可以实现主程序对模块文件里自定义类的调用。

## 7.5.2 案例[把盒子类放到类模块中]

把案例 7.3 里的盒子类 Box1、Box2 代码复制到 Class_module.py 文件。

把案例 7.3 里的主程序代码复制到 Main_Program.py 文件，同时在第一行加入类导入语句，其代码清单如案例 7.5 所示。

[案例 7.5] 主程序代码文件，通过导入实现对独立类的使用（Main_Program.py）

```
from Class_module import *                #从 Class_module 模块文件导入所有类
my_box2=Box2(10,10,10)                    #通过使用 Box2 类创建 my_box2 实例
print('立方体体积是%d'%(my_box2.volume()))  #通过实例调用 volume()求体积，并打印
print('立方体表面积是%d'%(my_box2.area()))
print('Box 颜色%s,材质%s,类型%s'%(my_box2.color,my_box2.material,my_box2.type))
```

执行主程序代码，结果如下：

```
>>>
立方体体积是 1000
立方体表面积是 600
立方体的颜色是 white,材质是 paper,类型是 fish
```

案例 7.5 采用模块独立存储类，并导入使用类的最终执行结果，与案例 7.3 没有使用类模块的执行结果是一样的。但这里实现了类的独立存储，这意味着存储于类模块里的类，可以共享给其他人。

使用类模块的相关事项：

（1）其他几种类的导入方式参考 6.2.5 节。

（2）把类模块文件独立存放到指定路径里的使用方法参考 6.2.5 节。

## 7.6 类 回 顾

类的实例化使用是面向对象编程的主流应用场景。这里继续介绍一下静态类、类与实例概念总结、类与面向对象编程、类编写其他事项的相关内容。

### 7.6.1 静态类

若把可以创建实例的类叫作动态类(Dynamic Class),那么还有一种不支持实例的静态类(Static Class)。

**1. 静态类与动态类的关键区别**

(1)静态类类内部没有 self 关键字,也就是不能被实例化。
(2)静态类不能通过类名传递参数。
(3)静态类不支持__init()__初始化函数。
(4)静态类不能被真正实例化,但它可以集成变量或函数,是一个带结构的数据类型。

[案例 7.6] 静态类的使用(StaticClass.py)

```
class StaticC():
    name='Tom'                       #类局部变量 name,没有定义属性的说法
    age=20                           #类局部变量 age
    address='China'                  #类局部变量 address
    call=28380000                    #类局部变量 call
    def a():                         #函数 a,没有使用 self 参数,不能叫方法
        i=0
        i+=1
        print('第一个函数%d'%(i))
    def b(add=1):                    #函数 b
        print('第二个函数%d'%(add))
    def c(add=1):                    #函数 c
        print('第三个函数%d'%(add))
        return add
```

**2. 静态类不实例化使用**

上述 StaticC 静态类定义,内部见不到 self 关键字,不能实例化!假如实例化这个静态类,将会发生什么呢?

```
s1=StaticC()
s1.a()                               #报错,不能实例化调用 a 函数
```

执行结果如下:

```
>>>
Traceback (most recent call last):
File "D:\Python\第 7 章\StaticClass.py", line 24, in <module>
```

| | |
|---|---|
| s1.a() | #报错，不能实例化 |
| TypeError: a() takes 0 positional arguments but 1 was given | |

**3．静态类的使用特点**

1）可以直接用类名调用其内部的变量和函数

| | |
|---|---|
| print('name:%s'%(StaticC.name)) | #用类名直接调用变量 name |
| print('age:%d'%(StaticC.age)) | **#用类名直接调用变量 age** |
| print('address:%s,call:%s'%(StaticC.address,StaticC.call)) | #直接调用变量 |
| print(StaticC.a()) | **#用类名直接调用 a 函数** |
| print(StaticC.b(2)) | #用类名直接调用 b 函数 |
| print(StaticC.c(3)) | #用类名直接调用 c 函数 |

利用静态类可以归类集成变量、函数的特点，可以把用途相关的变量或函数组织在一起，然后存放于类模块，供其他代码通过类名直接调用。

如案例 7.5，可以在类模块文件 Class_module.py 里增加一个说明盒子主人信息的静态类，其内容如下。

| | |
|---|---|
| class SHost() | #定义静态类 |
|     name='Tom' | #类局部变量 name |
|     age=20 | #类局部变量 age |
|     address='china' | #类局部变量 address |
|     call='28380000' | #类局部变量 call |

[**案例 7.7**] 静态类的调用（Main_SHost.py）

| |
|---|
| from Class_module import SHost |
| print(SHost.name) |
| print(SHost.age) |
| print(SHost.address) |
| print(SHost.call) |

执行结果如下：

| |
|---|
| >>> |
| Tom |
| 20 |
| china |
| 28320000 |

2）在调用处可以直接修改静态类变量值

继续在 Main_SHost.py 主程序文件里增加下列代码。

| | |
|---|---|
| SHost.name='Jerry' | #直接修改静态变量的值 |
| print(SHost.name) | #打印变量 name 的值 |

执行结果如下：

| | |
|---|---|
| >>> | |
| Jerry | #name 变量值由 Tom 变成了 Jerry |

这意味着，如果有三个主程序都在调用 SHost.name 变量，一个地方变量值改变，其他地方值都同步改变。

> **注意**
> 
> 对于需要实例化的动态类,不提倡直接调用动态类内部的变量,而是提倡通过 self 关键字属性化后再调用。这样可以确保各个实例的属性值各管各的,互不干扰。

### 7.6.2 类与实例概念总结

类、实例的概念总结如下:
(1)类分为动态类、静态类。
(2)实例由动态类生成,核心是属性和方法。
(3)现实世界对象、动态类、实例抽象内容比较如表 7.1 所示。

表 7.1 现实世界对象、动态类、实例抽象内容比较

| 现实世界对象 | 动 态 类 | 实 例 |
| --- | --- | --- |
| 特性 | 数据 | 属性 |
| 行为 | 函数 | 方法 |

现实世界对象的特性抽象为动态类的数据变量,数据变量通过实例的属性来做读写操作,而且各个实例属性独立,互不干扰。

现实世界对象的行为抽象为动态类的函数,函数通过实例的方法来体现各种操作功能,而且各个实例方法独立,互不干扰。

本章主要与类相关知识分类如图 7.5 所示。

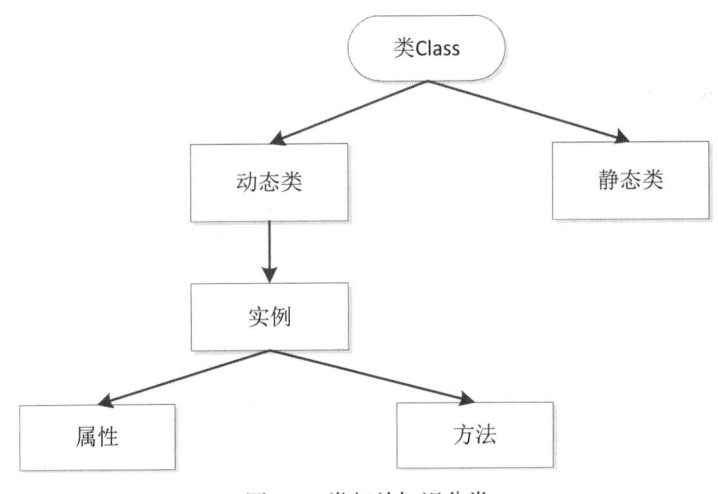

图 7.5 类相关知识分类

### 7.6.3 类与面向对象编程

介绍和掌握了类知识,就等于掌握了面向对象的编程方法。这里再回头介绍一下面向对象编程的相关概念。

面向对象编程的核心方法是**封装**（Encapsulation）、**继承**（Inheritance）、**多态**（Polymorphism）。[1]

**1. 封装**

封装是指将现实世界中存在的某个客体的属性与行为绑定在一起，并放置在一个逻辑单元内。这里的属性、行为就是 Python 语言动态类里的属性定义、方法定义，逻辑单元就是动态类。通过动态类把属性定义、方法定义（其实是数据变量、函数）集成在一起就是封装。

**2. 继承**

继承描述了子类属性从祖先类继承这样一种方式。Python 语言的动态类实现了多父类继承和多层级继承。详见 7.3.1 节。

**3. 多态**

多态性是指相同的函数可作用于多种类型的对象上并获得不同的结果。不同的对象，收到同一消息可以产生不同的结果，这种现象称为多态性。

这里可以理解为：多态性是指在类里相同名称的函数可作用于多种类型的对象上并体现不同的操作功能。多态性，在 Python 语言里体现为继承和实例。

如 7.3.2 节里重写的 volume()方法与原先的方法名称一样，但是产生的操作动作不一样，这就是多态性，通过继承来实现。一个类创建出很多实例对象，这也是多态性。

另外，多态性还表现在相同名的函数，可以处理的对象是多样的。如同样的求体积函数 volume 可以设计为对立方体求体积，也可以对球求体积；又如本书出现的 len 函数既可以对列表求长度，也可以对元组、字典求长度。Python 语言函数传递参数时，并没有明确参数类型，可以传递数字、字符串，也可以传递列表、元组、字典、类的实例，这就是多态。

### 7.6.4　类编写其他事项

在类的编写过程中会存在一些特殊问题，需要针对性解决。

**1. 属性与方法重名问题**

从图 7.6 可以看出，在类 TestClass1 里定义了一个 i1 属性、一个 i1()方法，然后在实例调用时，只显示一个 i1，而且弄不清楚这个 i1 到底是属性还是方法。显然，这样的属性、方法定义方式是不受程序员欢迎的。

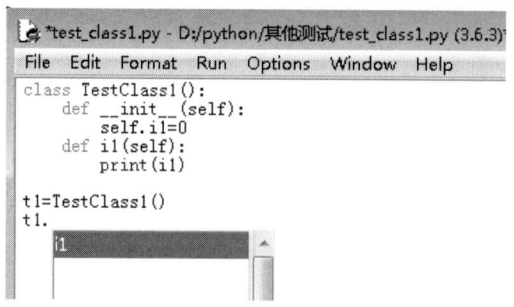

图 7.6　属性与方法重名

---

[1] Stanley B.Lippman, Josee Lajoie, Barbara E.Moo. *C++ Primer*：人民邮电出版社，2010

解决方法：在软件项目里，开发代码前，统一对命名规则进行定义。比如类里的所有属性变量名，都采用前缀一个小写字母加英文全拼，如 iAge，代表年龄，这个前缀 i 还可以代表这个变量是一个整型变量；而方法采用驼峰命名方式，如 CountBox()代表统计盒子数量方法。

**2．不要直接使用动态类内的数据变量**

在多实例的情况下，直接使用动态类内的数据变量，存在属性变量值使用混乱的可能性。

**3．当类变得庞大起来时（或会变得庞大时），应该把类合理拆分**

可以利用给类的属性赋新类实例对象的方式进行拆分处理。详细方法见 7.2.3 节。

**4．可以在类里引用外面已经定义的函数**

如图 7.6 中的 print()是内置函数，可以供类直接使用。那么外面的自定义函数，也可以供自定义类调用，只要在自定义类模块前导入函数模块即可。

## 7.7 案例［三酷猫把鱼装到盒子里］

学习了类，三酷猫有了新的想法。

**1．把鱼装到盒子里的需求**

话说三酷猫钓鱼技术越来越成熟，所钓的鱼越来越多，它决定先把鱼儿装到盒子里，然后送冷库冻起来，准备批发鱼。既然想做买卖，就得长期考虑。订做什么样的盒子好呢？

三酷猫经过市场调研，认为水产品礼盒比较受欢迎。于是它对礼盒做了要求，具体内容如表 7.2 所示。

表 7.2  水产品礼盒要求

| 型　号 | 价　格 | 礼盒设计要求 |
| --- | --- | --- |
| 大礼盒 | 1000 元 | 存 20 条鱼，重 10 kg，长 60 cm、宽 30 cm、高 40 cm |
| 小礼盒 | 500 元 | 存 10 条鱼，重 5 kg，长 50 cm、宽 20 cm、高 30 cm |

（1）要求计算大礼盒和小礼盒的体积、表面积。
（2）要求计算 200 条鱼需要多少只大礼盒、多少只小礼盒，并统计 200 条鱼的价值。
（3）要求用类技术设计实现。

**2．需求对象抽象为类分析**

这里需要实际处理的现实世界的核心对象是装鱼的盒子，那么可以给新类命名为 FishBox 装鱼的盒子。

这里涉及的数据包括礼盒的种类、价格、(存放鱼)数量、规格（长、宽、高）。

涉及礼盒的函数包括计算礼盒的体积、表面积，根据鱼数求礼盒数量、求鱼的总价。

**3．类代码实现**

这里主要采用继承 7.5.1 节 Class_module.py 里 Box2 类的方法来实现。

[**案例 7.8**] FishBox 类的实现（BoxClass1.py）

```python
class FishBox(Box2):                                    #定义 FishBox 类
    def __init__(self,length1,width1,height1):
        super().__init__(length1,width1,height1)        #继承 Box2 父类
        self.price=0                                    #价格
        self.amount=0                                   #数量
        self.type=('大礼盒', '小礼盒')                    #重写盒子类型
        self.weight=0                                   #重量
    def countBoxNums(self,fish_nums,f_type_index):      #根据鱼数量和盒子类型统计盒数
        if f_type_index==0:                             #盒子类型下标值
            self.amount=20                              #20 条 1 盒
        else:
            self.amount=10                              #10 条 1 盒
        if fish_nums%self.amount==0:                    #整除
            return  fish_nums/self.amount
        else:
            return  fish_nums/self.amount+1             #不整除，加 1 盒
    def total(self,box_nums,price):                     #求总金额
        return box_nums*price                           #盒子数量*盒子货物价格
```

主程序调用 FishBox 类，下面代码单独存放于 Main_fish_stat.py。

```python
from Class_module import FishBox                        #导入 FishBox 类
#============================创建大礼盒实例，并求相关值
big_gift_box=FishBox(60,30,40)                          #创建长 60cm、宽 30cm、高 40cm 的大礼盒实例
big_gift_box.price=1000                                 #价格 1000 元
big_gift_box.amount=20                                  #1 盒存放 20 条
big_gift_box.weight=10                                  #10kg
print("大礼盒的体积是%d 立方厘米"%(big_gift_box.volume()))
print("大礼盒的表面积是%d 平方厘米"%(big_gift_box.area()))
index=big_gift_box.type.index('大礼盒')
g_box_num=big_gift_box.countBoxNums(200,index)
print("200 条鱼需要%d 只大礼盒"%(g_box_num))
print("200 条鱼装大礼盒的价值为%d 元"%(g_box_num*big_gift_box.price))
#============================创建小礼盒实例，并求相关值
small_gift_box=FishBox(50,20,30)                        #创建长 50cm、宽 20cm、高 30cm 的小礼盒实例
small_gift_box.price=500                                #价格 500 元
small_gift_box.amount=10                                #1 盒存放 10 条
small_gift_box.weight=5                                 #5kg
print("小礼盒的体积是%d 立方厘米"%(small_gift_box.volume()))
print("小礼盒的表面积是%d 平方厘米"%(small_gift_box.area()))
index=small_gift_box.type.index('小礼盒')
g_box_num=small_gift_box.countBoxNums(200,index)
```

```
print("200 条鱼需要%d 只小礼盒"%(g_box_num))
print("200 条鱼装小礼盒的价值为%d 元"%(g_box_num*small_gift_box.price))
```
主程序执行结果如下：
>>>
大礼盒的体积是 72000 立方厘米
大礼盒的表面积是 10800 平方厘米
200 条鱼需要 10 只大礼盒
200 条鱼装大礼盒的价值为 10000 元
小礼盒的体积是 30000 立方厘米
小礼盒的表面积是 6200 平方厘米
200 条鱼需要 20 只小礼盒
200 条鱼装小礼盒的价值为 10000 元

从案例 7.8 首先能发现 Box1 类被 Box2 类继承，Box2 类被 FishBox 类继承，实现了多层级类继承过程。

其次，可以发现通过类继承的好处，FishBox 类中的一些数据变量、函数在父类已经实现，在实例里直接使用即可。

### 说明

当继承关系多了，程序员有时想确认子类与父类的关系，可以通过内置函数 issubclass()来检查。如 issubclass(FishBox,Box2)存在父子关系，则返回 True，否则返回 False。

## 7.8 习题及实验

**1．判断题**

（1）类也是一种数据类型。（　　）

（2）类只能通过实例被主程序调用。（　　）

（3）在动态类直接定义并调用类内局部变量不会产生问题。（　　）

（4）子类可以继承多个父类。（　　）

（5）过程代码共享性差、编写的代码容易重复，类独立性强、容易共享。（　　）

**2．填空题**

（1）实例的核心由（　　）和（　　）组成。

（2）类可以分为（　　）类和（　　）类。

（3）属性在动态类的（　　）函数体里定义，并由（　　）关键字指定。

（4）动态类的函数要成为实例的方法，必须传递（　　）关键字。

（5）现实世界的对象抽象为（　　）和（　　），然后由类通过（　　）和（　　）来定义，最后通过实例的（　　）和（　　）来实现程序实际功能。

**3．实验一：编写一个班级类**

一般一个学校的班级会由若干个学生、若干个老师组成，这里要求知道一个班级学生的姓名、老师的姓名（相当于点名簿），学生、老师的数量会变化。

学生名单：张力、李晶晶、高星、刘兰兰、刘星、王亮、任力、张静、赵依依、丁一、乔三、李四、林玲、王五、毛六 15 位学生。

老师名单：高老师、丁老师、刘老师。

**实验要求：**

（1）要求抽象出现实世界里班级的特征和行为。

（2）要求用数据变量和函数实现类的定义，要求通过函数独立设置学生、老师数据变量。

（3）实现一个大学一班的实例，并调用属性和方法。

（4）上机编写代码，并形成实验报告。

**4．实验二：编写班级子类**

**实验要求：**

（1）利用实验一的班级类，把该类独立存放到类模块文件。

（2）继承并编写一个班级子类，增加班级名称变量、班级地址变量；重写设置老师数据变量的函数，除要求能记录老师姓名外，还可以对应记录老师的教学学科。这里的老师对应的学科为：高老师教语文，丁老师教英语，刘老师教数学。

（3）统计学生数量、统计老师数量。

（4）增加李老师，教计算机。

（5）减少学生王五、毛六，他们转学了。

（6）再统计学生、老师数量。

（7）上机编写代码，并形成实验报告。

# 第 8 章

# 标准库

Python 在安装时自带标准库。标准库为程序员提供了大量的函数和类功能,掌握标准库是程序员必须认真对待的一项内容。掌握了标准库内容,会让编程更加容易,更重要的是可以节省大量的编程时间并提高编程质量,这是一件非常具有吸引力的事情。

想一想,要造房子,自己和泥烧砖多麻烦?如果有一个仓库存放有各种各样的标准砖,拿来就可以砌墙,那有多舒服?!——Python 的标准库就是那个仓库!

## 学习重点

- Python 标准库知识
- datetime 模块
- math 模块
- random 模块
- os 模块
- sys 模块
- time 模块
- 再论模块
- 窥探标准库源码
- 案例[三酷猫解放了]

## 8.1 Python 标准库知识

Python 语言**标准库**（**Standard Library**）内置了大量的函数和类，是 Python 解释器里的核心功能之一。该标准库在 Python 安装时已经存在。

其实从本书第 1 章开始，读者已经在接触标准库内容了，只是没有明确指出罢了。内置对象如表 8.1。

表 8.1　内置对象

| 英文名称 | 中文名称 | 说明 |
| --- | --- | --- |
| Built-in Functions | 内置函数 | print()等，详见第 6 章 |
| Built-in Constants | 内置常量 | False 等 |
| Built-in Types | 内置类型 | 各种数据类型及操作，见第 2、4、5 章 |
| Built-in Exceptions | 内置异常 | 见第 9 章 |

由于标准库内容非常庞大，功能也非常强大，是程序员必须深入了解的一个方向。除了表 8.1 所示的内容，这里再介绍一些常用的模块功能，如表 8.2 所示，起抛砖引玉的作用。

表 8.2　部分常见模块

| 模块分类 | 模块名称（英文） | 模块名称（中文） |
| --- | --- | --- |
| Data Types（数据类型） | datetime | 日期时间模块 |
| Numeric and Mathematical（数字和数学） | math | 数学函数模块 |
|  | random | 生成伪随机数模块 |
| Generic Operating System Services（通用操作系统服务） | os | 各种操作系统相关接口模块 |
|  | sys | 系统特定的参数和功能模块 |
|  | time | 时间访问和转换模块 |

完整的 Python 标准库详细内容及使用方法见官网标准库地址 https://docs.python.org/3.6/library/index.html。

## 8.2 datetime 模块

现实世界中，很多事情与时间息息相关，如三酷猫钓鱼时间的记录、记账时间的记录、鱼装箱时间的记录等。这些时间对三酷猫来说是非常重要的，它可以根据日期统计鱼的数量，可以核算鱼的预销售金额。当然，如果可以，它也可以把鱼卖到国外，那么"2018 年 2 月 12 日"类似的日期格式是不行了，得采用 2018-2-12 或 2/12/2018 等。另外，如果需要精确到时、分、秒，怎么处理呢？datetime 模块为此提供了整套解决功能。

Datetime 模块独立存放于 Lib/datetime.py 文件内，主要提供了由日期时间（datetime）、日期（date）、时间（time）等相关的操作类功能。

### 1．datetime 实例的方法

datetime 包括 date、time 的所有功能，表 8.3 所示为部分常用 datetime 实例的方法。

表 8.3　datetime 实例对象部分方法

| 方　　法 | 说　　明 |
| --- | --- |
| datetime.now() | 获取当天的日期和时间 |
| datetime.date(t) | 获取当天的日期，t 为 datetime 实例参数 |
| datetime.time(t) | 获取当天的时间，t 为 datetime 实例参数 |
| datetime.ctime(t) | 获取"星期,月,日,时,分,秒,年"格式的字符串，t 为 datetime 实例参数 |
| datetime.utcnow() | 获取当前的 UTC[1] 日期和时间 |
| datetime.timestamp(t) | 获取当天的时间戳（UNIX 时间戳）；t 为 datetime 实例参数 |
| datetime.fromtimestamp(t_tamp) | 根据时间戳返回 UTC 日期时间；t_tamp 为时间戳浮点数 |
| datetime.combine(date1,time1) | 绑定日期、时间，生成新的 datetime 对象；date1 为日期对象，time1 为时间对象 |
| datetime.strptime(dt_str,sf) | 根据字符串和指定格式生成新的 datetime 对象；dt_str 为字符串日期时间，sf 为指定格式 |
| datetime.timetuple(t) | 把 datetime 对象所有属性转为时间元组对象，t 为 datetime 实例参数 |
| t.isocalendar() | 获取 ISO 格式的日期（元组形式），t 为 datetime 实例对象 |
| t.strftime(dt_str_format) | 获取自定义格式的日期时间字符串，t 为 datetime 实例对象,dt_str_format 指定格式 |

### 2．表 8.3 所示的方法对应的使用案例代码及执行结果

[案例 8.1] 测试 datetime 模块里的 datetime 类基本功能（test_datetime.py）

```
from datetime import datetime,date,time          #从 datetime 模块导入 datetime、date、time
print(datetime.now())                            #返回当天的日期和时间，datetime 类型（1）
today=datetime.now()                             #定义 today 为当前日期时间对象
print(datetime.date(today))                      #返回当天的日期对象，date 类型（2）
print(datetime.time(today))                      #返回当天的时间对象，time 类型（3）
print(datetime.ctime(today))                     #返回"星期,月,日,时,分,秒,年"格式的字符串（4）
print(datetime.utcnow())                         #返回当前的 UTC 日期和时间，datetime 类型（5）
print(datetime.timestamp(today))                 #返回当天的时间戳（UNIX 时间戳），浮点数类型（6）
print(datetime.fromtimestamp(datetime.timestamp(today)))
                                                 #根据时间戳返回 UTC 日期时间，datetime 类型（7）
date1=date(2018,2,12)                            #使用 date 类，实现实例 date1 对象
time1=time(20,53,48)                             #使用 time 类，实现实例 time1 对象
print(datetime.combine(date1,time1))             #绑定日期、时间，生成新的 datetime 对象（8）
```

---

[1]UTC, Coordinated Universal Time，协调世界时，https://en.wikipedia.org/wiki/Coordinated_Universal_Time

```
newDatetime=datetime.strptime("12/2/18 20:59",'%d/%m/%y %H:%M')
                                        #用字符串和指定格式生成新的 datetime 对象
print(newDatetime)                      #打印新生成的 datetime 对象（9）
for tv in datetime.timetuple(today):    #把 today 当作时间元组，循环打印（10）
    print(tv)
print(today.isocalendar())              #ISO 格式的日期（11）
print(today.strftime("%Y 年%m 月%d 日  %H:%M:%S %p"))  #对 datetime 对象自定义格式
                                        #返回字符串类型的值（12）
```

案例 8.1 代码执行结果如下：

```
>>>
2018-02-12 21:13:49.804699      #（1）处，now()方法打印输出结果
2018-02-12                      #（2）处，date()方法打印输出结果
21:13:49.814699                 #（3）处，time()方法打印输出结果
Mon Feb 12 21:13:49 2018        #（4）处，ctime()方法打印输出结果
2018-02-12 13:13:49.831700      #（5）处，utcnow()方法打印输出结果
1518441229.814699               #（6）处，timestamp()方法打印输出结果
2018-02-12 21:13:49.814699      #（7）处，fromtimestamp()方法打印输出结果
2018-02-12 20:53:48             #（8）处，combine()方法打印输出结果
2018-02-12 20:59:00             #（9）处，strptime()方法打印输出结果
2018                            #（10）处，timetuple()方法循环打印输出结果，年
2                               #月
12                              #日
21                              #时
13                              #分
49                              #秒
0                               #微秒
43                              #年的第几天
-1                              #当返回-1 时，tzinfo 或 dst()返回 None
(2018, 7, 1)                    #（11）处，isocalendar()方法打印输出结果
2018 年 02 月 12 日 21:13:49 PM    #（12）处，strftime()方法打印输出结果
```

**3. strftime()方法和 strptime()方法的时间日期格式化符号及所代表意思**

（1）%y，代表两位数的年份表示（00～99）。

（2）%Y，代表四位数的年份表示（0000～9999）。

（3）%m，代表月份（01～12）。

（4）%d，代表月内中的一天（0～31）。

（5）%H，代表 24 小时制小时数（0～23）。

（6）%I，代表 12 小时制小时数（01～12）。

（7）%M，代表分钟数（00～59）。

（8）%S，代表秒（00～59）。

（9）%a，代表本地简化星期名称。

（10）%A，代表本地完整星期名称。

（11）%b，代表本地简化的月份名称。

（12）%B，代表本地完整的月份名称。

（13）%c，代表本地相应的日期表示和时间表示。

（14）%j，代表年内的一天（001～366）。

（15）%p，代表本地 A.M.或 P.M.的等价符。

（16）%U，代表一年中的星期数（00～53），星期天为星期的开始。

（17）%w，代表星期（0～6），星期天为星期的开始。

（18）%W，代表一年中的星期数（00～53），星期一为星期的开始。

（19）%x，代表本地相应的日期表示。

（20）%X，代表本地相应的时间表示。

（21）%Z，代表当前时区的名称。

（22）%%，代表%号本身。

datetime 模块相关类的功能非常强大，感兴趣的读者可以通过下列官网地址做详细研究：https://docs.python.org/3/library/datetime.html#module-datetime。

## 8.3　math 模块

Python 语言的一大优势：为科学计算提供了大量的支持功能。math 模块提供了很多数学计算函数，如图 8.1 所示。

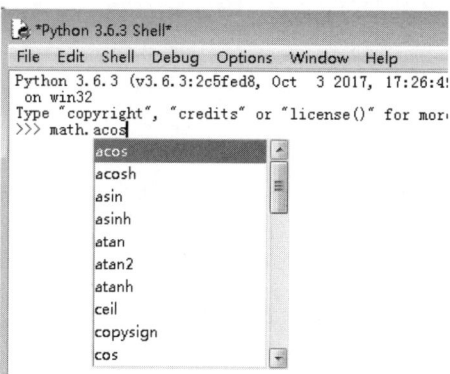

图 8.1　内置 math 的函数调用

表 8.4 所示为 math 模块里的部分常用函数。

表 8.4  math 模块里的部分常用函数

| 函　数 | 说　明 |
| --- | --- |
| trunc(x) | 对浮点数 x 取整（直接舍去小数部分），返回整型值 |
| ceil(x) | 对浮点数 x 取大整数值 y，y 是大于或等于 x 的最小整数；返回整型值 y |
| fsum(x) | 对迭代器里的元素求和，x 为元组、列表等集合；返回浮点数 |
| fabs(x) | 对数 x 求绝对值，返回浮点数 |

**1．浮点数求整**

（1）用 trunc(x)取整，x 为浮点数。

```
>>> import math                          #导入 math 模块
>>> math.trunc(3.9)                      #3.9 取整
3                                        #执行结果为 3
```

trunc(x)函数的功能与 3.9//1 求整结果类似。

注意，trunc(3.9)返回的值是整型 3，而 3.9//1 返回的是浮点型 3.0。可以通过 type()函数来验证。

**注意**

（1）虽然在 IDLE 中可以直接调用 math 对象，如图 8.1 所示。但是不能直接使用该对象。正式使用时，先需要通过 import math 导入，然后才能使用；否则报 NameError: name 'le12' is not defined 错。这也许是 Python3.6.X 版本里的一个 bug。

（2）math.floor(x)函数等价于 math.trunc(x)函数。

（2）用 math.ceil(x)取大整数，x 为浮点数。

```
>>> price=3.23
>>> math.ceil(price)                     #对浮点数 x 取大整数
4                                        #取大于 3.23 的最小整数 4
```

（3）用 round(x)四舍五入，x 为浮点数。

round(x)虽然非 math 模块里的函数，而是默认内置函数，但是其可以对浮点数进行四舍五入。这里为了加深读者对浮点数取整的印象，一并介绍：

```
>>> round(3.5)                           #对 3.5 进行五入操作
4                                        #0.5 进 1，3 变成 4
>>> round(3.4)                           #小数 0.4 小于 0.5 舍去
3                                        #结果为 3
```

**2．对元组里的每个元素求和**

```
>>> t_nums=(1,2,3)                       #定义元组
>>> math.fsum(t_nums)                    #求集合里的元素的和
6.0                                      #返回浮点数 6.0
```

fsum(x)函数与内置函数 sum(x)作用类似。唯一区别：前者一律返回浮点数，后者整型元素返回整型和，浮点数元素返回浮点数和。

```
>>> sum(t_nums)                          #返回整型和
6                                        #其值为 6
```

```
>>> t1=(1.2,2.2,3.1)
>>> sum(t1)
6.5                                    #返回浮点型 6.5
```

**3．求数的绝对值**

```
>>> height=-5
>>> math.fabs(height)                  #fabs 求绝对值
5.0                                    #返回浮点数
>>> abs(height)                        #内置函数 abs 求绝对值
5                                      #返回整型值 5
```

若 x 是浮点数，则 abs 返回浮点数值。

Python 语言最新版本的 math 模块函数清单详见附录四。

## 8.4　random 模块

在科学计算中，很多地方需要用到随机函数，如生成一系列随机数计算均值、正态（高斯）分布、对数正态分布、伽玛（Gamma）和贝塔（Beta）分布等。

random 模块存放于 Lib/random.py 文件。

在 random 模块中，其他函数都依赖于 random，该函数在半开放范围[0.0,1.0）内均匀地生成随机浮点数。Python 使用 Mersenne Twister 作为核心生成器。它生成 53 位精度浮点数，周期为 $2^{19937}-1$。该生成器通过 C 语言在底层实现，既快速又线程安全。Mersenne Twister 是现存最广泛测试的随机数生成器之一。然而，它是完全确定性的，并不适用于所有目的，并且完全不适用于加密目的。表 8.5 所示为 random 模块里的部分常用函数。

表 8.5　random 模块里的部分常用函数

| 函　　数 | 说　　明 |
| --- | --- |
| random() | 生成一个基于 0.0 <=x<1.0 之间的浮点数 |
| uniform(a, b) | 在指定范围获取随机数 N，a<=N<=b |
| triangular(low, high, mode) | 返回三角形分布的随机数，low、high 为返回值的上下限，mode 为中值 |
| betavariate(alpha, beta) | 求 Beta 分布的随机数 |

（1）用 random.random()生成一个基于 0.0 <=x<1.0 之间的浮点数。

```
>>>import random                       #导入 random 模块
>>>random.random()                     #调用 random()方法
0.5145266660952543                     #随机生成一个大于等于 0 小于 1 的浮点数
```

（2）用 random.uniform(a,b)，在指定范围获取随机数。返回一个随机浮点数 N，若 a<=b，则返回 a<=N<=b；若 a>=b，则返回 b<=N<=a。

```
>>> random.uniform(-10,-1)             #在[-10,-1)范围内获取一个随机浮点数
-6.980430233560176
```

```
>>> random.uniform(1,10)
8.193967144630754
>>> random.uniform(3.1,3.9)
3.512262867565925
```

（3）用 random.triangular(low, high, mode)[1]返回三角形分布的随机数。

返回一个随机的浮点数 N，使得 low<= N <=high，并且在这些边界之间指定 mode。low 和 high 默认为 0 和 1。mode 参数默认为边界之间的中点。若持续使用该方法，可以得到以 mode 为对称点的随机分布数据集（在图上体现一个三角形分布）。

```
>>> random.triangular()                 #在默认值情况下产生一个三角形分布随机数
0.39880211565289014
>>> random.triangular(0,10)             #指定[low,high]范围参数
5.011407667496794
>>> random.triangular(11,20)
17.128959510391088
>>> random.triangular(11,15,20)         #指定 low,high,mode 参数
14.949356754212845
>>> random.triangular(0,5,10)
6.885541740663424
```

（4）用 random.betavariate(alpha, beta)求 Beta 分布。参数的条件是 α>0 和 β>0，返回值的范围介于 0 和 1 之间。

```
>>> random.betavariate(5,3)             #求 Beta 随机分布值
0.7202952148914064
```

其他随机分布方法详见标准库文档。

## 8.5　os 模块

现在计算机上主流的操作系统有 Windows、UNIX、Mac OS 等，os 模块为多操作系统的访问提供了相关功能支持，这里涉及对文件相关操作功能的实现，系统访问 Path 路径的操作，shell 命令行操作，Linux 扩展属性的操作，流程管理，CPU 等硬件相关信息获取，基于操作系统的真正的随机数的操作及相关的一些系统常量的提供等。os 模块存放于 Lib/os.py 文件中。

这里选择一些常用的函数进行介绍，如表 8.6 所示。

表 8.6　os 模块里的部分常用函数

| 函　　数 | 说　　明 |
| --- | --- |
| environ | 获取操作系统里设置的环境变量 |
| getcwd | 获取表示当前工作路径的字符串 |
| system(command) | 在子 shell 中执行命令（command，为一个字符串命令） |
| urandom(n) | 获取一适合加密使用的 n 字节大小的随机数字符串 |

---

[1]详细原理及应用见 https://docs.scipy.org/doc/numpy/reference/generated/numpy.random.triangular.html

（1）os.environ 函数用于获取操作系统里设置的环境变量。

```
>>>import os                          #导入 os 模块
>>> os.environ                        #执行 environ 函数
environ({'ALLUSERSPROFILE': 'C:\\ProgramData', 'APPDATA': …
'D:\\python\\Scripts\;D:\\python\\', '…' })
```
Environ 显示内容见 1.3.2 节。

（2）os.getcwd()函数返回表示当前工作路径的字符串。

```
>>> os.getcwd()                       #执行 getcwd 函数
'D:\\python'
```

（3）os.system(command)函数在子 shell 中执行命令（command，为一个字符串）。

```
>>> os.system('ping 127.0.0.1')       #执行 ping 命令
0                                     #执行完成
```

（4）os.urandom(n)函数返回一串适合加密使用的 n 字节大小的随机数字符串。

该函数从 os 特定的随机源中返回随机字节。返回的数据对于加密应用程序来说应该是不可预测的，尽管它的确切质量取决于操作系统的实现。

```
>>> os.urandom(10)                    #执行加密随机函数
b'\xd9\x9e9W\xa6\xb3ke1\xeb'
```

## 8.6　sys 模块

sys 模块提供了与 Python 解释器紧密相关的一些变量和函数。表 8.7 列出了部分常用函数。

表 8.7　sys 模块里的部分常用函数

| 函　　数 | 说　　明 |
| --- | --- |
| path | 获取模块文件搜索路径的字符串，或临时指定新搜索路径 |
| platform | 操作系统标识符判断函数 |
| getwindowsversion() | 返回描述当前正在运行的 Windows 版本信息的元组 |

（1）sys.path 函数用于获取模块文件搜索路径的字符串列表，或临时指定新的搜索路径。

```
>>> import sys
>>> sys.path                          #执行 path 函数
['', 'D:\\python\\Lib\\idlelib', 'D:\\python\\lib', 'D:\\python\\DLLs','D:\\python\\python36.zip' , 'D:\\python',
'D:\\python\\lib\\site-packages']
>>> sys.path[0]='d:\test'             #临时指定新的搜索路径
>>> sys.path                          #显示临时指定路径已经存在
['d:\test',    'D:\\python\\Lib\\idlelib',    'D:\\python\\python36.zip',    'D:\\python\\DLLs',    'D:\\python\\lib',
'D:\\python\\lib\\site-packages',
'D:\\python']
>>> sys.path[0]                       #获取第一个搜索路径
'd:\test'                             #显示第一个搜索路径字符串
```

程序员通过在主程序设置临时搜索路径，解决指定文件夹下模块文件的导入问题。

（2）sys.platform 为操作系统标识符判断函数

>>>sys.platform                              #获取操作系统标识符
'win32'                                      #本例在 Windows7 操作系统下执行

platform 可以识别的操作系统标识符如表 8.8 所示。

表 8.8 操作系统标识符

| 操作系统 | 标识符号 |
| --- | --- |
| Linux | 'linux' |
| Windows | 'win32' |
| Windows/Cygwin | 'cygwin' |
| Mac OS | 'darwin' |

可以利用 platform 结合 sys.path 函数实现不同版本模块文件的导入，如在 Windows 操作系统下导入 Windows 版本的模块文件，在 Linux 操作系统下导入 Linux 版本的模块文件，相关代码示例如下：

>>>if sys.platform.startswith('win32'):
    print('调用 Windows 版本的模块文件代码')
elif sys.platform.startswith('linux'):
    print('调用 Linux 版本的模块文件代码')

（3）getwindowsversion()函数返回描述当前正在运行的 Windows 版本信息的元组。

>>> sys.getwindowsversion()                  #执行获取 Windows 版本信息
sys.getwindowsversion(major=10, minor=0, build=1503, platform=3,service_pack='')

其中，major 代表主要版本号，这里显示的是 10；minor 代表次要版本号，这里显示的是 0；build 代表发布年月，这里显示的是 1503；platform 代表操作系统产品类型号，这里显示的是 3，代表服务器版本；service_pack 代表一个字符串。

## 8.7 time 模块

time 模块提供了与时间相关的各种函数，这与 datetime 模块很相似。这里仅介绍 time 模块部分特有函数，如表 8.9 所示。

表 8.9 time 模块里的部分特有函数

| 函　　数 | 说　　明 |
| --- | --- |
| sleep(s) | 暂停所执行的调用线程达到给定的秒数，然后再恢复代码正常执行 |
| clock | 将当前 CPU 处理器时间返回为以秒为单位的浮点数 |
| strftime(str_f) | 根据带时间格式符号的字符串解析时间，并返回字符串 |
| time | 自纪元（Epoch）年[1]起以秒为单位返回浮点数的时间 |

---

[1]在 Windows 和大多数 UNIX 系统上，纪元开始时间是 1970 年 1 月 1 日，00:00:00（UTC）

(1) time.sleep(s)函数让程序进程暂停秒数，s 为暂停秒数。

| | |
|---|---|
| >>> time.sleep(5) | #执行该代码时，执行的程序线程将暂停 5s |
| >>> | #5s 后显示该空行 |

有些程序员经常利用 sleep 函数来测试程序暂停时的执行情况，如多个线程发生冲突时的情况。

(2) time.clock()函数将当前 CPU 处理器时间返回为以秒为单位的浮点数。

| | |
|---|---|
| >>> time.clock() | #获取时钟秒数 |
| 3.6467309609646626e-07 | #第一次调用该函数以来到执行截止的秒数 |
| >>> t1=time.clock() | #第二次执行该函数截止秒数 |
| >>> t2=time.clock() | #第三次执行该函数截止秒数 |
| >>> t2-t1 | #第三次与第二次执行该函数截止秒数差 |
| 10.71569221786568 | #第三次与第二次差了 10s 多 |

(3) time.strftime(str_f)函数根据带时间格式符号的字符串解析时间，并返回字符串。

| | |
|---|---|
| >>> time.strftime('下午%H 时：%M 分：%S 秒') | #指定时间格式 |
| '下午 21 时：20 分：23 秒' | #返回指定格式的时间 |

时间字符串格式符号的使用方法详见 8.2 节。

(4) time.time()函数自纪元年起以秒为单位返回浮点数的时间。

| | |
|---|---|
| >>> time.time() | #返回自纪元年起的秒数 |
| 1518528121.4129655 | |

## 8.8 再 论 模 块

模块这个概念已经在 6.2.5 节、7.5 节出现过，并用于函数、类对象代码的单独存放和被导入使用。在本章标准库里也提到了模块文件。这里继续对模块的一些使用方法做补充说明。

### 8.8.1 模块文件

根据 Python 官网介绍及 Python 语言 IDLE 工具的实际使用情况，可以确定模块是指带扩展名（.py）Python 语言程序的文件。由此，所有的 Python 程序代码文件都可以说是模块。这样称呼似乎失去了"模块"的意义——那干脆叫代码文件不就得了？

所以，在本书明确把自定义模块文件分为函数模块文件、类模块文件、主程序模块文件。

函数模块文件就是用来存放自定义函数模块的代码文件，主要供主程序调用。

类模块文件就是用来存放自定义类模块的代码文件，主要供主程序调用。

主程序模块指直接被解释器调用并首先执行的 Python 语言程序代码文件。

除了自定义模块文件外，Python 安装包本身提供了大量的标准库模块文件，可以直接（或通过引用）使用。

主要的 Python 语言模块分类如图 8.2 所示。

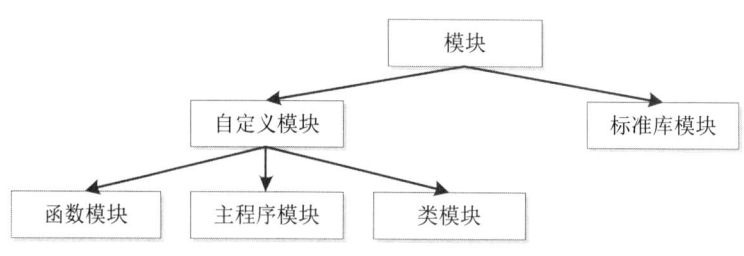

图 8.2 模块文件分类

对所建立的所有代码文件，可以通过 help 函数查看文件相关内容的介绍。

| | |
|---|---|
| >>> sys.path[0]='d:\python\其他测试' | #在非搜索路径下，必须指定文件绝对路径 |
| >>> import test_class1 | #导入绝对路径下的 test_class1 模块文件 |
| >>> help(test_class1) | #用 help 函数读取模块文件相关描述信息 |
| Help on module test_class1: | #指出是一个模块，名为 test_class1 |
| NAME | |
|     test_class1 | #独立显示模块文件名为 test_class1 |
| … | #省略关于类的相关描述信息 |
| FILE | #指出该模块的文件 |
|     d:\python\其他测试\test_class1.py | #显示绝对路径下的模块文件名 |

📖 说明

（1）读者可以通过本书提供的途径下载 test_class1.py 文件，或自行建立一个新的代码文件，然后根据自己的实际情况，调整上述第一行路径代码，再在 IDLE 中交互式执行，才能成功；若把文件直接放到 Python 安装路径下，如 d:\python，则可以省略第一行代码。

（2）空 py 文件等特殊文件，没有纳入图 8.2 的分类范围，因为该类文件涉及不多，不单独介绍。

## 8.8.2　包

当所拆分的模块文件多起来的时候，应该考虑建立子文件夹把模块文件分类存放。图 8.3 所示为自建的一个完整的自定义包目录。

要建立完整的自定义包并使用包模块文件，需要经历如下几步。

（1）建立顶级包目录。图 8.3 所示为 package1；然后，在此目录下存放一个名为"__init__.py"的空文件。建立该空文件主要为了说明存在该文件的目录是一个包目录，使解释器搜索路径时，可以明显得到区分。该顶级包目录名称就是包的名称。

（2）把模块文件分类存放到包下。可以在顶级目录下存放模块文件，也可以建立子文件夹，存放对应的模块文件。图 8.3 中的 Cat 子文件夹下存放了 Cat_Main.py 模块文件。

（3）导入包模块。利用 import 语句导入包模块。

| | |
|---|---|
| >>> import package1.Cat.Cat_Main | #顶级目录.子目录.模块文件 |
| OK | #Cat_Main 文件执行结果 |

第8章　标准库

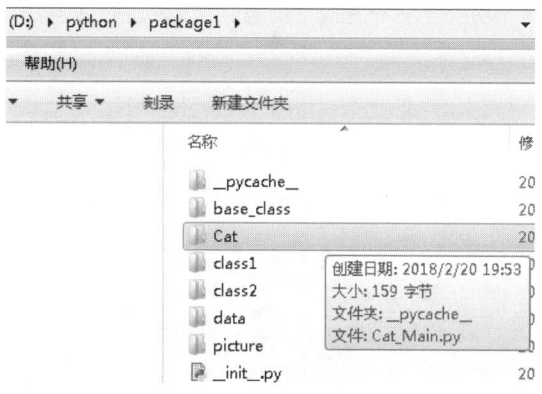

图8.3　一个完整的自定义包目录

📢 **注意**

（1）包必须安装在 Python 解释器能搜索到的路径下，如图 8.3 所示的顶级目录存放于 Python 安装目录下（D:\python），或通过 sys.path 设置临时搜索路径，或存放于其他 Python 默认搜索路径下（如 D:\python\Lib）。

（2）利用包除了对模块文件分类外，还可以实现不同程序员之间分工合作，假如一个软件项目需要用到不同程序员开发的模块文件。

（3）第三方软件开发者所提供的软件包，不少是通过包形式提供的。如这里的大量第三方软件包地址：https://pypi.python.org/pypi。

## 8.9　窥探标准库源码

既然 Python 标准库也是由模块文件组成的，那么就可以利用 IDLE 工具打开，揣摩一下世界顶级高手写的 Python 源代码是什么样的。想变成编程高手，揣摩高手写的源码肯定是一条捷径！

在介绍 datetime 模块（Lib/datetime.py）、random 模块（Lib/random.py）、os 模块（Lib/os.py）等模块时，已经给出了模块文件的相对地址，它们都存放在 Lib 子路径下。而 Lib 子路径在 Python 的安装路径下（这里为 D:\pathon）。在如图 8.4 所示的子路径下，可以看到大名鼎鼎的标准库的模块文件。

然后用 IDLE 工具打开 os.py 文件（随便找一个），显示图 8.5 所示的源代码界面。

📢 **注意**

（1）严重警告：不能对标准库的源码进行任何修改动作，防止 Python 解释器工作异常。
（2）在 Lib 子路径下还存在一些 Python 自带的包，感兴趣的读者可以查看相应文件夹里的内容。

图 8.4　Lib 下的标准库模块文件

```
Programs that import and use 'os' stand a better chance of being
portable between different platforms.  Of course, they must then
only use functions that are defined by all platforms (e.g., unlink
and opendir), and leave all pathname manipulation to os.path
(e.g., split and join).
"""

#'
import abc
import sys, errno
import stat as st

_names = sys.builtin_module_names

# Note:  more names are added to __all__ later.
__all__ = ["altsep", "curdir", "pardir", "sep", "pathsep", "linesep",
           "defpath", "name", "path", "devnull", "SEEK_SET", "SEEK_CUR",
           "SEEK_END", "fsencode", "fsdecode", "get_exec_path", "fdopen",
           "popen", "extsep"]

def _exists(name):
    return name in globals()
```

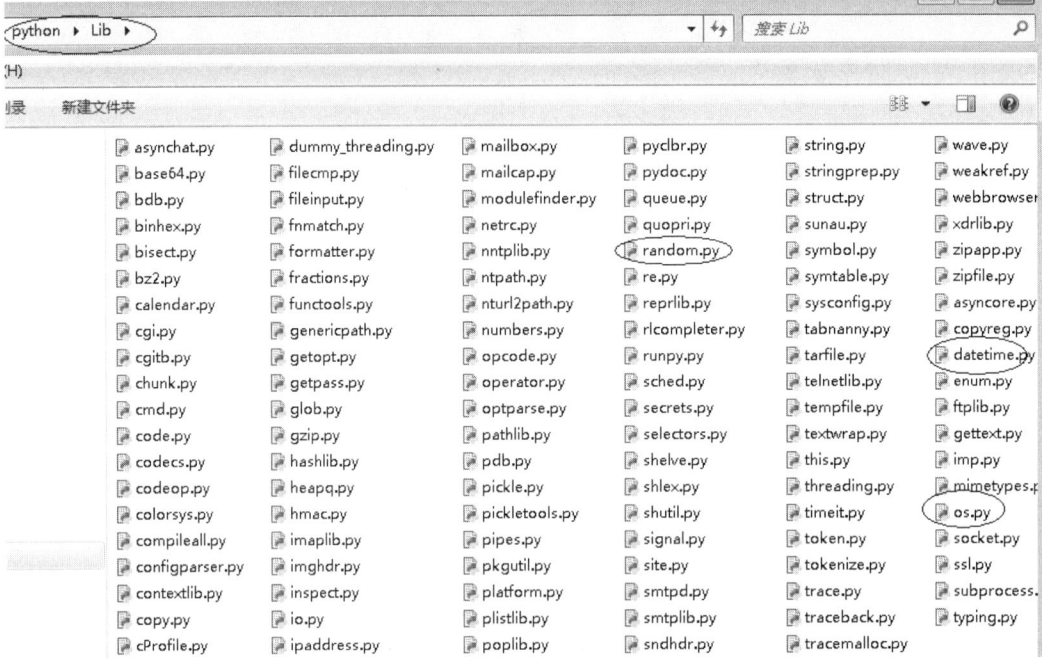

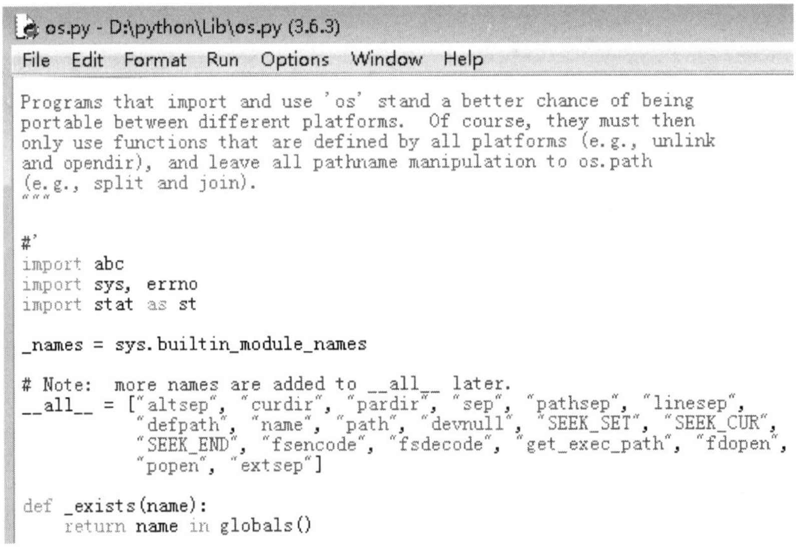

图 8.5　os 模块文件部分源码

### 注意

（1）严重警告：不能对标准库的源码进行任何修改动作，防止 Python 解释器工作异常。

（2）在 Lib 子路径下还存在一些 Python 自带的包，感兴趣的读者可以查看相应文件夹里的内容。

## 8.10 案例［三酷猫解放了］

随着学习的深入，三酷猫解决问题的方法越来越多。这次它准备偷一下懒，利用 Python 标准库自带的函数来解决钓鱼记账统计的问题。表 8.10 为三酷猫钓鱼记录。

表 8.10 三酷猫钓鱼记录

| 钓鱼日期 | 水产品名称 | 数量（条） | 市场预计单价（元） |
|---|---|---|---|
| 1月1日 | 鲫鱼 | 17 | 10.5 |
|  | 鲤鱼 | 8 | 6.2 |
|  | 鲢鱼 | 7 | 4.7 |
| 1月2日 | 草鱼 | 2 | 7.2 |
|  | 鲫鱼 | 3 | 12 |
|  | 黑鱼 | 6 | 15 |
| 1月3日 | 乌龟 | 1 | 78.10 |
|  | 鲫鱼 | 1 | 10.78 |
|  | 草鱼 | 5 | 7.92 |

求所有鱼的数量，求所钓鱼的总预期金额。

［案例 8.2］用标准库函数实现钓鱼记账统计（Cat_free.py）

```
nums=[17,8,7,2,3,6,1,1,5]                    #记录钓鱼数量列表
prices=[10.5,6.2,4.7,7.2,12,15,78.1,10.78,7.92]   #记录鱼价格列表
amount=sum(nums)                             #用 sum 函数统计总鱼数量
total_l=[x*y for x,y in zip(nums,prices)]    #用 zip 函数加列表解析生成新列表
print('总共钓鱼%d 条,总共预计金额%0.2f 元'%(amount,sum(total_l)))
```

\>>>
总共钓鱼 50 条,总共预计金额 529.88 元

代码分析：

zip 函数的使用格式为 zip(*iterables)，实现指定集合对象元素组合成一个新的集合。iterables 参数指具有迭代功能的数据集合，如元组、列表、字典，带"*"表示可以连续输入多个集合对象。zip 函数运算结果返回一个 zip 对象，其内部元素为元组，可以转化为列表或元组。

```
>>> nums=[1,2]                #定义 nums 列表
>>> prices=[2,3]              #定义 prices 列表
>>> list(zip(nums,prices))    #用 zip 组合新的集合对象，并通过 list 转化为列表
[(1, 2), (2, 3)]              #转化结果整体为列表对象，每个元素是一个元组
```

案例 8.2 求鱼总数量、总金额所需要的代码比 6.4.2 节里的代码要少得多，主要原因是利用了

标准库里现有的函数，而省去了重复编写自定义函数的工作量。由此可见，三酷猫通过使用标准库的函数，使自己从繁重的编程中得到了解放，这是一件非常酷的事情！读者应该尽可能多熟悉标准库里的函数或类对象，后续章节将继续介绍标准库里的内容。

# 8.11 习题及实验

**1．判断题**

（1）Python 标准库包括函数、类、语言语法。（　　）

（2）Python 标准库模块对象使用前需要通过 import 语句导入。（　　）

（3）datetime 模块、time 模块都可以通过格式指定实现中文格式的日期显示。（　　）

（4）random 产生的是随机数，可以用于任何需要的地方。（　　）

（5）在 Python 语言编程里所有扩展名为.py 的文件都可以叫模块文件。（　　）

**2．填空题**

（1）datetime 的（　　　　）方法获取当天的日期时间,（　　　　）方法获取当天的日期,（　　　　）方法获取当天的时间。

（2）math 里的（　　　　）函数与 sum 函数类似。

（3）数 9.4 通过 math 模块里的函数，用（　　　　）取值结果为 9，用（　　　　）取值结果为 10。

（4）独立存放函数的模块文件叫（　　　　），独立存放类的模块文件叫（　　　　），存放主程序代码的模块文件叫（　　　　）。

（5）包的顶级目录下存放（　　　　）文件，主要起模块文件的（　　　　）作用。

**3．实验一：利用标准库函数求数学公式**

已知 $x=2.3$，$y=22.5$，$z=y-x$。

**实验要求：**

（1）对 $z$ 求绝对值，并取整。

（2）求 $\log_{10} z$，并用幂验证所求对数结果是否正确。

（3）编程，并记录每步骤运行结果。

**4．实验二：日期时间运算**

**实验要求：**

（1）求 2000 年 3 月 1 日与 1961 年 10 月 15 日相差几天？

（2）求上午 8:50:18 与下午 2:0:7 相差多少秒？

# 第 9 章

# 异常

任何程序都会遇到运行出错现象：有明显的代码语法报错，有代码编程逻辑方面隐性错误，还有运行环境或使用者操作不当引起的意外错误等。

异常是不可避免的，但是可以通过异常处理语句得到合理解决。

**学习重点**

- 程序中的问题
- 捕捉异常
- 抛出异常

## 9.1 程序中的问题

程序主要由语法命令和数据组成，这两者任何一个出问题，都会导致程序出错，这种出错是不可避免的——即使是顶级高手。

**1. 低级错误：代码语法出错**

低级错误指纯语法错误，代码主要在编写、调试阶段就报错。

**示例一：**

```
>>> if True                              #错误语法，按 Enter 键出错
SyntaxError: invalid syntax              #提示无效的语法
>>>
```

示例一的错误是初学者最容易犯的语法错误之一，True 后面缺少冒号 ":"。显然，这样的代码是不能运行的，解释器在执行时，会给出英文出错提示。这种错误是低级显式错误。

**2. 中级错误：代码存在隐性错误**

隐性错误主要指代码编写存在逻辑错误或缺陷，当程序满足特定数据处理条件时，报错或给出错误答案。

**示例二：**

```
>>> def print_D(dic):                    #定义打印字典对象元素的函数
        i=0
        len1=len(dic)
        while i<len1:
            print(dic.popitem())         #随机删除并返回一个元素，并打印元素
            i+=1
>>> print_D({1:'a',2:'b'})               #正常字典对象传入，并打印结果如下
(2, 'b')
(1, 'a')
```

上述代码假设是 A 程序员编写的，并通过测试后，在实际环境下进行了使用。他的测试前提所传输的是字典对象，在此假设情况下，程序运行很正常。

但是，在实际程序使用过程中，B 程序员给传输了一个列表对象。代码如下：

```
>>> print_D([1,2,3])                     #错误传输对象，把列表作为值进行传输
Traceback (most recent call last):       #结果报 Traceback 开头的英文出错
  File "<pyshell#73>", line 1, in <module>
    print_D([1,2,3])                     #错误传输对象
  File "<pyshell#70>", line 5, in print_D
    print(dic.popitem())
AttributeError: 'list' object has no attribute 'popitem'
>>>
```

错误的传递对象导致了正常程序出错，这就是隐性错误。隐性错误的特点是正常情况下程序运行正常，特殊情况下（如边界值没有考虑周到，传入数据没有仔细检查类型等）出错。有些隐性错

误,甚至不报错,而是输出错误结果,那将更加糟糕!——本章主要解决特殊情况下报错的隐性错误问题。

**3. 高级错误:软件面对不确定性的异常错误**

高级错误指不确定性的异常错误,主要指软件的代码本身没有问题,所输入的数据也能得到控制或保证,而是在运行过程中环境所带来的不确定性异常。具体使用情况举例如下:

(1)软件本身去尝试打开一个文件,而这个文件已经被破坏或被独占[1]。
(2)软件在往数据库插入数据过程中,突然网络中断,导致数据丢失。
(3)软件运行硬件出现故障导致,软件无法正常运行等。
(4)数据库系统被破坏,软件读写数据报错。
(5)软件输入内容过度复杂或存在误操作,如使用者会往数字输入框里误输入字符串等特殊字符,对这种能够预见的错误场景必须主动应对。

对于高级错误,在本书的后几章将逐步介绍如何实际应用。

低级错误、中级错误、高级错误,在软件实际应用情况下,必须尽量避免,不然用户会非常生气!甚至会让软件项目彻底失败!因为,谁也不想用一款错误百出而没有良好帮助信息的软件。

## 9.2 捕 捉 异 常

针对程序异常出错问题,Python 语言与其他编程语言一样,也提供了一整套完整的异常捕捉处理机制。

当 Python 程序在运行过程中发生代码异常现象后,可以通过异常捕捉语句来实现对异常信息的确定和处理。

### 9.2.1 基本异常捕捉语句

**1. 基本异常捕捉语句语法**

```
try:
    代码模块 1
except:
    代码模块 2
```

try 关键字,代表异常捕捉语句的开始;代码模块 1,属于正常需要执行的代码模块;except 关键字,用于捕捉异常信息,并可以给出出错信息(默认是英文提示)。该语句的工作过程如图 9.1 所示。

---

[1] 软件编程中的独占,指一个进程(或线程)处理过程,其他进程(或线程)无法同步处理,只能等这个进程(或线程)处理完成,其他进程(或线程)才能继续操作。如一个人打开了一个文件,其他人不能同时打开该文件,那叫文件独占操作。

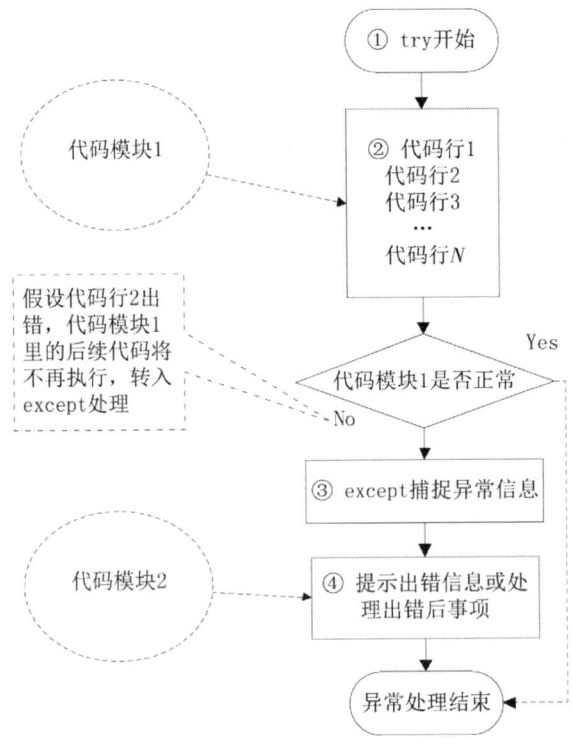

图 9.1 异常捕捉流程

（1）先执行 try 语句，代表捕捉异常机制开始。

（2）执行代码模块 1，若没有出错，忽略后续 except 关键字和代码模块 2，代码正常执行完毕。

（3）若在执行代码模块 1 过程中发生异常现象，则终止代码模块 1 内剩余代码的执行，转到 except 处。

（4）except 关键字捕捉到异常信息，并执行代码模块 2（往往给出出错信息提示或做出错后问题处理），异常处理结束。

**2．捕捉异常示例**

对 9.1 节里的示例二进行改进。

[案例 9.1] 给函数加上出错捕捉机制（test_try_error.py）

```
def print_D(dic):
    i=0
    try:                                         #捕捉机制开始
        len1=len(dic)
        while i<len1:                    ❶
            print(dic.popitem())
            i+=1
    except:                                      #捕捉异常信息
        print("传递值类型出错,必须为字典型!")   #给出友好的提示信息
#=====================================================调用 print_D 函数如下
```

```
print_D({1:'a',2:'b'})                          #正常字典对象
print_D([1,2,3])                                #传入错误对象
```
程序执行结果如下：
```
>>>
(2, 'b')
(1, 'a')
传递值类型出错,必须为字典型!                    #出错后的正确提示信息
>>>
```

> **说明**
> （1）❶代码模块 1 处存在两处隐性错误。当条件符合时，将报英文出错。
> （2）采用基本异常捕捉语句方式，会捕捉所有异常问题。

## 9.2.2 带 finally 子句的异常处理

在程序运行过程存在一种特殊需求：当程序运行过程无论是否报错，最后都需要处理的一些代码功能。如打开文件读取字符出错时，先提示打开文件出错，然后最好把已经打开的文件自动关闭，这样可以防止反复打开这个文件所带来的内存消耗问题；在文件正常情况下，读取完内容后，也需要及时关闭这个文件。finally 子句提供了这样的支持功能。其基本格式如下：

```
try:
    代码模块 1
except:
    代码模块 2
finally:
    代码模块 3
```

finally 关键字后的代码模块 3，实现代码模块 1 是否出错都会执行的代码功能。

**示例一：**
```
>>> try:
        1/0                                     #除数为 0 错误
    except:                                     #捕捉错误
        print("除数不能为 0")                   #给出出错提示
    finally:                                    #执行 finally 子句
        print("程序执行结束!")                  #打印程序结束提示信息
```
执行结果如下：
```
除数不能为 0
程序执行结束!
```

**示例二：**
```
>>> try:
        1/2                                     #除数为 2，不出错。在示例一基础上调整该处代码
    except:
        print("除数不能为 0")
```

```
finally:
    print("程序执行结束!")
```
执行结果如下：

0.5
程序执行结束!

从示例一和示例二的对比可以看出，无论整除是否出错，finally 子句后的代码都执行。

**示例三**：演示强制执行 finally 子句的效果
```
import sys
try:
    1/0                               #除数为 0 错误
except:
    print("除数不能为 0")
    sys.exit()                        #退出当前程序
finally:
    print("程序执行结束!")
print("我能执行吗?")                   #这行代码被执行吗？
```
执行结果如下：

\>>>
除数不能为 0
程序执行结束!

示例三演示了当 1/0 触发异常后，执行 except 子句里的 print 和 sys.exit()。exit()要求退出该程序，而程序在退出前强制执行了 finally 子句里的内容，然后程序退出，没有执行最后一条 print 语句。示例三比较明确地体现了 finally 子句的强制性。

### 9.2.3 捕捉特定异常信息

前两节 except 关键字捕捉的是任何出错信息，但是能否知道是具体哪种出错信息呢？答案是肯定的。其 except 带参数格式如下：

except(Exception1[, Exception2[,...[ExceptionN]]])

Exception1、Exception2、Exception3…都继承自 Exception 类，这些特定异常类部分情况如表 9.1 所示。

表 9.1 从 Exception 父类继承的部分异常子类[1]

| 异常类名 | 功能说明 | 本书实例章节索引 |
| --- | --- | --- |
| ValueError | 对象值不正确时触发该错误 | 4.1.3 节 |
| IndexError | 指定的字符串、元组、列表等序列对象的下标元素不存在时，触发该错误 | 4.1.5 节 |
| NameError | 指定的对象名不存在时，触发该错误 | 4.1.5 节 |
| KeyError | 指定的字典键不存在时，触发该错误 | 5.1.3 节 |
| TypeError | 提供了错误类型的对象时，触发该错误 | 6.2.4 节 |

---

[1]Exception 类及子类详细情况。https://docs.python.org/3/library/exceptions.html#bltin-exceptions

续表

| 异常类名 | 功能说明 | 本书实例章节索引 |
|---|---|---|
| ModuleNoFoundError | 模块文件找不到或模块文件名写错时,触发该错误 | 6.2.5 节 |
| SyntaxError | 语法无效时,触发该错误 | 9.1 节 |
| AttributeError | 对象属性、方法引用或赋值不当时,触发该错误 | 9.1 节 |

**示例一**:指定一个特定出错类

```
>>> try:
        i+=1                                              #i 没有预先定义,将出错
    except NameError:                                     #确定是对象没有定义出错
        print("i 变量名先要初始定义,才能做自增运算!")        #出错提示
```

执行结果如下:

```
>>>
i 变量名先要初始定义,才能做自增运算!
```

📖 **说明**

(1)使用特定异常类来判断程序代码出错问题,在实际项目中很少使用。都知道变量定义将要出错,为什么不在代码编写时避免呢?
(2)这里了解特定出错类的使用功能,更多是为了提高程序员对出错类型的判断能力,要熟悉它们。

**示例二**:指定多个特定出错类

```
>>> try:
        i+=1
    except (NameError,TypeError):
        print("i 变量名先要初始定义,才能做自增运算!")
```

执行结果如下:

```
i 变量名先要初始定义,才能做自增运算!
```

示例二纯粹演示多特定出错类的使用,该编程方式不倡导。因为出错是未知的和不确定的,这种确定的判断出错方法,本身存在代码编程缺陷。

## 9.3 抛出异常

Python 允许程序员自己触发异常,可以通过 raise 关键字来实现。其主要使用格式如下:

```
raise [Exception]
```

Exception 参数可选,其对象为如表 9.1 所示的 Exception 类的子类。

**示例一**:不带参数的触发

```
>>> raise                                                 #不带参数
Traceback (most recent call last):
    File "<pyshell#24>", line 1, in <module>
```

```
Raise
RuntimeError: No active exception to reraise
>>>
```
上述代码通过 raise 子句抛出一个没有问题的异常信息。

**示例二**：带参数的触发

```
>>> i='1'                                          #字符型
>>> if type(i)!=int:                               #判断是否为整型
        raise TypeError('i 类型出错!')              #不是整型，主动抛出出错信息
Traceback (most recent call last):                 #抛出信息
    File "<pyshell#28>", line 2, in <module>
        raise TypeError('i 类型出错!')
TypeError: i 类型出错!
>>>
```

## 9.4　习题及实验

**1．判断题**

（1）程序出错是可以避免的。（　　）

（2）隐性错误不报错。（　　）

（3）程序的所有异常都可以通过 try…except 语句得到捕捉。（　　）

（4）except 子句在执行对应的子代码模块后，终止程序执行。（　　）

（5）sys.exit()语句立刻执行程序退出操作，后续任何代码都不再执行。（　　）

**2．填空题**

（1）程序主要由（　　）和（　　）组成，这两者任何一个出问题，都会导致程序出错。

（2）不确定性的异常错误是（　　），代码编写存在逻辑错误或缺陷是隐性的（　　），在代码编写、调试阶段产生的纯语法错误是（　　）。

（3）无论程序是否出错，要保证一段代码必须被执行，可以使用（　　）子句。

（4）对象类型出错，可以用（　　）特定出错类；对象名称定义出错，可以用（　　）特定出错类；指定序列对象索引出错，可以用（　　）特定出错类。

（5）可以用（　　）主动抛出所需要类型的出错信息。

**3．实验：查找输入出错**

实验要求：

（1）查找确定 Input 函数的明确使用方法，并描述确定使用格式。

（2）根据提示依次输入 $x$、$y$ 的值，要求保证可以输入实数。

（3）求 $x \times y$ 的值。

（4）输入内容非数字时，通过异常捕捉机制捕捉错误，并给出正确提示信息，然后退出程序。

（5）要求所编写程序第一次输入都正确，第二次执行时，输入出错，执行两次程序，并记录运行结果。

# Python 提高篇

经过第一部分 Python 语言基础的学习，读者已经具备了看懂基础代码、运用基础代码编写程序的能力。

本部分编写的目的，除了继续为读者提供更加高级的 Python 技术知识外，更重要的考虑了读者初步实战应用需要，分主题介绍实战内容，以期提高读者解决实际问题的能力和思考思维。

第Ⅱ部分的内容涉及以下几个部分：

- 文件处理
- 图形用户界面
- 数据库操作
- 线程与进程
- 测试及打包

# 第 10 章

# 文件处理

到目前为止，本书的所有程序只能在执行代码后观看显示的数据，而不能保存数据，也不能共享数据。一旦程序退出运行，运行结果的数据将消失，这对使用者来说是非常不方便的。接下来准备通过对文件读写数据，来初步解决上述问题。

**学习重点**

- 文本文件
- JSON 格式文件
- XML 格式文件
- 案例［三酷猫自建文件数据库］

# 10.1 文本文件

文本文件具备初步存放、编辑各类数据的能力，并可以持久保留和数据共享。

## 10.1.1 建立文件

建立文本文件有两种途径，一种是手工通过 Windows 操作系统的"记事本"工具建立一个扩展名为".txt"的文件，然后供程序调用。这种方式比较麻烦，需要手动建立。这里希望通过程序自动建立新文件，这是第二种建立文本文件的想法。接下来需要通过代码来具体实现。

**1. 新建文本文件代码实现**

[案例 10.1] 自动建立文本文件（Build_new_file.py）

```
newfile='d:\\t1.txt'                #定义需要建立的文本名称和路径
b_new_file=open(newfile,'w')        #用 open 函数建立一个新的文本文件
b_new_file.close()                  #用 close()方法关闭新建的文件
print("%s 成功建立!"%(newfile))      #提示新建文本文件成功
```

第一次执行结果如下：

```
>>>
d:\t1.txt 成功建立!                 #在 d 盘根目录下发现新建的 t1.txt 文件
```

**2. 代码编写分析**

从案例 10.1 可以看出，要建立新文本文件，需要掌握以下知识内容。

1）考虑文本文件的名称

（1）文本名称，必须是符合要求的命名内容，一般情况下以英文字母、数字、汉字开头的易于阅读的字符串组合。不能采用星号（*）等特殊符号开头的命名。

（2）文本名称，本身是一个字符串，需要考虑转义符号对路径或名称的影响。如案例 10.1 的'd:\\t1.txt'字符串里的"\t"本身是一个横向制表符（见附录二），如果直接用'd:\t1.txt'表示，将出错，通过"\\"让第二个"\"正常输出。

另外一种解决字符串里转义符号的问题，是在字符串前加原始字符串限制符号（r 或 R）。如 newfile=r'd:\t1.txt'，字符串内容将原样输出，不会产生"\t"的问题。

（3）指定路径必须存在，否则报错。

2）用 open 函数建立（打开）文件

open 函数属于系统内置函数，支持对字符串或二进制文件的打开操作，返回可操作的文件对象。其常用的格式如下：

```
open(file, mode='w')
```

file 参数用于指定需要操作的文件名（可以同时指定文件路径）；mode 参数用于指定需要操作的方式，如表 10.1 所示。

表 10.1　mode 参数的详细用法

| mode 参数值 | 功能描述 |
| --- | --- |
| 'r' | 以只读方式打开已经存在的文件 |
| 'w' | 以可写方式打开文件；若指定的文件不存在，则建立新文件 |
| 'x' | 以可写方式建立一个新文件 |
| 'a' | 以追加写入方式打开一个文件；若指定的文件不存在，则建立新文件，再追加写入 |
| 'b' | 二进制模式 |
| 't' | 文本模式 |
| '+' | 以读写方式打开一个文件 |
| 'U' | 通用换行符模式（不建议使用） |

其中，r、w、x、a 为打开文件的基本模式，对应着只读、只写、新建、追加四种打开方式；b、t、+、U 与基本模式组合使用，对应二进制、文本、读写、通用换行符四种模式。

mode 默认值为'rt'模式，意味着对文本文件进行读操作。目前，mode 值常见可以组合的方式为 'rb'、'wb'、'xb'、'ab'、'rt'、'wt'、'xt'、'at'、'r+'、'w+'、'x+'、'a+'。

3）用 b_new_file.close()方法把新建立的文件关闭

如果不关闭新建立的文本文件，则打开的文件对象一直留存在内存中（直至操作系统退出或被相关程序清理）。打开的文件多了，容易出现内存溢出等错误。

**注意**

（1）绝大多数情况下，打开文件和关闭文件是一对标配操作。在打开文件，完成相应的读写操作后，必须关闭文件，务必养成良好的编程习惯。

（2）open 函数可以打开的二进制文件包括图片、exe 文件等，这给了读者无限的想象。修改图片内容，往 exe 文件里写特殊代码（想到了黑客行为吗？）等。但是对 exe 文件进行操作有时很危险，读者操作需谨慎！

## 10.1.2　基本的读写文件

建立或打开文本文件后，可以对文件进行基本的读写操作。

**1. 用文件对象 write(s)方法写内容**

f.write(s)，f 代表以可写方式打开的文件对象；s 为将要写入文件的内容，write()方法把 s 内容写入文件 f 后，返回写入的字节数。

[案例 10.2] 读写文本文件内容（rw_new_file.py）

```
newfile=r'd:\t1.txt'                        #指定需要建立或打开的文本名称和路径
b_new_file=open(newfile,'w')                #用 w 模式打开文件
t_n=b_new_file.write('I like python!')      #用文件对象 write()方法写字符串
b_new_file.close()                          #用 close()方法关闭新建的文件
print("往文件里写入%d 字节内容"%(t_n))       #提示往文件里写入的字节数
```

执行结果如下：

```
>>>
往文件里写入 14 字节内容
```

第一次执行案例 10.2 代码的结果，t1.txt 里保存"I like python!"字符串内容；第二次执行该代码时，t1.txt 里内容还是"I like python!"，并没有多，也没有少。这说明以'w'模式打开的文本文件，往里写内容时，是从文件开始写的。第二次写的内容，会把第一次保存的内容覆盖掉！若要解决该问题，可以采用'a'模式打开文件。

**2．用文件对象 read()方法读内容**

f.read(size)，f 代表以可读方式打开的文件对象；size 为可选参数，若指定读取字节数，则读取指定大小字节的内容，若没有指定，则读取尽可能大的内容。

继续在 rw_new_file.py 文件里增加如下代码：

```
b_new_file=open(newfile,'r')          #以只读方式打开 t1.txt 文件
tt=b_new_file.read()                   #用文件对象 read()方法读取内容
print(tt)                              #打印读取内容
b_new_file.close()                     #关闭打开的文件
```

代码执行结果如下：

```
>>>
往文件里写入 14 字节内容
I like python!
```

**3．连续用 read()方法、write()方法操作文件**

继续在 rw_new_file.py 文件里增加如下代码：

```
b_new_file=open(newfile,'r+')                    #以只读写方式打开 t1.txt 文件
tt=b_new_file.read()                              #用文件对象 read()方法读取内容❶
print(tt)                                         #打印读取内容
t_n=b_new_file.write('\n 三酷猫!^_^')              #继续往文件里写入新内容❷
b_new_file.close()                                #关闭打开的文件
print("往文件里写入%d 字节内容"%(t_n))              #提示写文本文件内容成功
```

执行结果如下：

```
>>>
往文件里写入 14 字节内容        #write()写执行结果
I like python!                  #read()执行结果
I like python!                  #read()执行结果
往文件里写入 8 字节内容         #read()写入结果
```

若把第三部分代码里改为先写入❷，再读取❶，获得的结果将明显不同。

📖 **说明**

不鼓励连续读写操作方法，因为存在读写数据不确定性问题。

### 10.1.3 复杂的读写文件

在基本的读写操作基础上，可以考虑多行读写的操作问题。

**1. 一次写入多行**

[**案例 10.3**] 多行读写（complex_do_file.py）

```
nums=['one','two','three','four','five','six','seven']
t=open(r'd:\t2.txt','a')              #追加写入模块打开文件
for get_one in nums:                  #循环，迭代获取列表元素
    t.write(get_one+'\n')             #把每个元素循环写入文件中，行末加\n
t.close()                             #关闭文件
print('连续写入完成!')                 #提示写入结束
```

执行结果如下：

```
>>>
连续写入完成!
```

在 d 盘根目录下打开 t2.txt 文件，其保存内容如下：

```
one
two
three
four
five
six
seven
```

每一行一个英文单词。

📖 **说明**

在 Windows 操作系统下，一行结束的标志是\r\n（根据案例 10.3 直接采用\n 也可以）；在 UNIX 操作系统下，一行的结束标志是\n；在 Macintosh 操作系统下，一行的结束标志是\r。

**2. 一次读一行**

f.readline(s)，f 代表以可读模式打开的文件；s 为可选参数，若设置指定大小的字节，则返回相应大小的字符串，若没有设定，则以行为单位返回字符串。

继续在 complex_do_file.py 基础上增加如下代码：

```
t1=open(r'd:\t2.txt','r')
dd=1
while dd :
    dd=t1.readline()                  #一次读一行
    print(dd)
```

执行结果如下（在 complex_do_file.py 执行次数多了，会出现重复现象）：

```
one
two
three
four
five
six
seven
```

### 3. 以列表格式读取多行

继续在 complex_do_file.py 基础上增加如下代码：

```
t1=open(r'd:\t2.txt','r')
L_s=t1.readlines()                      #以列表格式读取多行
print(L_s)
```

代码执行结果如下：

['one\n', 'two\n', 'three\n', 'four\n', 'five\n', 'six\n', 'seven\n']

### 4. 连续读特定字节数量的内容

**示例一**：在上述执行结果的基础上，继续执行下列代码。

```
>>> f=open(r'd:\t2.txt','r')            #以只读方式打开 t2.txt 文件
>>> f.readline(2)                       #第一次，读取文件头 2 个字节 ❶
'on'                                    #执行结果为 on
>>> f.readline()                        #继续读取同一行，剩余字节 ❷
'e\n'                                   #读取结果
>>> f.read(4)                           #继续读取 4 个字节 ❸
'two\n'                                 #读取结果
>>> f.read(4)                           #继续读取 4 个字节 ❹
'thre'                                  #读取结果
>>>
```

在连续读取同一个文件的情况下，后一个读取动作（readline()或 read()）都在前一个读完的字节位置后继续读取，而不是从文件头读。这是连续读取需要注意的特点。

### 5. 在指定位置读内容

要读取指定位置的内容，则先需要了解以下两个文件方法的功能。

1）f.tell()

f 代表已打开的文件，tell()方法返回当前文件可以读写的位置（字节数）。

**示例二**：在示例一的基础上继续执行如下代码。

```
>>> f.tell()                            #获取❶❷❸❹执行后的当前位置
14                                      #当前位置为第 14 个字节, three 第 2 个 e
>>> f.read(1)                           #继续读 1 个字节
'e'                                     #读取 three 的第 2 个 e, 位置指向 15
>>> f.tell()                            #获取当前位置
15                                      #为第 15 个字节
```

2）f.seek(offset[, whence])

f 代表已打开的文件，seek()方法重新指定将要读写的当前位置。offset 参数设置位置的偏移量的字节数。whence 参数可选，确定文件起计位置，默认值为 SEEK_SET（或 0），代表从文件的开始位置+偏移量来确定当前位置；SEEK_CUR（或 1），代表当前位置起计；SEEK_END（或 2），代表从文件的结尾起计。

**示例三**：在示例一的基础上继续执行如下代码。

```
>>> f.seek(17)                          #指定当前位置为 17（开始位置为 0+偏移 17 量）
17                                      #返回当前位置
>>> f.read(4)                           #从 17 开始读取 4 字节
'four'                                  #读取结果
```

**6. 在指定位置写内容**

**示例四**：在 t2.txt 已经存在内容的基础上，执行下列代码。

```
>>> f3=open(r'd:\t2.txt','w')
>>> f3.seek(17)
17
>>> f3.write('---')                     #试图往文件内容中间位置插入新的内容
3
>>> f3.close()
```

示例四代码执行完成后，在 d 盘根目录下打开 t2.txt 文件，将会发现其他内容都丢失，只能在第 17 个字节处发现新写入的"---"。

除了可以采用尾部追加内容外，要在文件内容中间进行增加或修改，一种折中的办法，通过列表读取所有内容，然后在程序里修改列表内容，最后再写回文件。

### 10.1.4　文件异常处理

到目前为止，对文本文件的所有操作都存在代码缺陷！也就是文件在各种操作过程，存在报英文出错的可能。如被打开的文件不存在，我们需要友好提醒操作人员，不能做此操作。为此，我们需要为所有的文件操作代码都加上异常捕捉机制！

[**案例 10.4**] 文件异常处理（except_file.py）

```
f_n=r'd:\t3.txt'                        #要确保 d 盘下没有 t3.txt 文件
flag=False
try:                                    #异常捕捉开始
    f=open(f_n,'r')                     #试图打开不存在的 t3.txt 文件
    print(f.read())
    flag=True
except:                                 #捕捉异常
    print('打开%s 文件出错,请检查!'%(f_n)) #出错提示
finally:                                #是否出错，都强制执行下列代码
    if flag:                            #如果文件打开顺利
        f.close()                       #则关闭文件
        print('文件做关闭处理!')
    else:                               #文件打开出现异常
        print("程序关闭!")               #退出程序提示
```

该代码执行结果如下：

```
>>>
打开 d:\t3.txt 文件出错,请检查!
程序关闭!
```

> **注意**
> 
> 在文件操作代码编写时，添加异常捕捉机制，是针对文件操作代码的第 2 个标配代码。在实际软件项目中，针对文件操作的代码都必须考虑。

### 10.1.5 文件与路径

到目前为止，针对文件的存放路径都是固定的，能否动态指定或判断？答案是可以的。

**1．与路径相关的操作**

在 Python 自带的 os 模块里，通过 path 对象的各种方法可以实现对路径的各种操作。

1）获取程序运行的当前路径

os.path.abspath(p),abspath()以字符串形式为返回平台归一化（考虑了跨操作系统的问题）的绝对路径，p 为指定的路径名称（字符型）。若为 p 指定"."，则代表当前路径。

示例一：

```
>>>import os                              #导入 os 模块
>>> os.path.abspath(os.path.curdir)       #返回当前绝对路径
'D:\\python'                              #交互式解释器运行的路径
>>>
```

2）判断指定路径下是否存在文件

示例二：

```
>>>import os                              #导入 os 模块
>>>os.path.exists(r'd:\\t1.txt')          #用 exists()方法判断文件是否已经存在
```

exists(p)方法判断指定路径下的文件是否存在。若存在，则返回 True；若不存在，则返回 False。p 为指定的带路径的文件字符串。也可以通过 isfile()方法直接判断。

示例三：

```
>>>import os                              #导入 os 模块
>>> os.path.isfile(r'd:\t1.txt')          #用 isfile()方法判断文件是否存在
True                                      #存在返回 True，不存在则返回 False
>>>
```

3）判断指定路径是否存在

isdir(p)方法判断指定路径是否存在，p 为字符串格式的路径。存在返回 True，不存在则返回 False。

示例四：

```
>>>import os                              #导入 os 模块
>>> os.path.isdir(r'd:\\')                #用 isdir()方法判断路径是否存在
True                                      #存在返回 True，不存在则返回 False
>>>
```

exists(p)方法也可以用来直接判断路径。

示例五：

```
>>>import os                              #导入 os 模块
>>> os.path.exists(r'd:\\')               #用 exists()方法直接判断路径
```

True
>>>

**4）建立文件夹（子路径）**

利用 os 模块的 makedirs(p)方法可以建立对应的文件夹，p 为字符串形式的需要建立的路径。建立不成功，抛出 OSError 出错信息；建立成功，则在对应的路径下将发现新建立的文件夹。

**示例六**：在 d 盘下建立 files 子路径。

```
>>>import os                          #导入 os 模块
>>> os.makedirs(r'd:\files')          #在 d 盘建立 files 文件夹
>>>                                   #建立成功无返回值，已经建立文件夹
```

**2．动态指定路径下建立新文件**

根据上述路径相关的各种操作方法，可以建立动态的文件操作及保存功能。

这里对 10.1.4 节的案例 10.4 内容进行改进，其结果如下。

[**案例 10.5**] 文件异常处理（path_except_file.py）

```
import os                                     #导入 os 模块
import sys                                    #导入 sys 模块
get_cur_path=os.path.abspath(os.path.curdir)  #获取程序当前路径
f_n=get_cur_path+'\\files'                    #在当前路径建立子路径 files
try:
    if not os.path.isdir(f_n):                #确认路径是否已经存在
        os.makedirs(f_n)                      #不存在，建立子路径
except:                                       #建立子路径过程发生异常
    print("子文件夹%s 建立出错!"%(f_n))         #提示建立出错
    sys.exit()                                #退出程序
#===================================上面为动态建立文件夹
f_n=f_n+'\\t3.txt'                            #准备在新建立子路径下存放文件 t3.txt
flag=False
try:
    f=open(f_n,'w')                           #第一次执行，在新路径下建立新文件 t3.txt，并打开
    print(f.write("OK"))                      #写入 OK，并返回 2 字节的数字
    flag=True
    print('文件%s 写入正常!'%(f_n))
except:
    print('打开%s 文件出错,请检查!'%(f_n))
finally:
    if flag:
        f.close()
        print('文件做关闭处理!')
    else:
        print("程序关闭!")
```

代码执行结果如下：

2                                     #表明 OK 已经写入文件中

文件 D:\Python\第 10 章\files\t3.txt 写入正常！　　　#提示写入正常
文件做关闭处理！
\>>>

执行结束后，可以在对应的路径下找到新建立的 t3.txt 文件。

案例 10.5 动态建立子文件夹、建立文本文件的方法，使软件在实际使用环境中更具灵活性。

## 10.1.6　案例［三酷猫把钓鱼结果数据存入文件］

7.7 节的案例 7.8 三酷猫实现了把鱼装到盒子里的各种计算，接下来想把计算结果保存到文本文件里，方便三酷猫把计算结果发给雇工，让装鱼的雇工根据计算结果准备盒子。

对案例 7.8 的 Main_fish_stat.py 代码进行改进。

［**案例 10.6**］把装盒子信息存放到文件中（Main_fish_stat_file.py）

```
from Class_module import FishBox
import os
def save_file(file_name,L_newRecord):           #自定义数据保存到文件函数
    flag=False
    if type(L_newRecord)!=list:                 #要确保 L_newRecord 为列表对象
        print("保存内容必须以列表对象格式进行!保存失败!")
        return flag
    cur_path=os.path.abspath(os.path.curdir)    #获取程序当前路径
    cur_path=cur_path+'\\'+file_name            #准备在当前路径下存放数据文件
    try:
        f1=open(cur_path,'w')                   #以可写方式打开文件（第一次新建）
        f1.writelines(L_newRecord)              #把列表所有元素一次性写入文本文件
        flag=True
    except:
        flag=False
    finally:
        if flag:
            f1.close()                          #写入完成，关闭文件
    return flag
#==============================创建大礼盒实例，并求相关值
L_SaveData=[]#定义列表对象
big_gift_box=FishBox(60,30,40)                  #创建长 60cm、宽 30cm、高 40cm 的大礼盒实例
big_gift_box.price=1000                         #价格 1000 元
big_gift_box.amount=20                          #1 盒存放 20 条
big_gift_box.weight=10                          #10kg
L_SaveData.append("大礼盒的体积是"+str(big_gift_box.volume())+"立方厘米")
L_SaveData.append("大礼盒的表面积是"+str(big_gift_box.area())+"平方厘米")
index=big_gift_box.type.index('大礼盒')
g_box_num=big_gift_box.countBoxNums(200,index)
L_SaveData.append("200 条鱼需要"+str(g_box_num)+"只大礼盒")
L_SaveData.append("200 条鱼装大礼盒的价值为"+str(g_box_num*big_gift_box.price)+"元")
```

```
#==============================创建小礼盒实例,并求相关值
small_gift_box=FishBox(50,20,30)          #创建长 50cm、宽 20cm、高 30cm 的小礼盒实例
small_gift_box.price=500                  #价格 500 元
small_gift_box.amount=10                  #1 盒存放 10 条
small_gift_box.weight=5                   #5kg
L_SaveData.append("小礼盒的体积是"+str(small_gift_box.volume())+"立方厘米")
L_SaveData.append("小礼盒的表面积是"+str(small_gift_box.area())+"平方厘米")
index=small_gift_box.type.index('小礼盒')
g_box_num=small_gift_box.countBoxNums(200,index)
L_SaveData.append("200 条鱼需要"+str(g_box_num)+"只小礼盒")
L_SaveData.append("200 条鱼装小礼盒的价值为"+str(g_box_num*small_gift_box.price)+"元")
if save_file('fish_records.txt',L_SaveData):    #把列表对象的所有元素存入 fish_records.txt
    print('三酷猫装盒子数据保存成功!')
else:
    print('三酷猫装盒子数据保存操作失败!')
```

代码执行结果如下:

\>\>\>
三酷猫装盒子数据保存成功!

进入程序对应的路径下,发现 fish_records.txt 文件。打开该文件,发现如图 10.1 所示的执行结果。

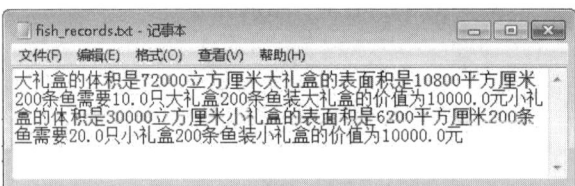

图 10.1　三酷猫装盒子数据已经保存到文本文件中

虽然图 10.1 所记录格式非常不好看,都挤在一起了,但是初步实现了数据独立保存的目的。三酷猫可以把这个文件发送给相关人员了。

📖 **说明**

(1)通过列表 append()方法把输出内容添加到列表对象里。
(2)案例 10.6 需要 Class_module.py 支持,把该文件放到 Main_fish_stat_file.py 同一路径下。

# 10.2　JSON 格式文件

从图 10.1 可以看出,没有经过格式化处理的文本内容,存在不少问题,具体如下。
(1)字符串互相挤在一起,查阅比较费劲。
(2)字符串里夹杂着数字,如果其他人员接到文件后,想继续利用数据,就麻烦了——得手工一个个地从里面挑出来。

(3)相关文字信息与数字之间没有明确的关系格式,如字典元素存在键值对关系。
(4)如果其他接收者想通过程序自动读取该文件信息,将非常棘手。
怎么办呢?JSON 格式的文件就是用来解决该方面的问题的。

## 10.2.1 JSON 格式

**定义 1**:JSON[1](JavaScript Object Notation,Java 脚本对象标注符),是一种轻量级的数据交换格式。它开始被用于 JavaScript 语言,后被推广为不同程序之间数据共享的一种技术标准。

把 Python 数据转化为 JSON 格式(带格式的字符串)的过程叫序列化;把 JSON 格式转化为 Python 数据类型的过程叫反序列化。

序列化后的 JSON 格式字符串可以存储在文件或数据中,也可以通过网络连接传送给远程的机器。

**1. JSON 常用的两种结构数据类型**

(1)"键-值"对的集合。不同的语言中,它被理解为对象(Object)、记录(Record)、结构(Struct)、字典(Dictionary)、哈希表(Hash Table)、有键列表(Keyed List)或者关联数组(Associative Array)。Python 语言里对应字典。

(2)值的有序列表。在大部分语言中,它被理解为数组(Array)。Python 语言里主要对应列表、元组。

这些都是常见的数据结构。事实上,大部分现代计算机语言都以某种形式支持它们。这使得一种数据格式在同样基于这些结构的编程语言之间交换成为可能。

**2. JSON 数据与 Python 数据之间的互相转化**

为了实现不同编程语言编写的文件数据的共享,除了需要统一数据结构形式外,还需要统一数据类型(如同样的浮点型,不同语言的表示可能不一样)。为此 JSON 定义了标准数据类型,它与 Python 语言的数据类型之间的转化对应关系如表 10.2 所示。

表 10.2 JSON 数据类型与 Python 语言数据类型互相转化

| 从 Python 开始序列化 | 从 JSON 反序列化 | |
| --- | --- | --- |
| Python 类型 | JSON 类型 | Python 类型 |
| dict | object | dict |
| list, tuple | array | list |
| str | string | str |
| int、float 及由 int 或 float 派生的枚举类型 | number (int) | int |
| true | true | true |
| false | false | false |
| none | null | none |

**3. 示例**

Python 自带处理 JSON 数据的 json 模块。该模块的 dumps 实现 Python 数据转为 JSON 数据,loads 实现 JSON 数据转为 Python 数据的过程。

```
>>> import json                              #导入 json 模块
>>> p_d={'Tom':29,'Jack':20,"Jim":12}        #定义字典对象 p_d
```

---

[1] JSON 的详细介绍见 http://json.org/

```
>>> p_d                                              #执行字典对象
{'Tom': 29, 'Jack': 20, 'Jim': 12}                   #字典数据结构❶
>>> p_to_j=json.dumps(p_d)                           #通过 dumps 把字典对象转为 JSON 类型
>>> p_to_j                                           #执行 JSON 格式的字符串对象
'{"Tom": 29, "Jack": 20, "Jim": 12}'                 #JSON 格式（主要多了一对单引号）❷
>>> j_to_p=json.loads(p_to_j)                        #把 JSON 格式转为 Python 的字典格式
>>> j_to_p                                           #执行字典对象
{'Tom': 29, 'Jack': 20, 'Jim': 12}                   #字典数据结构
>>>
```

从示例可以看出 Python 的字典对象数据格式❶与 JSON 的对象（object）数据格式❷非常接近。其主要区别是：JSON 的对象格式在开始和结尾处增加了单引号，因为所有的 JSON 数据都是以字符串形式表示的。

## 10.2.2 读写 JSON 文件

Python 的 json 模块为读写 JSON 文件提供了 dump 和 load 操作对象。

### 1. dump、load 函数使用介绍

（1）dump(obj,f,ensure_ascii=True,…)函数用于把 Python 数据写入 JSON 文件。

①obj 参数，为 Python 语言数据对象。

②f 参数，以字符串形式指明需要存储的文件名，可以带路径，建议加上扩展名（可以任意指定）。

③ensure_ascii 参数，默认值为 True，意味着只接受 ASCII 表里的数据类型（中文存储时会变成带\u 格式的十六进制形式）；为 False 时，可以接受其他非 ASCII 类型的数据（包括中文）。

dump 函数还有其他相关参数，这里不作详细介绍。

（2）load(f,…)函数实现从 JSON 文件里读取数据，并转为 Python 语言熟悉的数据类型。

f 参数，以字符串形式指明需要存储的文件名。

load 函数还有其他相关参数，这里不作详细介绍。

### 2. 读写 JSON 文件代码案例

[案例 10.7] 实现对 JSON 文件的基本读写操作（rw_json.py）

```
import json                                          #导入 json 模块
import sys                                           #导入 sys 模块
def saveToJSON(filename,dicObject):                  #定义写 JSON 文件函数 saveToJSON
    flag=False
    if type(dicObject)!=dict:                        #这里只允许字典类型数据保存
        return flag
    try:                                             #捕捉异常开始
        j_file=open(filename,'w')                    #以写方式打开指定的 JSON 文件
        json.dump(dicObject,j_file,ensure_ascii=False) #以 JSON 格式写数据
        flag=True
    except:
        print('往%s 写数据出错!'%(filename))
```

```python
    finally:
        if flag:
            j_file.close()                          #写完数据，关闭对应文件
    return flag                                      #返回写文件是否正常标志值
#======================================
def GetFromJSON(filename):                           #定义读 JSON 文件函数 GetFromJSON
    flag=False
    dicObject={}
    try:
        j_file=open(filename,'r')                    #打开需要读的 JSON 文件
        dicObject=json.load(j_file)                  #读取 JSON 文件数据，并转为 Python 的字典对象
        flag=True
    except:
        print('从%s 读 JSON 数据出错!'%(filename))
    finally:
        if flag:
            j_file.close()                           #关闭读取文件
    return dicObject                                 #返回读取字典类型数据
#======================================
d_student={'name':"丁丁",'age':"12",'birthday':"2006 年 12 月 25 日"}
filename='student.json'                              #指定 JSON 的文件名称
f_OK=saveToJSON(filename,d_student)                  #调用 saveToJSON 函数
if f_OK:
    print('学生信息保存到 json 文件成功!')
else:
    sys.exit()                                       #调用 saveToJSON 失败，退出程序
d_get_s=GetFromJSON(filename)                        #调用 GetFromJSON 函数
if d_get_s:                                          #字典值非空时，都为 True；空为 False
    print(d_get_s)                                   #打印返回的字典对象数据
```

代码执行结果如下：

```
>>>
学生信息保存到 json 文件成功!
{'name': '丁丁', 'age': '12', 'birthday': '2006 年 12 月 25 日'}
```

在程序对应的路径下将可以发现 student.json 文件，用记事本打开，可以看到如图 10.2 所示的内容。从这里可以看出 JSON 格式的文本文件，进一步解决了 10.1.6 节里图 10.1 存在的各种问题。既有利其他人阅读，也有利于其他程序读写该文件，比较好地达到了数据共享的目的。

图 10.2　存储到 student.json 文件里的 JSON 格式数据

与 JSON 相关的详细操作说明详见如下地址：https://docs.python.org/3/library/json.html。

# 10.3 XML 格式文件

XML 是另外一种带格式标准的标记语言，可以以文件形式共享和处理数据。

## 10.3.1 初识 XML

**定义 2**：XML（Extensible Markup Language，可扩展标记语言），是一种标记语言，它定义了一组规则，用于以人类可读和机器可读的格式对文档进行编码。[1]

在电子计算机中，标记指计算机所能理解的信息符号，通过此种标记，计算机之间可以处理包含各种的信息，如文章等。它可以用来标记数据、定义数据类型，是一种允许用户对自己的标记语言进行定义的源语言。它非常适合万维网传输，提供统一的方法来描述和交换独立于应用程序或供应商的结构化数据，是 Internet 环境中跨平台的、依赖于内容的技术，也是当今处理分布式结构信息的有效工具。早在 1998 年，W3C 就发布了 XML1.0 规范，使用它来简化 Internet 的文档信息传输。[2]

### 1．XML 数据结构

假设二酷猫的冷冻仓库里存放着各种食物商品，包括鱼、水果、蔬菜等。部分商品情况如表 10.3 所示。

表 10.3 仓库里的部分商品

| 一级分类 | 二级分类 | 商品名称 | 数　　量 | 价格（元） |
|---|---|---|---|---|
| 鱼 | 淡水鱼 | 鲫鱼 | 18 | 8 |
|  |  | … | … | … |
|  | 咸水鱼 | … | … | … |
| 水果 | 温带水果 | 猕猴桃 | 10 | 10 |
|  |  | … | … | … |
|  | 热带水果 | … | … | … |

### 2．XML 数据结构示例

示例：利用 XML 标准格式实现表 10.3 记录要求

```
<storehouse>
      <goods category="fish">❶
            <title>淡水鱼</title>①
            <name>鲫鱼</name>②
            <amount>18</amount>③
            <price>8</price>④
      </goods>
```

---

[1] XML 详细内容见维基百科介绍，https://en.wikipedia.org/wiki/XML
[2] 百度百科，XML，https://baike.baidu.com/item/可扩展标记语言?fromtitle=xml&fromid=86251

```xml
            <goods category="fruit">❷
                <title>温带水果</title>
                <name>猕猴桃</name>
                <amount>10</amount>
                <price>10</price>
            </goods>
    </storehouse>
```

该示例为典型的树形结构的 XML 数据格式，其实现要求如下：

（1）**根元素**。任何 XML 数据文档必须包含根文档。示例中的根元素为<storehouse>...</storehouse>。

（2）**子元素**。除了根元素，其他包含在根元素里的成对出现的都是子元素。示例中的<goods>...</goods>、<title>...</title>等都是子元素，而且子元素可以嵌套子元素，如❶、❷都是根元素的子元素，而①、②、③、④是❶的子元素。

（3）**标签**。带"<>"的为标签，如根元素的<storehouse>为元素开始标签，</storehouse>为元素结束标签。

（4）嵌套元素之间采用缩进格式。建议采用空 4 个空格的标准缩进格式。

（5）元素中的**属性**（Attribute）。属性提供有关元素的额外信息，这相当于给同一层级的元素做了分类标志。如❶的<goods>...</goods>提供了 category="fish"属性，说明该元素下面记录的是 fish 商品信息；❷的 category="fruit"属性，说明该元素下面记录的是 fruit 商品信息。

（6）文本。①、②、③、④子元素里的"淡水鱼""鲫鱼""18""8"都是文本。

由此，XML 树形结构主要包括元素、属性、文本三要素。

> **说明**
> （1）XML 数据结构除了典型的树形结构外，还可以是多根元素的平行结构
> （2）XML 的详细知识需要参考专门学习资料，这里给出的仅用于利用 Python 进行读写操作演示。

### 10.3.2 生成 XML 文件

为了对 XML 文件进行各种操作，先要生成对应的 XML 文件。如这里把 10.3.1 节里的示例内容存储到 XML 文件里。为了巩固类知识，这里对 XML 文件的建立、写入、关闭三个功能进行类封装，然后供主代码调用。

[**案例 10.8**] 生成 XML 文件（build_XML.py）

```python
import sys
class BuildNewXML():                            #自定义建立 XML 文件类
    def __init__(self,filename=None):           #类的初始化保留__init__
        self.filename=filename                  #自定义属性 filename
        self.__get_f=None                       #自定义隐含属性（类内部使用）
    def openfile(self):                         #自定义打开 xml 类函数 openfile
        if self.filename==None:                 #如果没有文件名，则给出出错提示
            print("没有提供文件名！在建立实例时，请提供建立文件的名称！")
            return False                        #返回 False 并终止后续代码继续执行
```

```
            try:
                self.__get_f=open(self.filename,'a',encoding='utf-8')        #打开文件❶
            except:
                print('打开%s 文件有问题!'%(self.filename))                   #打开出错，给予出错提示
                return False
        def writeXML(self,n,element):                                        #自定义写 XML 文件内容函数
            try:
                if n==0 :
                    self.__get_f.write(element+'\n')                         #根元素写入❷
                else:
                    self.__get_f.write(' '*n+element+'\n')                   #子元素写入❸注意' '为空一格
            except:
                print('往%s 文件写%s 出错!'%(self.filename,element))          #写入出错提示
        def closeXML(self):                                                  #自定义关闭文件函数
            if self.__get_f:                                                 #在正常打开文件情况下
                self.__get_f.close()                                         #关闭文件
#==============================
filename="storehouse.xml"                                                    #XML 文件名称
flag=False                                                                   #判断 XML 文件操作是否正常标志
content={1:[0,'<storehouse>'],                                               #XML 文件要写入内容（含格式）❹
         2:[4,'<goods category="fish">'],
         3:[8,'<title>淡水鱼</title>'],
         4:[8,'<name>鲫鱼</name>'],
         5:[8,'<amount>18</amount>'],
         6:[8,'<price>8</price>'],
         7:[4,'</goods>'],
         8:[4,'<goods category="fruit">'],
         9:[8,'<title>温带水果</title>'],
         10:[8,'<name>猕猴桃</name>'],
         11:[8,'<amount>10</amount>'],
         12:[8,'<price>10</price>'],
         13:[4,'</goods>'],
         14:[0,'</storehouse>']
         }
build_xml=BuildNewXML(filename)                                              #调用 BuildNewXML 类对象，传递文件名
try:
    build_xml.openfile()                                                     #调用类示例的打开文件方法
    for get_item in content.items():                                         #循环读取要写入的字典对象元素
        build_xml.writeXML(get_item[1][0],get_item[1][1])                    #写入 XML 文件
    flag=True                                                                #写正常，标志为 True
except:
    print('往文件写内容出错,退出程序!')                                       #写 XML 内容出错提示
    sys.exit()                                                               #退出程序
finally:
```

<>之间严格格式要求，不能有多余的空格！否则后续读取将失败！❺

```
            if flag:                                            #写 XML 文件正常
                build_xml.closeXML()                            #正常关闭打开的 XML 文件
                print('往%s 写内容完成!'%(filename))             #操作结束提示
```
执行结果如下：
```
>>>
往 storehouse.xml 写内容完成!
```
打开生成的 storehouse.xml 文件内容，如图 10.3 所示。

图 10.3　生成的 XML 文件内容

案例 10.8 有几个编程技巧需要注意，具体如下。

（1）为了保证写入 XML 文件的中文内容可以供后续读取，必须在❶处的 open 函数参数那里，明确指定 encoding='utf-8'（默认为 None，即 ASCII 编码），否则 10.3.4 节、10.3.5 节读取 XML 内容的代码将报错。

（2）❷❸的 XML 数据写入格式与❹的数据格式一定要严格对应。

（3）严格遵守元素的格式要求，不能有多余的空格等现象，否则后续读取 XML 内容的代码将报错。

## 10.3.3　xml 模块

了解了 XML 的定义及基本数据结构，接着需要通过 Python 实现对 XML 的各种操作。

Python 的 xml 模块提供了两个最基本和广泛使用的 API[1]接口——SAX 和 DOM，通过它们来处理相应的 XML 文件。

**1．SAX**

SAX（Simple API for XML，XML 的简单处理 API），通过在解析[2] XML 的过程中触发一个个的事件并调用用户定义的回调函数来处理 XML 文件。当文件很大或者有内存限制时，这很有用，它从磁盘读取数据时，只读取需要部分的内容，避免把整个文件内容从磁盘读入内存。

**2．DOM**

DOM（Document Object Model，文档对象模型），这是一个万维网联盟的建议，其中整个文件被读入内存并以分层（基于树）的形式存储以表示 XML 文档的所有特征。

---

[1] API（Application Programming Interface，应用程序编程接口）是一些预先定义的函数。
[2] 解析（Parse）就是对 XML 文档内容进行可识别的语法分析，然后读取 XML 文档的相应内容。

当处理大文件时，SAX 无法像 DOM 那样快速处理信息。另外，单独使用 DOM 可以真正主动清除内存的占用资源，尤其是在很多小文件上使用时。

SAX 是只读的，而 DOM 允许更改 XML 文件。由于这两种不同的 API 在功能上相互补充，所以它们经常被用于大型软件项目。

### 10.3.4 用 SAX 读 XML 文件

Python 在 xml.sax 下为操作 XML 文件提供了如表 10.4 所示函数。

表 10.4　SAX 相关函数

| 函　数　名 | 功能说明 |
| --- | --- |
| make_parser(parser_list=[]) | 建立并返回一个 SAX 解析器的 XMLReader 对象。<br>parser_list 若提供，则指定第一个解析器的模块名称 |
| parse(filename_or_stream, handler, error_handler=handler.ErrorHandler()) | 建立一个 SAX 解析器，并用它来解析 XML 文档。<br>filename_or_stream 参数用于指定 XML 文件名。<br>handler 参数指定一个 SAX 的 ContentHandler 实例对象。<br>error_handler 参数，若设置新值，必须是一个 ErrorHandler 类对象 |
| parseString(string, handler, error_handler=handler.ErrorHandler()) | 与 parse 函数类似，但从 string 参数所提供的字符串中解析 XML |
| SAXException(msg, exception=None) | 封装了 XML 操作相关错误或警告。当 XML 解析出错时，提供出错信息。msg 参数提供出错描述信息 |

用 SAX 解析 XML 文档涉及两个部分：解析器和事件处理器。

（1）解析器负责读取 XML 文档，并向事件处理器发送事件，如元素开始与元素结束事件；而事件处理器则负责对事件做出响应，对传递的 XML 数据进行处理。

（2）SAX 的事件处理器由 ContentHandler 类来实现，该类实例包括表 10.5 主要事件回调方法。

了解了 SAX 的 XML 解析器和事件处理器后，就可以用来读取需要的 XML 内容。这里用案例 10.8 生成的 XML 文件内容作为下面 SAX 解析代码的数据来源。

表 10.5　ContentHandler 实例主要事件回调方法

| 方　法　名 | 功能说明 |
| --- | --- |
| characters(content) | 解析器将调用此方法来报告每个字符数据块。SAX 解析器可能会将所有连续的字符数据返回到单个块中，或者它们可能会将其分割为多个块。但是，任何单个事件中的所有字符必须来自相同的外部实体，以便定位器提供有用的信息。content 参数，为所获取的字符数据，有以下几种情况：<br>①从行开始，遇到标签之前，存在字符，content 的值为这些字符串；<br>②从一个标签，遇到下一个标签之前，存在字符，content 的值为这些字符串；<br>③从一个标签，遇到行结束符之前，存在字符，content 的值为这些字符串 |
| startDocument() | SAX 解析器在文档解析启动时，调用该方法一次 |
| endDocument() | SAX 解析器在解析到文档结尾时，调用该方法一次 |
| startElement(name, attrs) | 在文件模式下，遇到 XML 开始标签时调用该方法，name 是标签的名字，attrs 是标签的属性值字典 |
| endElement(name) | 在文件模式下，遇到 XML 结束标签时调用该方法，name 是标签的名字 |

[案例 10.9] 用 SAX 解析 XML 文件（SAX_parse_XML.py）

```python
import xml.sax
import sys
get_record=[]                                          #全局列表变量，准备接收获取的 XML 内容
class GetStorehouse(xml.sax.ContentHandler):           #自定义获取仓库商品类（事件处理器）
    def __init__(self):                                #类初始化保留函数
        self.CurrentData=""                            #自定义当前元素标签名属性
        self.title=""                                  #自定义商品二级分类属性
        self.name=""                                   #自定义商品名称内容属性
        self.amount=""                                 #自定义商品数量内容属性
        self.price=""                                  #自定义商品价格内容属性
    def startElement(self,label,attributes):           #遇到元素开始标签时，触发该函数❶
        self.CurrentData=label                         #label 为实例对象在解析时传递的标签名
        if label=="goods":                             #二级子元素的开始标签名比较
            category=attributes["category"]            #获取元素中属性对应的值❷
            return category
    def endElement(self,label):                        #遇到元素结束标签时，触发该函数❸
        global get_record                              #声明全局变量，将要被函数体里使用
        if self.CurrentData=="title":                  #如果当前标签为 title 标签
            get_record.append(self.title)              #获取标签对应的内容，并加入列表对象
        elif self.CurrentData=="name":                 #如果当前标签为 name 标签
            get_record.append(self.name)               #获取标签对应的内容，并加入列表对象
        elif self.CurrentData=="amount":               #如果当前标签为 amount 标签
            get_record.append(self.amount)             #获取标签对应的内容，并加入列表对象
        elif self.CurrentData=="price":                #如果当前标签为 price 标签
            get_record.append(self.price)              #获取标签对应的内容，并加入列表对象
    def characters(self,content):                      #遇到元素里的内容，把值赋给类实例属性❹
        if self.CurrentData=="title":                  #如果遇到的元素标签是 title
            self.title=content                         #则把读取的内容赋给 title 属性
        elif self.CurrentData=="name":                 #如果遇到的元素标签是 name
            self.name=content                          #则把读取的内容赋给 name 属性
        elif self.CurrentData=="amount":               #如果遇到的元素标签是 amount
            self.amount=content                        #则把读取的内容赋给 amount 属性
        elif self.CurrentData=="price":                #如果遇到的元素标签是 price
            self.price=content                         #则把读取的内容赋给 price 属性
#================================================
parser=xml.sax.make_parser()                           #创建一个解析器的 XMLReader 对象
parser.setFeature(xml.sax.handler.feature_namespaces,0)   #关闭解析命令空间
Handler=GetStorehouse()                                #建立事件处理器实例
parser.setContentHandler(Handler)                      #为解析器设置事件处理器实例
parser.parse("storehouse.xml")                         #正式解析指定 XML 文件内容
print(get_record)                                      #打印全局列表变量的获取结果
```

代码执行结果如下：
```
>>>
['淡水鱼', '鲫鱼', '18', '8', ' ', '温带水果', '猕猴桃', '10', '10', '    ', '\n']
```
代码实现关键点分析：

（1）事件处理器的三个函数的函数名、参数名严格与表 10.4 所示的内容对应一致。

（2）随解析器对 XML 文件内容的读取自动触发相应的函数，startElement、endElement、characters，无须考虑怎么触发（如果想深入了解，需要了解回调函数的相应编写方法，可以看解析器里的原始代码）。

（3）触发过程为先触发 startElement 函数再触发 characters 函数，最后触发 endElement 函数。

**注意**

对 XML 文件含恶意攻击代码的数据，xml.sax 相关操作函数没有考虑安全措施，需要通过相应技术措施加以解决。详见 https://docs.python.org/3/library/xml.html 相关介绍。

### 10.3.5 用 DOM 读写 XML 文件

文件对象模型（DOM）是 W3C 组织推荐的处理可扩展标记语言的标准编程接口。

一个 DOM 的解析器在解析一个 XML 文档时，一次性读取整个文档，把文档中所有元素保存在内存中的一个树结构里，之后可以利用 DOM 提供的不同的函数来读取或修改文档的内容和结构，也可以把修改过的内容写入 XML 文件。

DOM 读取 XML 文件内容的基本操作过程如图 10.4 所示。

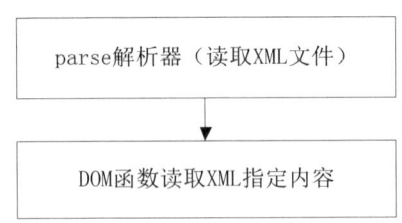

图 10.4　DOM 基本读取过程

**1. DOM 解析器**

DOM 的 xml.dom.minidom 子模块、xml.dom.pulldom 子模块分别提供了两种形式的解析器。

1）xml.dom.minidom 子模块

提供的是最小功能的解析器功能，主要提供对 XML 文档的读、修改操作（在内存）。其解析器使用格式如下：

xml.dom.minidom.parse(filename_or_file, parser=None, bufsize=None)

该解析器解析成功，返回指定 XML 文件的一个文档对象 Document。

filename_or_file 参数为指定的 XML 文件名（可以带路径）。

2）xml.dom.pulldom 子模块

可以实现对 XML 文档的读取、修改（在内存）、建立操作。其解析器使用格式如下：

xml.dom.pulldom.parse(stream_or_string, parser=None, bufsize=None)

该解析器解析成功，返回指定 XML 文件的一个 DOMEventStream 对象。

### 2. DOM 对象的相关函数

一旦有了 DOM 文档对象，就可以通过其属性和方法访问 XML 文档的各个部分。DOM 对象提供的函数接口分类如表 10.6 所示。

表 10.6 DOM 对象函数接口分类

| 接口对象名 | 功能说明 |
| --- | --- |
| DOMImplementation | 提供 DOM 对象底层功能实现 |
| Node | 文档中大多数对象的基本接口 |
| NodeList | 一系列节点的接口 |
| DocumentType | 关于处理文档所需声明的信息 |
| Document | 表示整个文档的对象 |
| Element | 文档层次结构中的元素节点 |
| Attr | 元素节点上的属性值节点 |
| Comment | 在源文档中表示评论 |
| Text | 文档中节点所包含的文本内容 |
| ProcessingInstruction | 处理指令表示 |

本节后续将要用到的相关功能方法介绍如下。

1）Node 接口对象相关函数

Node.childNodes，返回当前节点中包含的节点列表，这是一个只读属性。

2）Document 接口对象相关函数

Document.documentElement，返回文档的所有元素。

Document.getElementsByTagName(tagName)，搜索所有具有特定元素类型名称下的子元素（包括直接子元素下所有嵌套子元素等），返回元素集合。

3）Element 接口对象相关函数

Element.hasAttribute(name)，如果元素具有按指定 name 命名的属性，则返回 true。

Element.getAttribute(name)，以字符串形式返回指定 name 命名的属性的值；如果不存在这样的标签，则返回空字符串。

Element.setAttribute(name, value)，设置 name 标签指定的值。

Element.removeAttribute(name)，删除 name 标签指定的元素。

📖 **说明**

想深入掌握 DOM 的读者，可以参考如下网址介绍：https://docs.python.org/3/library/xml.dom.html#module-xml.dom。

### 3. 用 DOM 实现对 XML 文件的解析

在 10.3.2 节生成的 storehouse.xml 文件基础上执行下列代码。

[案例 10.10] 用 DOM 解析 XML 文件（DOM_parse_XML.py）

```
import xml.dom.minidom                                              #导入 minidom 子模块
document_tree=xml.dom.minidom.parse("storehouse.xml")               #解析 XML 文件
collection=document_tree.documentElement                            #把所有元素存入集合中
```

```python
print(collection.toxml())                                          #打印 collection 集合内容
goods= collection.getElementsByTagName("goods")                    #获取 goods 元素下的子元素集合
goods_record=[]
for good_object in goods:                                          #获取商品记录的详细信息
    if good_object.hasAttribute("category"):                       #判断是否存在 category 属性
        goods_record.append(good_object.getAttribute("category"))  #获取属性对应值
    name= good_object.getElementsByTagName('name')[0]              #获取 name 标签对应的元素
    goods_record.append(name.childNodes[0].data)                   #获取 name 元素对应的值
    amount=good_object.getElementsByTagName('amount')[0]           #获取 amount 标签对应元素
    goods_record.append(amount.childNodes[0].data)                 #获取 amount 元素对应的值
    price=good_object.getElementsByTagName('price')[0]             #获取 price 标签对应元素
    goods_record.append(price.childNodes[0].data)                  #获取 price 元素对应的值
print(goods_record)                                                #打印获取的商品记录
```

代码执行结果如下：

```
>>>
<storehouse>                                                       #collection.toxml()输出
<goods category="fish">
<title>淡水鱼</title>
<name>鲫鱼</name>
<amount>18</amount>
<price>8</price>
</goods>
<goods category="fruit">
<title>温带水果</title>
<name>猕猴桃</name>
<amount>10</amount>
<price>10</price>
</goods>
</storehouse>
['fish', '鲫鱼', '18', '8', 'fruit', '猕猴桃', '10', '10']          #goods_record 输出
```

### 4. DOM 实现对 XML 文件内容的修改

[案例 10.11] 用 DOM 修改 XML 文件（DOM_edit_XML.py）

```python
import xml.dom.minidom                                             #导入 minidom 子模块
document_tree=xml.dom.minidom.parse("storehouse.xml")              #打开 XML 文件
collection=document_tree.documentElement                           #把所有元素存入集合中
price= collection.getElementsByTagName("price")                    #获得 price 的 NodeList 对象集合
price_object=price[0]                                              #获取列表第 1 个 price 节点（元素）
price_object.firstChild.data=8.2                                   #修改第 1 个节点的值
print('修改商品价格成功!')
goods=collection.getElementsByTagName("goods")                     #获取 goods 对应 NodeList 对象集合
collection.removeChild(goods[1])                                   #删除第 2 个 goods 节点对象
print('节点删除成功!')
```

```
f=open("storehouse.xml","w",encoding="utf-8")    #打开 XML 文件
f.write(document_tree.toxml())                    #把内存里修改过的 document_tree 写入文件
f.close()
```

代码执行结果如下:

```
>>>
修改商品价格成功!
节点删除成功!
```

打开修改后的 storehouse.xml，显示如图 10.5 所示。

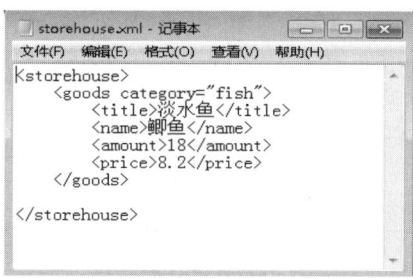

图 10.5  修改后的 XML 文件内容

### 📖 说明

（1）需要了解案例 10.11 里相关集合的元素成员，可以通过 print 函数打印，了解其内容。

（2）案例 10.11 代码执行一次，storehouse.xml 里内容改变一次。所以，第二次执行时，需要通过 10.3.2 节重新生成 storehouse.xml（注意先把对应路径下的修改过的该文件删除），否则报错。

## 10.4  案例［三酷猫自建文件数据库］

XML 具有良好的结构化数据格式，可以清晰地记录存在关系的各种记录，并可以随时发送给相关方，读取数据进行各种业务应用。甚至有编程高手，利用 XML 数据格式特点，建立了 XML 数据库系统，感觉非常棒！

**1．需求设想**

三酷猫尝试利用 XML 文件技术实现自己的个人设想。

（1）一天生成一个 XML 文件，记录当天钓鱼内容。需要处理的记录内容如表 10.7 所示。

表 10.7  三酷猫钓鱼记录

| 钓鱼日期 | 水产品名称 | 数　　量 | 市场预计单价（元） |
| --- | --- | --- | --- |
| 1月1日 | 鲫鱼 | 17 | 10.5 |
|  | 鲤鱼 | 8 | 6.2 |
|  | 鲢鱼 | 7 | 4.7 |
| 1月2日 | 草鱼 | 2 | 7.2 |
|  | 鲫鱼 | 3 | 12 |
|  | 黑鱼 | 6 | 15 |

续表

| 钓鱼日期 | 水产品名称 | 数　　量 | 市场预计单价（元） |
|---|---|---|---|
| 1月3日 | 乌龟 | 1 | 78.10 |
|  | 鲫鱼 | 1 | 10.78 |
|  | 草鱼 | 5 | 7.92 |

表10.6记录需要生成Fish_record1.xml、Fish_record2.xml、Fish_record3.xml。

（2）根据索引文件查找相关钓鱼记录

索引XML文件记录生成的其他XML文件内容如表10.8所示。

表10.8　索引文件（index_database.xml）

| 文件名称 | 存放路径 | 建立日期 | 分类说明（相当于数据库名） |
|---|---|---|---|
| Fish_record1.xml | D:\cat_fish | 2018-1-1 | Cat_Fish |
| Fish_record2.xml | D:\cat_fish | 2018-1-2 | Cat_Fish |
| Fish_record3.xml | D:\cat_fish | 2018-1-3 | Cat_Fish |

**2．设计思想**

采用数据库设计思路，设计简易XML数据库，来实现对上述相关数据的保存和读取，如图10.6所示。

（1）软件（程序）通过index_database.xml文件统一为软件提供读、写服务。

（2）index_database.xml文件记录详细的业务XML文件内容（相当于数据库里的表）。

（3）索引文件和业务文件构成了Cat_Fish数据库。

**3．代码实现**

建立通用的读写XML文件类，然后通过类实例来实现业务数据操作。

1）建立读写XML文件类FishDB

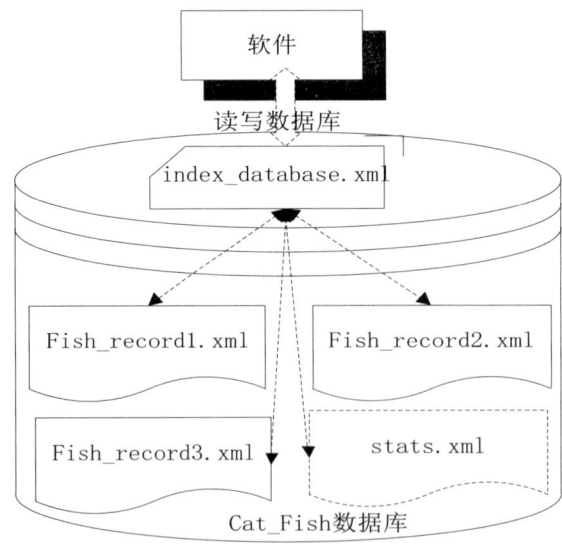

图10.6　简易XML数据库

在 10.3.2 节案例 10.8（build_XML.py）的基础上，通过继承 BuildNewXML 类来实现写 XML 文件。

为了避免在引用 build_XML 模块时，执行主程序，需要在该模块文件主程序前增加一行如下代码：

```
if __name__=='__main__':                    #该模块被其他模块引用时，不执行下面代码
```

然后建立如下 FishDB 类代码。

[案例 10.12] 建立 FishDB（FishDB_class.py）

```
import os
from build_XML import BuildNewXML           #导入 build_XML 里的 BuildNewXML 类
class FishDB(BuildNewXML):                  #继承并定义新类 FishDB
    def __init__(self,filename=None):
        super().__init__(filename=None)     #继承实现父类与子类的关联
        self.path=''                        #定义路径属性
    def check_path(self):                   #确保先建立指定的文件路径
        try:
            if self.path=='':
                print("请先设置正确的路径名,再执行代码!")
                return
            elif not os.path.isdir(self.path):   #如果路径不存在
                os.makedirs(self.path)           #建立对应的新路径
            self.filename=self.path+self.filename  #带路径的文件名
        except:
            print("子文件夹%s 建立出错!"%(self.path))
```

2）通过类实例来实现业务数据写操作

[案例 10.13] 引用 FishDB 写业务数据（Write_FishDB.py）

```
from FishDB_class import FishDB             #导入自定义类 FishDB
content1={1:[0,'<fish day="2018-1-1">'],    #Fish_record1.xml 文件里需要写入的内容
          2:[4,'<goods>'],
          3:[8,'<name>鲫鱼</name>'],
          4:[8,'<amount>17</amount>'],
          5:[8,'<price>10.5</price>'],
          6:[4,'</goods>'],
          7:[4,'<goods>'],
          8:[8,'<name>鲤鱼</name>'],
          9:[8,'<amount>8</amount>'],
          10:[8,'<price>6.2</price>'],
          11:[4,'</goods>'],
          12:[4,'<goods>'],
          13:[8,'<name>鲢鱼</name>'],
          14:[8,'<amount>7</amount>'],
          15:[8,'<price>4.7</price>'],
          16:[4,'</goods>'],
          17:[0,'</fish>']}
```

```python
        content2={1:[0,'<fish day="2018-1-2">'],            #Fish_record2.xml 文件里需要写入的内容
                 2:[4,'<goods>'],
                 3:[8,'<name>草鱼</name> '],
                 4:[8,'<amount>2</amount>'],
                 5:[8,'<price>7.2</price>'],
                 6:[4,'</goods>'],
                 7:[4,'<goods>'],
                 8:[8,'<name>鲫鱼</name> '],
                 9:[8,'<amount>3</amount>'],
                 10:[8,'<price>12</price>'],
                 11:[4,'</goods>'],
                 12:[4,'<goods>'],
                 13:[8,'<name>黑鱼</name> '],
                 14:[8,'<amount>6</amount>'],
                 15:[8,'<price>15</price>'],
                 16:[4,'</goods>'],
                 17:[0,'</fish>']}
        content3={1:[0,'<fish day="2018-1-3">'],            #Fish_record3.xml 文件里需要写入的内容
                 2:[4,'<goods>'],
                 3:[8,'<name>乌鱼</name> '],
                 4:[8,'<amount>1</amount>'],
                 5:[8,'<price>78.10</price>'],
                 6:[4,'</goods>'],
                 7:[4,'<goods>'],
                 8:[8,'<name>鲫鱼</name> '],
                 9:[8,'<amount>1</amount>'],
                 10:[8,'<price>10.78</price>'],
                 11:[4,'</goods>'],
                 12:[4,'<goods>'],
                 13:[8,'<name>草鱼</name> '],
                 14:[8,'<amount>5</amount>'],
                 15:[8,'<price>7.92/price>'],
                 16:[4,'</goods>'],
                 17:[0,'</fish>']}
        new_xml=FishDB()                                    #建立 FishDB 类实例
        DBRecord=[]                                         #索引记录
        DBRecord.append([0,'<DBrecord">'])                  #记录根元素开始标签
        def writeDBrecord(DBR,no,filename,path,date,dbName):#自定义记录子节点内容
            DBR.append([4,'<record>'])
            DBR.append([8,'<no>'+str(no)+'</no>'])
            DBR.append([8,'<filename>'+filename+'</filename>'])
            DBR.append([8,'<path>'+path+'</path>'])
            DBR.append([8,'<date>'+date+'</date>'])
            DBR.append([8,'<dbName>'+dbName+'</dbName>'])
            DBR.append([4,'</record>'])
        #==========================================写入 2018 年 1 月 1 日的钓鱼记录
        filename="Fish_record1.xml"                         #写入文件名
        new_xml.filename="\\"+filename
```

```
        new_xml.path="d:\cat_fish"                          #指定路径
        new_xml.check_path()                                 #文件存放路径检查
        flag=False
        try:
            new_xml.openfile()                               #打开指定 XML 文件
            for get_item in content1.items():                #把字典对象内容写入文件
                new_xml.writeXML(get_item[1][0],get_item[1][1])
                flag=True
        except:
            print('往文件写内容出错,退出程序!')
            sys.exit()
        finally:
            if flag:
                new_xml.closeXML()                           #关闭打开的 XML 文件
                print('往%s 写内容完成!'%(filename))
                                                             #第一个文件索引信息记入列表
writeDBrecord(DBRecord,1,'Fish_record1.xml','d:\cat_fish','2018-1-1','Cat_Fish')
#========================================================写入 2018 年 1 月 2 日的钓鱼记录
filename="Fish_record2.xml"
new_xml.filename="\\"+filename
new_xml.path="d:\cat_fish"
new_xml.check_path()
flag=False
try:
    new_xml.openfile()
    for get_item in content2.items():
        new_xml.writeXML(get_item[1][0],get_item[1][1] )
        flag=True
except:
    print('往文件写内容出错,退出程序!')
    sys.exit()
finally:
    if flag:
        new_xml.closeXML()
        print('往%s 写内容完成!'%(filename))
                                                             #第二个文件索引信息记入列表
writeDBrecord(DBRecord,2,'Fish_record2.xml','d:\cat_fish','2018-1-2','Cat_Fish')
#========================================================写入 2018 年 1 月 3 日的钓鱼记录
filename="Fish_record3.xml"
new_xml.filename="\\"+filename
new_xml.path="d:\cat_fish"
new_xml.check_path()
flag=False
try:
    new_xml.openfile()
    for get_item in content3.items():
        new_xml.writeXML(get_item[1][0],get_item[1][1] )
        flag=True
```

```
        except:
            print('往文件写内容出错,退出程序!')
            sys.exit()
        finally:
            if flag:
                new_xml.closeXML()
                print('往%s写内容完成!'%(filename))
                                                  #第三个文件索引信息记入列表
writeDBrecord(DBRecord,3,'Fish_record3.xml','d:\cat_fish','2018-1-3','Cat_Fish')
DBRecord.append([0,'</DBrecord">'])
#==========================================================写入索引记录到指定XML文件
filename="index_database.xml"
new_xml.filename="\\"+filename
new_xml.path="d:\cat_fish"
new_xml.check_path()
flag=False
try:
    new_xml.openfile()
    for get_item in DBRecord:
        new_xml.writeXML(get_item[0],get_item[1])
        flag=True
except:
    print('往文件写内容出错,退出程序!')
    sys.exit()
finally:
    if flag:
        new_xml.closeXML()
        print('往%s写内容完成!'%(filename))
```

代码执行结果如下:

>>>
往 Fish_record1.xml 写内容完成!
往 Fish_record2.xml 写内容完成!
往 Fish_record3.xml 写内容完成!
往 index_database.xml 写内容完成!

打开 D:\cat_fish 下的文件夹,显示内容如图 10.7 所示。

图 10.7　cat_fish 文件夹下生成的 xml 文件

## 10.5 习题及实验

**1．判断题**

（1）用 open(newfile,'r')打开文件后，可以读写文件里的内容。（    ）

（2）JSON 文件、XML 文件都是带格式形式的特殊文本文件。（    ）

（3）JSON 数据格式是一种轻量级的数据交换格式。（    ）

（4）XML 是一种广泛应用于互联网的结构化数据。（    ）

（5）对 XML 文件进行读操作，只有 SAX、DOM 两种方式。（    ）

**2．填空题**

（1）对文本文件进行操作的代码，标准操作代码一，必须用（    ）关闭文件，标准操作代码二，在代码里建立（    ）机制。

（2）对文本文件进行操作时，（    ）方法用于读取内容，（    ）方法用于写入内容。

（3）对文件夹进行各种操作的方法，由（    ）模块提供。

（4）JSON 常用的两种数据结构类型是（    ）和（    ）。

（5）用 DOM 读取 XML 文件，分（    ）读取文件内容和（    ）对文件内容进行各种操作两个过程。

**3．实验一：在指定路径下读写文本文件**

**实验要求：**

（1）自行指定一个硬盘盘符，在指定盘符下建立"盘符\test"路径，要求用代码自动生成。

（2）在该路径下自动建立 test.txt 文集。

（3）写入自己的姓名、年龄、性别、联系地址、联系电话、记录时间，每项内容占一行，时间要求从系统里自动获取。

（4）读取所有写入该文件的内容，打印显示。

（5）把所编写代码、输出结果形成实验报告。

**4．实验二：在指定路径下读写 XML 文件**

**实验要求：**

（1）动态建立 test.xml 文件。

（2）写入自己的姓名、年龄、性别、联系地址、联系电话、记录时间，每项内容占一行，时间要求从系统里自动获取。

（3）写入自己一个同学的姓名、年龄、性别、联系地址、联系电话、记录时间，每项内容占一行，时间要求从系统里自动获取。

（4）读取 XML 文件内容，并用列表形式打印结果。

**5．实验三：在案例 10.13 的基础上，完成如下新业务需求**

**实验要求：**

（1）统计钓鱼记录。

（2）统计所有鱼的数量、金额，以表 10.9 所示格式存入新的 XML 文件，文件名为 stats.xml。

表 10.9　统计文件（stats.xml）

| 名　　称 | 数量（条） | 金额（元） |
| --- | --- | --- |
| 鲫鱼 | 21 | 225.28 |
| 鲤鱼 | 8 | 49.6 |
| 鲢鱼 | 7 | 32.9 |
| 草鱼 | 7 | 54.0 |
| 黑鱼 | 6 | 90.0 |
| 乌龟 | 1 | 78.1 |

# 第 11 章
## 图形用户界面

在主流计算机环境下有三种软件操作界面：一种是以 DOS 为代表的二维界面；一种是以 Windows 为代表的三维图形用户界面；还有一种是以网页为代表的 Web 用户界面。

本章前面在 IDLE 交互式解释器上显示的软件执行结果，可以近似地看作是二维界面；本章重点介绍三维图形用户界面功能的使用；第 15 章将介绍 Web 用户界面。

利用图形用户界面工具，就可以开发出类似 Windows 操作系统界面风格的软件。既有利于视觉感受，又方便鼠标、键盘的交互操作，同时实现了数据的可视化需求。

### 学习重点

- 初识图形用户界面
- tkinter 开发包
- tkinter 模块下基本组件
- ttk 子模块下组件
- tix 子模块下组件
- scrolledtext 子模块下组件
- 拖拽组件
- 编译成可执行文件
- 案例［三酷猫做到了数据可视化］
- 美轮美奂的 turtle

# 11.1 初识图形用户界面

从现在开始将正式接触图形用户界面编程。由于该专题可以写成一本很厚的书,所以在这里只能进行入门级别的介绍。

## 11.1.1 接触图形用户界面

图形用户界面（Graphical User Interface，简称 GUI，又称图形用户接口）是指采用图形方式显示的计算机操作用户界面。[1]

一直在使用的 IDLE 的 shell 界面就是一个图形用户界面（带 Debug Control 调试界面），如图 11.1 所示。

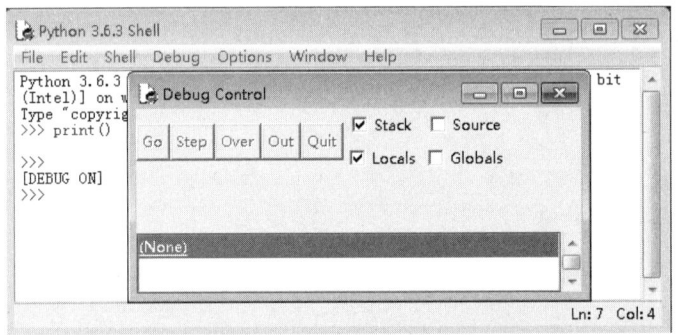

图 11.1　IDLE 图形用户界面

**1．组件（Components）**

图 11.1 上面有 Go 等按钮、Stack 复选框、有显示框、有菜单、有可以输入代码的编辑器,这些看得见（也有看不见）的代表某一类功能的就是**组件**。

**2．窗体（Form）**

所有的组件都要依托于**窗体（Form）**而显示或执行相关功能,图 11.1 显示了 Python 3.6.3 Shell 窗体和 Debug Control 窗体。

**3．事件（Events）**

事件是窗体、组件受外界因素触发,而产生的各种操作动作。如鼠标单击窗体 ▭、▭、▭ 而产生的缩小、放大、关闭动作。这些动作对应每一类事件,通过事件产生动作。

窗体、组件的主要事件包括鼠标事件、键盘事件及软件内部本身数据等变化带来的触发事件。

**4．属性（Property）**

属性指窗体、组件的可以读、写数据相关的对象,如它们的颜色、标题、大小等。这类似于类

---

[1] https://baike.baidu.com/item/GUI

里的可以实例化调用的变量？对，没错，这些窗体、组件本身就是通过类技术来实现的！

**5．方法（Methods）**

方法指窗体、组件自带的可以调用的函数。对应类实例里的方法？没错，一个意思！

由此，窗体和组件主要通过事件、属性、方法的编程来实现相关的业务操作功能，与类实例相比，多了一个事件特性。

### 11.1.2 相关开发工具

在 Python 官网上罗列了目前部分流行的 GUI 开发包，如表 11.1 所示。

表 11.1 Python 官网罗列的部分 GUI 开发包

| 工具包 | 主要功能描述 | 下载地址 |
| --- | --- | --- |
| tkinter | Python 自带 GUI 开发包 | |
| PyGObject | 支持 Linux、Windows 和 MacOS，并可与 Python 2.7+ 以及 Python 3.4+一起使用。开源、免费 | https://pygobject.readthedocs.io/en/latest/ |
| PyGTK | PyGTK 能够在 Linux、Windows，MacOS X 和其他平台上运行，无须修改。开源、免费 | http://www.pygtk.org/ |
| PyQt | PyQt 是 Qt 公司 Qt 应用程序框架的一组 Python v2 和 v3 绑定，可在 Qt 支持的所有平台上运行，包括 Windows、Mac OS X、Linux、iOS 和 Android。部分免费 | https://www.riverbankcomputing.com/software/pyqt/<br>http://pyqt.sourceforge.net/Docs/PyQt5/introduction.html |
| PySide | Windows、Linux/X11、Mac OS 开源、免费 | https://wiki.qt.io/PySide2 |
| wxPython | Python 语言的跨平台 GUI 工具包。在 Windows、Mac 和 Linux 或其他类 UNIX 系统上几乎不做任何修改即可运行。开源、免费 | https://www.wxpython.org/ |

## 11.2 tkinter 开发包

tkinter 是 Python 默认自带 GUI 开发包，只要导入该开发包的相关模块，并引用相关功能对象，就可以实现各种窗体开发功能。

### 11.2.1 窗体

心动不如行动，先建立第一个窗体界面的程序吧。

**1．导入 tkinter 模块建立第一个三维窗体**

[案例 11.1] 建立第一个窗体（ShowForms.py）

```
import tkinter                          #导入 tkinter 模块
MainForm=tkinter.Tk()                   #建立窗体实例❶
MainForm.geometry("250x150")            #设置窗体物理大小（长×高）
MainForm.mainloop()                     #启动窗体运行，并等待接收各种事件信息❷
```

图 11.2 所示是案例 11.1 的执行结果，一个带羽毛、"-""□""×"大小合适的三维窗口。

图 11.2　IDLE 下代码建立的第一个窗体

（1）带羽毛处是用来设置窗体的标题属性，还可以替换羽毛的图标。
（2）"-"，用鼠标单击它，可以自动缩小窗体。
（3）"□"，用鼠标单击它，可以自动放大窗体。
（4）"×"，用鼠标单击它，可以关闭窗体。

### 2．为窗体增加功能

在案例 11.1 的基础上设置如下属性，代码放置在❶❷之间。

（1）设置窗体标题属性

MainForm.title("三酷猫!")

（2）设置窗体图标属性

MainForm.iconbitmap('D:\\StudyPython1\\第 11 章\\McuSDKTool.ico')

📖 **说明**

设置技巧：先利用操作系统搜索功能搜索系统里自带的"*.ico"图标文件，然后复制到 ShowForms.py 文件的路径下，最后在 iconbitmap 属性里指定路径及文件名。若程序需要灵活移植，则需要采用动态指定路径方法，参考 10.1.5 节。

（3）设置窗体背景颜色属性

MainForm['background']='LightSlateGray'　　　　　　　#亮石板灰颜色

执行结果如图 11.3 所示。

图 11.3　设置属性值后的新窗体

## 11.2.2 组件

Python 的 tkinter 组件主要存放于 tkinter、tkinter.ttk、tkinter.tix、tkinter.scrolledtext 模块下。

**1．往窗体上加组件**

这里先利用 tkinter 模块下的 Button 按钮组件，演示如何在窗体上实现相关功能。在案例 11.1 的基础上继续修改代码。

[案例 11.2] 在窗体上建立第一个按钮（ShowForms.py）

```
import tkinter                                           #导入 tkinter 模块
MainForm=tkinter.Tk()                                    #引用 Tk()生成 MainForm 窗体实例
MainForm.geometry("250x150")                             #设置窗体的大小
MainForm.title("三酷猫!")                                 #设置新的窗体标题
MainForm.iconbitmap('D:\\StudyPython1\\第 11 章\\McuSDKTool.ico')    #设置窗体新图标
MainForm['background']='LightSlateGray'                  #设置窗体背景颜色❶
btn1=tkinter.Button(MainForm,text="退出",fg="black")      #在窗体上创建 btn1 按钮❷
btn1.pack()                                              #pack()方法将 btn1 按钮放到窗体上
MainForm.mainloop()                                      #启动主窗体事件循环等待
```

代码执行结果如图 11.4 所示。

图 11.4　在窗体上建立第一个按钮

📖 说明

当窗体、组件的属性具有多值选项时，可以采用多种方式设置属性值。如颜色是 red、black、green 时，可以采用三种方式设置属性值。

（1）在创建对象后，将选项名称视为字典索引，如案例 11.2❶处。
（2）在创建对象时，使用关键字参数，如案例 11.2❷处。
（3）使用 config()方法更新对象创建后的多个属性，如 Button1.config(fg="red",bg="blue")。

**2．为组件加事件处理方法**

在窗体、组件中有一个公共方法 bind()，用于监测对象是否发生事件，若发生则调用对应的事件处理函数。

1）bind()方法的使用格式

bind()方法的使用格式如下：

bind(sequence, func, add='')

sequence 代表事件类型的字符串，常见事件类型详见 11.2.3 节。

func(x)是一个自定义 Python 函数，x 参数用于传递对象的事件实例，在事件发生时被调用，用于处理事件对应的操作功能（以这种方式部署的函数通常称为回调函数）。

add 可选，可以是"或'+'。传递一个空字符串表示这个绑定是要替换这个事件关联的任何其他绑定。传递'+'意味着此函数将被添加到绑定到此事件类型的函数列表中。

2）为按钮增加鼠标事件

```
def turn_property(event):                        #自定义回调函数 turn_property
    event.widget["activeforeground"]="red"       #鼠标左键按下时，标题显示红色
    event.widget["text"]="OK"                    #鼠标指针接触按钮时，标题变 OK
btn1.bind("<Enter>",turn_property)               #bind()绑定鼠标进入事件
```

代码执行结果如图 11.5 所示。

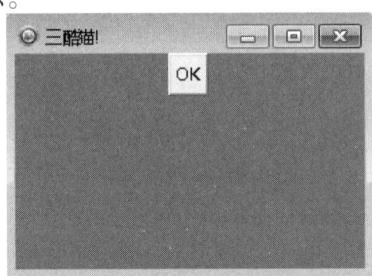

图 11.5　鼠标接触按钮时按钮显示 OK

### 3．组件在窗体上的定位

图 11.5 所示的按钮位置感觉不是很舒服，怎样把按钮放到想要的位置呢？tkinter 提供了三种位置管理方法：pack()方法、grid()方法、place()方法，这里仅介绍 Pack()方法的使用。

1）pack(o)方法

pack 可以使组件定位到窗体或其他组件的指定位置；o 为 pack()的可选参数，其常用可选项为：

（1）side 的值可以是 top（表示在顶端）、bottom（表示下端）、left（表示左端）、right（表示右端）。pack()在缺省 o 参数情况下，默认为 side="top"。

（2）padx、pady,可以为它们指定组件之间的 x（y）方向上间隔的大小，默认单位为像素，可选单位为 c（厘米）、m（毫米）、i（英寸）、p（打印机的点，即 1/27 英寸），用法为在值后加以上一个后缀即可。

（3）anchor，组件之间对齐方式，有左对齐（w）、右对齐（e）、顶对齐（n）、底对齐（s）、左顶对齐（nw）、左底对齐（sw）、右底对齐（se）、右顶对齐（ne）、中间对齐（center）。默认为 center。

2）pack()方法 side 定位设置代码实现

［**案例 11.3**］在窗体上定位设置（widget_pack.py）

```
import tkinter
MainForm=tkinter.Tk()
MainForm.geometry("250x150")
btn1=tkinter.Button(MainForm,text="1",fg="black")    #在窗体创建按钮 1 实例
```

```
btn2=tkinter.Button(MainForm,text="2",fg="black")    #在窗体创建按钮 2 实例
btn3=tkinter.Button(MainForm,text="3",fg="black")    #在窗体创建按钮 3 实例
btn1.pack(side="top")                                 #在窗体顶端设置按钮 1
btn2.pack(side="top")                                 #在窗体顶端对齐设置按钮 2
btn3.pack(side="top")                                 #在窗体顶端对齐设置按钮 3
MainForm.mainloop()                                   #开启主窗体事件循环等待
```

代码执行结果如图 11.6 所示。

图 11.6　三个按钮顶端对齐方式设置

3）pack()方法 padx 定位设置代码实现

［**案例 11.4**］在窗体上定位设置 1（widget_pack1.py）

```
import tkinter
MainForm=tkinter.Tk()
MainForm.geometry("250x100")
btn1=tkinter.Button(MainForm,text="1",fg="black")
btn2=tkinter.Button(MainForm,text="2",fg="black")
btn3=tkinter.Button(MainForm,text="3",fg="black")
btn1.pack(side="left",padx="1m")                      #按钮 1 在窗体左对齐设置，间隔 1mm
btn2.pack(side="left",padx="1m")                      #按钮 2 在窗体左对齐设置，间隔 1mm
btn3.pack(side="left",padx="1m")                      #按钮 3 在窗体左对齐设置，间隔 1mm
MainForm.mainloop()                                   #启动主窗体事件循环等待
```

代码执行结果如图 11.7 所示。从图中可以看出，按钮之间实际间隔为 2mm：一个按钮空 1mm，两个按钮空 2mm。

图 11.7　三个横向带间隔设置的按钮

## 11.2.3　常见事件类型

在 GUI 界面的软件开发过程中经常需要用到窗体或组件的事件，由此，对常见的事件类型必须熟悉，如表 11.2 所示。

表 11.2 常见事件类型[1]

| 事件分类 | 事件类型 | 事件触发功能说明 |
| --- | --- | --- |
| 鼠标事件 | &lt;Button-1&gt;<br>&lt;Button-2&gt;<br>&lt;Button-3&gt; | 在组件上按鼠标左（Button-1）、中（Button-2）、右（Button-3）键时，触发该事件，Button 可以用 ButtonPress 代替，如&lt;ButtonPress-1&gt; |
| | &lt;B1-Motion&gt; | B1 为鼠标按左键时，移动鼠标指针；B2 为按中键时，移动鼠标指针；B3 为按右键时，移动鼠标指针 |
| | &lt;ButtonRelease-1&gt; | ButtonRelease-1 为鼠标左键松开时，鼠标指针的当前位置将会以事件实例的 x、y 坐标成员的形式传递给回调函数 |
| | &lt;Double-Button-1&gt; | 鼠标左键被双击时，触发双击事件 |
| | &lt;Enter&gt; | 鼠标指针接触对应的组件对象时，触发该事件 |
| | &lt;Leave&gt; | 鼠标指针离开组件时，触发该事件 |
| 键盘事件 | &lt;FocusIn&gt; | 当键盘焦点切换到当前组件时，该组件触发焦点事件 |
| | &lt;FocusOut&gt; | 当键盘焦点从当前组件离开时（切换到另外一个组件），触发该事件 |
| | &lt;Return&gt; | 使用者按 Enter 键时，可以映射键盘上所有的按键。如 a…z、0…9、F1…F12、Insert、Delete 等 |
| | &lt;Key&gt; | 用户按任何键，这个键会以 event 对象的 char 成员的形式传递给 callback（对于特殊按键会是一个空字符串） |
| | a | 用户输入 a。所有的可打印字符都可以这样使用。空格&lt;space&gt;和少于&lt;less&gt;例外。注意，1 表示映射键盘上的数字 1，而&lt;1&gt;是一个鼠标映射 |
| | &lt;Shift-Up&gt; | 用户在按住 Shift 键的同时，按 Up 键。可以使用像 Alt + Shift + Control 一样的各种组合 |
| | &lt;Configure&gt; | 改变组件的大小(在某些平台上表示的是位置)。新形状以 event 对象中 width 和 height 属性的形式传递给回调函数 |

## 11.2.4 常见属性对象

窗体、组件往往有很多具有共性的属性对象，如背景颜色、字体颜色、形状大小、字体、鼠标光标式样、标题等。

常见的通用属性清单如表 11.3 所示，使用方法见 11.2.2 节。

表 11.3 常见通用属性清单

| 属性（别名） | 功能说明 | 对应值 | 示例 |
| --- | --- | --- | --- |
| background(bg) | 设置背景颜色 | "black"、"red"、"green"… | bg="black" |
| foreground(fg) | 设置字体颜色 | "black"、"red"、"green"… | fg="red" |
| highlightcolor | 组件框架高亮显示 | "black"、"red"、"green"… | 用法同上 |
| highlightbackground | 高亮显示背景色 | "black"、"red"、"green"… | 用法同上 |
| highlightthickness | 设置高亮框架线粗 | 非负浮点数（默认单位像素） | 该属性=2.5 |
| relief | 设置组件 3D 外观 | RAISED、SUNKEN、FLAT、RIDGE、SOLID、GROOVE | 该属性=RAISED |
| takefocus | 决定窗口在键盘遍历时是否接收焦点（如 Tab，shift-Tab） | 0、1 或 YES、NO | 该属性=YES |

---

[1] http://effbot.org/tkinterbook/tkinter-events-and-bindings.htm

续表

| 属性（别名） | 功能说明 | 对应值 | 示例 |
|---|---|---|---|
| width | 设置组件横向宽度 | 整数，小于等于 0 则自适应 | 该属性=32 |
| font | 设置组件显示字体 | 'Arial'、Courier New'、Comic Sans MS'、'Times New Roman'、'Verdana'… | font="Arial" |
| cursor | 指定鼠标指针格式 | Arrow、man、boat、pencil… | cursor=man |

上述属性对大多数组件适用，少数组件对个别属性不支持。例如，Scrollbar 组件没有 font 属性。要准确判断一个组件所能支持的属性，可以采用如下方法：

```
>>> import tkinter
>>> help(tkinter.Button)                                    #通过帮助显示组件使用说明
Help on class Button in module tkinter:                     #帮助显示内容
class Button(Widget)
 |  Button widget.
 |  Method resolution order:
 |      Button
 |      Widget
```

通过帮助，可以找到组件的属性、方法、事件等的使用说明。

## 11.3　tkinter 模块下基本组件

在 tkinter 模块下存在一些基本组件，使用时先需以如下方式导入模块：

```
>>>import tkinter                                           #Python 的 IDLE 自带
```

### 11.3.1　tkinter 下组件清单

tkinter 模块下的组件清单如表 11.4 所示。

表 11.4　tkinter 模块下组件清单

| 组件名称 | 功能说明 |
|---|---|
| Button | 按钮，鼠标单击时执行相应事件 |
| Label | 标签，显示文本或图标，起提示作用 |
| Entry | 单行文本输入框 |
| Text | 多行文本输入框 |
| Checkbutton | 复选框按钮 |
| Radiobutton | 单选按钮 |
| Frame | 框架，在屏幕上显示一个矩形区域，多用作其他组件容器 |
| LabelFrame | 标签框架容器，常用于复杂的窗口布局 |
| Listbox | 列表框 |
| Scrollbar | 滚动条 |

续表

| 组件名称 | 功能说明 |
| --- | --- |
| Scale | 刻度条,为输出限定范围的数字区间 |
| Message | 信息提示对话框 |
| Spinbox | 输入控件;与 Entry 类似,但是可以指定输入范围值 |
| PanedWindow | 窗口布局管理的插件,可以包含一个或者多个子控件 |
| Toplevel | 子窗体容器控件;用来提供一个单独的对话框 |
| Menu | 菜单、显示菜单栏、下拉菜单和弹出菜单 |
| Canvas | 画布 |

表 11.4 中序号 1~15 的组件使用案例见 11.3.2 节;Menu 组件使用案例见 11.3.3 节;Canvas 组件使用案例见 11.3.4 节;

### 11.3.2 简易组件使用案例

表 11.4 里 Label 到 Toplevel 组件的简单使用案例如下。

[**案例 11.5**] 简易组件使用案例(base_easy.py)

```
from tkinter import *
master = Tk()
master.geometry("700x600")
#==============================================  Label 标签组件
l_show= Label(master, text="三酷猫:")                #创建带标题的 Label 实例
photo=PhotoImage(file="kwsupicon1.gif")              #创建指定图片实例对象
l_show1= Label(master,image=photo)                   #创建带图标的 Label 实例
l_show.pack(side="left")                             #带标题标签在窗体左对齐设置(1)
l_show1.pack(side="left")                            #带图标标签在窗体左对齐设置(2)
#==============================================  Entry 单行文本组件
e_show=Entry(master,width=10)                        #创建 10 个字符宽的单文本输入框
e_show.pack(side="left")                             #单文本框在窗体左对齐设置(3)
#==============================================  Text 多行文本组件
t_show=Text(master,width=10,height=4)                #创建多文本输入框
t_show.pack(side="bottom")                           #多文本框在窗体底对齐设置(4)
#==============================================  Checkbutton 复选框组件
var = StringVar()                                    #字符串变量子类,创建对应的实例❶
c_show=Checkbutton(master,text="蓝猫", variable=var,
    onvalue="RGB", offvalue="L",fg="blue")           #创建带蓝色标题的复选框
c_show.pack(side="top")                              #复选框在窗体顶端对齐设置(5)
#==============================================  Radiobutton 单选组件
v = IntVar()                                         #整型变量子类,创建对应的实例❷
r_show=Radiobutton(master,text="One",variable=v,value=1)  #创建单选框
r_show.pack(anchor=W)                                #单选框定位于窗体西边(6)
```

```
#===================================================Frame 框架组件
f_show=Frame(master,height=200,width=200,bd=1,bg='white',relief=SUNKEN)        #创建框架
f_show.pack(anchor="center")                             #定位于窗体中间位置（7）
#===================================================LabelFrame 标签框架组件
lf_show=LabelFrame(master, text="Group",padx=5, pady=5)  #创建标签框架
lf_show.pack(padx=10, pady=10,expand="yes")              #相对于（7）位置设置（8）位置
e1=Entry(lf_show,width=10)                               #在标签框架容器里增加文本输入框 1
e1.pack()                                                #在标签框架里顶对齐文本输入框 1
e2=Entry(lf_show,width=10)                               #在标签框架容器里增加文本输入框 2
e2.pack()                                                #在标签框架里顶对齐文本输入框 2
#===================================================Listbox 列表框组件
lb_show=Listbox(master,bg="yellow",height=5,width=20)    #创建黄色列表框实例
lb_show.pack(side="top")                                 #相对于（8）进行顶对齐列表框（9）
for item in ["one", "two", "three", "four"]:             #循环插入 4 个值到列表框中
    lb_show.insert(END, item)
#===================================================Scrollbar 滚动条组件
s_show=Scrollbar(master)                                 #创建滚动条实例
s_show.pack(side=RIGHT, fill=Y)                          #设置滚动条为右边且竖向滚动
lb_show1=Listbox(master,fg="red",height=5,width=20)      #创建需要滚动条的列表框
lb_show1['yscrollcommand']=s_show.set                    #把滚动条对象赋给列表框属性
lb_show1.pack(side="right")                              #把带滚动条的列表框定位（9）右边（10）
for item in ["1","2","3","4","5","6","7"]:               #循环为列表框插入 7 个值
    lb_show1.insert(END, item)
s_show.config(command=lb_show.yview)                     #滚动条与列表框绑定连动命令属性
#===================================================Scale 刻度条组件
sc_show= Scale(master,from_=0,to=100)                    #创建长度为 100 的刻度条
sc_show.pack(side="right")                               #在（10）左边显示刻度条（11）
#===================================================Message 及 Button 组件
def showMessage(event):                                  #自定义按钮鼠标事件回调函数
    m1=Message(master,text="非常好!",width=60)           #调用 Message 组件显示提示信息
    m1.pack()                                            #在窗体以默认方式设置 Message 信息（12）
b_show=Button(master,text="确认",fg="black")             #创建按钮实例
b_show.bind("<Button-1>",showMessage)                    #按钮对象绑定鼠标回调函数
b_show.pack(side="left")                                 #在窗体左对齐设置按钮（13）
#===================================================Spinbox 组件
sb_show=Spinbox(master,from_=0,to=10)                    #创建取值范围在 0~10 的输入框
sb_show.pack(side="left")                                #在窗体左对齐设置（14）
#===================================================Toplevel 子窗体组件
tL_show=Toplevel(master)                                 #创建子窗体实例
tL_show.wm_attributes("-topmost",1)                      #设置该子窗体始终在界面最前面（15）
```

```
tL_show.title("OK!")                                    #设置窗体标题为 OK!
t1_show=Text(tL_show,width=10,height=4)                 #在该窗体增加文本输入框 1
t2_show=Text(tL_show,width=10,height=4)                 #在该窗体增加文本输入框 2
t1_show.pack()                                          #在子窗体设置文本输入框 1 位置
t2_show.pack()                                          #在子窗体设置文本输入框 2 位置
#====================================================PanedWindow 组件
pw=PanedWindow(orient=VERTICAL,bg="green")              #创建带绿色背景的 PanedWindow 实例
pw.pack(fill=BOTH,expand=1)                             #在窗体上设置该组件（16）
for w in [Label,Button,Checkbutton,Radiobutton]:        #循环生成 4 个组件
    pw.add(w(pw,text= '可上下移动'))                     #添加到 PanedWindow 组件里
                                                        #执行后该组件里的 4 个组件可以上下移动
mainloop()                                              #启动窗体消息循环功能
```

代码执行结果如图 11.8 所示。

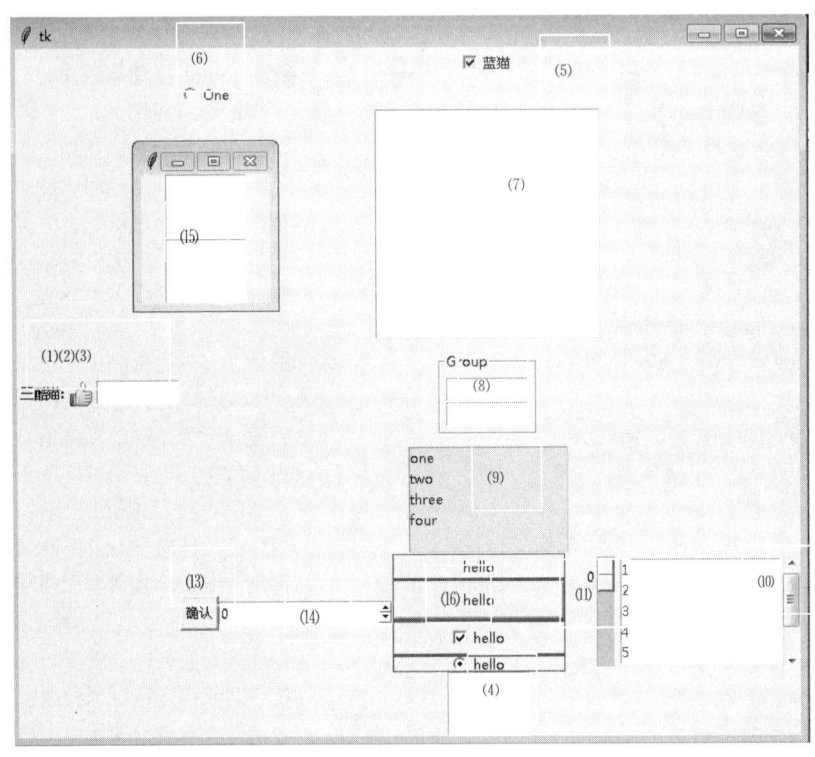

图 11.8  简易组件显示效果

通过上述代码和图 11.8 显示结果可以得到如下几点经验。

1）在 pack()窗体定位方式下，后一个组件的位置都是相对于前一个组件而言。

如都是定位于窗体 left，（2）在（1）的右边、（3）在（2）的右边，都是靠窗体左边中间位置水平对齐；又如都是定位于窗体右边，（10）（11）都是依次从右往左边水平对齐。

2）可以利用 Frame、LabelFrame 容器组件把一组相同方向的组件一起定位，如（8）；甚至可以考虑容器嵌套容器，这样界面将会很整齐。

3）在界面设置时，鼓励采用相对位置进行设置，避免像素绝对位置定位，当窗体改变大小时，整个界面混乱。

4）❶、❷是变量子类实例，可以通过实例的 get()方法获取组件的值，也可以通过 set()方法在组件上设置新值。

### 11.3.3  Menu 及 messagebox 组件使用案例

在软件功能变得复杂后，采用下拉菜单或弹出菜单对功能模块进行分类管理和选择，是一种比较好的选择。

**1．下拉菜单**

［案例 11.6］Menu 使用案例（Menu.py）

```
from tkinter import *
root=Tk()                                              #创建窗体
m1=Menu(root)                                          #创建菜单实例
root.config(menu=m1)                                   #为窗体设置菜单属性
def callback():                                        #定义菜单鼠标单击事件回调函数
    root.title("OK")                                   #调用成功，在窗体标题上显示 OK
filemenu = Menu(m1)                                    #在 m1 菜单实例上建立新的子菜单实例
m1.add_cascade(label="File", menu=filemenu)            #在 m1 上设置子菜单名并关联子菜单 1
filemenu.add_command(label="New", command=callback)    #在子菜单增加选择项名称和事件
filemenu.add_command(label="Open...", command=callback)#增加 Open...选择项
filemenu.add_separator()                               #增加分隔线
filemenu.add_command(label="Exit", command=callback)   #增加 Exit 选择项
helpmenu = Menu(m1)                                    #在 m1 新创建帮助子菜单实例 2
m1.add_cascade(label="Help", menu=helpmenu)            #在 m1 上设置子菜单名并关联子菜单 2
helpmenu.add_command(label="About...", command=callback)#Help 子菜单增加 About...选择项
mainloop()                                             #启动窗体消息循环功能
```

代码执行结果如图 11.9 所示。

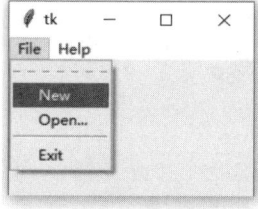

图 11.9  带下拉菜单的界面

**2．弹出菜单**

［案例 11.7］Menu 使用案例：弹出菜单（PopupMenu.py）

```
from tkinter import *
import tkinter.messagebox                            #导入 messagebox 子模块
root=Tk()
class Example(Frame):                                #继承 Frame 组件基础上创建新类❶
    def __init__(self):                              #类初始化
        super().__init__()                           #继承父类 Frame
        self.initUI()                                #初始化调用 initUI()函数
    def initUI(self):                                #在窗体 Frame 上设置
        self.master.title("演示鼠标右键跳出菜单")      #在窗体上设置标题（master 代表窗体）
        self.menu=Menu(self.master,tearoff=0)        #在窗体 Frame 上创建菜单对象
        self.menu.add_command(label="提示",command=self.showClick)   #跳出菜单第 1 选项
        self.menu.add_command(label="退出",command=self.onExit)      #跳出菜单第 2 选项
        self.master.bind("<Button-3>",self.showMenu) #窗体鼠标右键事件,调用 showMenu 函数
        self.pack()                                  #在窗体定位
    def showMenu(self, e):                           #定义鼠标右键回调函数 showMenu
        self.menu.post(e.x_root,e.y_root)            #弹出菜单
    def showClick(self):                             # "提示"菜单项事件回调函数
        tkinter.messagebox.showinfo('提示','鼠标点上了!')  #显示提示对话框❷
    def onExit(self):                                # "退出"菜单项事件回调函数
        self.quit()                                  #退出软件
root.geometry("250x150")                             #设置窗体外观大小
app = Example()                                      #实例化调用
root.mainloop()                                      #启动窗体消息循环功能
```

代码执行结果如图 11.10 所示。在显示窗体后，在窗体上单击鼠标右键，将弹出一个菜单。单击"提示"选项，弹出如图 11.11 所示的信息提示对话框。

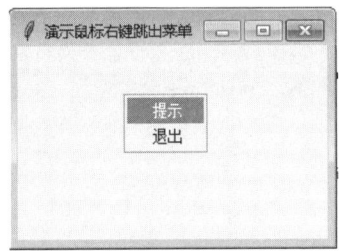

图 11.10　弹出菜单　　　　　图 11.11　信息提示对话框

❶处的 Frame 组件类可以换成其他组件类，如 Entry、Label 等。
❷处的 messagebox 组件，在程序中经常需要被使用，它单独存放于 messagebox 子模块下。

### 3．messagebox 组件可以提供如下提示信息方法

● showinfo('提示','天晴了！')

● showwarning('警告','要下雨！')

● showerror('错误','淋湿了！')

- askokcancel('提示', '还出去吗？')
- askquestion('提示', '带雨伞吗？')
- askyesno('提示', '穿上吗？')
- askretrycancel('提示', '出发？')
- askyesnocancel('提示', '不出发？')

读者可以自行测试：这些提示方法将会显示什么？返回什么值？

### 11.3.4 Canvas 组件使用案例

让窗体带有五彩斑斓的图片、颜色或更加奇特的形状，那是一件非常美妙的事情，Canvas（画布）组件就是用来做这样的事情的。案例 11.7 执行结果如图 11.12 所示。

图 11.12　Canvas 画布界面效果

[**案例 11.8**] Canvas 使用案例（canvas.py）

```
import os
from tkinter import *
t1= Tk()                                              #创建窗体实例
c1= Canvas(t1,width=200,height=200)                   #在窗体上建立画布实例
c1.pack()                                             #在窗体上以顶端对齐设置画布
img=PhotoImage(file=os.path.abspath(os.path.curdir)+'\\home.gif')  #创建图片实例
c1.create_image((95,70),image=img)                    #在画布上建立宽95、高70的背景画
c1.create_rectangle(50,20,150,80,fill="Blue")         #画外面一层蓝色大矩形
c1.create_rectangle(65,35,135,65,fill="yellow")       #画里面一层黄色小矩形
c1.create_line(0,21,50,21,fill="Black",width=3)       #画宽度为3的横向黑线
c1.create_line(0,40,50,21,fill="#476042",width=3)     #画宽度为3的灰黑色斜线
c1.create_text(100,50,text="三酷猫")                   #画文本框
c1.create_arc(151,20,190,80,start=0,extent=90,width=2,fill="red",tags="arc")   #画圆弧
                                                      #画多边形（这里是不规则四边形）
c1.create_polygon(111,140,151,100,190,100,151,180,fill="Purple",tags="polygon")
t1=c1.create_text(20,6,text="三酷猫")                  #画文本框2
c1.delete(t1)                                         #删除文本框2
```

```
c1.create_oval((0,120,60,180),fill='red')        #画直径为 60 的红色圆
mainloop()                                        #启动窗体消息循环功能
```

Canvas 坐标系规则如图 11.13 所示。

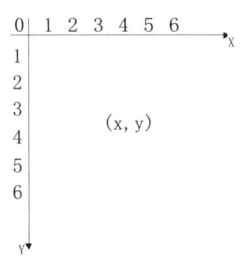

图 11.13　画布坐标系

Python 的 Canvas 坐标系 X 坐标数字从左往右变大，最左边是 0；Y 坐标数从上到下变大，最上边是 0。

在 Canvas 组件里提供了不少以坐标系为定位规则的画图方法，具体如下所示。

（1）create_rectangle(x0,y0,x1,y1)。其中，x0 为左上角 x 轴点位数，y0 为左上角 y 轴点位数；x1 为矩形右下角 x 轴点位数，y1 为右下角 y 轴点位数；矩形的宽度为 x1-x0，高度为 y1-y0。

（2）create_line(x0,y0,x1,y1)。其中，(x0,y0) 为线的开始坐标，(x1,y1) 为线的结束坐标。

（3）create_arc(x0,y0,x1,y1)。其中，x0,y0,x1,y1 分别为圆弧所处矩形的左上角坐标（x0,y0）、右下角坐标（x1,y1）。

（4）create_polygon(x0,y0,x1,y1,x2,y2,…)。其中，(x0,y0)(x1,y1)(x2,y2)…分别为多边形每边线段的开始坐标、第二坐标、第三坐标……由这些坐标连线构成闭合的多边形图案。可以通过该方法画出很多漂亮的图案。

（5）create_oval(x0,y0,x1,y1)。其中，(x0,y0) 和 (x1,y1) 坐标围成的矩形区域实现一个椭圆或圆形。

利用 Canvas 组件，可以绘制图形，创建图形编辑器，并实现各种自定义组件。

## 11.3.5　PhotoImage 组件使用案例

在上一节利用 Canvas 组件可以实现 GIF 格式的图片在软件界面上的显示。这里进一步利用 PhotoImage 组件在其他具有窗体特性的组件上实现 GIF 格式图片的呈现技巧。

[案例 11.9] PhotoImage 进一步使用案例（PhotoImage.py）

```
from tkinter import *
filename=r'D:\StudyPython1\第 11 章\home.gif'         #GIF 文件路径
root=Tk()                                             #创建窗体实例
img=PhotoImage(file=filename)                         #创建 GIF 图片对象实例
label=Label(root,text="秋天",compound='center',image=img,fg="red")
                                                      #通过 Label 组件显示图片和标题
label.pack()                                          #让 Label 组件在窗体上定位
root.mainloop()                                       #启动窗体消息循环功能
```

图 11.14 为代码的执行显示结果。

图 11.14　通过 Label 组件显示 gif

实际应用环境下不同扩展名或格式的图片很多，如.bmp、.jpg、.ico、.png 等。这些格式的图片 PhotoImage 不能直接支持。若要显示上述格式的图片，要么把这些图片事先通过人工方式转为.gif 格式，要么采用第三方组件进行显示处理。

## 11.4　ttk 子模块下组件

ttk 子模块组件相关源代码存放于 Lib/tkinter/ttk.py。该模块除了继承 tkinter 模块下原先的组件外，新增了不少功能强大的组件，同时对原先组件功能进行了增强。这里主要介绍新增加组件的基本使用方法。

### 11.4.1　Combobox 组件

Combobox（下拉选择框）是在 ttk 模块下新出现的一种组件，用于下拉选择需要的值。这种组件一般在软件上做条件选择。例如，想看一下中国地图上不同地貌的面积情况，假设绿色代表平原，那么在这个组件里选择 green 值，就可以显示对应的平原面积情况。

[案例 11.10] Combobox 使用案例（combobox.py）

```
from tkinter import *
from tkinter import ttk                             #导入 ttk 模块
def show_msg(*args):                                #自定义选择后触发事件函数
    print(color_select.get())                       #在 IDLE 交互式界面上输出颜色选择结果
root=Tk()                                           #创建窗体实例
name=StringVar()                                    #字符串类型变量
color_select=ttk.Combobox(root, textvariable=name)  #创建下拉选择框实例
color_select["values"]= ("red", "green", "blue")    #为 values 属性设置三个值
color_select["state"]="readonly"                    #下拉选择框只能做选择动作❶
color_select.current(0)                             #显示时，默认选择第一个值
```

```
color_select.bind("<<ComboboxSelected>>", show_msg)    #绑定鼠标选择后的触发事件
color_select.pack()                                     #下拉选择框在窗体上定位
root.mainloop()                                         #启动窗体消息循环功能
```

图 11.15 所示为代码执行显示并用鼠标选择 green 选项值的结果。

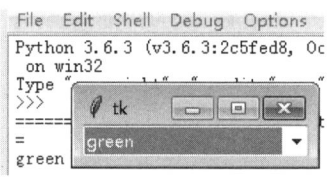

图 11.15　Combobox 组件功能实现

从代码❶处得到额外的提醒，Combobox 组件具有直接输入新值的操作功能，可以根据软件的实际需要，通过 state 属性进行灵活设置。

### 11.4.2　Notebook 组件

Notebook（页签）组件在一个窗体页面上，具备多页面分类布设组件和显示更多内容的作用，可以免去使用者频繁切换不同窗体的麻烦，有利于提高软件操作效率。

[**案例 11.11**] Notebook 使用案例（Notebook.py）

```
from tkinter import *
from tkinter import ttk                        #导入 ttk 模块
root=Tk()                                       #创建窗体实例
root.geometry("200x150")                        #设置窗体宽度和高度
n=ttk.Notebook(root)                            #创建页签实例对象
f1=ttk.Frame(n,height=100,width=100)            #创建框架 1 实例，准备放入页签第 1 面上
f2=ttk.Frame(n,height=100,width=100)            #创建框架 2 实例，准备放入页签第 2 面上
n.add(f1, text='One')                           #把框架 1 放入页签 1 面上，并指定页签 1 标题
n.add(f2, text='Two')                           #把框架 2 放入页签另一面上，并指定页签 2 标题
n.pack()                                        #页签对象在窗体上定位
root.mainloop()                                 #启动窗体消息循环功能
```

上述代码的执行结果如图 11.16 所示。可以在页签 One、Two 上分别放置更多的显示组件，然后通过鼠标单击切换页签，以展示更多的操作功能和显示内容。

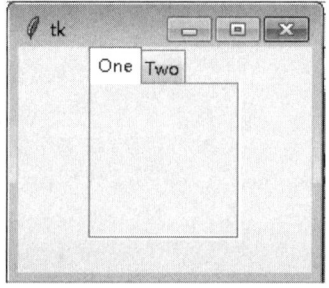

图 11.16　Notebook 组件功能实现

### 11.4.3 Progressbar 组件

读者应该见过安装一个比较大的软件时,在安装过程中会给出一个安装进度的提示界面,它实时提示安装进展程度。这有利于判断安装完成一个软件大概需要花多少时间,如果判断结果认为安装过程比较长,可以考虑去喝杯咖啡,避免焦虑地等待。Progressbar 进度条就起类似的时间进度提示作用。

[案例 11.12] Progressbar 使用案例(Progressbar.py)

```
from tkinter import *
from tkinter import ttk                              #导入 ttk 模块
import time                                          #导入时间模块
root=Tk()                                            #创建窗体实例
root.title("Progressbar 组件案例")                    #为窗体设置标题
root.geometry("200x150")                             #设置窗体的外观大小
p1=ttk.Progressbar(root,length=200,mode="determinate",orient=HORIZONTAL)
                                                     #创建进度条实例❶
p1.grid(row=1,column=1)                              #用 grid 精确设置进度条在窗体上的位置
p1["maximum"]=100                                    #设置进度条实际最大进度数
p1["value"]=0                                        #设置进度条实际进度开始位置
for i in range(100):                                 #循环设置进度条实际进度
    p1["value"]= i+1                                 #以 1 为增量更新进度条实际进度值
    root.update()                                    #设置一次实际进度,更新一次窗体显示结果
    time.sleep(0.1)                                  #循环一次,让进程暂停 0.1s❷
root.mainloop()                                      #启动窗体消息循环功能
```

代码执行结果如图 11.17 所示。

代码❶处显示 Progressbar 组件的 orient=HORIZONTAL(横向显示进度条);也可以设置 orient=VERTICAL(竖向显示进度条)。代码❷处通过 time.sleep(0.1),让进度条速度保持合理的进展节奏,有利于用户更好地感受进度条动态进展的状态。

### 11.4.4 Sizegrip 组件

Sizegrip 组件为拉伸窗体大小提供了更加便捷的操作。

[案例 11.13] Sizegrip 使用案例(Sizegrip.py)

```
from tkinter import *
from tkinter import ttk                              #导入 ttk 模块
root=Tk()                                            #创建窗体实例
ttk.Sizegrip(root).grid(row=99,column=99,sticky="se") #创建 Sizegrip 组件实例
root.columnconfigure(0,weight=1,minsize=99)          #设置窗体高度
root.rowconfigure(0,weight=1,minsize=99)             #设置窗体宽度
root.mainloop()                                      #启动窗体消息循环功能
```

代码执行结果如图 11.18 所示。

图 11.17　进度条

图 11.18　拖动鼠标改变窗体大小

### 11.4.5　Treeview 组件

Treeview（树状结构列表）组件是 ttk 模块下的一个重要组件，经常被用于结构化数据的显示和处理。

[**案例 11.14**] Treeview 使用案例 1（Treeview.py）

```
from tkinter import ttk                                           #导入 ttk 模块
import tkinter as tk                                              #导入 tkinter 模块
root=tk.Tk()                                                      #创建窗体实例
tree=ttk.Treeview(root)                                           #创建树状结构列表实例
tree["columns"]=("one","two")                                     #设置两个列对象名
tree.column("one", width=100 )                                    #设置第 1 列宽度
tree.column("two", width=100)                                     #设置第 2 列宽度
tree.heading("one",text="姓名")                                   #给第 1 列设置标题
tree.heading("two",text="年龄")                                   #给第 2 列设置标题
tree.insert("",0,text="班主任",values=("张老师","30"))            #插入第 1 行记录❶
id2=tree.insert("",1, "dir2", text="班委")                        #插入第 2 行树状顶级分类 id2❷
tree.insert(id2,"end","dir3", text="班长", values=("张三","20"))  #插入第 3 行 2 级分类
tree.insert(id2,"end","dir4", text="学委", values=("李斯","19"))  #插入第 4 行 2 级分类
id3=tree.insert("",2,"dir5",text="同学")                          #插入第 5 行顶级分类 id3
tree.insert(id3,"end","dir6", text="男同学",values=("刘大","19")) #插入第 6 行 2 级分类
tree.insert(id3,"end","dir7", text="男同学",values=("张大","19")) #插入第 7 行 2 级分类
tree.insert(id3,"end","dir8", text="女同学",values=("李馨","19")) #插入第 8 行 2 级分类
tree.insert(id3,"end","dir9", text="女同学",values=("王香","19")) #插入第 9 行 2 级分类
tree.pack()                                                       #指定树状结构化列表在窗体上的定位
root.mainloop()                                                   #启动窗体消息循环功能
```

代码执行结果如图 11.19 所示。

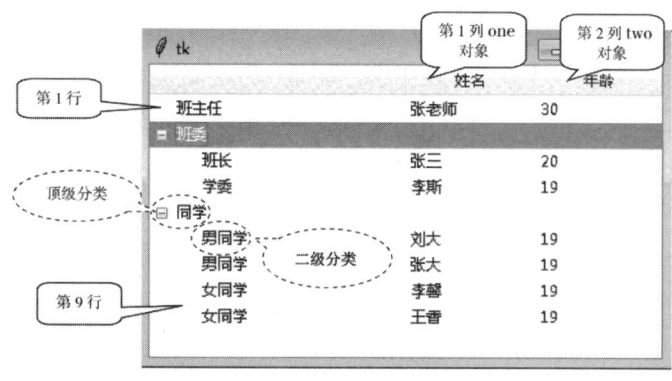

图 11.19　Treeview 实现效果 1

从代码❶、❷及图 11.19 中可以看出，Treeview 可以支持两种结构的数据记录：第一种为顶格一行行显示记录方式，第二种为分层级的树状结构。

[**案例 11.15**] Treeview 使用案例 2（Treeview2.py）

```
from tkinter import ttk                                      #导入 ttk 模块
import tkinter as tk                                         #导入 tkinter 模块
root=tk.Tk()                                                 #创建窗体实例
tree=ttk.Treeview(root)                                      #创建树状结构列表实例
tree["columns"]=("one","two")                                #设置两个列对象名
tree.column("one", width=100 )                               #设置第 1 列宽度
tree.column("two", width=100)                                #设置第 2 列宽度
tree.heading("one",text="姓名")                              #给第 1 列设置标题
tree.heading("two",text="年龄")                              #给第 2 列设置标题
tree.insert("",0,text="班主任",values=("张老师","30"))        #插入第 1 行记录
tree.insert("",1,text="班主任",values=("李老师","40"))        #插入第 2 行记录
tree.insert("",2,text="班主任",values=("刘老师","53"))        #插入第 3 行记录
tree.insert("",3,text="语文老师",values=("胡老师","50"))      #插入第 4 行记录
tree.insert("",4,text="数学老师",values=("张老师","33"))      #插入第 5 行记录
tree.insert("",5,text="英语老师",values=("王老师","38"))      #插入第 6 行记录
tree.pack()                                                  #指定树状结构化列表在窗体上的定位
root.mainloop()                                              #启动窗体消息循环功能
```

代码执行结果如图 11.20 所示。

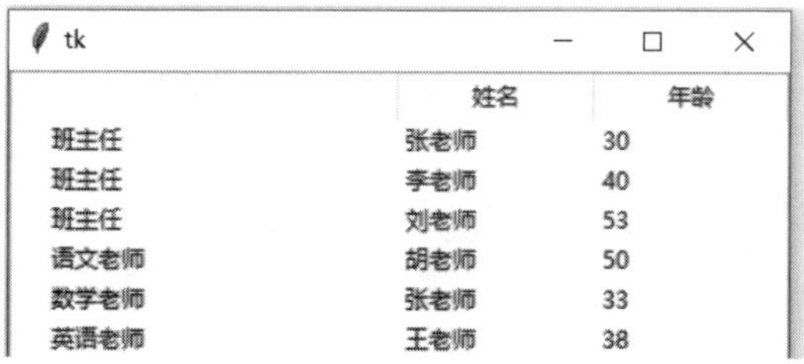

图 11.20　Treeview 实现效果 2

## 11.5 tix 子模块下组件

tix 子模块组件相关源代码存放于 Lib/tkinter/tix.py。该模块下的组件是对 tkinter 模块、ttk 模块下的组件功能的进一步完善或额外补充。

### 11.5.1 文件选择类组件

在 tix 模块下，Python 提供了与文件选择相关的一系列组件，如表 11.5 所示。

表 11.5 文件选择类组件

| 组件名称 | 功能说明 |
| --- | --- |
| DirList | 路径及子路径列表框，可供路径选择 |
| DirTree | 树状结构显示路径框，可供路径选择 |
| DirSelectDialog | 在对话框里选择文件路径 |
| DirSelectBox | 路径选择框，可以记忆最近选择路径，方便用户快速选择 |
| ExFileSelectBox | 可嵌套的文件选择框 |
| FileSelectBox | 文件选择框 |
| FileEntry | 可以输入文件名的输入框 |

**1. DirList 组件使用案例**

[**案例 11.16**] DirList 使用案例（DirList.py）

```
import tkinter.tix
from tkinter.constants import *              #导入常量模块
root=tkinter.tix.Tk()                        #创建窗体实例
top=tkinter.tix.Frame(root,relief=RAISED, bd=1)   #创建框架实例
top.pack(side="left")                        #框架组件在窗体上的定位
top.dir = tkinter.tix.DirList(top)           #在框架实例上创建 DirList 实例
top.dir.hlist['width'] = 40                  #设置 DirList 的宽度
top.dir.pack(side="left")                    #DirList 在框架上的定位
top.btn=tkinter.tix.Button(top,text=">> ",pady=0)  #在框架上创建 Button 组件实例
top.btn.pack(side="left")                    #btn 对象在框架上的定位
top.ent=tkinter.tix.LabelEntry(top,          #在框架上创建 LabelEntry 实例
label="安装路径:",labelside='top')
top.ent.pack(side="left")                    #ent 对象在框架上的定位
root.mainloop()                              #启动窗体消息循环功能
```

代码执行结果如图 11.21 所示。

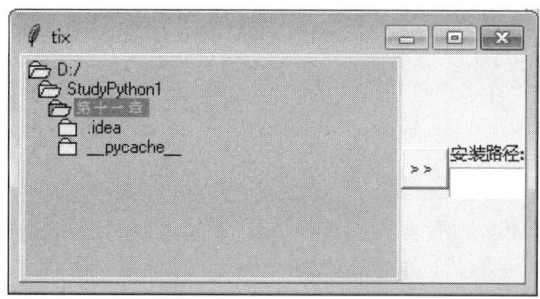

图 11.21　DirList 组件

**2．DirTree 组件使用案例**

[**案例 11.17**] DirTree 使用案例（DirTree.py）

```
import tkinter.tix
from tkinter.constants import *              #导入常量模块
root=tkinter.tix.Tk()                         #创建窗体实例
top=tkinter.tix.Frame(root, relief=RAISED,bd=1)  #在窗体上创建框架实例
top.pack(side="left")                         #框架在窗体上的定位
top.dir=tkinter.tix.DirTree(top)              #在框架上创建 DirTree 实例
top.dir.pack(side="left")                     #DirTree 实例在框架上的定位
top.dir.hlist['width'] = 40                   #设置 DirTree 的宽度
top.btn=tkinter.tix.Button(top,text=">>",pady= 0)  #在框架上创建 Button 实例
top.btn.pack(side="left")                     #btn 对象在框架上的定位
top.ent=tkinter.tix.LabelEntry(top,
    label="安装路径:",labelside = 'top',)      #在框架上创建 LabelEntry 实例
top.ent.pack(side="left")                     #ent 对象在框架上的定位
root.mainloop()                               #启动窗体消息循环功能
```

代码执行结果如图 11.22 所示。

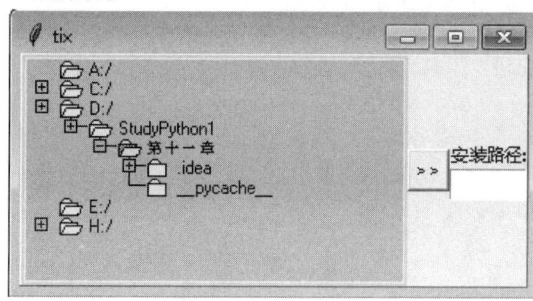

图 11.22　DirTree 组件

## 11.5.2　ButtonBox 组件

与 Button 组件相比，ButtonBox 组件提供了多按钮（组合在一起）操作功能，实现了类似 messagebox 的相关功能。

[**案例 11.18**] ButtonBox 使用案例（ButtonBox.py）

```
from tkinter import tix
import tkinter
def btnDialog(w):                                      #自定义按钮对话框函数
    bbox=tix.ButtonBox(w,orientation=tix.HORIZONTAL)   #创建水平的 ButtonBox 实例
    bbox.add('ok',text='确认',underline=0,width=5,     #增加"确认"按钮
        command=lambda w=w: w.destroy())               #带窗体关闭功能
    bbox.add('close',text='取消',underline=0,width=5,  #增加"取消"按钮
        command=lambda w=w: w.destroy())               #带窗体关闭功能
    bbox.pack(side=tix.BOTTOM, fill=tix.X)             #bbox 对象在窗体上的定位
if __name__ == '__main__':                             #如果直接调用并执行该文件
    root=tix.Tk()                                      #创建窗体实例
    btnDialog(root)                                    #调用 btnDialog 自定义函数
    root.mainloop()                                    #启动窗体消息循环功能
```

代码执行结果如图 11.23 所示。

图 11.23  ButtonBox 组件

## 11.6　scrolledtext 子模块下组件

scrolledtext 组件实现多行文本的输入或显示，超过规定行数后，该组件自动显示上下滚动条。

[**案例 11.19**] scrolledtext 使用案例（scrolledtext.py）

```
import tkinter as tk
from tkinter import scrolledtext                       #导入 scrolledtext 模块
root=tk.Tk()                                           #创建窗体实例
root.title("滚动文本框")                                #设置窗体标题
root.geometry("200x100")                               #设置窗体外观大小
sWidth=10                                              #设置文本框的长度（10 个字符）
sHeight=3                                              #设置文本框的高度（3 行高）
s_show=scrolledtext.ScrolledText(root,width=sWidth,height=sHeight,wrap=tk.WORD)
                                                       #在窗体上创建 scrolledtext 实例
s_show.insert('insert',"一行 10 个字符")                #插入 12 字符的内容（一个汉字为 2 个字符）
s_show.grid(column=0,columnspan=2)                     #在窗体设置 s_show 对象的位置
root.mainloop()                                        #启动窗体消息循环功能
```

代码执行结果如图 11.24 所示。注意观察，一行只能显示 10 个字符，所以"符"字自动换行到第 2 行显示。若输入或插入的内容超过了 3 行，则该组件右边的上下滚动条就可以上下拖动。

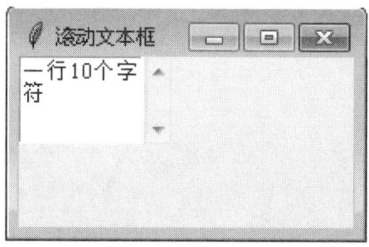

图 11.24 scrolledtext 组件

## 11.7 拖 拽 组 件

到目前为止，通过对 tkinter 开发包的引用，然后在 IDLE 编辑器里通过一行行的代码，实现对所有窗体组件的调用和功能开发，初步实现了三维界面下的代码开发。

这种主要靠代码调用窗体组件的方法，虽然锻炼了读者的基本功，但是一个不争的事实是开发效率比较低，大量的时间花在了组件的摆放、查找、功能的判断上了。这种开发方式，在面对成百上千个界面设计需求时，是无法很好应对的。

有没有更方便的组件使用方法？这让作者想到了著名的 Delphi、VisualStudio[1]开发工具，它们无一例外，都采用拖动组件的方式在界面上布设组件，而且在短短几秒种就放置完成一个组件，然后再花几十秒把属性设置完成，甚至可以通过界面完成组件对应的事件设置。这么复杂的过程也许只需要几分钟就可以完成一个组件的所有功能设置！于是作者开始在网上寻找类似的 Python 开发工具。

通过一番折腾，还真找到了类似功能的工具——PyQt 支持包就提供了类似的组件拖拽功能。

**1. 安装 PyQt 安装包**

安装 PyQt 前，先要安装 Python 软件，本书为 3.6.3 或 3.6.4 版本；然后所装计算机都要连接到 Internet 上（不然要通过其他途径下载，并安装）。

（1）利用 Python 自带的 pip 命令在线下载并安装 PyQt5.exe、PyQt5-tools.exe。在 Windows 命令行窗口输入 pip install pyQt5 和 pip install pyQt5-tools，如图 11.25 所示。自动在线完成安装后，可以在对应的安装路径下发现 designer.exe 界面设计器可执行文件。在已经安装 Python 的情况下，PyQt 默认安装于 Lib\site-packages 子路径下。如作者计算机上的测试安装路径为 D:\python\Lib\site-packages\pyqt5-tools。

---

[1]Delphi 是 Pascal 语言的面向对象的开发工具；VisualStudio 是 VC、VB、C#等的面向对象的开发平台。

图 11.25  pip 在线安装 pyQt5

（2）设计界面。在安装路径下双击 designer.exe，弹出如图 11.26 所示设计器界面。图 11.26 中，❶为组件工具框，集成了大量的组件，使组件可视化，并可以用鼠标拖拽到中间的窗体界面上；❷为窗体对象，对应于代码编写时的 Tk()对象实例；❸为组件的属性设置器，可以在其上设置属性对应的各种值。

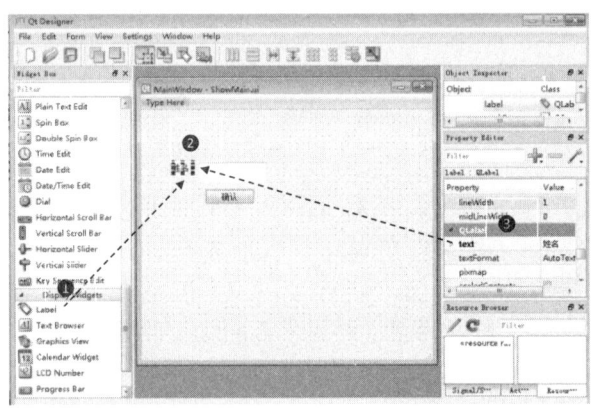

图 11.26  PyQt5 的 Designer 界面设计器

例如，用鼠标在❶处选中 Label 组件（按住鼠标左键不放），然后往❷窗体上移动鼠标，在鼠标光标指定的位置松开鼠标左键，就可以看到 Label 组件已经被摆放到了需要的位置；接着，可以在❸处设置 Label 的 text 等属性，保存设置结果，就轻松完成了一个组件的摆放和属性设置，这个过程一般情况下不会超过几十秒。而完全用代码实现，至少需要几分钟，而且摆放位置还不一定符合自己的设想！成几十倍的工作效率的提高，太吸引人了！

（3）把设计完成的界面转为 py 文件。该设计器设计完成的界面扩展名为.ui，通过 IDLE 打开，会发现其是一个 XML 格式的文件内容。要让 IDLE 调用设计完成的界面，先需要把.ui 文件转为.py 文件。转换命令格式如下：

pyuic5 –o dist\b.py source\b.ui

其中，pyuic5 为 PyQt5 软件包里的格式转换命令，实现从.ui 文件转为.py 文件；dist 为指定的需要转换实现的.py 文件的存放路径；source 为需要转换的.ui 文件的路径。

在 Windows 操作系统的"运行"窗口执行下面的命令：

pyuic5 -o D:\StudyPython1\第十一章\ShowMain.py D:\StudyPython1\第十一章\ShowMain.ui

执行结果如图 11.27 所示，在指定路径下生成了需要的.py 文件。

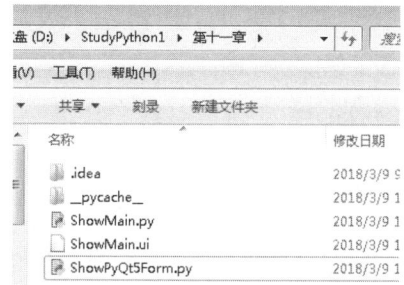

图 11.27　".ui"文件转为".py"文件

（4）在 IDLE 的主程序里调用界面文件。

[案例 11.20] ShowPyQt5Form 使用案例（ShowPyQt5Form.py）

```
import sys                                              #导入 sys 模块
import ShowMain                                         #导入 ShowMain 窗体模块（刚刚转换生成的）
from PyQt5.QtWidgets import QApplication,QMainWindow    #导入 PyQt5 相关模块组件
if __name__=='__main__':                                #主程序界面模块，执行下面代码
    app= QApplication(sys.argv)                         #创建应用程序实例
    MainWindow=QMainWindow()                            #创建主窗体实例
    ui=ShowMain.Ui_MainWindow()                         #创建已设计窗体 ShowMain 实例
    ui.setupUi(MainWindow)                              #把 ShowMain 与主窗体进行结合
    MainWindow.show()                                   #显示结合后的主窗体
    sys.exit(app.exec_())                               #系统接收退出命令后，退出
```

代码执行结果如图 11.28 所示。

图 11.28　用 IDLE 调用代码显示设计器完成的界面

通过上述过程，至少实现了组件在设计器上的拖拽式快速布设和属性设置，然后，再利用 IDLE 解释器进行事件功能等的代码开发。在开发效率上，前进了一大步。

若需要真正实现组件拖拽、属性设置、事件设置等快速开发功能，而无须文件格式转换，还需要寻找更好的 Python 开发工具。

这里简单介绍几款目前市面上流行的商业级别的开发工具。商业级别？是的，好的东西，就需要考虑付费了。

**2．商业级别的 Python 开发工具方案**

方案一：Python、PyQt5、Pycharm 组合开发环境

这里的 Python、PyQt5 是免费的，但是最新的 Pycharm 是付费的。Pycharm 的启动界面如图 11.29 所示，其官方下载地址为 http://www.jetbrains.com/pycharm/download/。

方案二：Python、PyQt5、Qt Creator 组合开发环境最新的 Qt Creator 分付费授权、LGPL 授权，其官网下载地址为：http://download.qt.io/official_releases/qtcreator/。

图 11.29　PyCharm 启动界面

## 11.8　编译成可执行文件的实现过程

当把图形用户界面软件编写完成后，希望能分发给其他人使用。直接发送.py 文件，肯定会让用户白眼！即使用户同意使用，还需要在用户计算机里事先安装 Python 软件包，简直太麻烦了！由此，Python 提供了把源代码文件编译成.exe 可执行文件的方法。只要复制可执行文件，就可以在其他计算机里顺利运行。

常见的把源码文件编译为可执行文件，可以采用 pyinstaller 工具或 py2exe 工具来实现。它们的下载地址如下：

http://www.pyinstaller.org/downloads.html

http://www.py2exe.org

这里以 pyinstaller 工具为例说明编译成可执行文件的实现过程。

**1．pyinstaller 安装方法**

1）pip install pyinstaller

安装 pyinstaller 工具的计算机，事先需要与 Internet 连通，然后才能在 Windows 操作系统的"运行"窗口执行 pip 在线安装命令，如图 11.30 所示。

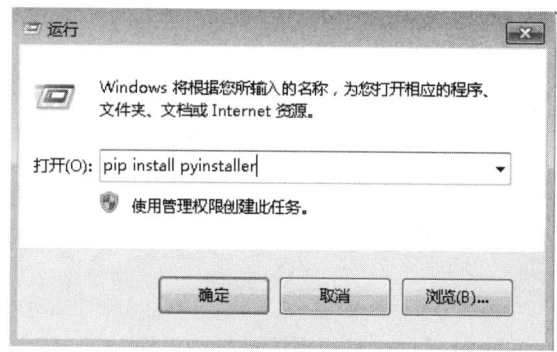

图 11.30　在线安装 pyinstaller 工具

在 Python 软件包已经安装的情况下，pyinstaller 默认安装到 Scripts 子路径下。

2）下载 pyinstaller 安装包后在本地执行安装

（1）在网站下载 pyinstaller 安装包，并解压到指定路径下。

（2）通过 pywin32 工具（事先要下载该工具）执行安装过程。

**2．编译成可执行文件**

将需要编译的 Python 源码文件复制到 pyinstaller 安装路径下，然后在命令提示符窗口（如图 11.31 所示）输入 pyinstaller -F scrolledtext.py，按 Enter 键，就开始编译，编译完成后，提示所编译的.exe 文件在 dist\子路径下。进入该路径，就可以看到如图 11.32 所示的可执行文件。

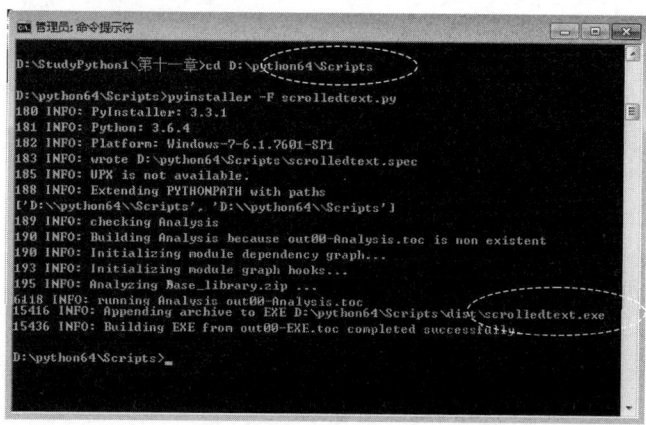

图 11.31　用 pyinstaller 编译.py 文件为.exe 文件过程

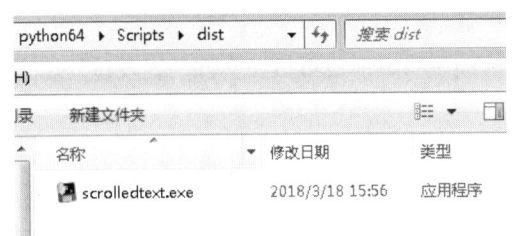

图 11.32　编译完成的可执行文件

### 3．执行编译后的.exe 文件

把编译完成的可执行文件复制到其他计算机里双击即可执行。

> **注意**
> 在 64 位操作系统下编译完成的可执行文件，只能在 64 位操作系统里执行；在 32 位操作系统里编译完成的，只能在 32 位操作系统里执行。

## 11.9　案例［三酷猫做到了数据可视化］

三维图形用户界面既直观又方便，有利于业务的开展。三酷猫决定利用本章的知识，实现钓鱼记录的可视化显示。显示内容同 10.4 节里的表 10.6。

［案例 11.21］Treeview 使用案例 1（Treeview_fish.py）

```
import os
from tkinter import ttk                                    #导入 ttk 模块
import tkinter as tk                                       #导入 tkinter 模块
root=tk.Tk()                                               #创建窗体实例
tree=ttk.Treeview(root)                                    #创建树状结构列表实例
tree["columns"]=("num","price")                            #设置两个列对象名
tree.column("num", width=100)                              #设置第 1 个列宽度
tree.column("price", width=100)                            #设置第 2 个列宽度
tree.heading("num",text="数量")                            #给第 1 列设置标题
tree.heading("price",text="单价（元）")                    #给第 2 列设置标题
id1=tree.insert("",0,"dir1", text="1 月 1 日")             #插入第 1 行树状顶级分类 id1
tree.insert(id1,"end","dir2",text="鲫鱼",values=("17","10.5"))   #插入第 2 行 2 级分类
tree.insert(id1,"end","dir3",text="鲤鱼",values=("8","6.2"))     #插入第 3 行 2 级分类
id2=tree.insert("",1,"dir4",text="1 月 2 日")              #插入第 4 行顶级分类 id2
tree.insert(id2,"end","dir5", text="草鱼",values=("2","7.2"))    #插入第 5 行 2 级分类
tree.insert(id2,"end","dir6", text="鲫鱼",values=("3","12"))     #插入第 6 行 2 级分类
tree.insert(id2,"end","dir7", text="黑鱼",values=("6","15"))     #插入第 7 行 2 级分类
id3=tree.insert("",2,"dir8",text="1 月 3 日")              #插入第 8 行顶级分类 id3
```

| | |
|---|---|
| tree.insert(id3,"end","dir9",text="乌龟",values=("1","78.10")) | #插入第 9 行 2 级分类 |
| tree.insert(id3,"end","dir10",text="鲫鱼",values=("1","10.78")) | #插入第 10 行 2 级分类 |
| tree.insert(id3,"end","dir11", text="草鱼",values=("5","7.92")) | #插入第 11 行 2 级分类 |
| tree.pack() | #指定树状结构化列表在窗体上的定位 |
| lf_show=tk.LabelFrame(root, text="请处理") | #在树状列表下创建标签框架 |
| lf_show.pack(side="left",expand="yes") | #在窗体上左对齐定位 |
| bs=tk.Button(lf_show,text="保存",width=10) | #在标签框架上创建 Button 实例 bs |
| bs.pack(side="left") | #bs 在标签框架上左对齐 |
| bs1=tk.Button(lf_show,text="删除",width=10) | #在标签框架上创建 Button 实例 bs1 |
| bs1.pack(side="left") | #bs1 在标签框架上左对齐 |
| bs2=tk.Button(lf_show,text="修改",width=10) | #在标签框架上创建 Button 实例 bs2 |
| bs2.pack(side="left") | #bs2 在标签框架上左对齐 |
| bs3=tk.Button(lf_show,text="展开",width=10) | #在标签框架上创建 Button 实例 bs3 |
| bs3.pack(side="left") | #bs3 在标签框架上左对齐 |
| bs4=tk.Button(lf_show,text="收缩",width=10) | #在标签框架上创建 Button 实例 bs4 |
| bs4.pack(side="left") | #bs4 在标签框架上左对齐 |
| root.mainloop() | #启动窗体消息循环功能 |

代码执行结果如图 11.33 所示。

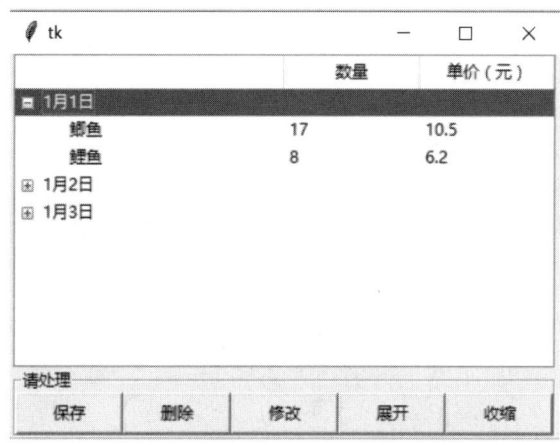

图 11.33　分类树状结构显示钓鱼记录

## 11.10　美轮美奂的 turtle

Python 的 IDLE 工具自带了演示图形用户界面技术的 turtle（乌龟）图形案例，通过运行该演示案例代码，将可以欣赏到美轮美奂的图片界面效果，部分带动画效果。

turtle 的源码存放于 Lib/turtle.py。

代码使用说明位于 Python 使用说明书的如下位置：

Source code: Documentation » The Python Standard Library » 24. Program Frameworks » vcvhcghgghdghfgthfyjm

**1．演示 turtle**

（1）在 IDLE 的 Help 下拉菜单里选择 Turtle Demo 子菜单项。

（2）在如图 11.34 所示界面，选择 Examples 子菜单，然后依次选择子菜单上的选择项，就可以在左边❶处显示案例的代码，然后，在❷处单击 START 按钮，最后在❸处显示案例执行结果。

①bytedesign 案例执行结果如图 11.35 所示。

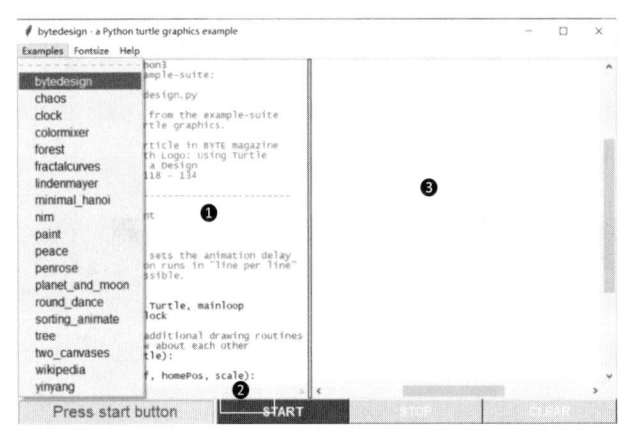

图 11.34　turtle 案例演示界面　　　　图 11.35　bytedesign 案例执行结果

②chaos 案例执行结果如图 11.36 所示，其演示了动态生成折线图的过程。读者能想到心电图吗？要做一个心电图数据展示界面，就可以采用类似绘图技术。

③clock 案例执行结果如图 11.37 所示，其展现了一只动态跳动的时钟。

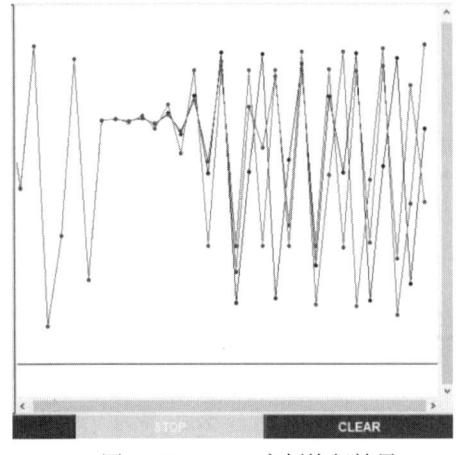 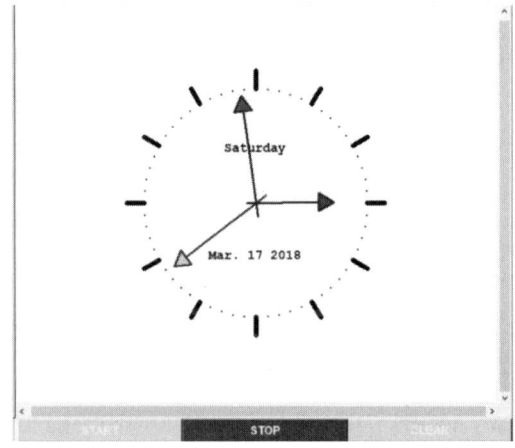

图 11.36　chaos 案例执行结果　　　　图 11.37　clock 案例执行结果

## 2．代码使用技巧

由于 turtle 图形案例代码在 Python 软件安装时已自带，所以可以在 IDLE 编辑器里直接导入相应的代码模块，然后修改或执行代码。这里把 penrose 案例代码复制到 IDLE 脚本文件里。执行后的效果如图 11.38 所示。

图 11.38 中，❶为复制到 IDLE 脚本文件编辑器里的 penrose 案例代码；❷为按 F5 键执行代码后显示的动态图像；❸为执行一轮动态显示界面后，在 IDLE 交互式解释器里输出的绘图信息。

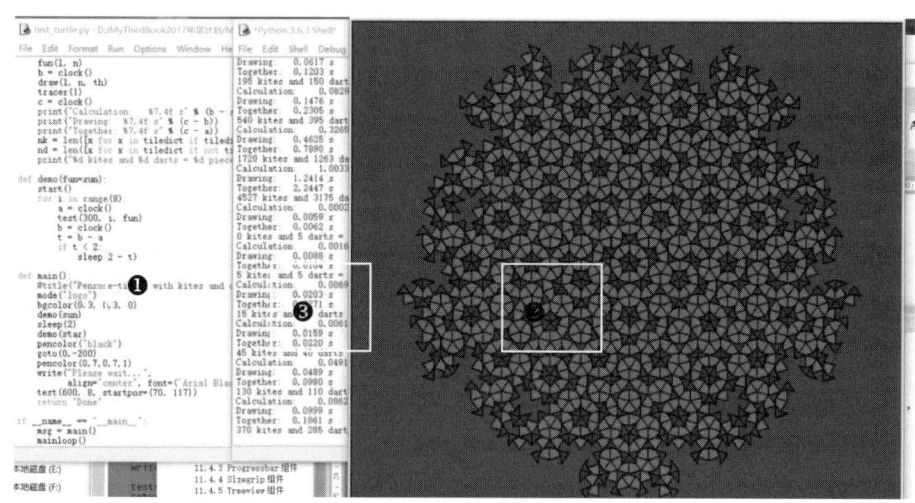

图 11.38　penrose 案例执行结果

## 11.11　习题及实验

### 1．判断题

（1）窗体本质上也是组件，包括属性、方法和事件。（　　）

（2）3.X 版本的 Python 软件包自带的图形用户界面开发包是 tkinter。（　　）

（3）tkinter 模块下的组件是最原始的组件（最早开发完成的），ttk、tix 模块下的组件是经过完善的或在原先基础上新增加的组件集合。（　　）

（4）可以利用 ButtonBox 组件实现多行文本信息输入处理。（　　）

（5）采用拖拽组件到窗体上的方式，可以大幅提高图形用户界面软件的开发效率。（　　）

### 2．填空题

（1）软件的用户界面根据外观分类有（　　）（　　）和（　　）三种。

（2）按钮、下拉选择框、文本输入框都是（　　），不少组件都有鼠标、键盘触发（　　），组件自带的用于处理特定功能的函数是（　　）。

（3）组件在窗体上定位可以采用（　　）方法、（　　）方法、（　　）方法。

（4）组件一般通过（　　　）方法绑定（　　　）函数，实现事件的触发和处理功能。

（5）目前比较常用的可以把.py 文件转为可执行文件的工具有（　　　）和（　　　）。

**3．实验一：把三酷猫的钓鱼记录从 Treeview 组件里保存到 XML 文件**

实验要求：

（1）在案例 11.21 的基础上，实现"保存"按钮调用 XML 保存 Treeview 记录过程。

（2）对于保存到 XML 文件过程，可以参考 10.3.2 节的案例 10.8。

（3）保存成功，给出提示对话框，显示"保存成功！"。

（4）清除 Treeview 上的所有记录。

**4．实验二：把三酷猫的钓鱼记录从 XML 文件里读回 Treeview**

实验要求：

（1）可以参考 10.3.5 节的案例 10.10。

（2）读完给出读取成功提示。

# 第 12 章

# 数据库操作

当业务数据量越来越大时,必须考虑数据库系统。数据库系统可以解决很多实际数据使用问题。例如:

(1)成百上千用户同时访问一个数据源的问题,文件数据存在独占访问的问题。

(2)统一管理数据,并高效分析数据的问题。一般数据库系统都提供了灵活的数据访问及分析功能。

(3)多表访问处理问题。对于重要的数据要么保证在数据库里同时被处理,要么同时不被处理,避免数据只处理一部分现象的发生;如 10.4 节的案例 10.12 里,既要保证在索引文件(index_database.xml)写入日记录文件信息,又要保证当日钓鱼记录文件同步生成。若只在索引文件里记录当日文件信息,而当日文件因断电等原因没有生成,则会给后续用户的使用带来灾难性的后果。

(4)数据安全管理问题。若采用数据库系统统一管理数据,则一般的用户是无法直接访问数据库里的数据的,可以增强数据的安全性;同时数据库系统往往具有数据备份等功能,可以提高数据的存储安全性。

这里只列举了几点使用数据库系统的好处,其实,实际商业环境下,绝大多数软件系统是需要数据库系统配套支持的。Python 语言为关系型数据库系统和非关系型数据库系统提供了良好的访问接口技术。

### 学习重点

- 数据库使用概述
- 关系型数据库
- NoSQL 数据库

## 12.1 数据库使用概述

对于从来没有接触过数据库的读者，本节介绍数据库访问相关的简要知识。完整的数据库知识，应该看对应产品的数据库专题材料。如 MySQL、SQLite、Oracle、MongoDB、Redis 等数据库产品，每个产品都有官网参考文献或专业的书籍来介绍。对于熟悉数据库使用的读者，本节内容可以简单了解或直接跳到 12.2 节。

### 12.1.1 数据库基本知识

**数据库**（Database，DB），是可以长期储存在计算机内、有组织的、可共享的数据集合。[1]大多数数据库往往以特殊格式的数据库文件形式存在于计算机的硬盘上，极少部分是以长期驻留内存的形式进行组织和共享的数据集合。

**数据库管理系统**（Database Management System，DBMS）是对数据库进行统一管理和共享数据操作的软件，其主要功能包括建立、使用、维护数据库。

**目前，市场上主流数据库系统分类方法有以下几种。**

1）根据存储数据结构和是否采用分布式技术特征可以把数据库分为关系型数据库和非关系型数据库

（1）关系型数据库（Relational Database），是建立在关系模型基础上的数据库，借助于集合代数等数学概念和方法来处理数据库中的数据。其最主要技术特征：以行、列结构化关系表存储数据，SQL 查询语言提供数据读写操作、事务处理数据的多表操作，支持并发访问。

（2）非关系型数据库，又被称为 NoSQL（Not Only SQL），主要是指在数据结构上采用非经典的行、列结构组织方式；大多数提供分布式处理技术，用来解决大数据处理问题；在对数据库数据进行操作时，没有提供统一的 SQL 语言类似的操作标准。

另外，最新又提出了一种介于 DBMS 与 NoSQL 之间的 NewSQL 类的数据库，其特点是具有关系型表结构特征、SQL 语言及事物处理技术特征，同时具有分布式处理技术特征。

2）根据是否只常驻于内存或硬盘可以分为基于内存数据库和基于硬盘数据库

该分法只能说明某一款数据库主要在内存中驻留，还是主要在硬盘上驻留。内存数据库的优点是执行数据速度非常快，缺点是数据容易丢失；硬盘数据库数据不容易丢失，但是大规模读写数据速度相对比较慢。本书将要介绍的 SQLite、Redis 数据库是典型的基于内存的数据库；MySQL、Oracle、MongoDB 是典型的基于硬盘的数据库。

然而事实往往是复杂的，SQLite、Redis 也支持基于硬盘的数据存储方式，MySQL 也有基于内存的数据存储引擎。

---

[1]数据库，百度百科，https://baike.baidu.com/item/数据库

## 12.1.2 访问数据库基本原理

怎么让 Python 程序访问不同的数据库[1]呢？通过对数据库数据的读、写访问，可以解决数据的大规模存储问题，也可以解决数据在图形界面、网页等用户端的显示及数据操作处理问题。

由此，业界提供了通用的数据库访问处理过程，该过程可以归纳为如图 12.1 所示的基本处理过程。

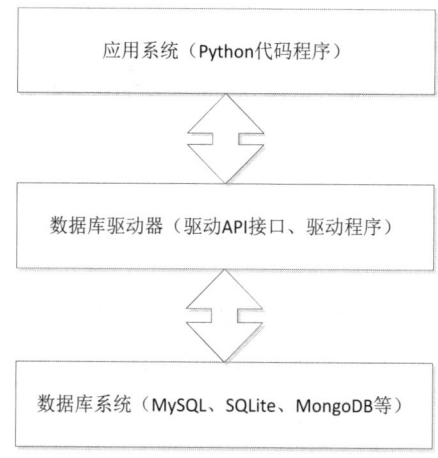

图 12.1 数据库访问基本原理

**1．应用系统**

第一个环节，需要有 Python 编写的应用系统。到目前为止，已经编写了不少 Python 语言的应用系统，本书最典型的是"三酷猫"案例，每个案例都是一个小小的应用系统。

**2．数据库驱动程序[2]**

第二个环节，通过数据库驱动程序实现应用系统与数据库之间的数据交换。

每一款数据库系统产品都要面对不同的编程语言，由此，需要提供统一的、标准化的、可以访问数据库的数据库驱动程序。这个数据库驱动程序好比一座桥，为应用系统和数据库之间建立了一座数据交流的桥梁。

数据库驱动程序主要分为驱动 API 接口和驱动程序两大部分，由各数据库厂商提供（一般在线可以下载获取）。驱动程序主要是一个个访问数据库功能函数代码的 DLL 文件，API 接口就是驱动程序里的一个个函数名，可供 Python 语言直接调用。目前，流行的数据库接口技术包括 ODBC、ADO 等。

**3．数据库系统**

第三个环节，通过数据库系统对应的数据库驱动程序，为应用系统提供数据读取、写入、修改、删除等操作功能。由此，在程序开发时，先要安装相应的数据库管理系统。

所以，若要开发一款基于数据库的 Python 应用系统，必须要有这三个环节：先确定并安装需要的数据库，然后安装对应的驱动程序，最后才能进行程序开发。

---

[1]这里开始不严格区分数据库、数据库系统，因为应用程序访问的对象核心是数据。
[2]有些资料也叫数据库引擎（Database Engine），有些资料直接简称数据库驱动程序。

## 12.1.3 ODBC 与 ADO

ODBC 和 ADO 是两种常见的连接数据库的驱动接口技术标准。

**1．ODBC**

ODBC（Open Database Connectivity，开放数据库连接）是用于访问数据库管理系统（DBMS）的标准应用程序编程接口（API），支持 Windows、UNIX、Mac OS X、FreeBSD、Solaris、AIX 及其他操作系统平台下的数据库访问。部分基于 ODBC 技术标准的连接数据库的驱动程序罗列如下：

（1）Pyodbc 下载地址：https://github.com/mkleehammer/pyodbc、https://github.com/mkleehammer/pyodbc/wiki。

（2）turbodbc 下载地址：https://github.com/blue-yonder/turbodbc。

（3）ceODBC 下载地址：http://ceodbc.sourceforge.net。

（4）mxODBC 下载地址：http://www.egenix.com/products/python/mxODBCConnect/。

**2．ADO**

ADO 是 Microsoft 的 Windows 系统上的数据库高级接口。它通常堆叠在 ODBC 驱动程序之上，进一步简化访问技术处理过程。

Adodbapi 下载地址：http://adodbapi.sourceforge.net/

# 12.2 关系型数据库

关系型数据库是目前仍旧占据最主流地位的一类数据库。

## 12.2.1 关系型数据库支持清单

Python 语言的官网提供了如表 12.1 所示的关系型数据库接口支持。

表 12.1　Python 官网提供的关系型数据库接口支持

| 数据库分类 | 数据库名称 | 对应数据库接口使用网址 |
| --- | --- | --- |
| 通用数据库系统 | MySQL | https://wiki.python.org/moin/MySQL |
| | Microsoft SQL Server | https://wiki.python.org/moin/SQL%20Server |
| | Oracle | https://wiki.python.org/moin/Oracle |
| | PostgreSQL | https://wiki.python.org/moin/PostgreSQL |
| | SAP DB（也叫 MaxDB） | https://wiki.python.org/moin/SAP%20DB |
| | Microsoft Access | https://wiki.python.org/moin/Microsoft%20Access |
| | Sybase | https://wiki.python.org/moin/Sybase |
| | IBM DB2 | https://wiki.python.org/moin/DB2 |
| | Firebird（和 Interbase） | https://wiki.python.org/moin/Firebird |
| | Informix | https://wiki.python.org/moin/Informix |
| | Ingres | https://wiki.python.org/moin/Ingres |

续表

| 数据库分类 | 数据库名称 | 对应数据库接口使用网址 |
|---|---|---|
| 数据仓库数据库系统 | Teradata | https://wiki.python.org/moin/Teradata |
| | IBM Netezza | https://wiki.python.org/moin/Netezza |
| 嵌入式数据库系统 | SQLite | https://wiki.python.org/moin/SQLite |
| | ThinkSQL | https://wiki.python.org/moin/ThinkSQL |
| | Asql | https://wiki.python.org/moin/asql |
| | GadFly | https://wiki.python.org/moin/GadFly |

## 12.2.2 连接 SQLite

SQLite 是 Python 自带的一款基于内存或硬盘的、开源的、关系型的轻量级数据库。这意味着无须下载安装 SQLite 数据库产品和对应的数据库驱动程序，就可以被 Python 语言以模块导入方式直接调用使用。其在 Python 的安装路径为 Lib/sqlite3/。

对关系型数据库进行读写操作，需要建立如下几个操作步骤。

第一步，建立应用系统与数据库的连接；

第二步，需要建立数据库实例，通俗理解是建立一个存储数据的文件；

第三步，建立对应的表结构；

第四步，往表里写记录，读记录；

第五步，关闭与数据库的连接。

**1．建立与 SQLite 数据库的连接**

**示例一**：建立基于内存的数据库。

```
>>> import sqlite3                    #导入 sqlite3 模块
>>> conn=sqlite3.connect(":memory:")  #建立第一个基于内存的数据库
>>> conn.close()                      #关闭与数据库的连接
```

当对数据库操作完成时，建议养成及时关闭数据库连接的好习惯，避免打开数据库连接过多，消耗内存存储空间。

**示例二**：建立基于硬盘的数据库。

```
>>> import sqlite3                    #导入 sqlite3 模块
>>> conn=sqlite3.connect("First.db")  #建立第一个基于硬盘的数据库实例
>>> conn.close()                      #关闭与数据库的连接
```

执行完示例二代码后，将在 Python 的安装路径下生成 First.db 文件，如图 12.2 所示。

图 12.2　生成的 SQLite 数据库文件

基于内存与基于硬盘的主要区别如下。

（1）基于内存数据容易丢失（特别是关机就丢失内存里的数据），基于硬盘数据可以持久保存。

（2）基于内存数据读写速度快，基于硬盘数据读写速度慢。

（3）基于内存数据存储容量受内容可用空间限制，基于硬盘数据存储容量受限于硬盘可用空间。

**2. 在指定数据库里建立表结构**

在关系型数据库中，需要创建关系型特征的表结构，才能往表里写数据。由于本书不打算详细介绍表结构的定义，只是采用简单方法演示表结构的建立，读者可以先初步了解如何通过代码建立表结构。关于表结构的详细定义信息，请参考专业数据库书籍或其他资料。

为此，先要了解什么特征的数据适合通过关系型数据库进行存储与操作。如表 12.2 所示的二维结构化记录表，可以经过数据库表结构定义，把该表里的一行行记录依次存放到数据库表中。

表 12.2　钓鱼记录

| 钓鱼日期 | 名称 | 数量 | 价格 | 备注 |
|---|---|---|---|---|
| 2018-3-28 | 黑鱼 | 10 | 28.3 | Tom |
| 2018-3-29 | 鲤鱼 | 25 | 9.8 | John |
| … | … | … | … | … |

（加粗边框的为一条记录；灰色区域为一列，"名称"为数据库表里的列名）

从表 12.2 可以得到建立一个对应的数据库表需要建立钓鱼日期、名称、数量、价格、备注五个字段。其中，字段值需要确定数据类型，如数量为整型，价格为浮点型，钓鱼日期、名称、备注为字符型。

**示例三**：建立数据库表结构

```
>>> import sqlite3                                    #导入 sqlite3 模块
>>> conn=sqlite3.connect("First.db")                  #第二次只连接已经存在的数据库实例
>>> cur=conn.cursor()                                 #通过建立数据库游标对象，准备读写操作
>>>cur.execute('''Create table T_fish(date text,name text,nums int,price real,Explain text)''')
                                                      #根据表 12.2 结构建立对应的表结构对象❶
<sqlite3.Cursor object at 0x03DB2020>                 #T_fish 表对象建立成功提示
>>>cur.execute("insert into T_fish Values('2018-3-28','黑鱼',10,28.3,'Tom')")❷
<sqlite3.Cursor object at 0x03DB2020>                 #插入一行记录结果信息
>>> conn.commit()                                     #保存提交，确保数据保存成功❸
>>> conn.close()                                      #关闭数据库连接
```

示例三在原有 First.db 数据库已经建立的情况下，先建立了一个 T_fish 表❶，然后往表里插入一行记录❷，最后提交保存❸并关闭数据库连接。

（1）❶处建立数据库表采用的是标准 SQL 命令的方法，在数据库里建立对应的 T_fish 表。要建立其他表采用类似格式执行即可，主要修改表名和表字段，其他命令格式不变。本书不打算对 SQL 命令的使用进行详细介绍，感兴趣的读者需要寻找专业的关系型数据库系统方面的书籍，进

行系统学习。

（2）❷处通过游标的execute()方法，利用SQL的insert命令往T_fish表里执行一条插入记录；可以连续多行执行execute()方法，执行多条SQL语句。

（3）❸处在对SQLite数据库进行写操作时，最后必须调用Connection对象的commit()方法，才能把数据真正提交到数据库中，否则数据存在丢失的危险！也就是❷和❸必须配套出现，不能缺一。

游标起指向某数据库的某表的作用，只有建立了确定的表的指向关系，才能进行插入（insert）、修改（update）、删除（delete）、查找（select）等操作。

**示例四**：查找数据。

```
>>> import sqlite3                              #导入sqlite3 模块
>>> conn=sqlite3.connect("First.db")            #连接数据库
>>> cur=conn.cursor()                           #创建关联数据库的游标实例
>>> cur.execute('select * from T_fish')         #对 T_fish 表执行数据查找命令
<sqlite3.Cursor object at 0x040F2020>           #执行查找命令结果提示
>>> for row in cur.fetchall():                  #以一条记录为元组单位返回结果给 row
      print(row)                                #打印元组记录
>>> conn.close()                                #关闭数据库连接
```

代码执行结果如下：
```
>>>
('2018-3-28', '黑鱼', 10, 28.3, 'Tom')           #打印结果为元组形式的记录
```

**示例五**：删除数据。

```
>>> import sqlite3                              #导入sqlite3 模块
>>> conn=sqlite3.connect("First.db")            #连接数据库
>>> cur=conn.cursor()                           #创建游标实例
>>>cur.execute("insert into T_fish Values('2018-3-29','鲤鱼',17,10.3,'John')")
<sqlite3.Cursor object at 0x040F2020>           #插入一条记录
>>> cur.execute("insert into T_fish Values('2018-3-30','鲢鱼',9,9.2,'Tim')")
<sqlite3.Cursor object at 0x040F2020>           #插入一条记录
>>> conn.commit()                               #提交数据保存到磁盘
>>> cur.execute('select * from T_fish')         #查找表里的记录
<sqlite3.Cursor object at 0x040F2020>
>>> for row in cur.fetchall():                  #查找结果循环打印显示
      print(row)
('2018-3-28', '黑鱼', 10, 28.3, 'Tom')           #原有的第一条记录
('2018-3-29', '鲤鱼', 17, 10.3, 'John')          #新插入第二条记录
('2018-3-30', '鲢鱼', 9, 9.2, 'Tim')             #新插入第三条记录
>>> cur.execute("delete from T_fish where nums=10")  #删除数量为 10 的记录
<sqlite3.Cursor object at 0x040F2020>
>>> conn.commit()                               #提交结果到硬盘
>>> cur.execute('select * from T_fish')         #查找 T_fish 表里的新记录
<sqlite3.Cursor object at 0x040F2020>
```

```
>>> for row in cur.fetchall():                    #循环显示删除后的查找结果
        print(row)
```
代码执行删除命令后的结果如下：

('2018-3-29', '鲤鱼', 17, 10.3, 'John')

('2018-3-30', '鲢鱼', 9, 9.2, 'Tim')

这里的删除命令只是把数量为 10 的表记录进行了删除。

### 12.2.3 连接 MySQL

MySQL 是知名的开源关系型数据库系统，最广泛的应用领域为互联网相关的业务系统。

要实现应用系统与 MySQL 数据库的连接，需要经过安装 MySQL 和数据库驱动程序（这里采用 PyMySQL 驱动程序）及 Python 应用编程三个步骤。

**1. 安装 MySQL 数据库系统**

MySQL 数据库官网下载地址：https://www.mysql.com/；其免费的社区 Windows 版本下载地址：https://dev.mysql.com/downloads/windows/。

（1）双击安装文件，启动安装包。如下载 mysql-installer-community-5.7.21.0.msi，该版本在 Windows 10 下可以顺利安装。若安装开始提示 Framework 出错，则意味着现有 Windows 操作系统里的版本不够高。解决方法有二：一是下载低版本的 MySQL 数据库，二是更新 Framework 版本。

（2）设置安装参数。设置安装类型时（Choosing a Setup Type），一般选择默认的开发版本（Developer Default），然后单击 Next 按钮；其他页配置可以默认设置，在账户和角色页（Accounts and Roles），需要认真设置登录密码（MySQL Root Password，Repeat Password），然后记住密码。后续登录 MySQL 系统时，初始用户名为 Root，密码为自己新设置的密码。其他单击 Next 或 Finish 按钮，就可以顺利完成 MySQL 数据库的初步安装。

**2. 安装 PyMySQL 数据库驱动程序**

PyMySQL 是在 Python 3.X 版本中用于连接 MySQL 数据库的一个驱动程序，Python 2 中则使用 mysqldb。PyMySQL 遵循 Python 数据库 API v2.0 规范，并包含 pure-Python MySQL 客户端库。在使用 PyMySQL 之前，需要确保 PyMySQL 已安装。PyMySQL 下载地址：https://github.com/PyMySQL/PyMySQL。

（1）安装方法一：通过互联网在线安装最新版本的 PyMySQL 数据库驱动程序。如图 12.3 所示为在线成功安装 pymysql 执行结果。在命令符号执行窗口执行 pip install pymysql，就可以实现自动安装过程。

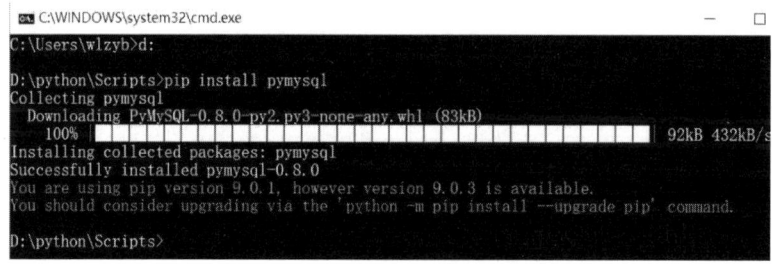

图 12.3 在线安装 pymysql

## 📢 注意

要保证 pip 命令被正确执行，要么如图 12.3 所示，在该命令的安装路径下直接执行；要么在 Windows 系统运行环境配置里设置 path 参数。

（2）安装方法二：手动从 https://github.com/PyMySQL/PyMySQL/ 下载安装包（PyMySQL-master.zip）。然后解压缩后，在命令执行符下执行安装命令。

**3. 代码通过 pymysql 数据库驱动程序连接 MySQL 数据库**

（1）Python 通过 pymysql 数据库驱动程序与 MySQL 数据库建立连接，并建立 T_fish 表，准备记录钓鱼记录表 12.2 的内容。

[案例 12.1] 连接 MySQL 数据库，建立 T_fish 表使用案例（MySQLLink.py）

```
import pymysql                                          #导入 pymysql 数据库驱动程序模块
import sys                                              #导入 sys 模块
#==========================================连接数据库
try:                                                    #捕捉连接异常错误开始
    conn=pymysql.connect(host='localhost', user='root', passwd='mysql123', db='test', port=3306, charset='utf8')
                                                        #创建 MySQL 数据库连接 conn 实例❶
except:                                                 #捕获异常错误
    print("打开数据库连接出错，请检查！")                    #出错提醒
    conn.close()                                        #关闭数据库连接
    sys.exit()                                          #终止软件继续执行
#==========================================判断表是否存在，不存在时建立新表
cur=conn.cursor()                                       #创建数据库指向游标
sql='''create table if not exists T_fish                #用 create 命令创建 T_fish 表的 SQL 语句❷
    (date1 char(12) primary key not null,               #用 date1 做该表的主键关键字段
     name char(10) not null,                            #名称字段
     nums int not null,                                 #数量字段
     price decimal(10,2) not null,                      #价格字段
     sExplain varchar(200));'''                         #备注字段
try:                                                    #捕捉建表异常开始
    cur.execute(sql)                                    #执行建 T_fish 表 SQL 命令
    conn.commit()                                       #提交并保存到硬盘
    print("T_fish 表可以使用！")                          #操作完成提示
except:                                                 #捕捉建表过程异常信息
    print("T_fish 表是否建立过程出错！")                    #出错提示
conn.close()                                            #关闭数据库连接
```

代码执行结果如下：

```
>>>
T_fish 表可以使用！
```

❶处 MySQL 数据库连接方法 pymysql.connect() 的参数使用说明：

①host 参数，指向安装数据库系统的服务器地址。若数据库系统安装在本地计算机上，则可以设置为 host='localhost'，代表指向本地的数据库系统；若把 host 设置为具体的计算机的 IP 地址，如设置 host='192.168.0.100'，该 IP 地址的服务器为数据库服务器，则可以实现数据库系统与应用系统的分开安装。用一台数据库服务器安装数据库系统，另外一台服务器安装应用系统，可以提高系统访问的安全性及访问性能。

②user 参数，用于设置访问数据库的用户名，这里的设置要与 MySQL 数据库系统里的用户名一致，如 user ='root'。

③passwd 参数，为访问指定数据库对应用户名的密码。如这里为 MySQL 数据库 root 用户名对应的密码，passwd='mysql123'。

④db 参数，为 MySQL 数据库里已经建立的数据库实例名，如 db='test'。注意，如果在连接访问时，指定该参数，要确保该数据库名已经存在。可以通过如图 12.4 所示的 MySQL 管理工具提前建立空的数据库实例。

⑤port 参数，为数据库系统安装过程设置的端口号，如 port=3306。

⑥charset 参数，可以保证数据库处理双字节的语言内容，如汉字、日本文等，设置为 charset='utf8'，默认为处理单字节的语言，如英文。

❷处 create table if not exists T_fish 里的 if not exists T_fish 表示：如果现有 test 数据库里不存在 T_fish，则建立新表 T_fish；若存在，则不执行 create 建表命令，也就是使用已经存在的 T_fish 表。

若想进一步了解 T_fish 表是否在 MySQL 数据库里建立，可以利用 MySQL 安装时自带的可视化工具 MySQL Workbench 来查看。具体操作过程如下：

①在 Windows 左边的"开始"菜单里寻找 MySQL，然后在里面选中 MySQL Workbench。

②在弹出的界面上选择 root 登录，在"密码"输入框处输入安装时设置的密码（本书为 mysql123），单击 OK 按钮，进入如图 12.4 所示的 MySQL Workbench 工具主界面。

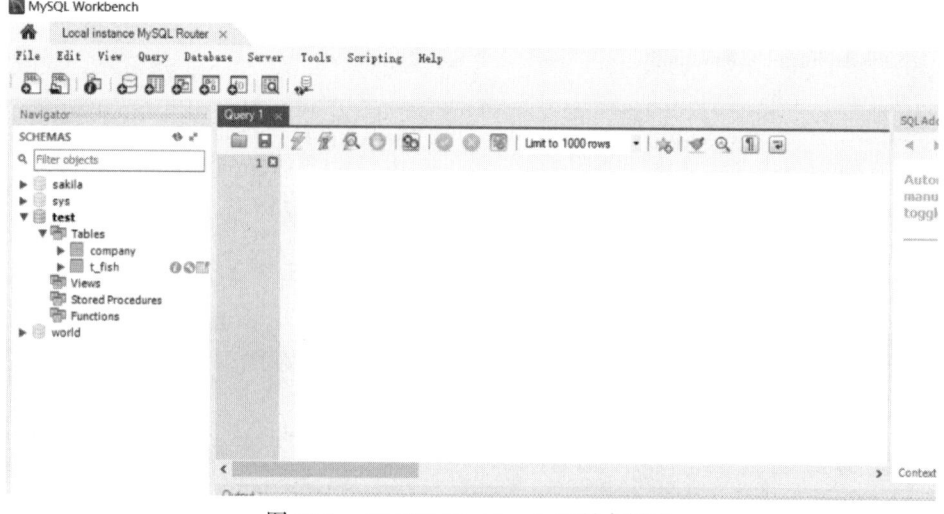

图 12.4　MySQL Workbench 工具主界面

③若在 MySQL Workbench 主界面的左边树状结构里发现 T_fish 表,则意味着该表第一次被成功建立。可以通过双击左边树状结构的节点名来展现子节点内容。

(2)往 T_fish 表插入两条记录,修改一条记录,删除一条记录,查询最后操作结果。

[**案例 12.2**] 在 T_fish 表进行插入、修改、删除、查找案例(OperatingMySQL.py)

```python
import pymysql                                          #导入 pymysql 数据库驱动程序模块
import sys                                              #导入 sys 模块
#======================================连接数据库
try:
    conn=pymysql.connect(host='localhost', user='root', passwd='mysql123', db='test', port=3306,charset='utf8')
                                                        #连接 MySQL 数据库
except:
    print("打开数据库连接出错,请检查!")                 #连接出错提示
    conn.close()                                        #关闭数据库连接
    sys.exit()                                          #终止程序运行
#======================================对表进行插入、修改、删除、查找操作
cur=conn.cursor()                                       #创建游标实例
insertSQL="'insert into T_fish values('2018-3-28','黑鱼',10,28.3,'Tom')'"
insertSQL1="'insert into T_fish values('2018-3-29','鲤鱼',25,9.8,'John')'"
try:
    cur.execute(insertSQL)                              #执行插入第一条记录
    cur.execute(insertSQL1)                             #执行插入第二条记录
    conn.commit()                                       #提交并保存数据到硬盘
    print("两条记录插入成功!")                          #打印提示信息
except:
    print("两条记录插入失败!")                          #插入出错提示
    conn.close()                                        #关闭数据库连接
    sys.exit()                                          #终止程序运行
updateSQL="update T_fish set nums=12 where date1='2018-3-28'"    #更新 SQL 语句
try:
    cur.execute(updateSQL)                              #执行数量更新 SQL 命令
    conn.commit()                                       #提交并保存数据到硬盘
    print("第一条记录修改成功!")                        #修改操作成功提示
except:
    print("第一条记录修改失败!")                        #修改操作失败提示
    conn.close()                                        #关闭数据库连接
    sys.exit()                                          #终止程序运行
deleteSQL="DELETE FROM t_fish WHERE date1='2018-3-29'"  #删除 SQL 语句
try:
    cur.execute(deleteSQL)                              #执行记录删除 SQL 命令
    conn.commit()                                       #提交并保存数据到硬盘
    print("第二条记录删除成功!")                        #删除操作成功提示
```

```python
    except:
        print("第二条记录删除失败！")                #删除操作失败提示
        conn.close()                              #关闭数据库连接
        sys.exit()                                #终止程序运行
    selectSQL='Select * from T_fish'              #查找 SQL 语句
    cur.execute(selectSQL)                        #执行查找 SQL 命令
    l_records=[]                                  #定义列表变量
    for row in cur.fetchall():                    #循环获取表里查找记录结果
        l_records.append(row)                     #记录记入列表中
    print(l_records)                              #打印列表
```

代码执行结果如下：

```
>>>
两条记录插入成功！                                #插入的结果提示
第一条记录修改成功！                              #修改的结果提示
第二条记录删除成功！                              #删除的结果提示
[('2018-3-28', '黑鱼', 12, Decimal('28,3'), 'Tom')]  #查找的显示结果
```

（3）把数据库表里的记录显示到图形用户界面上。

[**案例 12.3**] T_fish 表数据在 Treeview 显示案例（showSQLData.py）

```python
def turn_property(event):                         #自定义按钮回调函数 turn_property
    getSQLDate()
def getSQLDate():                                 #自定义数据库获取记录，并插入 Treeview
    import pymysql                                #导入 pymysql 数据库驱动程序模块
    import sys                                    #导入 sys 模块
    #==================================连接数据库
    try:
        conn=pymysql.connect(host='localhost', user='root', passwd='mysql123', db='test', port= 3306,charset='utf8')
                                                  #连接 MySQL 数据库
    except:
        print("打开数据库连接出错，请检查！")
        conn.close()
        sys.exit()
    cur=conn.cursor()                             #创建指定数据库游标
    selectSQL='Select * from T_fish'              #查找 SQL 语句
    cur.execute(selectSQL)                        #执行 SQL 查找命令
    for row in cur.fetchall():                    #循环获取表记录
        tree.insert("",0,text=row[0],values=(row[1],row[2],row[3],row[4]))    #插入记录
from tkinter import ttk                           #导入 ttk 模块
import tkinter as tk                              #导入 tkinter 模块
root=tk.Tk()                                      #创建窗体实例
tree=ttk.Treeview(root)                           #创建树状结构列表实例
tree["columns"]=("name","nums","price","Explain") #设置 4 个列对象名
```

| | |
|---|---|
| tree.column("name", width=50) | #设置第 1 个列宽度 |
| tree.column("nums", width=50) | #设置第 2 个列宽度 |
| tree.column("price", width=50) | #设置第 3 个列宽度 |
| tree.column("Explain", width=50) | #设置第 4 个列宽度 |
| tree.heading("name",text="名称") | #给第 1 个列设置标题 |
| tree.heading("nums",text="数量") | #给第 2 个列设置标题 |
| tree.heading("price",text="单价（元）") | #给第 3 个列设置标题 |
| tree.heading("Explain",text="说明") | #给第 4 个列设置标题 |
| tree.pack(side="top") | #Treeview 实例在窗体上的定位 |
| bs=tk.Button(root,text="显示数据",width=10) | #在窗体上创建 Button 实例 bs |
| bs.bind("<Button-1>",turn_property) | #bind()绑定鼠标左键事件 |
| bs.pack(side="top") | #设置按钮在窗体上的定位 |
| root.mainloop() | #启动窗体消息循环功能 |

代码执行结果如图 12.5 所示。

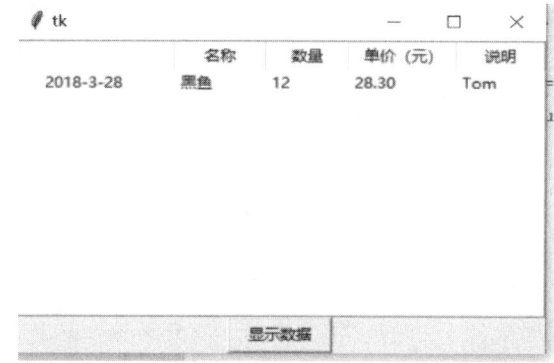

图 12.5　MySQL 数据库表数据在 Treeview 组件显示

## 12.2.4　连接 Oracle

Oracle 数据库系统是目前流行的知名的大型关系型数据库系统之一，被广泛应用于各行各业。

**1. 安装 Oracle 数据库**

Oracle 数据库安装过程略，请参考相关网上资料或书籍。

**2. 安装 cx_Oracle 驱动程序**

（1）在 Linux 操作系统下，可以采用如下命令在线安装 cx_Oracle 驱动程序：

python -m pip install cx_Oracle --upgrade

（2）下载安装

下载地址：http://cx-oracle.sourceforge.net/。

下载时，需要注意一下版本，根据操作系统和已安装的 Python 版本进行选择。作者的测试环境为 Windows 10、Python 3.6.3 版本。手工安装命令如图 12.6 所示。在已经解压的 cx_Oracle 软件包路径下，执行 python setup.py install 命令，将完成 cx_Oracle 的安装过程。

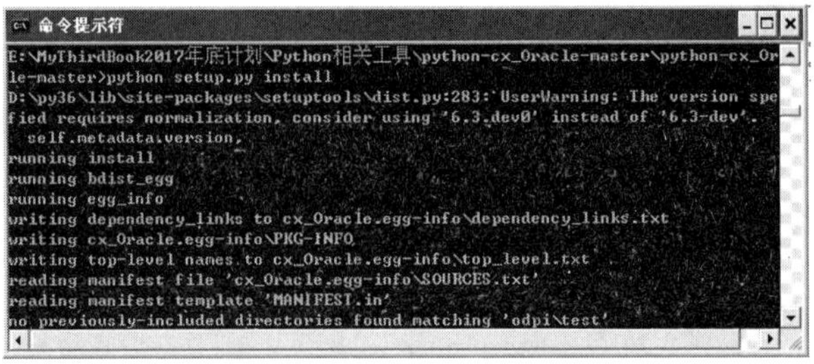

图 12.6 手工安装 cx_Oracle

> 📢 **注意**
> 
> 根据作者测试和诸多网友的反映，在 Windows 下无法利用 pip 命令在线安装 cx-Oracle 驱动程序。

### 3. Python 连接 Oracle 数据库

1）监听并连接 Oracle 数据库

[**案例 12.3**] 连接 Oracle 数据库案例（linkOracle.py）

```
import cx_Oracle                                         #导入 cx_Oracle 驱动程序模块
tns=cx_Oracle.makedsn('127.0.0.1',1521,'orcl')           #监听 Oracle 数据库❶
db=cx_Oracle.connect('username','password',tns)          #连接数据库❷
db.close()                                               #关闭数据库
```

❶处监听 Oracle 数据库的 makedsn(host,port,dbname)方法的参数使用说明：

①host 参数，为数据库服务器的 IP 地址。如 host="127.0.0.1"，"127.0.0.1"指向本地计算机的 IP 地址。当设置 host='localhost'时，则也代表指向本地计算机。

②port 参数，为 Oracle 数据库安装时的端口号，如 port=1521。

③dbname 参数，为数据库名（又叫数据库实例），如 dbname="orcl"

监听方法主要预先判断 Oracle 数据库系统是否正常启动。

❷处数据库建立连接通过 connect()方法进行。username 为访问数据库所需要的用户名，password 为访问数据库所需要的密码。这两个参数在 Oracle 数据库安装或通过数据库管理工具已经设置完成。

2）连接并查找指定表内容

[**案例 12.4**] 连接 Oracle 数据库并查找 T_fish 表案例（OracleSQL.py）

```
import cx_Oracle                                              #导入 cx_Oracle 驱动程序模块
dsn=cx_Oracle.makedsn('127.0.0.1',1521,'orcl')                #监听 Oracle 数据库
connection=cx_Oracle.connect('testname', 'ask124', dsn)       #连接 Oracle 数据库
cursor = connection.cursor()                                  #建立访问数据库的游标对象
sql = "select * from T_fish"                                  #SQL 查询语句
cursor.execute(sql)                                           #通过游标执行查询语句
result = cursor.fetchall()                                    #游标返回查询结果
for row in result:                                            #返回 T_fish 表的记录
    print (row)                                               #打印表记录
```

```
cursor.close()                                    #关闭游标
connection.close()                                #关闭数据库连接
```
要执行该代码，先要求在 Oracle 数据库里建立 Oracle 数据库实例和 T_fish 表。

## 12.2.5 案例［三酷猫建立记账管理系统］

三酷猫觉得数据库功能非常强大，而且可以很安全地保存钓鱼记录。于是决定利用 MySQL 数据库系统和 Python 语言的结合，开发钓鱼记账管理系统。该系统的核心要求：能在软件界面上输入并保存钓鱼记录，然后可以显示数据库中的保存记录，方便记录查看。

保存记录、显示记录是本案例需要实现的功能。

［**案例 12.5**］利用 MySQL 实现钓鱼记账的保存与显示案例（CoolCatRecords.py）

```
import pymysql                                    #导入 pymysql 驱动程序模块
import sys                                        #导入 sys 模块
import tkinter.messagebox                         #导入 messagebox 模块
from tkinter import *                             #导入 tkinter 模块
import tkinter.tix                                #导入 tix 模块
root=tkinter.tix.Tk()                             #创建主窗体实例
sDate=StringVar()                                 #创建 StringVar()实例（全局变量）
sname=StringVar()                                 #创建 StringVar()实例（全局变量）
snums=StringVar()                                 #创建 StringVar()实例（全局变量）
sprice=StringVar()                                #创建 StringVar()实例（全局变量）
sExplain=StringVar()                              #创建 StringVar()实例（全局变量）
def turn_save(event):                             #自定义按钮回调函数 turn_save
    #============================往表插入新记录
    try:
        conn=pymysql.connect(host='localhost', user='root', passwd='mysql123', db='test', port=3306,charset='utf8')
                                                  #连接 MySQL 数据库
    except:
        print("打开数据库连接出错，请检查！")
        conn.close()
        sys.exit()
    cur=conn.cursor()                             #建立数据库游标
    selectSQL="Insert into T_fish values('"+sDate.get()+"','"+sname.get()+"','"+
snums.get()+"','"+sprice.get()+"','"+sExplain.get()+"')"
                                                  #插入 SQL 语句（注意全局变量）
    cur.execute(selectSQL)                        #执行 SQL 语句❶
    conn.commit()                                 #提交并保存数据到硬盘
    cur.close()                                   #关闭游标
    conn.close()                                  #关闭数据库连接
    tkinter.messagebox.showinfo('提示','记录保存成功!')  #保存记录成功提示
def turn_property(event):                         #自定义按钮回调函数 turn_property
    getSQLDate()                                  #调用 getSQLDate()函数
def getSQLDate():
```

```python
        #==========================显示表内容
        try:
            conn=pymysql.connect(host='localhost', user='root', passwd='mysql123', db='test', port=3306,charset='utf8')
                                                            #建立数据库连接
        except:
            print("打开数据库连接出错,请检查! ")
            conn.close()
            sys.exit()
        cur=conn.cursor()
        selectSQL='Select * from T_fish'                    #查询 SQL 语句
        cur.execute(selectSQL)                              #执行 SQL 语句
        for row in cur.fetchall():                          #循环获取查询结果记录
            tree.insert("",0,text=row[0],values=(row[1],row[2],row[3],row[4]))  #插入记录
        cur.close()
        conn.close()
    import tkinter as tk                                    #导入 tkinter 模块
    from tkinter.constants import *                         #导入 constants 模块
    from tkinter import ttk                                 #导入 ttk 模块
    tree=ttk.Treeview(root)                                 #创建树状结构列表实例
    tree["columns"]=("name","nums","price","Explain")       #设置 4 个列对象名
    tree.column("name", width=50)                           #设置第 1 个列宽度
    tree.column("nums", width=50)                           #设置第 2 个列宽度
    tree.column("price", width=50)                          #设置第 3 个列宽度
    tree.column("Explain", width=50)                        #设置第 4 个列宽度
    tree.heading("name",text="名称")                         #给第 1 个列设置标题
    tree.heading("nums",text="数量")                         #给第 2 个列设置标题
    tree.heading("price",text="单价(元)")                    #给第 3 个列设置标题
    tree.heading("Explain",text="说明")                      #给第 4 个列设置标题
    tree.pack(side="top")                                   #列表组件在窗体上定位设置
    bs=tk.Button(root,text="显示数据",width=10)              #在窗体上创建 Button 实例 bs
    bs.bind("<Button-1>",turn_property)                     #bind()绑定鼠标左键单击响应事件
    bs.pack(side="top")                                     #按钮在窗体上定位设置
    top=tkinter.tix.Frame(root, relief=RAISED,bd=1)         #创建框架组件实例
    top.pack(side='left')                                   #框架组件在窗体上定位设置
    top.date1=tkinter.tix.LabelEntry(top,label="日期:",labelside='top',)   #创建 LabelEntry
    top.date1.pack(side="left")                             #在框架上左对齐定位设置
    top.date1.entry['textvariable']=sDate                   #全局变量 sDate 值与文本输入框值同步❷
    top.name1=tkinter.tix.LabelEntry(top,label="名称:",labelside='top',)   #创建 LabelEntry
    top.name1.pack(side="left")
    top.name1.entry['textvariable']=sname                   #全局变量 sname 值与文本输入框值同步
    top.nums1=tkinter.tix.LabelEntry(top,label="数量:",labelside='top',)   #创建 LabelEntry
    top.nums1.pack(side="left")
```

```
top.nums1.entry['textvariable']=snums              #全局变量 snums 值与文本输入框值同步
top.price=tkinter.tix.LabelEntry(top,label="价格:",labelside='top',)    #创建 LabelEntry
top.price.pack(side="left")
top.price.entry['textvariable']=sprice             #全局变量 sprice 值与文本输入框值同步
top.Explain=tkinter.tix.LabelEntry(top,label="说明:",labelside='top',)
top.Explain.pack(side="left")
top.Explain.entry['textvariable']=sExplain         #全局变量 sExplain 值与文本输入框值同步
Savebn=tk.Button(top,text="保存数据",width=10)     #在框架组件上创建 Button 实例 Save bn
Savebn.bind("<Button-1>",turn_save)                #bind()绑定鼠标左键单击响应事件
Savebn.pack(side="left")
root.mainloop()
```

代码执行结果如图 12.7 所示。

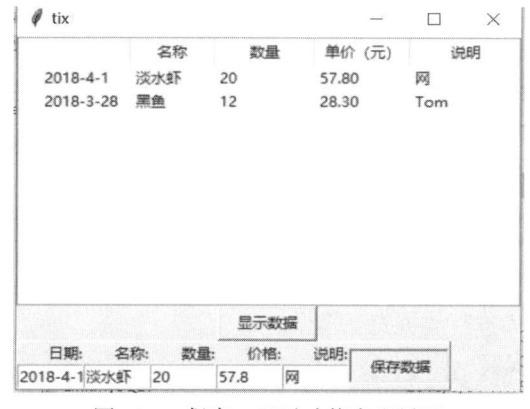

图 12.7　保存、显示功能实现界面

上述代码实现了三酷猫钓鱼记录保存到数据库，并被调用显示的过程。

在实现保存记录功能时，先需要在界面上有输入记录的组件，这里主要采用 LabelEntry 组件提供输入功能，然后通过 Savebn 按钮鼠标左键单击事件触发 turn_save 回调函数，保存输入的记录到 MySQL 数据库。在❶处应该加异常捕捉语句，当插入失败时，提供出错提醒，并避免英文出错提示。

❷处是一个编程技巧，通过建立全局变量，并与 LabelEntry 的值的同步，使该变量可以获取 LabelEntry 输入的内容，最后被 SQL 语句所使用。

在 Treeview 组件上显示插入内容，与 12.2.3 节里的案例 12.3 实现内容完全一致。但是，该段代码也存在改进的余地，如连续单击"显示数据"按钮时，将发生记录重复显示的问题。

## 12.3　NoSQL 数据库

随着大数据的兴起，NoSQL 数据库为大数据问题的解决提供了全新的数据库技术支持。通过 Python 语言与 NoSQL 技术的结合，将给科学计算、大数据分析、人工智能技术的应用提供一套成熟的解决思路。

## 12.3.1 NoSQL 数据库支持清单

Python 官网提供了可以支持的部分 NoSQL 数据库产品清单，如表 12.3 所示。

表 12.3 Python 官网支持的部分 NoSQL 数据库产品清单

| NoSQL 数据库产品 | 数据库下载地址 |
| --- | --- |
| MetaKit | http://www.equi4.com/metakit/ |
| ZODB | http://pypi.python.org/pypi/ZODB3 |
| BerkeleyDB | http://www.jcea.es/programacion/pybsddb.htm |
| KirbyBase | http://www.netpromi.com/kirbybase_python.html |
| Durus | https://wiki.python.org/moin/Durus |
| buzhug | https://wiki.python.org/moin/buzhug |
| Neo4j | http://neo4j.com/ |
| SnakeSQL | http://www.pythonweb.org/projects/snakesql/ |

其实，该清单很不全面，一些著名的 NoSQL 数据库产品都没有提及。读者可以根据不同的 NoSQL 数据库产品，通过网上检索查找 Python 语言对应的数据库驱动程序接口软件包。一般优秀的 NoSQL 产品官网上都会明确罗列出数据库驱动程序所支持的编程语言的种类。

## 12.3.2 连接 MongoDB

MongoDB 是基于文档数据处理的一款优秀的 NoSQL 数据库产品。要实现 Python 程序与 MongoDB 数据库的连接，先需要安装 MongoDB 数据库，然后安装 pymongo 数据库驱动程序，最后通过 Python 程序与数据库进行数据交互操作。

**1. MongoDB 数据库安装**

MongoDB 官网提供了详细的安装操作教程，读者可以直接在其上阅读最新安装相关内容（https://docs.mongodb.com/manual/installation/）。

对于英语基础不好的读者，可以参考本书作者先前编写的《NoSQL 数据库入门与实践》一书中的 4.1.2 节 "MongoDB 安装" 相关内容。也可以在线咨询本书作者，这里不再详细介绍 MongoDB 数据库的安装过程。安装完成 MongoDB 数据库后，需要启动数据库服务（mongod）才能正式被使用。一次性启动可以采用如下命令：

```
C:\Users\win7>cd /d d:\mongodb\data\bin
d:\mongodb\data\bin>mongod –dbpath "d:\mongodb\data\db"          //输入时注意参数之间的一个空格
```

**2. pymongo 数据库驱动程序安装**

在计算机实现互联网连接的情况下，可以采取如图 12.8 所示的在线快速安装 pymongo 数据库驱动程序的过程。

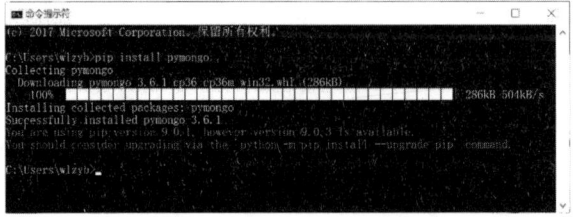

图 12.8 互联网在线安装 pymongo 数据库驱动程序

要保证 pip install pymongo 命令的正确执行，先需要安装 Python 软件包。

**3．实现 Python 程序与 MongoDB 数据库的数据操作**

1）连接 MongoDB 数据库，插入记录、查找记录

[案例 12.6] MongoDB 数据库连接、插入记录、查找记录案例（mongodbSQL1.py）

```
import pymongo                                          #导入 pymongo 数据库驱动模块
from pymongo.mongo_client import MongoClient            #导入 MongoDB 客户端服务模块
import pymongo.errors                                   #导入出错模块
try:
    mongoClient=MongoClient('localhost',27017)          #建立 mongodb 数据库客户端连接通道
    mongoDatabase=mongoClient.goods                     #若没有 goods 数据库则建立新空库，
                                                        #否则建立与 goods 数据库的连接
    print("数据库连接成功！")
    mongoCollection=mongoDatabase.T_fish                #若没有 T_fish 集合则建立空集合，
                                                        #否则建立与 T_fish 集合的连接❶
    mongoCollection.remove()                            #移除该集合所有记录
    mongoCollection.insert_many([                       #用 insert_many()方法添加三行数据
{"_id":"1","date1": "2018 年 3 月 28", "name": "黑鱼", "nums": "10","price":"28.3", "Explain": "Tom"},
{"_id":"2","date1": "2018 年 3 月 29", "name": "鲤鱼", "nums": "25","price":"9.8", "Explain": "John"},
{"_id":"3","date1": "2018 年 3 月 30", "name": "鲫鱼", "nums": "30","price":"23.9", "Explain": "Jack"}, ])
                                                        #注意里面的数据呈键值对出现❷
    for row in mongoCollection.find():                  #查找 T_fish 表里的记录
        print(row)                                      #打印查找结果
except pymongo.errors.PyMongoError as e:                #异常捕捉
    print("操作 MongoDB 过程出错:", e)                   #出错提示
```

代码执行显示结果如下：

```
>>>
数据库连接成功！
{'_id': '1' , 'date1': '2018 年 3 月 28', 'name': '黑鱼', 'nums': '10', 'price': '28.3','Explain': 'Tom'}
{'_id': '2', 'date1': '2018 年 3 月 29', 'name': '鲤鱼', 'nums': '25', 'price': '9.8','Explain': 'John'}
{'_id': '3', 'date1': '2018 年 3 月 30', 'name': '鲫鱼', 'nums': '30', 'price': '23.9','Explain': 'Jack'}
```

2）修改记录、删除记录

[案例 12.7] 修改记录、删除记录案例（mongodbSQL2.py）

```
import pymongo                                          #导入 pymongo 数据库驱动程序模块
from pymongo.mongo_client import MongoClient            #导入 MongoDB 客户端模块
try:
    mongoClient=MongoClient('127.0.0.1',27017)          #建立 mongodb 数据库客户端连接通道
    mongoDatabase=mongoClient.goods                     #若没有 goods 数据库则建立新空库，
                                                        #否则建立与该数据库的连接
    print("数据库连接成功！")
```

```
            mongoCollection=mongoDatabase.T_fish               #若没有 T_fish 集合则建立空集合，
                                                               #否则建立与该集合的连接
            mongoCollection.update({'_id':'1'},{"$set":{'nums':'20'}})   #修改一条记录
            mongoCollection.delete_one({'_id':'3'})            #删除一条记录
            for row in mongoCollection.find():                 #查找 T_fish 集合里的记录
                print(row)                                     #打印查找结果
        except pymongo.errors.PyMongoError as e:               #操作数据库异常捕捉
            print("mongo Error:", e)
```

代码执行结果如下：

```
>>>
数据库连接成功！
{'_id': '1', 'date1': '2018 年 3 月 28', 'name': '黑鱼', 'nums': '20', 'price':
'28.3', 'Explain': 'Tom'}
{'_id': '2', 'date1': '2018 年 3 月 29', 'name': '鲤鱼', 'nums': '25', 'price': '9.8', 'Explain': 'John'}
```

若想全面了解 pymongo 数据库驱动程序的使用，可以参考如下网址内容：http://api.mongodb.com/python/current/api/pymongo/collection.html。

### 12.3.3　连接 Redis

Redis 主要基于计算机内存进行非关系型数据库的高效处理，在 NoSQL 数据库产品排行榜上居于前列。

**1．安装 Redis 数据库**

Redis 数据库下载地址：https://redis.io/download。安装过程请参考网上相关资料或者本书作者先前编写的《NoSQL 数据库入门与实践》一书。

**2．安装 Redis 数据库驱动程序**

Redis 数据库驱动程序下载地址：https://pypi.python.org/pypi/redis/2.10.5。完成 redis-py-master.zip 下载并解压后，就可以通过如图 12.9 所示的操作过程，实现数据库驱动程序的安装。

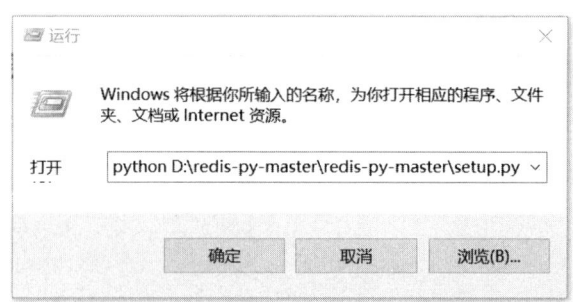

图 12.9　安装 Redis 数据库驱动程序

**3．Python 代码连接 Redis 数据库**

1）连接 Redis 数据库

[**案例 12.8**] 连接 Redis 案例（redisLink.py）

```
import redis                                          #导入 redis 数据库驱动程序模块
rdb=redis.Redis(host='127.0.0.1',port=6379,db=0)      #连接 Redis0 号数据库
rdb.set('name', 'TOMCAT')                             #建立一个键为 name 值为 TOMCAT 的字符串
print (rdb.get('name'))                               #读取字符串值并打印
rdb.shutdown()                                        #关闭当前连接
```

代码执行结果如下：

```
>>>
'TOMCAT'
```

2）用连接池方式连接 Redis 数据库

当大规模访问 Redis 数据库时，单独一个个建立数据库连接，需要产生很大内存空间消耗，影响数据库的运行及响应速度。为此，引入了数据库连接池[1]的概念，通过在内存共享连接资源避免内存消耗的问题。该技术也同样可以应用于其他数据库。

Redis 数据库启动器，使用 connection pool 来管理对一个 redis server 的所有连接，避免每次建立、释放连接的开销。这样就可以实现多个 Redis 实例共享一个连接池。

[案例 12.9] 用连接池技术连接 Redis 案例（redisPool.py）

```
import redis                                          #导入 redis 数据库驱动程序模块
pool=redis.ConnectionPool(host='127.0.0.1', port=6379) #连接池方式连接 Redis
rdb=redis.Redis(connection_pool=pool)                 #连接连接池
rdb.set('name', 'TOMCAT')                             #建立一个字符串对象
print (rdb.get('name'))                               #读取字符串值并打印
rdb.shutdown()                                        #关闭当前连接
>>>
'TOMCAT'
```

Redis 直接对各种类型的数据集合进行操作，如字符串、列表、集合、散列、有序集合等。这里的集合可以近似地看作关系型数据库里的表。

## 12.4 习题及实验

**1．判断题**

（1）数据库和数据库管理系统在实际环境下是同一个概念。（    ）

（2）SQLite、Redis 都是嵌入式关系型数据库。（    ）

（3）ODBC、ADO 都是连接数据库驱动程序的技术标准，ODBC 可以跨平台支持，ADO 只支持 Windows 操作系统。（    ）

（4）张三需要基于手机端开发一款 App 应用程序，采用 SQLite 数据库作为手机端轻量级数据库系统。这个选择理论是合理的吗？（    ）

---

[1] 数据库连接池，百度百科，https://baike.baidu.com/item/数据库连接池

（5）由于 Python 3.X 版本开始，集成了 SQLite 数据库模块，所以可以直接调相关模块对其进行操作，而无须再安装对应的数据库驱动程序。（  ）

**2．填空题**

（1）SQLite、Redis 都可以基于（    ）或（    ）运行。

（2）要使 Python 程序结合数据库进行业务处理，一般要经过（    ）安装、（    ）安装、Python（    ）编写调用三个过程。

（3）建立 MySQL 数据库运行环境后，可以通过 Python 实现对数据库的（    ）、（    ）、（    ）、Select 标准 SQL 语句的操作。

（4）一般数据库驱动程序的安装可以利用（    ）命令进行在线安装，或下载数据库驱动程序软件包进行（    ）安装。

（5）本书介绍的（    ）、（    ）是优秀的 NoSQL 数据库产品，多用于对非结构化的大数据进行技术处理。

**3．实验一：以类方法读、写数据库**

**实验要求：**

（1）在 12.2.3 节案例 12.3（showSQLData.py）的基础上用类编写方法改造该代码。

（2）把 getSQLDate()自定义函数单独放到独立模块文件中，被主程序调用。

（3）把 getSQLDate()里的数据库连接参数单独存放到文本文件里，然后被 getSQLDate()读取。

（4）形成实验报告。

**4．实验二：在 12.2.5 节案例 12.5 的基础上继续完善相关功能**

**实验要求：**

（1）当连续插入重复记录或输入内容有误时，提供异常捕捉及中文提醒功能。

（2）在插入记录后，单击显示插入记录内容，然后再插入新记录保存，单击显示插入记录时，显示的是最新的所有记录，而不是部分记录重复显示。

（3）调整输入框布局，使输入框之间有一定间隔，并在一个输入框输入完成内容后，通过键盘"按 Enter 键"焦点自动跳到下一个输入框。（提示：利用调用下一个 LabelEntry 组件的焦点方法和按 Enter 键事件进行处理）

# 第 13 章 线程与进程

让程序同时处理多个任务,加快任务的处理效率,这是个好主意,也是其他大多数编程语言都采纳的方法。一般情况下,其他编程语言都通过多线程技术解决这个问题。Python 语言也提供了相关的多线程技术,但是深入使用后会发现 Python 的多线程技术存在一些无法克服的问题,于是提供了多进程等的弥补措施,来实现多任务处理。

**学习重点**

- 接触多任务技术
- 第一个多线程［抢火车票］
- 线程同步
- 线程队列模块
- 并发进程模块
- 其他同步方法
- 案例［三酷猫玩爬虫］

# 13.1 接触多任务技术

人类在日常生活中发现，如果一件事情同时让几个人一起完成，那么它总比一个人单独完成要快得多。如农民要收割一块地里的玉米，5 个人同时进行 2 个小时可以完成，一个人进行则需要 12 个小时。这里可以把一个人完成玉米收割的方式叫作单线程或单进程，5 个人同时进行叫作多线程或多进程。

## 13.1.1 进程与线程简介

接触过计算机的读者，或多或少都在使用软件，如我们熟悉的 QQ 聊天工具。当我们在桌面端用鼠标双击它的图标时，QQ 软件将从硬盘被读取到内存中，并跳出登录界面，这个在内存中运行的 QQ 软件实例就是一个进程。图 13.1 所示为两个 QQ 软件进程。

**1．进程（Process）**

进程，通俗表达就是在计算机内存中运行的一个软件实例，是线程的容器。

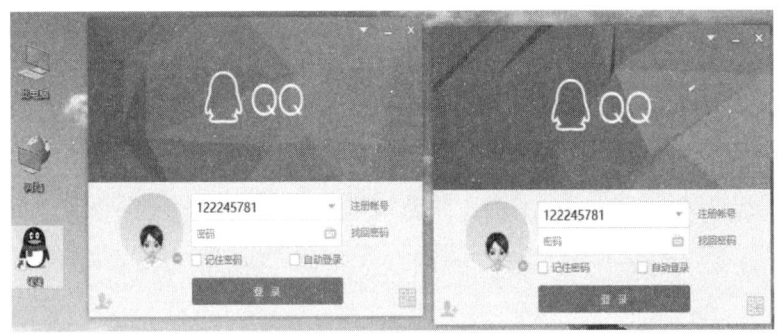

图 13.1　两个 QQ 软件进程

在 Windows 操作系统的下，可以在桌面最下面的任务栏里单击鼠标右键，从弹出的快捷菜单中选择"任务管理器"命令，在弹出的子窗体上选择"进程"选项卡，就可以在里面看到该操作系统目前正在运行的各种进程。如图 13.2 所示（作者用的是 Windows 10 操作系统），就可以看到图 13.1 正在运行的两个 QQ 软件的进程名称——腾讯 QQ(32 位)。进程就是一个个正在运行的独立软件。

**2．线程（Threading）**

线程有时被称为轻量级进程（Light Weight Process，LWP），是程序执行流的最小单元。一个标准的线程由线程 ID、当前指令指针、寄存器集合和堆栈组成[1]。线程是进程的一部分，进程可以包含若干个线程。

---

[1]指令指针、寄存器、堆栈可以参考《微机原理》相关书籍内容。

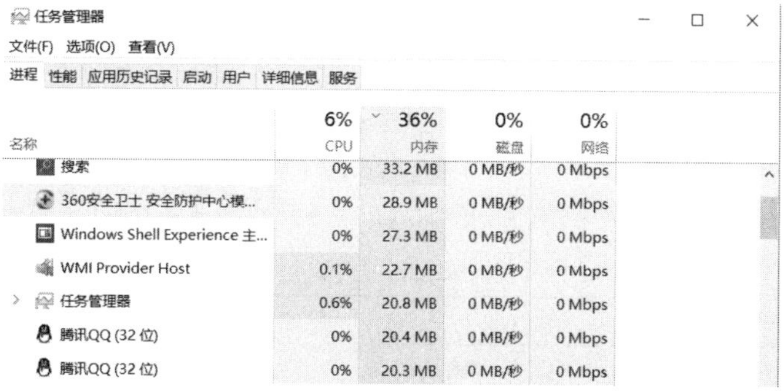

图 13.2 任务管理器里的所有进程

如果用过"网络蚂蚁""迅雷"等下载软件,就会发现它们可以同步下载多个文件,这个下载过程就用到了多线程技术。图 13.3 所示为迅雷多线程下载界面。

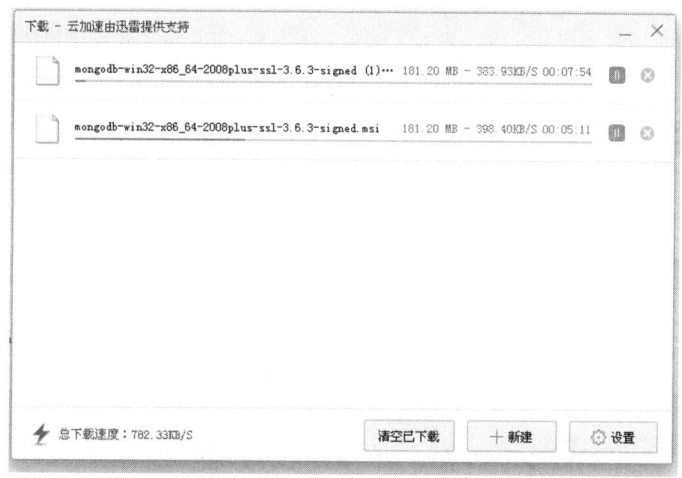

图 13.3 "迅雷"多线程下载界面

**3. 守护线程(Daemon Thread)**

守护线程是运行在后台的一种特殊线程。它独立于控制终端并且周期性地执行某种任务或等待处理某些发生的事件。它的作用是为其他线程提供服务,譬如操作系统的垃圾回收站、打印服务等。

守护线程另外一个特点:当主线程(如软件退出)时,守护线程会同步终止执行。这在退出前还需要处理部分数据保存等动作的情况下,是非常不利的。由此,在退出主线程前,需要处理其他资源,建议采用非守护线程方式。

## 13.1.2 多线程模块

Python 多线程模块包括_thread、threading、queue 模块等。

**1. _thread(thread)模块**

由于 thread 主要面向底层技术,而且其相关技术存在缺陷,因此在 Python 3.X 版本里 thread

已经被废弃,只是通过_thread 形式得到了保留。当然,可以调用_thread 模块进行相关功能的使用。

**2. threading 模块**

threading 模块取代 thread 模块,并提供了更多的高级线程相关功能。

1)函数

表 13.1 所示为 threading 模块提供的相关函数。

表 13.1  threading 模块提供的函数

| 函数名称 | 使用描述 |
| --- | --- |
| active_count() | 返回当前活动的线程对象的数量 |
| current_thread() | 返回当前线程对象 |
| get_ident() | 返回当前线程的 ID,这是一个非零整数 |
| enumerate() | 枚举函数,返回当前活动的所有线程对象(以列表形式) |
| main_thread() | 返回主线程对象。在正常情况下,主线程是 Python 解释器启动的线程 |
| settrace(func) | 为从线程模块启动的所有线程设置跟踪功能。func 参数为自定义函数名 |
| setprofile(func) | 为从线程模块启动的所有线程设置配置文件功能。func 参数为自定义函数名 |
| stack_size([size]) | 返回创建新线程时使用的线程堆栈大小。size 可选参数可以设置 0~32768(32KB)范围的数值,默认值为 0 |

2)常量

threading 提供 TIMEOUT_MAX 常量。

Lock.acquire()、RLock.acquire()、Condition.wait()等方法超过这个常量限定的最大时间后,将抛出 OverflowError 异常错误信息。

示例:threading 模块下函数使用

```
>>> import threading                          #导入 threading 模块
>>> threading.active_count()                  #统计当前活跃的线程数量
2
>>> threading.enumerate()                     #返回当前所有活跃的线程对象
[<_MainThread(MainThread, started 12856)>, <Thread(SockThread, started daemon 10416)>]
                                              #以列表形式返回当前所有线程对象❶
>>> threading.TIMEOUT_MAX
4294967.0
```

❶处枚举函数返回一个主线程、一个守护线程,线程数量与 active_count()统计结果一致。

3)类

threading 模块提供了 Thread、Lock、RLock、Condition、Semaphore、Event 等类支持功能。

(1)Thread 类

Thread 类是 threading 模块中最常用的功能,通过调用用户指定函数 func,用于独立生成一个活动的线程。调用用户指定函数 func,可以有两种方法:一是在 Thread 创建实例对象时,把 func 以参数形式传递给构造函数;二是通过继承 Thread 类,并重写 run()方法,调用 func 函数。在 Thread 的子类中,只允许对__init__()和 run()方法进行重写。

Thread 类以构造函数调用形式如下：
Thread(group=None, target=None, name=None, args=(), kwargs={}, *, daemon=None)

①group 参数，用于保留，作为将来的扩展功能。可以忽略该参数，或设置 group=None。

②target 参数，设置线程需要执行的自定义函数 func，如 target=func，设置完成后，被 run()方法调用；target=None 时，线程不执行任何动作。

③name 参数，指定需要执行的线程名称。不指定时，该类自动生成一个 Thread-N 形式的线程名称。

④args 参数，当自定义函数 func 带有参数时，把参数以元组形式通过 args 传递给 func。

⑤kwargs 参数，当自定义函数 func 带有参数时，把参数以字典形式通过 kwargs 传递给 func。

⑥daemon 参数，当 daemon 不是 None 时，通过设置（True 或 False）确定是否守护线程；当 daemon=None（默认情况下）时，守护线程属性将会继承父线程的状态（主线程默认情况下都为非守护线程）。

Thread 类的主要方法如表 13.2 所示。

表 13.2　Thread 类的主要方法

| 方法名称 | 使用描述 |
| --- | --- |
| start() | 线程启动状态（一个线程对象只能调用该方法一次），该方法必须在 run()方法前被调用 |
| run() | 运行线程，使线程处于活动状态；在 run()方法里执行指定的用户自定义函数 func。该方法可以在 Thread 子类里被重写 |
| join(timeout=None) | 阻塞调用线程。等待调用该方法的线程对象运行，一直到该线程执行终止，阻塞才释放。timeout 为可选参数，可以设置阻塞时间（以秒为单位）；当 timeout 参数不存在或为 None 时，该操作将阻塞，直到线程终止。该方法运行在 run()方法后 |
| name | 线程名称，初始名称由构造函数设置 |
| ident | 线程的 ID 号，如果线程尚未启动，则为 None；线程启动后是一个非零整数 |
| is_alive() | 返回线程是否存在 |
| daemon | 显示此线程是否为守护程序线程（True）或不（False）的布尔值。这必须在调用 start()之前设置，否则会引发 RuntimeError。它的初始值是从创建线程继承的。主线程不是守护进程线程，因此在主线程中创建的所有线程都默认为守护程序=False |

一旦一个线程对象被创建，其活动必须通过调用线程的 start()方法来启动；然后调用 run()方法执行指定的用户自定义函数 func。join()方法在 run()方法后执行。这会阻塞调用线程，直到调用 join()方法的线程运行终止，才能执行后续程序代码。

（2）Lock 类

Lock 类对象是**原始锁（Primitive Lock）**，提供低级别的同步原语[1]，由_thread 扩展模块直接实现。一旦一个线程获得了一个锁，随后获取它的尝试将被阻塞，直到它被释放；任何线程都可能释放它。原始锁有"锁定""解锁"两种状态，对应两个基本操作方法 acquire()和 release()。

①acquire()建立一个锁，建立成功返回一个 True 值，建立失败返回一个 False。

---

[1] 原语：操作系统或计算机网络用语范畴，是由若干条指令组成的，用于完成一定功能的一个过程。

②release()释放一个锁。

(3) RLock 类

RLock 类对象为**可重复锁**,它可以被同一个线程多次获取,可以避免 Lock 多次锁定产生的死锁问题。acquire()和 release()同样提供"锁定""解锁"功能,与 Lock 的区别:可以嵌套调用锁定和解锁方法。

(4) Condition 类

Condition(条件变量)对象提供了对复杂线程同步问题的支持功能。其除了提供与 Lock 类似的 acquire()和 release()方法外,还提供了 wait()和 notify()方法。

(5) Semaphore 类

Semaphore(信号量)是荷兰早期计算机科学家 Edsger W. Dijkstra(他用名字 P()和 V()代替 acquire()和 release())发明的计算机科学史上最古老的同步原语之一。一个信号量管理一个内部计数器,该计数器由每个 acquire()调用递减,并由每个 release()调用递增。

**3. queue 模块**

queue 模块实现多生产者、多消费者队列。当信息必须在多个线程之间安全地交换时,它在线程编程中特别有用。此模块中的 Queue 类实现了所有必需的锁机制。该技术是多线程之间安全共享数据的最佳选择技术之一。

## 13.2　第一个多线程[抢火车票]

对于初学编程的读者来说,多线程技术是一个相对比较难掌握的内容。为了更好地理解多线程技术,这里引入了抢火车票的实际应用场景,通过案例和线程技术的结合,更加生动地展示多线程技术的使用与好处。

### 13.2.1　不使用线程

这里先模拟多人抢购火车票的一个场景,需要实现如下场景功能。

(1)为旅客提供一定数量的火车票信息,如表 13.3 所示。

表 13.3　火车票信息表

| 出发时间 | 出发站 | 到站 | 数量 | 价格(元) |
| --- | --- | --- | --- | --- |
| 2018-4-7 8:00 | 北京 | 沈阳 | 10 | 120 |
| 2018-4-7 9:00 | 上海 | 宁波 | 5 | 100 |
| 2018-4-7 12:00 | 天津 | 北京 | 20 | 55 |
| 2018-4-7 14:00 | 广州 | 武汉 | 0 | 200 |
| 2018-4-7 16:00 | 重庆 | 西安 | 3 | 180 |
| 2018-4-7 18:00 | 深圳 | 上海 | 49 | 780 |
| 2018-4-7 18:10 | 武汉 | 长沙 | 10 | 210 |

（2）不同的旅客访问表13.3订购需要的票次。这里假设，张山一次购买2018年4月7日上海到宁波的火车票3张；李四一次购买2018年4月7日广州到武汉的火车票1张；王五一次购买2018年4月7日上海到宁波的火车票2张。在不用线程的情况下，他们同时上网登录火车票系统，做上述购票动作。

其对应的代码实现如下：

[**案例13.1**] 无线程购买火车票案例（buy_train_tickets.py）

```
from time import *                                    #导入time模块（主要调用sleep()方法）
from datetime import datetime                         #导入datetime模块的datetime对象
tickets=[['2018-4-7 8:00','北京','沈阳',10,120],
        ['2018-4-7 9:00','上海','宁波',5,100],
        ['2018-4-7 12:00','天津','北京',20,55],
        ['2018-4-7 14:00','广州','武汉',0,200],
        ['2018-4-7 16:00','重庆','西安',3,180],
        ['2018-4-7 18:00','深圳','上海',49,780],
        ['2018-4-7 18:10','武汉','长沙',10,210]]       #模拟火车票在线销售信息表
def buy_ticket(name,nums,data1,start_station):        #自定义买火车票函数
    i=0
    sleep(1)                                          #让函数执行暂停1s❶
    for get_record in tickets:                        #循环获取列表记录
        if get_record[0]==data1 and get_record[1]==start_station:    #比较时间、始发站
            if get_record[3]>=nums:                   #比较票的数量
                tickets[i][3]=get_record[3]-nums      #票数量够，减去已购买数量
                return nums                           #返回购买数量，终止函数调用
            else:
                print('%s 现存票数量不够，无法购买！ '%(name))   #票数据不够，给出提示
                return -1                             #返回操作终止标志-1
        i+=1                                          #循环次数自增变量
    print("%s 今日无票，无法购买！ "%(name))           #循环结束，还没有找到购票记录
    return -1                                         #返回操作终止标志-1
if __name__=='__main__':                              #是主程序执行后面代码
    print('开始时间： ',datetime.now())               #程序执行开始时间❷
    result=buy_ticket('张山',3,'2018-4-7 9:00','上海') #张山买票调用函数
    if result>0:                                      #返回值大于0
        print('张山购买%d 张票成功！ '%(3))            #提示购票操作成功！
    result=buy_ticket('李四',1,'2018-4-7 14:00','广州')#李四买票调用函数
    if result>0:                                      #返回值大于0
        print('李四购买%d 张票成功！ '%(1))            #提示购票操作成功！
    result=buy_ticket('王五',2,'2018-4-7 9:00','上海') #王五买票调用函数
    if result>0:                                      #返回值大于0
```

```
            print('王五购买%d 张票成功！'%(2))              #提示购票操作成功!
            print('结束时间：',datetime.now())              #程序主要部分执行结束时间❸
            print('剩余票数为：\n')
            for gets in tickets:
                print(gets)                                 #打印剩余票记录
```

代码执行结果如下：

```
>>>
开始时间： 2018-04-07 18:34:36.643818
张山购买 3 张票成功！
李四现存票数量不够，无法购买！
王五购买 2 张票成功！
结束时间： 2018-04-07 18:34:39.819106
剩余票数为：
['2018-4-7 8:00', '北京', '沈阳', 10, 120]
['2018-4-7 9:00', '上海', '宁波', 0, 100]
['2018-4-7 12:00', '天津', '北京', 20, 55]
['2018-4-7 14:00', '广州', '武汉', 0, 200]
['2018-4-7 16:00', '重庆', '西安', 3, 180]
['2018-4-7 18:00', '深圳', '上海', 49, 780]
['2018-4-7 18:10', '武汉', '长沙', 10, 210]
```

案例 13.1 是通过串行方式一个个地完成在线购买火车票的过程。也就是与实际现场排队在窗口买火车票的情景一样，张山先到，先买；然后李四，最后王五。

显然，这不是本节想要的结果，这里想并发同时处理多人一起买票的问题！

❶处的 sleep(1)方法故意让函数暂停 1s。这样做让❷处的开始时间和❸处的结束时间间隔大概在 3s 多一点，有利于比较直观地判断串行执行程序所需要花费的时间数。如果去掉 sleep(1)，读者将会发现❷处和❸处输出的时间差很小。

### 13.2.2　threading 函数方式实现

要实现并发同步处理在线购买火车票操作，需要使用多线程技术。这里主要通过 Thread 类实例调用自定义函数来实现。

[**案例 13.2**] 线程调用函数实现买火车票案例（threading_train_tickets1.py）

```
import threading                                  #导入 threading 模块
from time import *                                #导入 time 模块
from datetime import datetime                     #导入 datetime 模块
tickets=[['2018-4-7 8:00','北京','沈阳',10,120],
        ['2018-4-7 9:00','上海','宁波',5,100],
        ['2018-4-7 12:00','天津','北京',20,55],
        ['2018-4-7 14:00','广州','武汉',0,200],
```

```
                    ['2018-4-7 16:00','重庆','西安',3,180],
                    ['2018-4-7 18:00','深圳','上海',49,780],
                    ['2018-4-7 18:10','武汉','长沙',10,210]]
def buy_ticket(name,nums,data1,start_station):          #自定义买火车票函数
    i=0
    sleep(1)
    for get_record in tickets:
        if get_record[0]==data1 and get_record[1]==start_station :
            if get_record[3]>=nums:
                tickets[i][3]=get_record[3]-nums
                print('%s 购买%d 张票成功！'%(name,nums))
                return
            else:
                print('%s 现存票数量不够，无法购买！'%(name))
                return -1
        i+=1
    print("%s 今日无票，无法购买！"%(name))
    return -1
if __name__=='__main__':
    print('开始时间：',datetime.now())
    t1=threading.Thread(target=buy_ticket,args=('张山',3,'2018-4-7 9:00','上海'))   ❶
    t2=threading.Thread(target=buy_ticket,args=('李四',1,'2018-4-7 14:00','广州'))  ❷
    t3=threading.Thread(target=buy_ticket,args=('王五',2,'2018-4-7 9:00','上海'))   ❸
    t1.start()                            #启动线程 t1 运行
    t2.start()                            #启动线程 t2 运行
    t3.start()                            #启动线程 t3 运行
    t1.join()                             #阻塞线程直至线程 t1 终止，释放该进程
    t2.join()                             #阻塞线程直至线程 t2 终止，释放该进程
    t3.join()                             #阻塞线程直至线程 t3 终止，释放该进程
    print('结束时间：',datetime.now())           ❹
    print('剩余票数为：\n')
    for gets in tickets:
        print(gets)
```

代码执行结果如下：

```
>>>
开始时间： 2018-04-07 18:37:14.587899
张山购买 3 张票成功！王五购买 2 张票成功！李四现存票数量不够，无法购买！
结束时间： 2018-04-07 18:37:15.706408
剩余票数为：
['2018-4-7 8:00', '北京', '沈阳', 10, 120]
['2018-4-7 9:00', '上海', '宁波', 0, 100]
['2018-4-7 12:00', '天津', '北京', 20, 55]
['2018-4-7 14:00', '广州', '武汉', 0, 200]
```

['2018-4-7 16:00', '重庆', '西安', 3, 180]
['2018-4-7 18:00', '深圳', '上海', 49, 780]
['2018-4-7 18:10', '武汉', '长沙', 10, 210]

案例 13.2 通过定义❶、❷、❸3 个 threading.Thread 对象的实例，实现对自定义购买火车票函数的调用，然后通过 3 个 start()方法启动 3 个线程运行。为了防止 3 个线程运行过程主线程同时执行从❹处开始的打印程序，通过 join()堵塞线程，让 3 个线程先运行，当所有前面 3 个线程运行完成后再执行❹处开始的代码。

通过执行案例 13.2 最大的收获，是验证了多线程并行处理可以节省时间的好处。通过最后执行结果可以看出，开始时间和结束时间的时间差为 1s 多一点。这与案例 13.1 执行结果需要 3s 多相比，接近于 1:3 的关系，多线程处理的好处显而易见。

**注意**

所有多线程程序在不同的计算机上表现是不一样的；线程数量的多少也会导致程序运行效率的差异，所以，完成多线程程序开发后，在不同的条件下进行测试是非常必要的。

### 13.2.3　threading 类方式实现

案例 13.2 初步实现了多线程处理相关业务的功能与好处。但是其使用方法是固定的，不够灵活，这里采用面向对象的编程方法，通过类方法来实现更加灵活的代码功能的使用。

[**案例 13.3**] 用类方式实现多线程买火车票案例（threading_train_tickets2.py）

```python
import threading                               #导入 threading 模块
from time import *                             #导入 time 模块
from datetime import datetime                  #导入 datetime 模块
tickets=[['2018-4-7 8:00','北京','沈阳',10,120],
         ['2018-4-7 9:00','上海','宁波',5,100],
         ['2018-4-7 12:00','天津','北京',20,55],
         ['2018-4-7 14:00','广州','武汉',0,200],
         ['2018-4-7 16:00','重庆','西安',3,180],
         ['2018-4-7 18:00','深圳','上海',49,780],
         ['2018-4-7 18:10','武汉','长沙',10,210]]   #火车票记录列表
def buy_ticket(name,nums,data1,start_station):      #自定义购买火车票函数
    i=0
    sleep(1)
    for get_record in tickets:
        if get_record[0]==data1 and get_record[1]==start_station :
            if get_record[3]>=nums:
                tickets[i][3]=get_record[3]-nums
                print('%s 购买%d 张票成功！ '%(name,nums))
                return
            else:
                print('%s 现存票数量不够，无法购买！ '%(name))
                return -1
```

```
            i+=1
        print("%s 今日无票，无法购买！"%(name))
        return -1
class MThread(threading.Thread):                #新增继承 Thread 类的子类 MThread
    def __init__(self,target,args):             #定义类的构造函数__init__
        threading.Thread.__init__(self)         #继承父类的__init__
        self.target=target                      #把自定义函数传递给类变量
        self.args=args                          #自定函数的参数，传递给类变量
    def run(self):                              #重写 run()方法
        self.target(*self.args)                 #线程在此，执行自定义函数
if __name__=='__main__':                        #若为主程序，则执行后续代码
    visitor=[('张山',3,'2018-4-7 9:00','上海'),
             ('李四',1,'2018-4-7 14:00','广州'),
             ('王五',2,'2018-4-7 9:00','上海')]  #以列表形式定义抢票访问内容
    class_do_list=[]                            #定义装线程对象的空列表
    print('开始时间：',datetime.now())
    for get_r in visitor:                       #把抢票信息循环装入多线程对象中
        get_one=MThread(target=buy_ticket,args=get_r)  #产生一个抢票线程实例
        class_do_list.append(get_one)           #把线程实例添加到列表里
    for i in range(len(class_do_list)):         #循环启动线程实例
        class_do_list[i].start()
    for i in range(len(class_do_list)):         #循环进行线程阻塞，等待线程执行结束
        class_do_list[i].join()
    print('结束时间：',datetime.now())
    print('剩余票数为：\n')
    for gets in tickets:                        #循环输出火车票记录表执行结果
        print(gets)
```

代码执行结果如下：

```
>>>
开始时间： 2018-04-07 20:06:50.492905
张山购买 3 张票成功! 王五购买 2 张票成功! 李四现存票数量不够，无法购买!
结束时间： 2018-04-07 20:06:51.633311
剩余票数为：
['2018-4-7 8:00', '北京', '沈阳', 10, 120]
['2018-4-7 9:00', '上海', '宁波', 0, 100]       #处的票数从 5 张变成了 0 张，与提示购买成功的数量一致。
['2018-4-7 12:00', '天津', '北京', 20, 55]
['2018-4-7 14:00', '广州', '武汉', 0, 200]
#处的票数量 0 张不变，与原先就为 0 张一致，与提示李四无法购买一致。
['2018-4-7 16:00', '重庆', '西安', 3, 180]
['2018-4-7 18:00', '深圳', '上海', 49, 780]
['2018-4-7 18:10', '武汉', '长沙', 10, 210]
```

## 13.3 线程同步

在真正的多线程环境下,不同线程存在同时争抢共享数据的问题,会导致数据出现异常现象。为了避免异常数据的出现,引入了线程同步技术概念。所谓的线程同步就是通过技术手段,使多线程有序使用共享数据,避免数据出错问题的发生。

### 13.3.1 多线程竞争出错

多线程对同一个共享数据进行操作,而产生异常的现象叫作条件竞争。这个条件竞争发生在多线程之间不同步的情况下。

图 13.4 所示为没有同步的多线程,对 CPU 共享数据进行操作时,产生数据错误的示意图。

(1)若干线程同时运行(这里示例为线程 1、线程 2),对同一个基于 CPU 运行的数据进行读取,同步读取 i=10。

(2)在 CPU 产生条件竞争,同时修改 i,线程 1 把 i 修改为 9,线程 2 把 i 也修改为 9。

(3)线程输出错误结果,线程 1 输出值为 9,线程 2 输出值也为 9。正常状态,线程 1 读取 i=10,然后修改为 i=9;接着线程 2 读取并修改为 i=8。显然,这个正常设想结果,与多线程实际运行结果是不一致的,产生了多线程竞争条件异常现象。

这种异常现象,在没有采取措施的真正的多线程环境中是不确定性地存在的,导致了业务系统运行的异常。

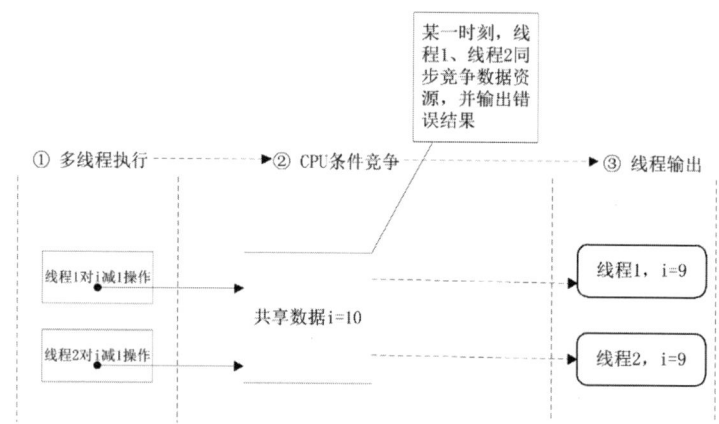

图 13.4 多线程竞争出错示意图

### 13.3.2 尝试让多线程共享数据出错

多线程的不稳定性会导致数据出现异常,根据出错机制,这里想通过 Python 语言来模拟多线程条件竞争现象。设计思路:通过运行成百上千的线程,并发读取并修改共享数据,让其产生数据异常现象。

仍旧以在线竞购火车票为例，采取如下方法：

（1）增加在线火车票信息表记录数，增加一个线程读取并寻找指定火车票记录的处理时间。

（2）增加旅客同时访问火车票信息表的人数，这里初始设置为 500 人，相当于同时产生 500 个线程，并抢购火车票。

（3）增加抢票前、抢票后的火车票信息记录更新线程各一次，每次更新 5 张上海始发的火车票数量，以干扰抢票线程。

根据上述思路和方法，改进后的程序如下。

［**案例 13.4**］出错的多线程买火车票案例（error_threading_train_tickets.py）

```
import threading
from time import *
from datetime import datetime
tickets=[['2018-4-7 8:00','北京','沈阳',10,120],
        ['2018-4-7 9:00','上海','宁波',5,100],
        ['2018-4-7 12:00','天津','北京',20,55],
        ['2018-4-7 14:00','广州','武汉',0,200],
        ['2018-4-7 16:00','重庆','西安',3,180],
        ['2018-4-7 18:00','深圳','上海',49,780],
        ['2018-4-7 18:10','武汉','长沙',10,210],

        ['2018-4-8 8:00','北京','沈阳',10,120],
        ['2018-4-8 9:00','上海','宁波',5,100],
        ['2018-4-8 12:00','天津','北京',20,55],
        ['2018-4-8 14:00','广州','武汉',0,200],
        ['2018-4-8 16:00','重庆','西安',3,180],
        ['2018-4-8 18:00','深圳','上海',49,780],
        ['2018-4-8 18:10','武汉','长沙',10,210],

        ['2018-4-9 8:00','北京','沈阳',10,120],
        ['2018-4-9 9:00','上海','宁波',990,100],
        ['2018-4-9 12:00','天津','北京',20,55],
        ['2018-4-9 14:00','广州','武汉',0,200],
        ['2018-4-9 16:00','重庆','西安',3,180],
        ['2018-4-9 18:00','深圳','上海',49,780],
        ['2018-4-9 18:10','武汉','长沙',10,210]]
                                        # 为了增加多线程读写出错的几率，增加了火车票销售记录数量
def update_prcie(start_station,nums):
    j=0
    while j<len(tickets):
        tickets[j][3]=tickets[j][3]+nums
        j+=1
                                        # 火车票数量增加函数
def buy_ticket(name,nums,data1,start_station):     #自定义购买火车票函数
```

```python
            i=0
            #sleep(1)
            for get_record in tickets:
                if get_record[0]==data1 and get_record[1]==start_station :
                    if get_record[3]>=nums:
                        tickets[i][3]=get_record[3]-nums
                        print('%s 购买%d 张票成功！\n'%(name,nums))
                        return
                    else:
                        print('%s 现存票数量不够，无法购买！\n '%(name))
                        return -1
                i+=1
            print("%s 今日无票，无法购买！\n "%(name))
            return -1
class MThread(threading.Thread):                    #自定义抢票线程处理类
    def __init__(self,target,args):                 #传递自定义函数名和其参数
        threading.Thread.__init__(self)
        self.target=target                          #自定义函数赋给类属性
        self.args=args                              #自定义函数的参数赋给类属性
    def run(self):
        self.target(*self.args)                     #线程执行自定义函数
if __name__=='__main__':
    class_do_list=[]
    print('开始时间：',datetime.now())
    get_one=MThread(target=update_prcie,args=("上海",5))   #一个更新火车票数量线程
    class_do_list.append(get_one)
    for get_i in range(500):                                #循环产生 500 个并发线程
        get_one=MThread(target=buy_ticket,args=(get_i,2,'2018-4-9 9:00','上海'))
        class_do_list.append(get_one)
    get_one=MThread(target=update_prcie,args=("上海",5))   #一个更新火车票数量线程
    class_do_list.append(get_one)
    for i in range(len(class_do_list)):
        class_do_list[i].start()
    for i in range(len(class_do_list)):
        class_do_list[i].join()
    print('结束时间：',datetime.now())
    print('剩余票数为：\n')
    for gets in tickets:
        print(gets)
```

> 为了增加多线程读写出错的几率，500 名旅客在线并发购买操作数量，并增加两次火车票数量增加线程

代码执行结果如下：

```
>>>
开始时间： 2018-04-09 16:50:08.531250
0 购买 2 张票成功！
1 购买 2 张票成功！
…
496 购买 2 张票成功！        #上述代码执行结果 497 个顾客都买到了各自 2 张火车票（994 张）
```

```
497 现存票数量不够,无法购买!
498 现存票数量不够,无法购买!                    #3 个顾客(6 张票)没有买到火车票
499 现存票数量不够,无法购买!
结束时间: 2018-04-09 16:50:13.625000
剩余票数为:
['2018-4-7 8:00', '北京', '沈阳', 20, 120]
['2018-4-7 9:00', '上海', '宁波', 15, 100]
['2018-4-7 12:00', '天津', '北京', 30, 55]
['2018-4-7 14:00', '广州', '武汉', 10, 200]
['2018-4-7 16:00', '重庆', '西安', 13, 180]
['2018-4-7 18:00', '深圳', '上海', 59, 780]
['2018-4-7 18:10', '武汉', '长沙', 20, 210]
['2018-4-8 8:00', '北京', '沈阳', 20, 120]
['2018-4-8 9:00', '上海', '宁波', 15, 100]
['2018-4-8 12:00', '天津', '北京', 30, 55]
['2018-4-8 14:00', '广州', '武汉', 10, 200]
['2018-4-8 16:00', '重庆', '西安', 13, 180]
['2018-4-8 18:00', '深圳', '上海', 59, 780]
['2018-4-8 18:10', '武汉', '长沙', 20, 210]
['2018-4-9 8:00', '北京', '沈阳', 20, 120]
['2018-4-9 9:00', '上海', '宁波', 6, 100]                #显示还剩余 6 张没有卖出
['2018-4-9 12:00', '天津', '北京', 30, 55]
['2018-4-9 14:00', '广州', '武汉', 10, 200]
['2018-4-9 16:00', '重庆', '西安', 13, 180]
['2018-4-9 18:00', '深圳', '上海', 59, 780]
['2018-4-9 18:10', '武汉', '长沙', 20, 210]
```

本案例测试环境为 Windows 10,4 内核 CPU,8GB 内存。

这个结果给了作者很大疑惑,在 Python 语言解释器环境下运行多线程似乎还是一个个轮着执行的,并没有做到真正的多线程同步并发!

经过几十次反复测试,运行结果与上面完全一致,并没有出现多线程条件竞争问题。这让作者很是疑惑,难道其他编程语言存在的多线程冲突问题在 Python 语言里不存在?

于是作者决定深入研究 Python 的 CPython 解释器下多线程的运行原理。

> **注意**
> 
> 在操作系统里运行多线程是有数量限制的!作者在测试多线程时,最多同时启动 800 多个线程,超过限制范围,运行更多的线程将报错!

### 13.3.3 CPython 的痛

通过翻阅 Python 官网的相关资料,同时参考了国内外一些大咖们对 Python 的 CPython 解释器

执行多线程原理的分析，逐步验证了自己的一些猜测和测试结论。

**1．CPython 的多线程技术之痛**

在 Python 官网下载的默认解释器是采用 C 语言编写的 CPython 解释器。在 Python 语言开发之初，计算机都是单核 CPU，每个单核 CPU 同一时刻只能运行一个线程。为了模拟多线程工作，这里采用了模拟机制，让不同线程根据时间片段，轮流着去执行数据，使多线程具有相对均衡的时间机会使用 CPU 计算资源。基于当时的 CPU 技术，Python 语言发明人采用了单核 CPU 技术进程技术。为了保证线程执行的安全，在 CPython 解释器上提供了全局解释器锁（Global Interpreter Lock，GIL），当在 CPython 解释器上执行 Python 代码时，GIL 会保护代码的线程独立使用共享数据，直到解释器遇到 I/O 操作或者操作次数达到一定数目时才会释放 GIL。所以 CPython 解释器整体作为一个进程，同一时间只有一个获得 GIL 保护的线程在执行，其他线程则处于等待状态。由此，得出 CPython 解释器下多线程执行的结论。

（1）CPython 解释器环境下的 Python 语言只存在模拟多线程状态，不存在真正的并发多线程。也就是说，在多核 CPU 情况下，无法利用多核同时执行多个线程，以提高执行效率。

（2）CPython 受全局解释器锁保护，提供了模拟多线程执行安全，但是无法实现真正的并发多线程。

（3）多线程有两个应用方向，即 CPU-bound（计算密集型）和 I/O bound（I/O 密集型）。计算密集型任务（CPU-bound）主要通过多线程，充分利用 CPU 的资源（特别是多核计算资源）解决特定复杂计算问题，如复杂的科学计算算法。I/O 密集型任务（I/O bound）主要通过多线程，对磁盘 I/O、网络 I/O 进行读写处理，CPU 计算任务比较小。这符合 GIL 快速锁定、快速释放特点。

由此，可以得出 CPython 解释器环境下易执行 I/O 多线程操作，避免利用它做 CPU 多线程操作。

从上述三个结论可以印证案例 13.4 执行结果的疑惑。原来在 CPython 解释器下执行的多线程都受 GIL 这把全局锁保护，使多线程在某一时刻访问数据共享资源时，只能允许一个线程执行。这样保证了线程之间的安全，避免了数据共享资源的冲突，但是做不到真正的多线程并发处理。

其实，CPython 的 GIL 问题是 Python 开源社区最难解决、最头疼的问题，为了避开其多线程技术的缺陷，甚至有专家建议用其他方法代替。

难道 Python 不能真正实现多任务操作？办法还是有的，这里先要避开 CPython 本身的缺陷，可以采用其他技术来代替它。

**2．Python 的多线程技术的替代方案**

（1）采用 Jython、IronPython、PyPy 等其他解释器。上述几种解释器不受 GIL 约束，实现了真正意义上的多线程并发技术。

Jython 解释器的官网地址：http://www.jython.org/。

IronPython 解释器的官网地址：http://ironpython.net/。

PyPy 解释器的官网地址：http://pypy.org/。

（2）利用 ctypes 模块绕过 GIL 约束。ctypes 提供了在 Python 语言环境下调用 C 语言动态库的能力。借助 C 语言函数的功能实现对多内核 CPU 的使用。ctypes 模块使用 C 语言方法，详见官网提供的《Python 使用文档》的标准库相关章节内容。

（3）利用 multiprocessing 模块。这里可以通过 Python 语言提供的 multiprocessing 模块多进程功能，进行多任务处理。将在 13.5 节详细介绍。

（4）其他方法，将在 13.6 节介绍。

### 13.3.4 加锁

多线程之间在读、写共享数据时发生的异常行为称为竞争条件。通过对临界区（对临界资源进行操作的那部分代码）进行加锁，可以避免多线程竞争条件的问题。

这里对案例 13.4 的 MThread 类进行改进，主要对调用线程处理火车票信息表操作的 self.target(*self.args)进行加锁操作。

[案例 13.5] 带锁的多线程买火车票案例（Lock_threading.py）

```
…
class MThread(threading.Thread):
    def __init__(self,target,args):
        threading.Thread.__init__(self)
        self.target=target                      #把自定义函数传递给 self.target
        self.args=args                          #传递自定义函数的参数
        self.threadLock=threading.Lock()        #创建原始锁实例
    def run(self):
        self.threadLock.acquire()               #线程运行前，锁定
        self.target(*self.args)                 #临界区，直接处理火车票信息表
        self.threadLock.release()               #线程运行结束，解锁
…
```

上述代码确保在某一时刻，只有一个线程在处理火车票信息表内容，其他线程处于等待状态。

使用 with 语句[1]：

对于上述代码可以通过 with 语句与 Lock 对象的集合，进一步提高代码的简洁程度。

把上述 run()方法里的内容修改为如下：

```
def run(self):
    with self.threadLock                        #线程运行前，锁定
        self.target(*self.args)                 #临界区，直接处理火车票信息表
```

执行 with 语句包含的代码块，with 语句会在这个代码块执行前自动获取锁，在执行结束后自动释放锁。

> 📢 **注意**
>
> CPython 解释器已经提供了 GIL 全局锁，对运行的线程进行了安全保护。但是，在真正的多线程运行环境下，如 Jython、IronPython 环境下，必须手工代码增加锁技术保护。

### 13.3.5 防止死锁

在使用 Lock 锁过程中，若对一个线程做重复加锁动作，则会导致线程死锁问题。

---

[1] RLock、Condition、Semaphore、BoundedSemaphore 及打开文件的 open()都可以用 with 语句。

[**案例 13.6**] 线程锁死案例（MultiThreadLocking.py）

```
import threading                              #导入 threading 模块
def ShowOK():                                 #自定义函数
    print("OK")                               #打印 OK
if __name__=='__main__':
    t1=threading.Thread(target=ShowOK)        #线程调用自定义函数，并创建实例
    lock=threading.Lock()                     #创建锁实例
    lock.acquire()                            #加锁一次
    lock.acquire()                            #加锁二次
    t1.start()                                #启动线程
    lock.release()                            #解锁一次
    lock.release()                            #解锁二次
    print("锁死了吗？")
```

执行案例 13.6 代码，输出结果如下：

```
>>> ============================ RESTART ============================
>>>
```

程序处于假死状态，无法输出任何结果。

在多线程程序中，死锁问题很大一部分是由于线程同时获取多个锁造成的。

为了释放这个锁死的线程，只能退出解释器，如图 13.5 所示。

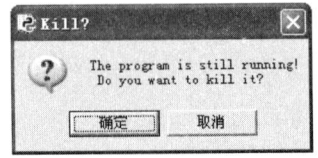

图 13.5  退出解释器，释放被锁死的线程

要防止 Lock 锁死线程，可以改用 RLock 锁。修改案例 13.6 代码如下。

[**案例 13.7**] 多次锁定线程案例（MultiThread_RLock.py）

```
import threading
def ShowOK():
    print("OK")
if __name__=='__main__':
    t1=threading.Thread(target=ShowOK)
    lock=threading.RLock()                    #从 Lock 改为 RLock
    lock.acquire()
    lock.acquire()
    t1.start()
    lock.release()
    lock.release()
    print("锁死了吗？")
```

执行结果如下：
```
>>>
锁死了吗？
OK
>>>
```
在采用可重复锁的情况下，对一个线程做多次加减锁操作，都可以保证线程的正常执行，而不会锁死。所以，采用 RLock 锁比采用 Lock 锁要可靠得多。

## 13.4 线程队列模块

Python 的 queue 模块实现多生产者（Multi-Producer）、多消费者（Multi-Consumer）队列。队列是由若干个元素按照一定顺序组合而成的一种数据结构，类似人们排队过程。图 13.6 所示为普通队列的示意图，第一个元素对应下标 0，第二个元素对应下标 1……。这里的元素为 Python 语言里任何可以接受的对象，如数字、字符串、列表等。当信息必须在多个线程之间安全地交换时，queue 模块在线程编程中具有很大安全优势，该类实现了所有必需的锁操作功能。

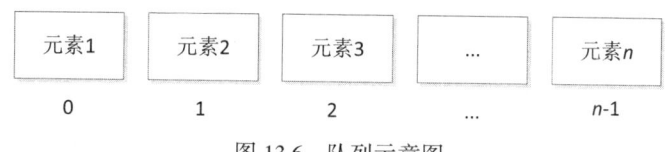

图 13.6　队列示意图

**1．队列的三种类型**

queue 模块实现三种类型的队列，它们仅在检索元素的顺序上有所不同。在 FIFO（First In First Out，先进先出）队列中，添加的第一个元素是第一个检索的；在 LIFO（Last In First Out，后进先出）队列中，最近添加的元素是第一个检索到的（像堆栈一样操作）；使用优先级队列，元素保持排序（使用 heapq 模块），并且首先检索最低值元素。Queue 模块三种类型所对应的类对象如表 13.4 所示。

表 13.4　queue 模块提供的类

| 类　名 | 功能描述 |
| --- | --- |
| queue.Queue(maxsize=0) | FIFO 队列的构造器。maxsize 是一个整数，用于设置可以放入队列中的元素个数的上限。一旦达到此大小，插入将会阻塞，直到队列元素被消耗完。如果 maxsize 小于或等于零，则队列大小是无限的 |
| queue.LifoQueue(maxsize=0) | LIFO 队列的构造器。maxsize 是一个整数，用于设置可以放入队列中的元素个数的上限。一旦达到此大小，插入将会阻塞，直到队列元素被消耗完。如果 maxsize 小于或等于零，则队列大小是无限的 |
| queue.PriorityQueue(maxsize=0) | 优先队列的构造函数。maxsize 是一个整数，用于设置可以放入队列中的元素个数的上限。一旦达到此大小，插入将会阻塞，直到队列元素被消耗完。如果 maxsize 小于或等于零，则队列大小是无限的 |

**2．队列算法**

1) FIFO 算法

FIFO 算法的示意图如图 13.7 所示，元素 1 最早排队，元素 2 第二个，以此类推，这是进队列的过程；出队列时，最早进入的元素 1 先被取走，然后元素 2、元素 3，以此类推。实现 FIFO 算法具体由 queue 模块的 Queue 类对象来实现。

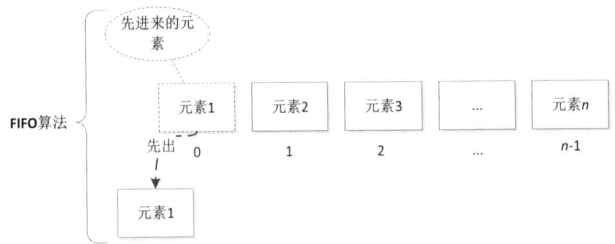

图 13.7　FIFO 算法

2) LIFO 算法

LIFO 算法的示意图如图 13.8 所示，元素 1 最早排队，元素 2 第二个，以此类推，这是进队列的过程；出队列时，最晚进入的元素 $n$ 先被取走，然后元素 $n$-1、元素 $n$-2，以此类推。实现 LIFO 算法具体由 queue 模块的 LifoQueue 类对象来实现。

图 13.8　LIFO 算法

3) 优先级算法

队列优先级算法的示意图如图 13.9 所示，在普通队列的基础上为每个元素提供了数字权重，数字越小的权重越大，出队列操作越优先。数字权重在元素进队列时进行确定。就像医院要求紧急抢救病人，优先组织看病。由此，当这个病人进来时，给予最优的一个权重数，如图 13.9 里最小的 1。那么意味着医生第一个叫这个病人先看病。

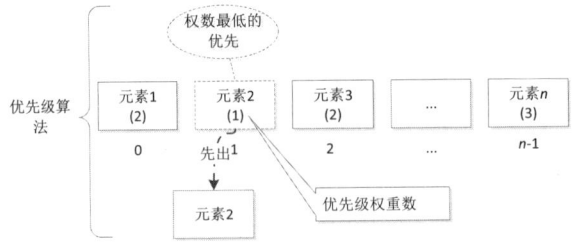

图 13.9　优先级算法

实现优先级算法具体由 queue 模块的 PriorityQueue 类对象来实现。

## 3. FIFO 代码实现过程

在使用 Queue 类实现 FIFO 过程中，需要用到如表 13.5 所示的一些方法。

表 13.5 Queue 类的主要方法

| 方 法 | 功能描述 |
| --- | --- |
| qsize() | 返回队列的大小。它会随着 put()、get()方法操作而变化 |
| put(item, block=True, timeout=None) | 通过 item 参数将元素放入队列中。如果可选参数 block 为真，并且可选参数 timeout 超时值为无（默认值），则在队列元素满时，需要禁止进队操作，直到队列空时可用。如果 timeout 值为正数，则在最长超时秒数内阻塞，如果在该时间内没有空闲位置可用，则会引发异常出错 |
| get(block=True, timeout=None) | 从队列中移除并返回一个元素。如果可选参数 block 值为 true 并且 timeout 值为无（默认值），则在必要时阻止该操作，直到元素可用。如果 timeout 是一个正数，它将最多阻塞秒数，并在该时间内没有可用元素时引发空异常出错 |
| join() | 线程阻塞，直到队列中的所有元素都被获取并处理。每当将元素添加到队列中时，未完成任务的数量就会增加。只要消费者线程调用 task_done() 来指示该元素已被检索并且所有元素都已完成，则计数就会下降。当未完成任务的计数降至零时，join()将取消阻止 |
| empty() | 如果队列为空，则返回 True，否则返回 False |
| full() | 如果队列已满，则返回 True，否则返回 False |

LifoQueue 和 PriorityQueue 类也具有上述功能对象。

[案例 13.8] 队列线程案例（Queue.py）

```
import queue                                        #导入 queue 模块
import threading                                    #导入 threading 模块
import time                                         #导入 time 模块
import random                                       #导入 random 模块（随机数）
q_data=queue.Queue(10)                              #创建 10 个元素的队列实例
do_thread_num=5                                     #指定 5 个线程的变量
def getOne(one,j):                                  #自定义获取队列元素输出打印函数
    time.sleep(random.random()*3)                   #让线程休眠随机秒（时间范围[0,3]）
    print(" 线程序号%d,获取元素%d\n"%(j,one))         #把队列获取元素结果进行打印输出
class MyThread(threading.Thread):                   #自定义获取队列元素线程类
    def __init__(self,func,data,j):                 #类构造函数，传递参数❶
        threading.Thread.__init__(self)             #继承线程类构造函数
        self.data=data                              #把队列对象传递给 data 变量
        self.j=j                                    #把队列调用序号传递给 j 变量
        self.func=func                              #把自定义函数传递给 func 变量
    def run(self):                                  #重写 run 方法
        while self.data.qsize()>0:                  #根据队列实际大小，循环
            self.func(self.data.get(),self.j)       #获取队列元素，调用自定义输出函数
if __name__=='__main__':
```

```
        for data in range(do_thread_num*2):        #循环 10 次，从 0 到 9
            q_data.put(data)                        #给队列增加 0 到 9 的元素值
        for j in range(do_thread_num-4):            #这里只让一个线程读 10 个元素❷
            t1=MyThread(getOne,q_data,j).start()    #启动线程读队列元素
```

代码执行结果如下：

```
>>>线程序号 0,获取元素 0
线程序号 0,获取元素 1
线程序号 0,获取元素 2
线程序号 0,获取元素 3
线程序号 0,获取元素 4
线程序号 0,获取元素 5
线程序号 0,获取元素 6
线程序号 0,获取元素 7
线程序号 0,获取元素 8
线程序号 0,获取元素 9
```

在一个线程读取队列元素情况下，可以非常直观地看到先进去的元素先获取，并打印输出。

❶处传递的参数 func 为自定义函数对象，data 为队列对象，j 为线程调用序号。

若把❷处的 4 去掉，让 5 个线程同步处理队列数据，将会看到不同线程读取队列里不同元素的结果，并根据随机休眠时间的不同，按不同顺序进行输出。输出结果示例如下：

```
>>>
线程序号 0,获取元素 0
线程序号 2,获取元素 2
线程序号 4,获取元素 4
线程序号 3,获取元素 3
线程序号 1,获取元素 1
线程序号 2,获取元素 6
线程序号 0,获取元素 5
线程序号 4,获取元素 7
线程序号 1,获取元素 9
线程序号 3,获取元素 8
```

Queue 保证了多线程竞争条件下数据的安全性。

## 13.5　并发进程模块

在 Python 中引入多进程技术，是一种代替多线程技术的好的选择方案。

multiprocessing 是一个使用类似于线程模块的 API 来支持多进程的软件包。多处理包提供本地和远程并发，通过使用子进程而不是线程有效地避开全局解释器锁。由于这个原因，多处理模块允

许程序员充分利用给定机器上的多个处理器。它可以在 UNIX 和 Windows 上运行。

使用多进程往往是用来处理 CPU 密集型的需求，如科学计算；如果是 I/O 密集型，则可以使用多线程去处理，如网络爬虫。

### 13.5.1 Process 创建多进程

multiprocessing 模块最主要的对象是 Process 类，通过它来创建进程。

**1．Process 类对象构造函数调用形式**

Process(group=None, target=None, name=None, args=(), kwargs={}, *, daemon=None)

其参数使用方法同 13.1.2 节里的 Thread 类。其中：

（1）group 可选保留参数。

（2）target 传递进程需要处理的自定义函数。

（3）name 参数指定进程名。

（4）args 以元组形式传递自定义函数的参数。

（5）kwargs 以字典形式传递自定义函数的参数。

（6）daemon 可选参数，指定值为 True 时，表示该进程为守护进程。默认状态为非守护进程。

**2．Process 类所支持的主要方法和属性**

Process 类所支持的主要方法和属性如表 13.6 所示。

表 13.6　Process 类的主要方法和属性

| 方法或属性 | 功能描述 |
| --- | --- |
| start() | 启动进程 |
| run() | 执行进程需要处理的自定义函数 |
| join([timeout]) | 进程阻塞，等待调用进程执行完毕，释放阻塞。若指定 timeout 参数（时间单位为秒），则指定时间到点，就释放阻塞 |
| name | 指定进程名 |
| is_alive() | 返回进程是否空闲的状态值，True 为空闲，False 为忙 |
| daemon | 在进程启动前设置 daemon=True 为守护进程；daemon=False 或默认值为非守护进程 |
| pid | 进程执行过程，调用该属性，返回一个进程 ID 号 |
| exitcode | 提供判断子进程是否退出的标志；值为 None 表示子进程未结束 |
| authkey | 当 Process 对象创建，为进程生成一个授权键（以字节字符串） |
| sentinel | 提供哨兵事件处理句柄数字 |
| terminate() | 强制结束进程 |

**3．示例一：创建进程**

［案例 13.9］多进程案例（Process.py）

```
from multiprocessing import Process        #导入 multiprocessing 模块指定对象
from datetime import datetime               #导入 datetime 模块
def do1(j):                                  #自定义打印函数（供进程调用）
```

```
            print("第%d 进程！ "%(j))
    class MyProcess(Process):                        #自定义进程类 MyProcess
        def __init__(self,target,args):              #定义类构造函数__init__
            Process.__init__(self)                   #继承 Process 的构造函数
            self.target=target                       #把自定义函数传递给属性 target
            self.args=args                           #把函数对应的参数传递给属性 args
        def run(self):                               #重写 run 方法
            self.target(self.args)                   #调用自定义函数
    if __name__=='__main__':                         #主程序，执行后面的程序
        print('开始时间：',datetime.now())            #打印开始时间
        for i in range(10):                          #循环产生 0 到 9 的进程
            p1=MyProcess(target=do1,args=(i,))       #创建传递自定义函数和参数的进程
            p1.start()                               #启动进程
            p1.join()                                #进程阻塞
        print('结束时间：',datetime.now())            #打印程序结束时间
```

在 Windows 命令提示符下执行结果如图 13.10 所示。

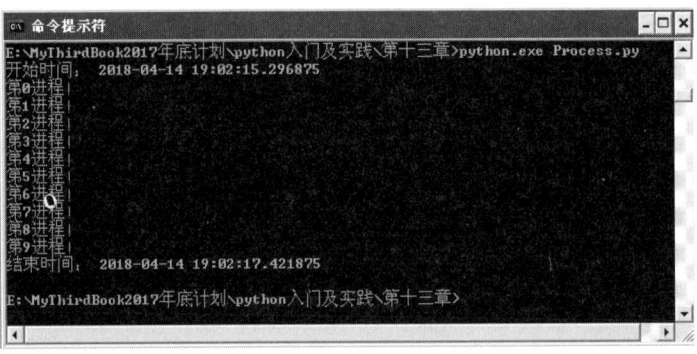

图 13.10　命令提示符下执行多线程

使用多进程过程与使用多线程过程非常相似，主要区别：前者使用 multiprocessing 模块的 Process 类，后者使用 threading 模块的 Thread 类。

**注意**

在 CPython 解释器里，也就是 IDLE 环境下，无法正常运行 Process 提供的进程，需要在命令提示符、Eclipse 等其他环境下运行，才能正常显示运行结果。

### 13.5.2　基于 Pool 的多进程

案例 13.9 的多进程技术适用小规模的并发进程。当产生大规模的并发进程时，将会消耗大量的内存资源，甚至出现运行异常。为了解决大规模并发进程运行的问题，这里引入了**进程池（Pool）**的概念。

为了科学地使用多进程，如控制进程数量、保证进入进程池里的进程并发访问数据资源，

multiprocessing 模块提供了 Pool 类对象。

**1．Pool 类的构造函数使用**

Pool([processes[, initializer[, initargs[, maxtasksperchild[, context]]]]])

其参数使用方法如下：

（1）processes 可选参数，是要使用的工作进程的数量。如果进程为 None（或省略），则默认使用由 os.cpu_count()返回的数字。

（2）initializer 可选参数，如果该参数不为 None（或省略），那么每个工作进程在启动时会调用 initializer(*initargs)。

（3）maxtasksperchild 可选参数，是一个工作进程在退出之前可以完成的任务数量，并被新的工作进程取代，以便释放未使用的资源。默认的 maxtasksperchild 是 None，这意味着工作进程的生存时间与进程池一样长。

（4）context 可选参数，可用于指定用于启动工作进程的上下文。

**2．Pool 类常用方法**

Pool 类常用方法如表 13.7 所示。

表 13.7　Pool 类常用方法

| 方　　法 | 功能描述 |
| --- | --- |
| apply(func[, args[, kwds]]) | 每次只能向进程池增加一个进程任务 |
| apply_async(func[,args[,kwds[,callback[, error_callback]]]]) | 根据进程池的上限数 n，一次可以向进程池最多增加 n 个进程任务（通过 func 调用），实现真正的多进程并发使用 |
| close() | 阻止将更多的进程任务提交到进程池中。当前面提交的进程任务完成后，可以让工作进程正常退出 |
| join() | 阻塞等待工作进程退出。在使用 join()之前，必须调用 close()或 terminate() |
| terminate() | 强制停止进程池里进程的运行 |
| map(func,iterable[,chunksize]) | 实现自定义函数 func 与可迭代器对象 iterable 成员之间的映射关系。该方法执行时阻塞线程，直到结果准备就绪。这种方法将迭代器切成许多块，并将它作为单独的任务提交给进程池。这些块的（近似）大小可以通过将 chunksize 设置为正整数来指定 |

**3．带进程池的多进程使用案例**

[**案例 13.10**] 带进程池的多进程实现案例（Process_pool.py）

```
import multiprocessing              #导入 multiprocessing 模块
from datetime import datetime       #导入 datetime 模块的 datetime 对象
def do1(j):                         #自定义函数
    print('进程%d'%(j))
if __name__ == "__main__":
    print('开始时间：',datetime.now())
    pool=multiprocessing.Pool()     #作者测试 CPU 为 2 内核
    for i in range(10):             #循环提交 10 个进程❶
        pool.apply_async(do1,(i,))  #提交自定义函数的进程任务到进程池
    pool.close()                    #等进程池进程执行完后，关闭进程
```

```
        pool.join()                              #阻塞直到所有进程关闭，才可往下执行
        print('结束时间：',datetime.now())       #打印结束时间
```

在命令提示符里执行结果如图 13.11 所示。

图 13.11 带进程池的多进程执行结果

把案例 13.9 的执行结果（见图 13.10）与案例 13.10 的执行结果（见图 13.11）进行比较，可以发现采用进程池的 10 个进程执行速度更快。

❶处连续提交了 10 个进程，但是在 CPU 是 2 内核情况下，一次实际往进程池只执行 2 个进程，其他进程处于等待状态，等前面的 2 个进程执行完成后，后面的 2 个进程再进入进程池执行，以此类推。

### 13.5.3 基于 Pipe 的多进程

当使用多个进程时，通常使用消息传递进行进程之间的通信（Inter-Process Communication，IPC），并避免使用任何同步原语（如锁）。

对于传递消息，可以使用 Pipe()，用于两个进程之间的连接；或队列，允许多个生产者和消费者之间通信。

Pipe()返回一对由管道连接的连接对象。操作管道可以是**单向（Half-duplex）**，也可以是**双向（Duplex）**，默认情况下为双向。

一个进程从 Pipe 一端输入对象，然后被 Pipe 另一端的进程接收，单向管道只允许管道一端的进程输入，而双向管道则允许从两端输入。

**1. Pipe()方法**

Pipe()方法的使用格式为 **Pipe**（[ duplex ]），当 duplex=True（默认状态）时，管道是双向的；当 duplex=False 时，则管道是单向的。

**Pipe()返回一对 conn1、conn2 对象**，当单向时，conn1 只能用于接收消息，而 conn2 只能用于发送消息；当双向时，conn1、conn2 都可以接收或发送消息。

conn1、conn2 对象调用的**发送方法为 send(obj)**，obj 为可以传递的各种对象，如数字、字符串、元组、列表、字典、文件、图片、视频等（可以一次传递 32MB，最大上限与操作系统类型相关）。

conn1、conn2 对象调用的**接收方法为 recv()**，当 send()从管道另外一端把 obj 对象发送过来时，由 recv()进行接收；当没有消息过来时，处于进程等待状态，直到有东西可以接收。如果没有什么可以接收而另一端关闭，则引发 EOF 错误。

## 2. 用管道实现进程之间的数据通信

[**案例 13.11**] 用管道实现进程之间的数据通信（Process_pipe.py）

```
from multiprocessing import Process, Pipe        #导入 multiprocessing 模块指定对象
def do_send(conn_s,j):                           #自定义发送消息函数
    conn_s.send({'发送序号':j,'鲫鱼':[18,10.5],'鲤鱼':[8,6.2]})   #send 发送一条字典
    conn_s.close()                               #关闭发送连接
if __name__ == '__main__':                       #在主程序下可以执行后续代码
    receive_conn,send_conn=Pipe()                #管道对象返回两个连接对象❶
    i=0                                          #发送条数记数变量
    while i<2:                                   #发送两条
        i+=1                                     #i 变量累加 1
        pp=Process(target=do_send,args=(send_conn,i,))  #调用进程对象创建发送
        pp.start()                               #启动进程发送
        print("接收数据%s 成功!"%(receive_conn.recv()))   #接收管道发送数据
        pp.join()                                #阻塞，等待进程执行完毕
```

管道发送、接收执行结果如下：

```
>>>
接收数据{'发送序号': 1, '鲤鱼': [8, 6.2], '鲫鱼': [18, 10.5]}成功!
接收数据{'发送序号': 2, '鲤鱼': [8, 6.2], '鲫鱼': [18, 10.5]}成功!
```

❶处 receive_conn 连接对象这里用于接收数据，send_conn 连接对象这里用于发送数据。

> **说明**
>
> （1）Pipe 用在两个端到端的进程间通信，进程之间的通信可以用于不同服务器上的软件之间的远程通信。如可以通过 multiprocessing.connection 指定远程服务器的 IP 地址。
>
> （2）Pipe 支持直接发送、接收字节流，具体使用请参考 send_bytes(buffer[, offset[, size]]), recv_bytes ([maxlength])。

### 13.5.4 基于 Queue 的多进程

队列是另外一种可靠的进程之间数据通信的方式，与管道相比，它的优势是可以同步进行多端点（超过 2 个端点）通信。

返回使用管道和几个锁（或信号量）实现的进程共享队列。当进程首先在队列中放置一个元素对象时，会启动一个馈线线程，该线程将对象从缓冲区传输到管道中。

Queue 类常用方法参见表 13.5。

[**案例 13.12**] 用队列实现进程之间的数据通信（Process_queue.py）

```
from multiprocessing import Process,Queue       #导入 Queue 等指定对象
q_object= Queue(5)                              #创建 5 个元素的队列实例
def SendData(qObject,data):                     #发送函数，通过队列对象 qObject 发送 data 消息
    qObject.put(data)                           #用 put()方法发送 data 消息
def receiveData(qObject):                       #接收函数，通过对象 qObject 接收消息
```

```
        if qObject.empty()>0:                    #队列为空时,不接收消息
            print('队列信息为空!')                 #提示队列为空信息
        else:                                    #队列不为空时
            show_data=qObject.get()              #队列对象 qObject 通过 get()方法接收消息
            print('输出%s'%(show_data))           #输出消息
if __name__ == '__main__':                       #如果是主程序,则执行后续代码
    send_data=[0,'Tom',10,'China']               #发送的数据
    for i in range(5):                           #循环发送、接收 5 条消息
        send_data[0]=I                           #对列表第一个元素值进行修改
        p1=Process(target=SendData,args=(q_object,send_data))  #进程实例调用发送函数
        p1.start()                               #启动进程 p1
        p2=Process(target=receiveData,args=(q_object,))        #进程调用接收函数并创建实例
        p2.start()                               #启动进程 p2
```

代码在 Windows 命令提示符下执行结果如图 13.12 所示。5 对队列进程,并发输出 5 个消息。

图 13.12  基于队列的进程输出结果

## 13.6  其他同步方法

Python 除了提供 threading、queue、multiprocessing 模块外,还提供其他的处理多任务的功能模块或方法,在这里做简要介绍。

**1. concurrent 模块**

concurrent.futures 模块为异步执行可调用对象提供了一个高级接口。该模块的 ProcessPoolExecutor 类可被用来在一个单独的 Python 解释器中执行计算密集型函数,并在多核 CPU 里并行执行。使用方法详见:https://docs.python.org/3/library/concurrent.futures.html。

**2. subprocess 模块**

子进程模块允许通过产生新的进程连接到它们的输入、输出、错误管道中,并获得它们的返回代码。该模块旨在替换几个较旧的模块和功能。使用方法详见:https://docs.python.org/3/library/subprocess.html。

**3. sched 模块**

调度模块定义了一个实现通用事件调度器的类。使用方法详见：https://docs.python.org/3/library/sched.html。

**4．采用其他方法**

不同编程语言有不同编程语言的应用优势，显然 Python 在多线程编程方面存在一些缺陷。如果纯粹为了解决多线程编程和应用问题，也可以选择其他功能更加强大的编程语言，如 C、C++、Java 等。

## 13.7　案例［三酷猫玩爬虫］

多线程、多进程可以实现多任务同步进行，三酷猫脑洞大开，想利用这些技术为它的鱼生意做点事情。

### 13.7.1　需求与准备工作

**1．三酷猫的设想**

三酷猫自打迷上钓鱼后，每天能钓很多鱼，这些鱼自己吃不完，然后就存放到冷库中了，等待好时机在市场上销售。

最好的时机是，当市场上的鱼价格高时，出售它的鱼产品。怎么才能知道鱼的价格趋势呢？目前，它只能通过打电话、上网、现场调查来收集鱼价格信息。这样做比较累，而且效率很低。

能不能利用多线程技术、网络爬虫技术实现在线实时抓取鱼价格的信息呢？答案是可以的。

为此，需要做些准备工作。除了掌握多线程技术外，还得了解网络爬虫相关的技术（重点是识别网站信息相关的技术）。

**2．requests 模块**

获取网页相关的支持模块比较多，Python 本身自带了 urllib 模块，这里选择简单易用的 requests 模块。

1）安装 requests 模块

由于 requests 模块是第三方开源模块，使用前需要进行模块安装。可以下载安装（http://docs.python-requests.org/en/master/），也可以在线安装。在线安装命令如下：

```
pip install requests
```

2）requests 模块主要功能

安装完成后，需要了解一下该模块的主要功能。

requests 模块主要功能特征：Keep-Alive & 连接池、国际化域名和 URL、带持久 Cookie 的会话、浏览器式的 SSL 认证、自动内容解码、基本/摘要式的身份认证、优雅的 key/value Cookie、自动解压、Unicode 响应体、HTTP(S)代理支持、文件分块上传、字节流下载、连接超时、分块请求、支持.netrc。看起来功能很强大。

示例：发送请求，获取指定网页。

```
>>> import requests                                      #导入 requests 模块
```

```
>>> r=requests.get('https://blog.csdn.net/')              #获取网页
```

r实现的是get()返回的Response对象，这个对象存储着有关网页的信息，可以通过Response对象的相关方法获取，如表13.8所示。

表13.8　Response对象常用方法和属性

| 方法或属性 | 功能描述 |
| --- | --- |
| r.text | 以文本形式返回网页内容 |
| r.encoding | 获取或改变网页编码输出方式，如utf-8 |
| r.content | 以字节方式返回网页内容（可用于图片、视频等处理） |
| r.json() | 以JSON数据格式返回网页内容 |
| r.raw | 以服务器原始套接字响应形式返回网页内容 |
| r.iter_content() | 以文本流形式返回网页内容 |

### 13.7.2　简易多线程爬虫实现

多线程爬虫爬取鱼价相关网页实现简单案例如下。

[案例13.13] 简易多线程爬虫（process_scrape.py）

```
import multiprocessing                                    #导入multiprocessing模块
import requests                                           #导入requests模块（事先需要安装）
from requests.exceptions import ConnectionError           #导入请求出错模块
def scrape(url):                                          #自定义爬取网页信息函数
    try:
        print('爬取%s 成功！收到%s'%(url,requests.get(url)))   #获取网页信息
    except ConnectionError:                               #请求网页信息失败异常触发
        print('爬取%s 出错！'%(url))                       #获取网页信息失败提示
if __name__ == '__main__':                                #若是主程序，执行后面程序
    pool=multiprocessing.Pool()                           #创建多进程池实例
    urls=[                                                #创建需要访问网址的列表
        'http://www.metro.cn/',
        'http://www.shuichan.cc/',
        'http://www.51sole.com',
        'http://www.x009.com/',
        'http://www.x009.comd/'                           #错误网页地址
    ]
    pool.map(scrape,urls)     #利用进程池映射方法实现爬虫函数与网址的多进程映射关系
```

该代码执行结果如图13.13所示。

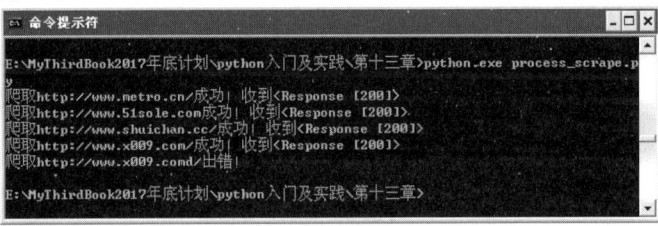

图13.13　多线程简易爬虫执行效果

图 13.13 里的 Response [200]表示客户端成功获取网页信息，200 为响应成功的状态码；其他状态码，如著名的 404 码，代表访问服务器端网站失败码。

获取网页内容后，就可以进行深入的网页内容分析。如三酷猫想爬取最新的鱼的价格，然后存储到本地计算机里，供价格判断分析使用。

## 13.8　习题及实验

**1．判断题**

（1）进程里一定有线程，线程里一定没有进程。（　　）

（2）CPython 解释器里进程执行的缺陷，主要是由 GIL 设计引起的。（　　）

（3）多线程处理多任务一定可以提高运行效率。（　　）

（4）多线程运行存在不稳定性，除了考虑多线程数据共享竞争条件问题外，还需要考虑线程在操作系统中运行的数量上限问题等。（　　）

（5）Python 进程中，Pipe()方法、Queue()方法都可以实现大进程数量之间的通信。（　　）

**2．填空题**

（1）一个运行的程序就是一个（　　　）；一个运行的程序里包括若干个（　　　）。

（2）Python 可以有（　　　）（　　　）和（　　　）三种锁，使线程运行安全。

（3）（　　　）容易锁死，（　　　）允许嵌套加锁。

（4）（　　　）用于小规模进程使用，（　　　）用于大规模进程使用，（　　　）用于并行运行多进程之间的消息通信，（　　　）用于两个终端之间的消息通信。

（5）在（　　　）环境下不能正常运行多进程，在（　　　）等环境下可以运行多进程。

**3．实验一：用类方法实现 13.5.4 节案例 13.12 代码功能**

实验要求：

（1）发送数据用一个类。

（2）接收数据用另外一个类。

（3）在主程序处采用类方法调用。

**4．实验二：在 13.7.2 节案例 13.13 基础上实现网页内容下载**

实验要求：

（1）以文本形式下载。

（2）保存到.txt 文件中。

# 第 14 章 测试及打包

在商业环境下,所有编写的代码是需要通过严格的测试才能被使用,否则容易出质量问题。代码测试除了程序员自行测试检查外,还可以采用专业测试工具进行。

对于可以实际使用的 Python 源码文件,需要通过专门的源码包进行统一分发和共享,以方便使用者利用。

学习重点

- 代码测试
- 代码打包

# 14.1 代 码 测 试

当程序代码日趋复杂后，可以考虑采用专业测试工具测试代码，以发现潜在的 Bug 问题。这样做一方面可以进一步保证所编写代码的质量，另一方面测试内容可以更加快速、全面。这里介绍 Python 自带的 doctest、unittest 测试工具模块。

## 14.1.1 doctest

doctest 模块，若把它的名字拆分成 documentation test，就可以明白这个模块的意思了，就是"文档测试"。对所编写 Python 代码当作文档字符串进行读取，然后通过相应的测试规则[1]，对所编写代码进行自动测试。

doctest 工具在测试时，可以采用嵌入代码测试和独立文件测试两种方法。

为了演示测试过程，先准备一个自定义函数，示例如下。

[案例 14.1] 代码嵌入式测试一个自定义函数（testfunction.py）

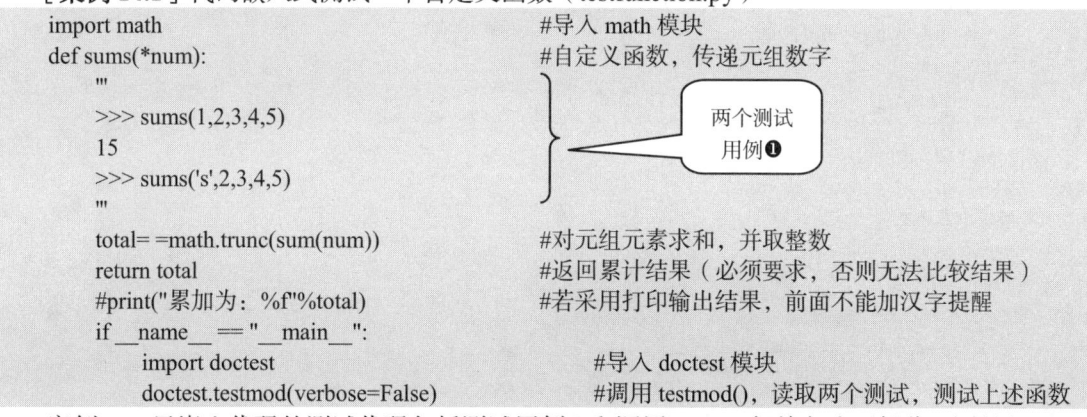

案例 14.1 里嵌入代码的测试代码包括测试用例❶和调用 doctest 相关方法两部分。这是用 doctest 模块测试的典型用法。

测试用例必须用代码注释的形式表示（左右引号），内含测试具体用例，格式要求与在 IDLE 交互式一行行执行代码的形式完全一致，而且要放置在被测试函数体中或函数定义前面。

调用 doctest 模块相关功能，必须在测试函数体下面。testmod()的参数 verbose，当值为 True 时，显示详细测试信息；当值为 False 时，测试通过则不显示信息，测试不通过则显示出错信息。

**1．嵌入代码测试**

1）在 IDLE 中执行

执行结果如下；

```
>>>
===== RESTART: D:/python 入门实践/第十四章/testfuncation.py =====
Trying:                                  #第一个测试用例
```

---

[1] 测试规则由 doctest 工具本身提供，可以参考 Lib\doctest.py 源代码。

```
        sums(1,2,3,4,5)                                #调用用例
Expecting:                                             #预期值
        15                                             #预期值为 15
ok                                                     #测试输出值与预期值一致
Trying:                                                #第二个测试用例
        sums('a'2,3,4,5)                               #含错误值 a 的测试用例
Expecting:                                             #预期值
        14                                             #预期值为 14
**********************************************************************
File "D:/python 入门实践/第十四章/testfuncation.py", line 6, in __main__.sums
Failed example:                                        #失败用例
        sums('a'2,3,4,5)
Exception raised:                                      #抛出异常信息
        Traceback (most recent call last):
            File "D:\python\lib\doctest.py", line 1330, in __run
                compileflags, 1), test.globs)
            File "<doctest __main__.sums[1]>", line 1
                sums('a'2,3,4,5)                       #出错代码
                            ^
        SyntaxError: invalid syntax                    #无效的语法
1 items had no tests:
        __main__
**********************************************************************
1 items had failures:                                  #一个测试项失败
    1 of   2 in __main__.sums
2 tests in 2 items.
1 passed and 1 failed.                                 #测试用例一个通过,一个失败
***Test Failed*** 1 failures.
>>>
```

从测试对象来说,doctest 工具主要用于测试函数、类对象。

2)在命令提示符下执行

执行结果如图 14.1 所示。

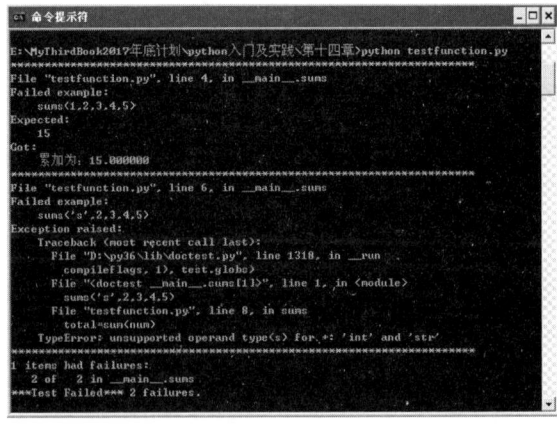

图 14.1　在命令提示符下执行

## 2. 独立文件测试

如果不想把测试用例嵌入到源代码中，可以建立独立的文本文件来保存测试用例，并执行。

这里继续在案例 14.1 的基础上进行。可以把❶处的两个测试用例单独保存到文本文件 test_content.txt 中，其内容如下（严格遵循下列格式要求，不能多或少空格）：

```
>>> from testfunction1 import *
>>> sums(1,2,3,4,5)
15
>>> sums('s',2,3,4,5)
```

然后，用如下方法进行测试。

[**案例 14.2**] 用文本方式测试自定义函数（testfunction1.py）

```
import math                                         #导入 math 模块
def sums(*num):                                     #自定义 sums 函数
    total= math.trunc(sum(num))
    return total
if __name__ == "__main__":
    import doctest                                  #导入 doctest 测试模块
    doctest.testfile('test_content.txt',verbose=False)  #调用文本用例测试
```

该程序执行结果与案例 14.1 的执行结果一模一样。案例 14.2 的优点是把测试用例代码和程序代码进行了合理分离，使代码更加可读，避免了测试本身带来的代码混乱问题。

> **说明**
>
> 也许在测试复杂函数、类方面利用测试工具可以快速发现问题；若一般性的代码测试，这样做的优势似乎不明显。也许作者没有深入使用该工具的缘故，总之在效率等方面似乎要打个问号。

### 14.1.2 unittest

unittest 模块相比 doctest 模块功能更加强大，使用过程更加专业和复杂。该模块其实提供了一整套测试框架，包括 TestLoad、TestSuite、TextTestRunner、TextTestResult 四个基本类。TestLoad 类加载测试用例，返回 TestSuite（测试套件）；TestSuite 类创建测试套件；TextTestRunner 类运行测试用例；TextTestResult 类提供测试结果信息。

这里主要介绍 TestCase 类的用法。

#### 1．TestCase 类

TestCase 类提供了几个 assert()方法，进行用例测试，并给出测试结果比较信息，如表 14.1 所示。Test Case 类的其他常用方法如表 14.2 所示。

表 14.1　TestCase 类的 assert()类方法使用

| 方　　法 | 功能描述 |
| --- | --- |
| assertEqual(a, b) | 若测试预期 a 与测试结果 b 不相等，则给出出错信息 |
| assertNotEqual(a, b) | 若测试预期 a 与测试结果 b 相等，则给出出错信息 |
| assertTrue(x) | 测试 x 最后是否可以认为是 True 的值 |
| assertFalse(x) | 测试 x 最后是否可以认为是 False 的值 |

续表

| 方　　法 | 功能描述 |
|---|---|
| assertIs(a, b) | 测试预期值 a 与测试结果 b 是否一致 |
| assertIsNot(a, b) | 测试预期值 a 与测试结果 b 逻辑值是否 a!=b |
| assertIsNone(x) | 测试 x 最后结果是否为空 |
| assertIsNotNone(x) | 测试 x 最后结果是否不为空 |
| assertIn(a, b) | 测试预期值 a 在 b 里 |
| assertNotIn(a, b) | 测试预期值 a 不在 b 里 |
| assertIsInstance(a, b) | 测试预期对象 a 是否是类 b 的实例 |
| assertNotIsInstance(a, b) | 测试预期对象 a 是否不是类 b 的实例 |

表 14.2　TestCase 类的其他常用方法

| 方　　法 | 功能描述 |
|---|---|
| setUp() | 若在每个用例测试前都需要调整测试运行环境，则可以先执行重写的 setUp()，测试环境设置完成后，再执行测试过程 |
| tearDown() | 在调用测试方法后，立即调用该方法并记录结果。执行 setUp()方法成功后，才会执行该方法。使用时重写该方法，做一些测试后的清理工作 |
| setUpClass() | 若多个用例同时测试，可以先在代码开始处，通过重写该方法，统一设置测试前准备动作 |
| tearDownClass() | 若多个用例同时测试，测试执行后可以通过重写该方法，统一做清理工作 |
| run(result=None) | 运行测试，将结果收集到作为结果传递的 TestResult 对象中。如果省略结果或 None，则创建临时结果对象（通过调用 defaultTestResult()方法）并使用。结果对象返回给 run()的调用者 |
| skipTest(reason) | 在某个测试用例函数的定义中调用会忽略这个测试用例的执行，在 setUp()方法中调用，会忽略所有测试用例的执行 |
| subTest(msg=None, **params) | 当一些测试仅仅因为一些非常小的差异而不同时，例如一些参数，unittest 允许使用 subTest()通过上下文管理器（with）在测试方法体内区分它们 |
| debug() | 与 run()方法将测试结果存储到 TestResult 变量中不同，debug()方法运行测试用例将异常信息上报给调用者 |

**2．多函数多用例测试**

［案例 14.3］用 TestCase 类测试多函数多用例（testcase.py）

```
import unittest                              #导入 unittest 模块
def showMsg(msg):                            #自定义显示字符串函数
    return "%s"%(msg)                        #返回字符串
def do_divide(a,b):                          #自定义除法运行函数
    return(a/b)                              #返回 a 除以 b 的结果
def ShowTrue(flag):                          #自定义返回逻辑值函数
    return(flag)                             #返回逻辑值（True 或 False）
class TestSomeFunc(unittest.TestCase):       #自定义测试类，继承 TestCase 基类
```

```
        def testrun(self):                              #自定义测试方法
            self.assertEqual('OK',showMsg('OK'))        #测试预期值'OK'与函数结果一致
            self.assertNotEqual('OK',showMsg('NO'))     #测试预期值与结果不一致
            self.assertTrue(do_divide(1,2))             #测试结果值是否为 True
            self.assertIs(ShowTrue(False),False)        #测试预期值与函数结果是否一致
            self.assertIs(int(do_divide(1,2)),1)        #测试预期与函数结果是否一致❶
if __name__=='__main__':
    unittest.main()                                     #调用 main()方法自动执行测试用例❷
```

测试执行结果如下：

```
>>>
F                                                       #出错信息提醒
======================================================
FAIL: testrun (__main__.TestSomeFunc)
------------------------------------------------------
Traceback (most recent call last):
  File "E:/python 入门及实践/第十四章/testcase.py", line 16, in testrun
    self.assertIs(do_divide(1,2),1)                     #第 16 行代码，执行结果不一致
AssertionError: 0 is not 1                              #预期值 1 与执行结果 0 不一致
------------------------------------------------------
Ran 1 test in 0.016s                                    #测试所用时间
FAILED (failures=1)                                     #一项测试失败
>>>
```

本案例测试在❶处将产生与预期值不一致的结果，预期值为 1，测试结果为 0。这种不一致的问题，在测试结果里进行显示提醒。

❷处 unittest 模块的 main 函数，在省略所有参数时，只能对当前测试代码进行默认调用测试；若需要对其他自定义模块的代码进行测试运行，需要采用如下的调用方法：

```
unittest.main(module='test_module')                     #test_module 为自定义模块名称
```

unittest 模块具有很强大的自动测试功能，感兴趣的读者可以参考如下网址进行学习：https://docs.python.org/3/library/unittest.html。

> 📖 **说明**
> 
> 利用 Python 提供的代码测试模块功能，进行深入继续开发，打造一款实用的测试工具是一个值得考虑的研究方向。

## 14.2 代 码 打 包

当为软件项目编写了一大堆 Python 程序文件后，如几十个代码文件，需要在实际用户那里安装使用。在没有安装工具的情况下，需要手工复制代码文件，然后到用户现场进行安装，这显然是一件比较麻烦的事情。能不能像安装 Python 软件一样（见 1.3.2 节），由一个安装工具，通过鼠标

单击就轻松安装了？这一节就是尝试自行建立这样的 Python 程序安装工具。

### 14.2.1 distutils 模块

在 Python 中需要打包的对象主要为三种类型的模块（Module）：纯 Python 模块、扩展模块和包。

**1．三种类型模块**

1）纯 Python 模块

一个用 Python 编写的代码模块，包含在一个.py 文件中（可能还有关联的.pyc 文件）。有时被称为"纯模块"。这是到目前为止，接触最多的一类模块。

2）扩展模块

用 C、C++语言编写的 Python 程序可以调用的模块。在 Jython 解释器环境下，可以调用 Java 编写的模块。通常包含在单个可动态加载的预编译文件中，如 UNIX 上的 Python 扩展的共享对象（.so）文件、Windows 上的 Python 扩展的 DLL（给定.pyd 扩展名）或 Jython 扩展的 Java 类文件。

3）包

一个包含其他模块的模块。通常包含在文件系统的一个目录中，并通过文件\_\_init\_\_.py 的存在区别于其他目录。

**2．distutils 模块（包）**

Python 自带的 distutils 模块（包）为创建自己的安装工具，提供了大量的支持功能。distutils 可以实现的功能如下。

（1）编写安装脚本（在 setup.py 文件里）。
（2）编写安装配置文件。
（3）创建源代码分发文件。
（4）创建一个或多个内置（二进制）分发文件。

distutils.core 模块是主要被使用的功能模块。

**3．distutils.core 模块**

distutils.core 模块提供了如表 14.3 所示的函数、类。

表 14.3  core 模块的函数或类

| 函数或类 | 功能描述 |
| --- | --- |
| setup(arguments) | 该函数可以实现 distutils 的大多数功能 |
| run_setup(script_name[,script_args=None,stop_after='run']) | 在有些受控制的环境中运行安装脚本，并返回驱动事务的 distutils.dist.Distribution 实例。如果需要查找分发元数据（从脚本到 setup()传递的关键字参数）或配置文件或命令行的内容，这非常有用。script_name 是一个将被读取并使用 exec()运行的文件。在通话期间 sys.argv [0]将被替换为脚本。script_args 是一个字符串列表。如果提供，sys.argv[1]将在调用期间由 script_args 替换 |
| Extension | Extension 类描述了安装脚本中的单个 C 或 C++扩展模块 |
| Distribution | 描述了如何构建、安装和打包 Python 软件包，并分发 |
| Command | 一个 Command 类（或者说，它的一个子类的一个实例）实现了一个 distutils 命令 |

setup(arguments)函数的参数使用说明如表 14.4 所示。

表 14.4 setup（arguments）函数参数使用说明

| 参 数 名 | 功能描述 |
|---|---|
| name | 包的名称 |
| version | 包的版本号 |
| description | 单行说明包的基本信息 |
| long_description | 对包的详细描述信息 |
| author | 包作者的名字 |
| author_email | 包作者的电子邮件地址 |
| maintainer | 提供与包相关的其他维护者的名字 |
| maintainer_email | 当前维护者的电子邮件地址 |
| url | 包相关的网站主页访问地址 |
| download_url | 下载安装包网页地址 |
| packages | distutils 需要操作的包清单列表 |
| py_modules | distutils 需要操作的模块清单列表 |
| scripts | 要构建和安装的独立脚本文件的列表 |
| ext_modules | 要构建的 Python 扩展模块列表 |
| classifiers | 包的类别列表 |
| distclass | 要使用的分发类 |
| script_name | setup.py 脚本的名称，默认为 sys.argv [0] |
| script_args | 提供给安装脚本的参数 |
| options | 安装脚本的默认选项 |
| license | 包的许可证 |
| keywords | 描述性元数据 |
| cmdclass | 命令名称与 Command 子类的映射 |
| data_files | 要安装的数据文件的列表 |
| package_dir | 包到目录名称的映射 |

## 14.2.2 基本打包与安装

学习了 distutils 模块基本知识后，就可以动手建立自己的打包安装软件。

**1．准备工作**

编写一个测试用的代码模块文件，其内容如下。

[案例 14.4] 建立一个用于打包测试的模块（setupFile.py）

```
import math
def showMsg(a):
    return a*a*a                          #返回 a 三次方结果
a=10
print('%d 的三次方是%d'%(a,showMsg(a)))
```

## 2. 编写 setup 脚本

在与 SetupFile.py 相同的路径下,建立一个 setup.py 脚本。

[**案例 14.5**] 建立一个用于打包测试的模块(setup.py)

```
from distutils.core import setup              #导入 core 模块的 setup 函数
setup(name='setupFile',                       #setup 函数设置参数,name 安装包名
      version='1.0',                          #打包安装软件版本号
      py_modules=['setupFile'],               #设置打包模块(可以多个设置)
     )
```

◆》 **注意**

打包软件脚本文件必须采用 setup 名称。

## 3. 发布安装包

编写完成 setup.py 发布脚本并通过测试后,就可以进行源码发布操作,以形成安装包。

1)在 Linux 下发布

$ python setup.py sdist

2)在 Windows 下发布

setup.py sdist

其执行结果如图 14.2 所示。

◆》 **注意**

在图 14.2 所示的界面上发布过程,若发生错误提示:setupcodeFile.py not a regular file – skipping,则可以在源码路径下删除 MANIFEST 文件。然后,重新发布。

sdist 命令会创建一个压缩文件(如 UNIX 上的 tar 文件,Windows 上的 zip 文件),它包含 setup.py、setupFile.py。该压缩文件命名为 setupFile-1.0.zip,存放于当前项目目录的\dist 子目录下,如图 14.3 所示。

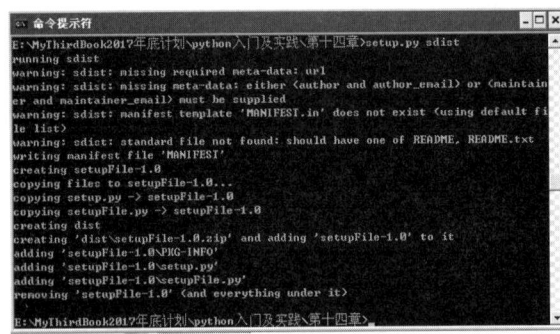

图 14.2　在 Windows 下发布生成安装包

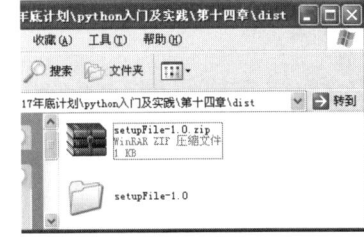

图 14.3　生成的源码安装包

## 4. 安装源码包

如果一个用户希望安装 setupFile 源码模块,只需要下载 setupFile-1.0.zip 文件包,然后解压,在 setupFile1.0 目录下,通过以下命令安装:

python setup.py install

在 Windows 命令提示符下执行情况如图 14.4 所示。

图 14.4 安装源码包

在 IDLE 解释器里执行下面的代码，就可以确定安装成功。

>>> import setupFile
10 的三次方是 1000

上述从编写 setup 脚本、发布安装包到用户环境下安装源码包，都需要事先安装对应版本的 Python，否则无法操作。

如果觉得使用命令提示符安装源码包不太方便，Python 另为 Windows 下的使用者提供了新的发布安装包的命令，可以通过 bdist_wininst 命令创建一个 .exe 安装文件。例如，通过下面的命令创建 setupFile-1.0.win32.exe 可执行文件：

python setup.py bdist_wininst

### 14.2.3 扩展打包与安装

对于用 C、C++、Java 等编写的第三方代码扩展模块与 Python 代码模块一起打包时，需要做一些额外的处理。主要指定扩展名、扩展源码文件名以及任何编译/链接要求（包括目录、链接库等）。

这些扩展模块的相关信息是通过 setup() 函数的参数 ext_modules 选项完成的。

在案例 14.5 的基础上修改 setup 脚本文件。假设在同一路径下增加一个名为 data.c 的 C 语言编写的代码模块文件，需要与 setupFile.py 文件一起打包，可以采用如下脚本方式：

from distutils.core import setup, Extension          #导入 core 模块的指定对象
setup(name='setupFile ',
      version='1.0',
      py_modules=['setupFile'],
      ext_modules=[Extension('data', ['data.c'])],   #指定扩展模块参数
)

把上述 setup.py 脚本文件进行分发后，将产生新的附加扩展模块的源码安装包。

第三方代码扩展模块的编写及使用方法见网址：https://docs.python.org/3/extending/index.html。

### 14.2.4 编写安装配置文件

安装包安装过程的要求是复杂多样的，这里以大家熟悉的 Python 安装包举例（详见 1.3.2 节），涉及完整安装或个性化安装的选择、运行环境参数的设置、安装路径的选择等。而这些选择安装包是无法自动完成的，需要使用者在安装过程中进行判断和选择（或输入）或预先统一配置。由此，需要为

setup 函数的运行提供可选项的配置文件设置。这个配置文件叫 setup.cfg，用户可以通过修改该配置文件进行安装选项的设置，使安装过程更加灵活，同时避免了参数固定在安装包不灵活的问题。

在命令提示符里发布安装包时，安装选项的处理顺序是 setup 脚本、配置文件、发布命令行。所以，安装者可以通过修改 setup.cfg 文件来覆盖 setup.py 中的选项，也可以通过运行 setup.py 时的命令行选项来覆盖 setup.cfg。

配置文件（setup.cfg）的基本语法如下：

```
[command]                              #sdist、install 等 distutils 模块发布命令
option=value                           #命令对应的参数选项
...
```

其中，command 是 distutils 命令之一（如 sdist、bdist_wininst、build_py、install 等），而 option 是命令支持的参数选项之一。可以为每个命令提供任意数量的选项，并且文件中可以包含任意数量的命令。配置文件中的空行、注释（以"#"开头，直到行尾）会被忽略。通过缩进延续线"--"，可以将多个选项值分成多行。

这里需要把 setup.cfg、setup.py 文件放在一个路径下。

可以通过"--help"参数选项得到某个命令支持的参数信息，如图 14.5 所示。

图 14.5　通过"--help"获取 sdist 的参数信息

◁》 注意

图 14.5 里的 setup.py --help sdist 命令必须在 setup.py 文件所在的路径下执行。

在没有配置文件的情况下，只能通过命令加参数形式执行。例如：

setup.py sdist --dist-dir=source

dist-dir 用于指定源码发布文件存放的子路径，没有指定情况下默认为 dist（在图 14.3 里可以

看到这个新生成的子路径）。

由于不同开发者对存放子路径的命名有不同喜好，在发布时指定的子路径也会不一样。由此，可以通过配置文件进行统一设置，方便随时修改。

配置文件 setup.cfg 具体内容如下：

```
[sdist]
dist-dir=source
```

然后，在 Windows 的命令提示符界面的指定路径下执行如下命令：

```
setup.py sdist
```

将在源码路径下出现 source 子文件夹，并在其内生成安装包。

### 14.2.5 源码发布格式

通过前面的学习，可以通过 sdist 命令来创建包的源码发布，该命令最终生成一个压缩包文件。UNIX 默认的文件格式是.tar.gz，在 Windows 上的是.zip 文件。可以使用--formats 参数指定生成的格式，如 python setup.py sdist --formats=gztar,zip，执行该命令后，就会生成一个扩展名为.tar.gz 的压缩文件和一个以.zip 为扩展名的压缩文件。

formats 参数支持的格式如表 14.5 所示。

表 14.5　sdist 命令 formats 参数支持的压缩格式

| 格式名 | 功能描述 |
| --- | --- |
| zip | zip 压缩文件（.zip） |
| gztar | Gzip'ed tar 压缩文件(.tar.gz) |
| bztar | bzip2'ed tar 压缩文件(.tar.bz2) |
| ztar | compressed tar 压缩文件(.tar.Z) |
| tar | tar 压缩文件(.tar) |

## 14.3　习题及实验

**1．判断题**

（1）unittest 测试工具比 doctest 工具更专业，功能更强大。（　　）

（2）unittest 测试工具、doctest 测试工具在测试时一定能提高代码测试效率。（　　）

（3）distutils 可以实现的功能包括：编写安装脚本（在 setup.py 文件里），编写安装配置文件，创建源代码分发文件，创建一个或多个内置（二进制）分发文件，编写安装卸载功能。（　　）

（4）Python 的 distutils.core 模块可以实现把 C 语言编写的代码模块进行扩展打包。（　　）

（5）在 Windows 下的 Python 源码安装包文件格式是.tar.gz。（　　）

**2．填空题**

（1）doctest 工具测试时可以分（　　　　）测试、（　　　　）测试。

（2）Python 打包的对象主要为三种类型的模块（Module）：（　　　）模块、（　　　）模块和（　　　）。

（3）Python 自带的（　　　）模块（包）为创建自己的安装工具，提供了大量的支持功能。

（4）通过配置文件可以实现（　　　）更灵活的发布。

（5）在 Windows 环境里，安装源码包可以通过（　　　）命令执行或直接执行（　　　）文件来实现。

**3．实验：实现案例 14.5 的所有过程**

实验要求：

（1）打包信息，需要变成操作者自己。

（2）把源码打包并发布为压缩文件和.exe 可执行文件。

（3）分别执行压缩安装包和.exe 包，并找出已经安装的源码文件。

（4）记录实验过程，形成实验报告。

# Python 拓展篇

不同的编程语言有不同的优点，如 C 语言运行速度很快，底层技术功能强大；Java 语言擅长跨平台编程及使用；PHP 专注于网站技术的实现等。Python 语言的优势除了语言本身简单易学外，更多地与互联网的应用、大数据的应用、人工智能技术的应用等是紧密相关的。

记得作者在大学里学习编程语言的基本知识后，往往为后续的发展方向而纠结。所以本书的第三部分尝试解决该方面的问题。在抛出 Python 语言的热门应用领域的同时，让读者体验这些最新领域的初步技术，为后续技术方向的深入提供选择判断。

这里需要说明一下互联网里的网站技术应用，本身是一个成熟的应用领域，由于该方面的技术应用面很广，可以与大数据技术、人工智能技术紧密配合，所以也在本部分进行系统介绍。

第Ⅲ部分的内容涉及以下几个部分：

- Web 应用入门
- 商业级别的技术框架
- 大数据应用入门
- AI 应用入门

# 第 15 章 Web 应用入门

Internet 很强大，有了它，我们可以与世界各地的人们随时交流，也可以在全球范围获取我们想要的资料。例如，如要你想跟世界各地的朋友交流自己的学习心得，那么你可以使用博客，在线发布自己的观点；想购买法国的葡萄酒，那么可以通过电子商务平台，进行购买操作；如果想获取 Python 语言的最新技术发展，那么可以通过搜索引擎在全世界的技术网站上，获取自己想要的技术资料。

要获取这些信息，需要通过 Web 技术来提供相应的功能。为此，Python 语言提供了强大的 Web 开发技术。

**学习重点**

- Web 基础知识
- Web 服务器
- WSGI 服务器接口
- Web 应用程序开发
- 案例[三酷猫简易网站]

# 15.1　Web 基础知识

对于 Web 初学者来说，这里开始的很多知识都是全新的，而且 Web 技术知识面特别广，需要读者有点耐心，一节一节地往下看。假如一次看不明白，也没有关系，可以先运行相关节的原始代码，再回过头来掌握相关基础知识。

## 15.1.1　接触 Web

只要上 Internet 的用户，都在接触 Web 技术所带来的强大功能。在浏览器端输入需要访问的网址（更多的是通过搜索关键字，获取网址），然后就可以在浏览器里显示与这个网址指向的网站的相关内容。

**Web 全称为万维网（World Wide Web，WWW）**，是一个基于网络为基础的信息空间（各种 Web 站点），其中文件和其他网络资源由统一资源定位符（URL）标识，通过超文本链接相互关联，并可通过 Internet 访问。[1]

图 15.1 所示为用户通过浏览器访问 Internet 的示意图。这里的张三、李四等通过普通计算机连接到 Internet，然后在浏览器里输入网址，Internet 上的互联设备，如 DNS 服务器，根据用户访问而发送过来的网址，把它映射到对应的 Web 服务器上。Web 服务器上的 Web 服务器软件接收到访问请求后，把相关的网站信息进行响应反馈，最后显示在用户访问的浏览器上，用户就可以进行各种信息浏览和操作。

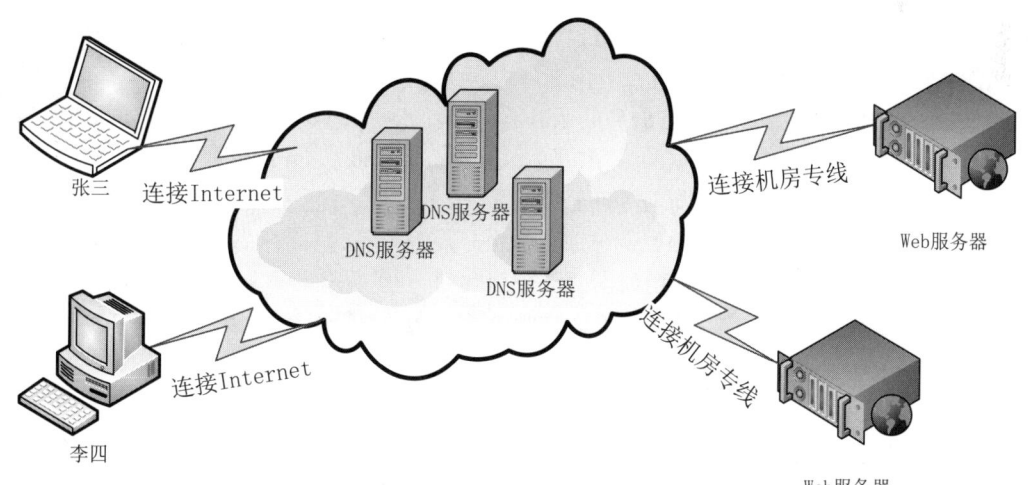

图 15.1　浏览器访问指定网站的效果

---

[1] World Wide Web，维基百科，https://en.wikipedia.org/wiki/World_Wide_Web

访问 Internet 的客户端软件除了通过浏览器外，还包括自定义客户端软件（如 13.7.2 节的简易多线程爬虫实现），以及以 FTP（File Transfer Protocol，文件传输协议，文件上传、下载工具）、SMTP（Simple Mail Transfer Protocol，简单邮件传输协议，支持邮件收发）、NNTP（Network News Transfer Protocol，网络新闻传输协议）为基础的各种工具。鉴于浏览器是读者接触最为广泛和熟悉的客户端软件，所以本章内容提及的客户端软件主要指浏览器。

**1．浏览器（Web Browser）**

浏览器本身可以查看 HTML、XHTML、XML、纯文本文件、PNG、JPG、GIF 等格式的图片，并支持动画、视频、音频、流媒体等的播放。

目前大家熟悉的浏览器包括 IE（Windows 的默认浏览器）、Firefox（火狐狸浏览器）、Goolge Chrome、360 浏览器、QQ 浏览器、UC 浏览器、百度浏览器等。

浏览器为了可以与不同的 Web 服务器软件进行信息交互，提供了 HTTP、FTP、Gopher、HTTPS 等网络协议。

**2．网址**

**统一资源定位符（Uniform Resource Locator，URL）**俗称网址，是对网络资源的引用，URL 指定了这些资源在计算机网络上的位置和检索它们的机制。URL 通常用于引用网页（http），但也用于文件传输（ftp）、电子邮件（mailto）、数据库访问（JDBC）以及许多其他应用程序。URL 包含内容格式如下：

scheme:[//[user[:password]@]host[:port]][/path][?query][#fragment]

URL 对应举例，以下为用户可以通过浏览器访问的网址：

https://hao.360.cn/?1002　　　　　　#360 导航网网址

（1）scheme 指 https 等协议。

（2）[user[:password]@]指用于登录服务器的用户名和密码的可选身份验证部分，用冒号分隔，后跟 at 符号（@）。（普通 Internet 网址没有该部分内容）

（3）host[:port]][/path]指提供 Web 服务的服务器 IP:端口地址（或因特网域名），如 hao.360.cn/。

（4）[/path]包含 Web 文件等数据的路径，如 https://baike.baidu.com/item 后面的/item。

（5）[?query] 一个可选查询，与前一部分用问号（?）分开，包含非层次数据的查询字符串。它的语法没有很好的定义，但是按照惯例，通常是由分隔符分隔的一系列属性-值对，如 ?1002。

（6）[#fragment]一个可选片段，由前面的部分用散列（#）分开。该片段包含片段标识符，该片段标识符向辅助资源提供方向。当主资源是 HTML 文档时，片段通常是特定元素的 id 属性，Web 浏览器将此元素滚动到视图中。

**3．HTTP 协议**[1]

**超文本传输协议（HyperText Transfer Protocol，HTTP）**是用于从 Web 服务器传输**超文本（Hypertext）**到本地浏览器的传输协议，是 Internet 上应用最为广泛的一种网络协议。所有的 Web 文件都必须遵守这个标准。

---

[1]http，百度百科，https://baike.baidu.com/item/http

超文本是使用包含文本的节点之间的逻辑链接（网页之间的超链接）的结构化文本。这里结构化文本里存放浏览器可以显示并可供用户操作的相关内容。

> 📖 **说明**
>
> 若需要深入开发 Web 应用程序，建议熟悉 HTTP 协议相关内容，如请求头包、响应状态等。

**4. DNS**

**域名系统（Domain Name System，DNS）** 是一种分层的分布式命名系统，用于统一管理连接到 Internet 上的计算机的 IP 地址，并转为更容易记忆的域名，方便普通用户对不同资源的访问。如某 Web 网站的 Internet IP 地址为 202.102.192.11，其对应的域名为 www.fish.com（这里仅用于举例，非实际情况）。

由此，若需要建立一个可以被 Internet 访问的 Web 网站，在开发完成 Web 网站后，还需要进行 DNS 域名注册，网上有注册服务公司，一般一年需要花几十元到几百元不等的注册服务费。

### 15.1.2 Browser/Server 使用原理

现在对通过浏览器访问 Internet 上的 Web 信息有了初步印象和一些基本知识概念。接下来需要进一步了解浏览器与 Web 服务器软件之间到底是怎么进行数据交互的？

如图 15.2 所示，要实现用户能访问 Internet 上特定网站的信息，需要浏览器、Web 服务器、Web 应用程序三种软件的配合才能完成。

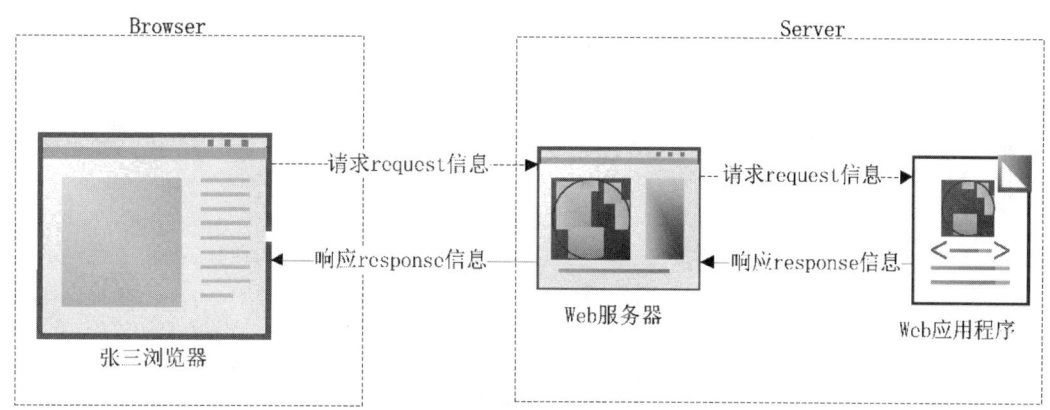

图 15.2　实际环境下 Browser/Server 工作过程

浏览器端就是 Browser；Web 服务器和 Web 应用程序在远程服务器里运行，就是 Server；Browser 方式和 Server 方式的互动结合，就可以实现 Web 信息的共享与操作，简称为 Browser/Server（浏览器/服务器模式，B/S）结构模式。通俗地讲，所有以网站形式进行远程访问和操作的都是 B/S 模式。

**1. 浏览器的作用**

用户浏览器是访问远程 Web 网站内容的一种终端软件，一般随操作系统一起提供或安装，无须一般用户开发。在 Windows 操作系统下默认的浏览器为 IE。当然，Python 也提供了自定义浏览器开发库，本书不打算详细介绍，感兴趣的读者可以参考 Python 官网提供的《The Python Standard

Library》里的urllib包相关内容。

### 2. Web服务器的作用

Web服务器主要起浏览器和Web应用程序之间的信息交互的桥梁作用。

Web服务器在接收某些浏览器（如张三、李四各自计算机上的浏览器）终端用户提交的**请求（request）**信息（如某些网站网址信息）后，它会将这些请求信息转发给指定的Web应用程序，Web应用程序进行数据处理，并把处理结果（带网页格式）一起通过Web服务器再**响应（response）**返回给张三、李四所操作的浏览器界面上。目前，由于主流的Web服务器都是免费软件，包括Apache、Nginx、IIS、ligHTTPD、thttpd等，可以在Internet上自行下载。Windows的主要版本上（家庭版本除外）都默认安装了IIS的Web服务器软件，一些Linux操作系统上默认都安装了Apache服务器软件。

Python官网提供的《The Python Standard Library》里的http.server模块，提供了一些基于HTTP的Web服务器类功能，可以在此基础上进行自定义Web服务器的深入开发；也可以利用BaseHTTPRequestHandler、SimpleHTTPRequestHandler、CGIHTTPRequestHandler类直接使用它们的简单的服务器功能。

### 3. Web应用程序的作用

Web应用程序主要实现经常接触的Web网站的相关功能，如电子商务平台的商品浏览网页、注册网页、商品检索网页、商品评价网页、商品销售排行网页等。这是需要深入了解和掌握的一项内容。

### 4. 它们之间的信息交互原理

Web网站主要是通过HTTP协议实现浏览器与Web服务器、Web应用程序进行数据交流的。

当用户操作浏览器提交访问请求（request）时，浏览器端通过HTTP协议的两种方法实现与Web端的数据交互要求：Get方法和Post方法。

1）Get方法

当用户在浏览器上输入网址，按Enter键后，内部调用Get方法把网址的内容发送到Web服务器，然后转给Web应用程序，其响应返回对应的网站页面，如图15.3所示。另外，在HTML表单里也可以使用Get方法，最后通过URL把内容发送到Web服务器。

新浪网 http://news.sina.com.cn/

图15.3 通过浏览器发送网址（内含一个Get方法）

2）Post方法

Post方法可以请求Web服务器接收包含在请求中的实体信息，可以用于提交HTML表单，向新闻组、BBS、邮件群组和数据库发送消息。

在图15.4中输入用户名、密码（实体信息）并单击"登录"按钮后，就可以产生Post方法，向Web服务器提交，然后通过Web应用程序进行实体信息处理，并响应返回处理结果。

图 15.4 通过浏览器发送实体信息（内含一个 Post 方法）

## 15.1.3 网页

Web 应用程序的核心是网页。制作网页的最基础知识是 HTML（HyperText Markup Language，超级文本标记语言），它构成了网页显示的风格和式样，并提供了基础的操作功能。本书不打算详细介绍 HTML，否则又要写一本厚厚的书。这里仅介绍与后续建立 Web 网站紧密相关的一些知识，对 HTML 感兴趣的读者可以参考以下网上资料或去购买专业书籍：http://www.w3school.com.cn/html/html_forms.asp、https://www.w3.org/html/。

**1．网页主要内容**

要使网站为浏览器端用户提供整齐、规范、漂亮的界面，必须对网页显示内容及格式进行约定。网页显示内容包括文本、图像、Flash 动画、声音、视频、表格、导航栏、HTML 表单等。

**HTML 表单（Form）**：表单是一个包含表单元素的网页可操作区域。表单元素是允许用户在网页表单中输入信息的元素，如文本输入框、下拉列表、单选框、复选框等。

表单使用表单标签（<form>）定义，如下为包含一个文本输入框的表单。

<form> <input /></form>

当用户单击确认按钮（submit）时，表单的内容会被传送到 Web 端进行数据处理。如查询数据库对应数据记录，并返回。

Get 方法（表单默认值）和 Post 方法都提供可选的属性 method 告诉表单数据将怎样发送。如下表示表单用 Post 方法发送输入数据。

<form name="input" method="post">

表单里常用的设置是 Post 值，它可以隐藏发送信息，而 Get 发送信息会暴露在 URL 中。

**2．网页相关格式**

根据网页内容是否可以动态变化可以分静态网页和动态网页。

**静态网页**一般指纯粹用 HTML 语言格式编写的网页，其内容在网页生成后相对固定，无法动态更新。早期的网站大多是静态网页。静态网页文件的扩展名往往为.htm、.html、.shtml、.xml 等。

**动态网页**相对静态网页而言,可以通过参数的设置、数据库提供内容的更新、网页异步技术的采纳(JavaScript、Ajax),更新同一个网页的部分内容。换个说法,凡是结合了 HTML 与其他高级编程语言代码和数据库技术进行的网页编程技术生成的网页都是动态网页。本书后面主要介绍该方面内容的实现。

动态网页文件的扩展名与相关编程语言的源代码文件扩展名一致,如.aspx(微软的 ASP.NET 工具开发的网页文件)、.jsp(Java 语言相关开发工具开发的网页文件)、.php(PHP 开发工具开发的网页文件)、.perl(Perl 编程语言相关开发工具开发的网页文件)。当然,用 Python 开发的网页其扩展名为.py。

### 15.1.4　感觉第一个 Web 应用

说了一大堆基础知识,利用 Python 自带的 http.server 模块(Web 服务器),通过 Web 应用程序的编程,实现一个简单的 Web 网站。

**1. 运行环境准备**

指定运行 Web 网站的路径,用于存放 Web 应用程序文件,并在其上启动 Python 自带的 http.server 服务器。

1)确定 Web 运行路径

本书指定的测试路径如下:

E:\MyThirdBook2017 年底计划\python 入门及实践\第十五章

2)启动 Web 服务器

在 Windows 的命令提示符里,进入上述路径下,然后执行如下命令:

python –m http.server 8000

就显示如图 15.5 所示的 http.server 服务器启动成功的界面。这里的服务器端口号可以换,如把 8000 换成 8099。[1]

图 15.5　启动 python 自带的 http.server 服务器

若操作系统带防火墙软件,在执行图 15.5 命令时,会弹出如图 15.6 所示的防火墙设置界面,必须设置"允许访问",不然无法启动 Web 服务器。

---

[1]服务器端口号,数字范围为 0~65535,端口号 0~1023 是保留给操作系统使用。程序员可以使用 1024 开始的端口号,但是端口号会发生冲突,若与现有端口号重复时。

第 15 章　Web 应用入门

图 15.6　防火墙设置

## 2．编写简易 Web 应用程序（Web 网站）

实现步骤：

（1）利用 Python 自带的 http.server 服务器实现浏览器端和 Web 应用程序之间的数据交互；

（2）Web 应用程序，通过 http.server 服务器向浏览器发送带网页格式的数据"Hello，Web！"。

（3）让浏览器访问该网站，并获取发送数据进行显示。

［案例 15.1］建立一个简易 Web 应用程序（simpleWeb.py）

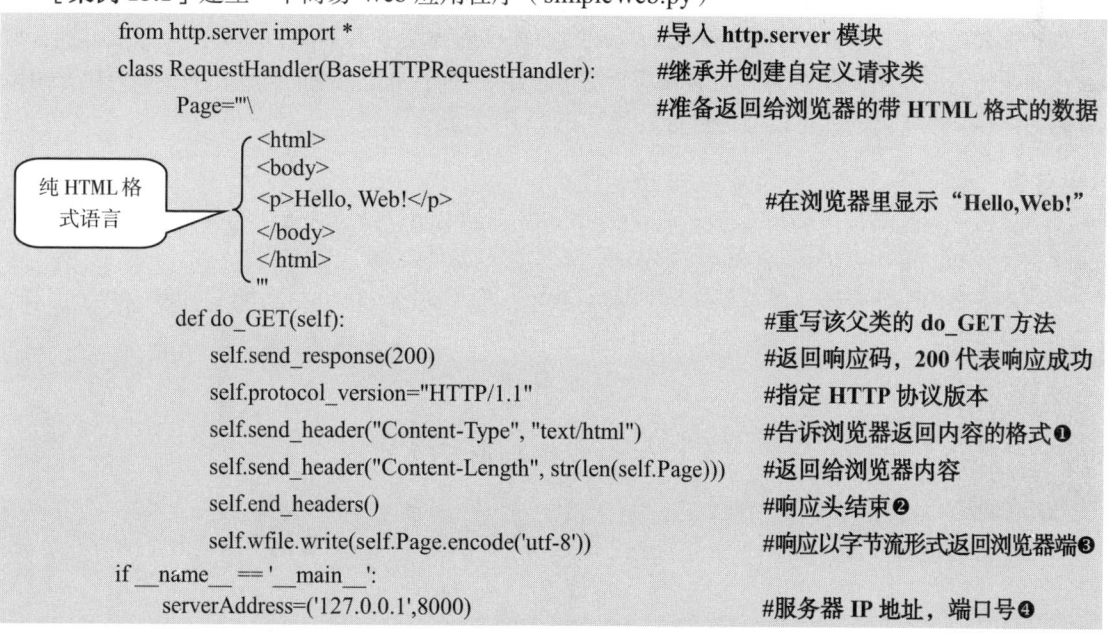

```
            server=HTTPServer(serverAddress, RequestHandler)    #创建 Web 服务器实例
            server.serve_forever()                              #持久性地执行 Web 服务器
```

在浏览器里调用上述代码，其执行结果如图 15.7 所示。

图 15.7　360 浏览器上访问 http://127.0.0.1:8000/

❶处必须为返回的 HTTP 协议内容提供对应的**响应头（header）**内容，否则浏览器无法识别 Web 服务器端返回的内容是什么。

❷处向响应头缓冲区添加一个空行（表示响应中 HTTP 头的结尾）并调用 flush_headers()。

❸ wfile 对象，包含用于将响应写回客户端的输出流。写入此流时必须正确遵守 HTTP 协议，以实现与 HTTP 客户端的成功互操作。write(c)方法把 c 参数传递的响应内容以字节流的形式返回给浏览器。该方法早期 Python 版本 c 参数传递的是字符串。

❹在实际测试或部署环境下，应该把该处的 IP 地址换成实际硬件服务器网卡 IP 地址，这样可以实现其他计算机浏览器对该网站的远程访问。

访问网站成功后，在 IDLE 上显示的执行结果如下：

```
>>>
127.0.0.1 - - [23/Apr/2018 17:37:02] "GET / HTTP/1.1" 200 -
127.0.0.1 - - [23/Apr/2018 17:37:02] "GET /favicon.ico HTTP/1.1" 200 -
```

从上述执行结果可以看出浏览器端和 Web 端之间数据共享采用的是 Get 方法。能采用 Post 方法吗？作者查阅了大量资料，发现 Python 自带的 http.server 服务器不带 Post 方法。怎么办呢？那么在商业环境下使用 Web 服务器，首选应该考虑产品级别的 Web 服务器软件，下一节开始介绍该方面的内容。水平高的，可以考虑自行编写 Web 服务器。

**◁))注意**

（1）通过浏览器访问该网站，报"code 400, message Bad"错。默认浏览器 https，多了一个 s 需要去掉，如 http://127.0.0.1:8000/。

（2）若在浏览器访问该网站时，报"TypeError: 'str' does not support the buffer interface…"错，需要在❸处加 encode('utf-8')。

## 15.2　Web 服务器

对于普通读者而言，在 Web 服务器上选择市场上流行的、稳定可靠的产品是最好的方法之一。

### 15.2.1　Web 服务器会做什么工作

Web 服务器的基本功能是接收浏览器发送过来的请求，然后把请求内容转发给 Web 应用程序；Web 应用程序处理数据，并通过 Web 服务器把响应内容返回给浏览器端。这个基本功能类似一个单位的传达室，用来收发文件。但是产品级别的 Web 服务器将提供更多有用的公共数据处理功能。

**1．缓存功能**

当浏览器端用户，需要频繁访问一个网页时，可以把该网页进行缓存，以加快访问响应速度。

**2．管理网络流量**

把具有不良企图或不想被访问的对象进行禁止访问处理；对存在错误请求信息的 HTTP 访问进行抛弃；Web 服务器返回一个 HTTP 错误代码，如 500、502、503、504、408，甚至 404。

**3．并发大规模访问处理**

这是不同 Web 服务器之间的一个重要区别，优秀的 Web 服务器可以支持超大规模的并发访问；有些 Web 服务器只能支持几千规模的并发访问。

对 Web 服务器感兴趣的读者，可以通过以下网址了解更多相关内容：https://wiki.python.org/moin/WebServers。

### 15.2.2　Apache 服务器

Apache HTTP Server 俗称 Apache（阿帕奇），是一款免费的开源跨平台 Web 服务器，按照 Apache License 2.0 的条款发布。Apache 由 Apache 软件基金会主持下的开源开发社区开发和维护。[1]它可以在不同的操作系统上运行，具有强大的跨平台和安全性，是世界上最流行的 Web 服务器软件之一。

**1．相关功能模块**

1）多种请求处理模式（MPM），包括基于事件/异步、线程和 Prefork，以及高度可扩展性（可轻松处理超过 10 000 个同时连接）。

2）反向代理与缓存。

3）负载平衡，带内健康检查，具有自动恢复的容错和故障转移。

4）日志监控模块。

5）动态配置。

6）细粒度的认证和授权访问控制。

7）压缩和解压。

8）基于 IP 地址的地理位置、用户和会话跟踪。

9）带宽限制。

实质上 Apache 模块远不止于上述几个，感兴趣的读者可以找相关资料详细研究。

**2．下载及安装**

1）下载及安装准备

源码及非 Windows 安装包可以在网址 http://httpd.apache.org/download.cgi 选择下载。

---

[1] Apache HTTP Server，维基百科，https://en.wikipedia.org/wiki/Apache_HTTP_Server。

Windows 操作系统版本的 Apache 在网址 http://httpd.apache.org/docs/current/platform/windows.html#down 下载。

本书在 https://www.apachelounge.com/download/ 里下载对应的 Apache 安装包。

安装之前需要确定读者的计算机里已经安装了对应版本的 VC++开发环境，如表 15.1 所示，或在上面的下载地址里同步下载 vc_redist_x64 或 vc_redist_x86 开发环境包并安装。下载 Apache 安装包时，一定要注意版本，同时要弄清楚自己的 Windows 操作系统是 32 位的还是 64 位的。

表 15.1 Windows 下安装 Apache 条件

| Apache 安装包 | 编译工具 | 适合 Windows 版本 |
| --- | --- | --- |
| httpd-2.4.33-win64-VC15.zip<br>httpd-2.4.33-win32-VC15.zip | VC15(Visual Studio 2017) | Windows 7 SP1、Vista SP2、Windows 8/8.1、10、Server 2008 SP2/R2 SP1、Server 2012/R2、Server 2016 等 |
| httpd-2.4.33-win64-VC14.zip<br>httpd-2.4.33-win32-VC14.zip | VC14(Visual Studio 2015) | |
| httpd-2.4.33-win64-VC11.zip<br>httpd-2.4.33-win32-VC11.zip | VC11(Visual Studio 2012) | |

如果操作系统是 Windows XP 及以下系列的，只能去这里下载可运行的 Apache 安装包：http://archive.apache.org/dist/httpd/。

2）安装 Apache 包

在 Windows 下双击 Apache 压缩包（如 httpd-2.4.33-win64-VC14.zip），弹出压缩工具界面，选择需要压缩到的路径（需要事先建立安装路径，如 D:\Apache24），然后单击"确认"按钮进行解压缩。

**3．配置**

Apache 安装包完成指定路径下的解压缩后，接着进行配置文件（httpd.conf）参数设置。该文件在安装路径下，如 D:\Apache24\Apache24\conf，用 Windows 记事本打开。

1）ServerRoot 参数设置

该参数默认设置是 ServerRoot "c:/Apache24"（有些版本略微有些差异），改为 ServerRoot "D:\Apache24\Apache24"（实际安装路径）。

2）DocumentRoot 参数设置

该参数默认设置 DocumentRoot "c:/Apache24/htdocs"，必须设置为实际安装路径，如 DocumentRoot "D:\Apache24\Apache24\htdocs"。

3）allow from all 设置

在配置文件找到如下设置内容：

```
<Directory />
    AllowOverride none
    allow from all                                    #把 Require all denied 改为 allow from all
</Directory>
```

**4．启动 Apache 服务器**

在 Windows 命令提示符里，进入安装目录 D:\Apache24\Apache24\bin\，然后执行如下启动命令：

D:\Apache24\Apache24\bin\httpd.exe -k install -n apache    # ❶

正常情况下，启动 Apache 服务器，然后在 Windows 的任务栏里将出现 Apache 运行的图标，选中它，弹出如图 15.8 所示的 Apache 服务器启动界面，选中 apache，单击右边的 Start 按钮，就可以正式启动 Apache 服务器。

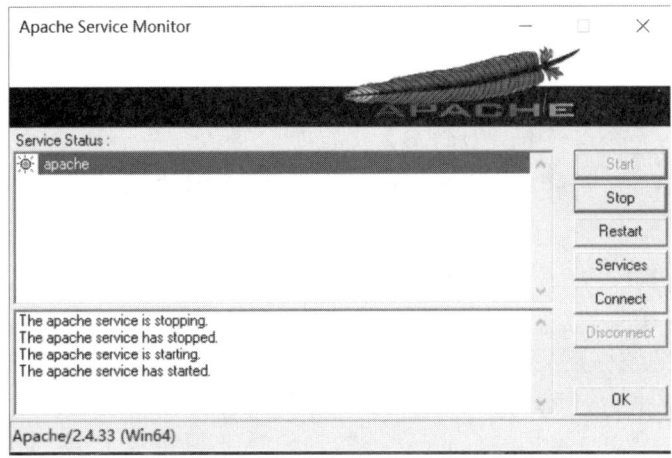

图 15.8　Apache 服务器启动界面

在启动过程中，可能会产生报错问题，作者归纳了以下两个常见错误。

（1）在❶处执行命令时，若报如下错误："Installing the 'apache' service (OS 5)拒绝访问。AH00369: Failed to open the Windows service manager, perhaps you forgot to log in as Adminstrator?"。这是部分 Windows 操作系统权限所限导致，在如图 15.9 所示的界面上选择"以管理员身份运行"，就可以在命令操作符下执行相关命令。

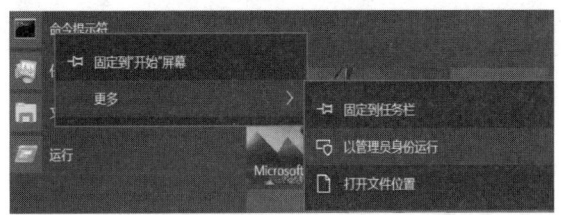

图 15.9　设置命令提示符运行权限

（2）操作系统端口冲突问题。若在图 15.8 处无法单击 Start 按钮启动 Apache 服务器，则需要排除一下操作系统端口冲突问题。因为 HTTP 协议默认的访问端口是 80，若 80 端口被其他应用所占，则会出现无法启动 Apache 服务器的问题。

可以在配置文件 httpd.conf 里设置 Listen 参数（默认 80）为需要的端口号，如 8090，然后再启动 Apache 服务器。

📖 说明

可以在命令提示符下通过 netstat –ano 命令查看是否存在 80 地址，若存在，则意味着该端口已经被其他应用软件所占用。

## 5. Apache 服务器测试

完成上述 Apache 服务器安装及启动后,应该要测试一下该服务器运行是否正常。

在测试计算机的浏览器里输入 http://localhost(或 http://127.0.0.1)。如果正常,则会出现如图 15.10 所显示的结果。"It works!"代表 Apache 服务器运行正常。

图 15.10　Apache 服务器运行正常测试界面

> **注意**
> (1)在输入测试网址时,必须正确输入 http,不能多一个 s,否则报错。
> (2)若在配置文件里设置了新的端口号,而非默认的(80)端口号,则在浏览器输入访问时,要注意端口号,如 http://127.0.0.1:8090。

该测试启动的网页存放于安装路径下,如本书测试安装路径:
D:\Apache24\Apache24\htdocs\index.html

若已经开发完成一个网站(Web 应用程序),如存放于 MyWeb 文件夹里,只要把这个文件夹复制到 htdocs 文件夹里,然后把网站首页改成 index.html,就可以在浏览器里通过 http://localhost/MyWeb 访问自己的网站。

### 15.2.3　IIS 服务器

IIS 全称 Internet Information Services(互联网信息服务),一般随 Windows 操作系统默认安装,为 Web 服务器、FTP 服务器、NMTP 服务器等提供了运行支持功能。IIS 同样为 Python 开发的 Web 应用程序运行提供了技术支持。若想在 Windows 的 IIS 环境下运行 Web 网站,就需要掌握基本的 IIS 安装及设置。

以 Windows 10 为例,在 Windows 控制面板里单击"程序"进入如图 15.11 的"程序"界面,选择"启用或关闭 Windows 功能"选项。

图 15.11　"程序"界面

此时，系统弹出如图 15.12 所示的 Windows 功能界面，在 Internet Information Services 处选择 CGI、ISAPI 扩展、ISAPI 筛选器等选项，单击"确定"按钮，开始更新安装 IIS。

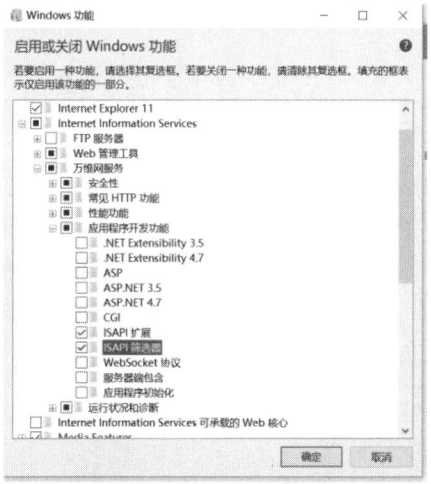

图 15.12　Windows 功能界面

**CGI** 全称 Common Gateway Interface（公共网关接口），为 Web 服务器提供标准协议的函数接口，以执行在控制台应用程序（也称为命令行界面程序）上运行的程序，该程序在动态生成网页的服务器上运行。[1]

**ISAPI 扩展**全称 Internet Server Application Programming Interface( Internet 服务器应用程序编程接口扩展)，为 HTTP 服务器加载和调用相关函数功能的 DLL 文件。**ISAPI 筛选器**是在启用 ISAPI 的 HTTP 服务器上运行的 DLL 函数文件，用以筛选与服务器之间来回传送的数据。

安装完成 IIS 后，将在 Windows 操作系统左边菜单里见到"Internet Information Services(IIS)管理器"，单击进入如图 15.13 所示的 IIS 管理器主界面。在这个界面可以看到图 15.12 里选择的组件，如 CGI、ISAPI 扩展、ISAPI 筛选器等。若需要让 Python 编写的 Web 应用程序在该环境下运行，还需要在 IIS 里做一系列参数设置，在这里不做详细介绍。

图 15.13　IIS 管理器的主界面

---

[1] https://en.wikipedia.org/wiki/Common_Gateway_Interface

> **注意**
> Apache 与 IIS 最好不要同时启用，否则容易发生使用冲突。

## 15.3　WSGI 服务器接口

支持 Python 的 Web 服务器非常多，刚刚熟悉了 Apache、IIS 服务器，它们提供了各自的 API 接口，供 Web 应用程序调用。若让开发完成的 Web 应用程序可以在不同的 Web 服务器环境下运行，这可以减少很多麻烦。这一节的 WSGI 就是解决该方面问题的一种技术。

Web 服务器网关接口（Web Server Gateway Interface，WSGI）是 Web 服务器软件和用 Python 编写的 Web 应用程序之间的标准接口。拥有标准接口可以轻松使用支持 WSGI 和多个不同 Web 服务器的 Web 应用程序的运行。下面的网址罗列了支持 WSGI 标准的部分 Web 服务器：https://wsgi.readthedocs.io/en/latest/servers.html。

Python 的标准库也提供了自带的 WSGI 标准服务器——wsgiref，一个可用作测试的小型服务器。详细使用方法请参考网址：https://docs.python.org/3/library/wsgiref.html。

iiswsgi 模块实现了与 IIS 的 FastCGI 协议变体兼容的 WSGI 网关。[1]

mod_wsgi 模块为 Python 3.X 版本下的 Apache 服务器 WSGI 标准支持模块，其下载及使用方法见网址：https://wiki.archlinux.org/index.php/Apache_HTTP_Server/mod_wsgi。

有关 WSGI 的更多信息请参阅 https://wsgi.readthedocs.org/。

## 15.4　Web 应用程序开发

若想用 Python 开发 Web 网站，那么深入学习和使用 Web 应用程序代码是必然的，而且是 Web 代码开发的主要工作内容。

大家所熟悉的各种各样的网站功能，就是 Web 应用程序开发的主要内容。如注册、登录功能、发布文章功能，评论功能，商品展示功能，商品信息查找功能，后台各种管理功能（如注册信息管理、权限管理、商品基本信息管理、销售统计等）。

同时作为动态交互式的网站，还需要涉及数据库技术的运用。由此，至少需要熟悉一种数据库系统。

对于大型网站，往往采用成熟的 Web 技术框架，这将在第 16 章进行详细介绍。采用 Web 技术框架的好处非常多，包括可以提高开发效率，有些框架都提供了基础功能模块（无须从 0 代码开始开发一个功能）；另外采用成熟的被市场所证明的 Web 技术框架还可以减少各种技术风险，如安全漏洞风险等。

自然，商业级的 Web 网站，还涉及美工等工作。

---

[1] iiswsgi 模块网址，https://pypi.org/project/iiswsgi/#serving-python-wsgi-applications-natively-from-iis。

开发一款 Web 应用程序会涉及需求调研、Web 系统功能设计、Web 技术框架选择、开发环境的搭建（操作系统、Web 服务器、WSGI 等的安装与配置）、Web 应用程序代码开发、系统测试、系统发布及使用等。

## 15.5 案例［三酷猫简易网站］

到此，三酷猫可以借助已经学的 Web 开发技术，搭建属于自己的钓鱼宣传网站，一个非常简单的网站！

### 15.5.1 网站需求

网站需求需要考虑使用功能要求和使用环境要求。

**1．使用功能要求**

三酷猫钓了很多鱼，它想通过建立自己的网站，把自己的鱼产品进行宣传，以获取更多的销售订单。鱼的宣传信息如 10.4 节的表 10.6 所示，要求在网页上尽可能一样地显示相关内容，而且要采用表格形式。

**2．使用环境要求**

在 Apache 服务器环境下运行 Web 应用程序，Apache 安装及配置过程见 15.2.2 节。

### 15.5.2 实现代码

三酷猫在 Web 应用程序实现过程中采用了纯 HTML 语言。HTML 语言的基本格式为标签成对出现，如❶处<html>开始，结束必须要有</html>，表示网页的开始和结束。

［案例 15.2］建立一个简易 Web 应用程序（index.html）

```
<html>                                              #网页的开始❶
<head>                                              #网页头开始
    <meta http-equiv="Content-Type" content="text/html; charset=gb2312">    #支持汉字显示
</head>                                             #网页头结束
<body>                                              #网页体开始，在浏览器上显示相关内容
    <table border="1">                              #表格表示开始，表线宽度 1
        <tr>                                        #表格第一行开始，显示列标题
            <td>钓鱼日期</td>                        #第一列标题
            <td>水产品名称</td>                      #第二列标题
            <td>数量</td>                            #第三列标题
            <td>价格</td>                            #第四列标题
        </tr>                                       #表格第一行结束
        <tr>                                        #表格第二行开始，显示第一行鱼记录
            <td>1 月 1 日</td>
```

```
            <td>鲫鱼</td>
            <td>17</td>
            <td>10.5</td>
        </tr>
        <tr>                                    #表格第三行开始，显示第二行鱼记录
            <td></td>
            <td>鲤鱼</td>
            <td>8</td>
            <td>6.2</td>
        </tr>
        <tr>                                    #表格第四行开始，显示第三行鱼记录
            <td></td>
            <td>鲢鱼</td>
            <td>7</td>
            <td>4.7</td>
        </tr>
        <tr>                                    #表格第五行开始，显示第四行鱼记录
            <td>1 月 2 日</td>
            <td>草鱼</td>
            <td>2</td>
            <td>7.2</td>
        </tr>
        <tr>                                    #表格第六行开始，显示第五行鱼记录
            <td></td>
            <td>鲫鱼</td>
            <td>3</td>
            <td>12</td>
        </tr>
    </body>
    </html>
```

把 index.html 文件存放到 Apache 安装的路径下。如本书案例运行路径为 D:\Apache24\Apache24\htdocs 下，替换原先的 index.html 文件。然后，双击该文件，执行结果如图 15.14 所示。

自然，在浏览器里直接输入 http://localhost，按 Enter 键也可以得到如图 15.14 所示的网页界面。

| 钓鱼日期 | 水产品名称 | 数量 | 价格 |
|---|---|---|---|
| 1月1日 | 鲫鱼 | 17 | 10.5 |
| | 鲤鱼 | 8 | 6.2 |
| | 鲢鱼 | 7 | 4.7 |
| 1月2日 | 草鱼 | 2 | 7.2 |
| | 鲫鱼 | 3 | 12 |

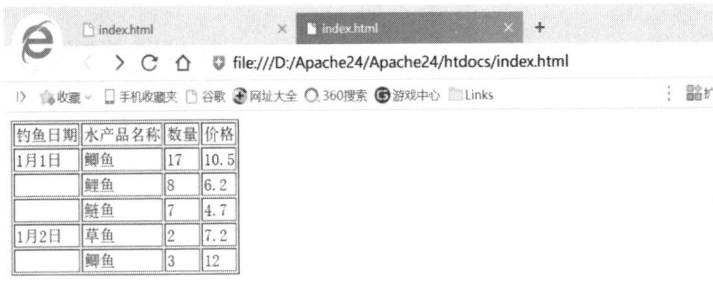

图 15.14　三酷猫简易网站

细心的读者会问，这个网站（网页）代码的开发与 Python 没有任何关系啊？

是的，它是用纯 HTML 语言编写的静态网页。这里用它来初步验证 Apache 服务器的运行情况，以展示一个简单的网站，后面将在此基础上，通过 Python 编程实现动态网站的功能。

## 15.6 习题及实验

**1．判断题**

（1）普通的互联网用户可以通过 IP 地址访问电商网站。（　　）

（2）浏览器只能用于 Internet 的 Web 浏览。（　　）

（3）实际商业环境下鼓励程序员直接使用成熟的 Web 服务器。（　　）

（4）Apache、IIS 服务器适用于目前主流的各种操作系统。（　　）

（5）WSGI 是为 Python 语言下的 Web 应用程序提供移植性更好的标准接口支持功能。（　　）

**2．填空题**

（1）用户通过（　　）访问网站，Web 应用程序通过（　　）把交互信息反馈给用户的终端。

（2）（　　）协议是世界上最为广泛的应用于 Web 数据传输的协议。

（3）浏览器通过（　　）方法发送请求书；Web 端通过（　　）方法响应返回数据。

（4）Web 程序员日常开发主要工作是开发网站的（　　）代码。

（5）网页根据内容是否可以更替分（　　）和（　　）网页。

**3．实验：安装 Apache 服务器，建立一个简易网站**

**实验要求：**

（1）下载并安装 Apache 服务器。

（2）用 HTML 编写一个个人简历网页。

（3）把简历网页部署到 Apache 服务器环境下，通过浏览器访问该网站。

（4）所有过程进行记录，并形成实验报告。

# 第 16 章

# 商业级别的技术框架

任何事情，如果能利用别人的足够的经验总结内容，将会把事情做得更好、更快。从零开始摸索一件事情往往费力费时，而且事情不一定做得好。如某人去一个陌生城市，若他到了这个城市，没有任何准备，去找一个地方，很容易走错路，走冤枉路，还浪费时间。若他事先找到了一张该市的地图，对需要去的地方进行了了解，那么他找到那个地方将很快。这张地图就是别人了解这个城市的经验总结（知识总结）。

编程也一样，如果别人通过摸索已经总结出一套基础模块框架功能，如提供了对数据库访问的模块、系统参数配置模块、主界面基本框架模块、登录注册模块，则程序员可以在这些公共框架模块的基础上稍微修改一下，就可以调整为自己需要的功能模块，这将为程序员节省大量的时间。

更重要的是经过市场验证的应用程序技术框架往往是稳定的、安全的、易于使用的，这可以避免软件项目建设中的技术风险。

这一章主要介绍 Python 语言下的商业级别的 Web 应用程序技术框架。

### 学习重点

- 初识 Web 应用程序框架
- web.py 框架
- Django 框架
- 案例［三酷猫鱼产品动态网站］

## 16.1　初识 Web 应用程序框架

Python 的 Web 应用程序框架是各种包和模块的集合，在此基础上程序员可以直接开发各种业务处理功能，而无须考虑 Web 的各种协议、底层通信、线程管理等低级技术细节问题。这可以大大解放程序员的编程工作量，把主要精力集中在业务功能上。

一般 Web 应用程序框架提供数据库访问模块、网页模板、身份认证模块、AJAX 工具包等功能。这里提供一些流行的 Web 应用程序框架信息，如表 16.1 所示。

表 16.1　基于 Python 应用程序的部分 Web 框架产品

| 框架名称 | 功能描述 |
| --- | --- |
| Django | 完美的高级 Python Web 应用程序框架，鼓励快速的开发和干净实用的设计。其官网为 https://www.djangoproject.com/ |
| TurboGears 2 | 快速 Web 开发网络框架。结合了 SQLAlchemy（Model）或 Ming（MongoDB Model）、Genshi（View）、Repoze 和 Tosca Widgets。在几分钟内创建一个数据库驱动的、可随时扩展的应用程序。所有这些都带有设计友好的模板，浏览器端和服务器端的简单 AJAX，功能强大且灵活的对象关系映射器（ORM），以及与编写函数一样自然的代码。其官网为 http://www.turbogears.org/ |
| web2py | 开放源代码全栈框架，可以实现用 Python 编写的 Web 应用程序的快速开发。通过 ORM 抽象层实现与 MySQL、PostgreSQL、SQLite、Firebird、Oracle、MSSQL 和 Google App Engine 协同工作。其官网为 http://www.web2py.com/ |
| web.py | 轻量级的基于 Python 语言的编写 Web 应用程序的理想实现方式。其官网为 http://webpy.org/ |

## 16.2　web.py 框架

web.py 属于轻量级、开源、基于 Python、易于初学者学习的一款专业级别 Web 应用程序框架。

### 16.2.1　使用准备

在 Windows 下使用 web.py 应用程序框架需要安装的内容如下。

**1. Python 软件包的安装**

作者测试环境下的 Python 3.6.3 安装于 D:\python 下。（安装过程略，如果在持续学习，计算机上应该已经有 Python）

**2. web.py 安装**

web.py Web 应用程序框架安装方法有二种：一种为在线安装，另外一种为下载安装包安装。

1) 在线安装

在 Windows 的"运行"或"命令提示符"里执行下面的命令：

```
pip install web.py
```

截止到 2018 年 5 月，该在线安装的最新版本为 web.py 0.39，只能支持 Python 2.X 使用。也就是说在自己的计算机里必须重新安装一套 Python 2.X 版本，才能使用 web.py 0.39。

2）安装包安装

本书的测试环境为 Python 3.X，所以只能在如下网址下载 web.py 的实验版本 0.40-dev1，它支持 Python 3.X：

https://github.com/webpy/webpy/tree/py3

下载 webpy-py3.zip 安装包，然后进行解压缩。在解压缩文件夹里将会发现 setup.py 文件。然后，在命令提示符界面里执行如下命令：

python setup.py install

执行方式及结果如图 16.1 所示。

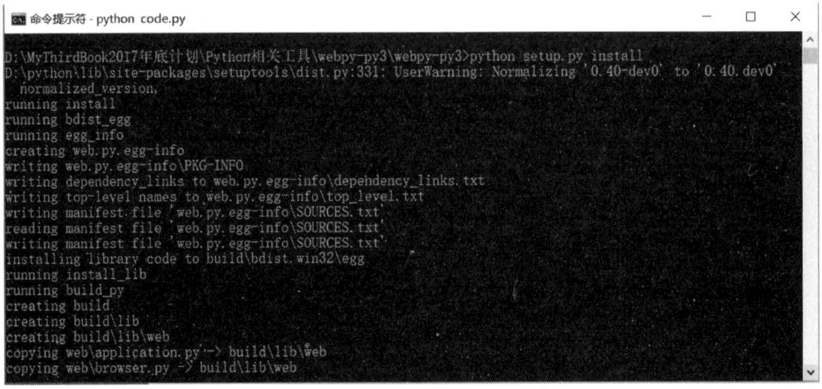

图 16.1　web.py（0.40）安装过程

安装完成的 web.py 应用程序框架位于如下路径 D:\python\Lib\site-packages\web.py-0.40.dev0-py3.6.egg\web 下。

### 16.2.2　开发 Web 应用程序

web.py 内置了 Web 服务器，这会让用户轻松一下：无须手动安装独立的 Web 服务器。
接下来编写一个简单的 "Hello,world!" Web 应用程序，通过浏览器来查看一下。

[**案例 16.1**] 建立 "Hello,world!" 程序（show.py）

```
import web                                  #导入 web 模块
urls = (                                    #网页地址的正则表达式处理
    '/', 'index'                            #用 index 类处理 URL/（网站首页地址）
)
class index:                                #自定义类 index
    def GET(self):                          #用 GET 方法把内容发送到 Web 服务器
        return "Hello, world!"              #Web 服务器把 "Hello, world!" 返回浏览器
if __name__ == "__main__":
    app=web.application(urls, globals())    #根据用户提交的 URL，告诉 Web 服务器
```

```
                                    #在全局命名空间中查找对应类，如 index
app.run()                           #执行 Web 服务器里对应的上述应用
```

上述代码实现了用户在浏览器输入 URL 后，把请求信息（UTRL）发送到 Web 服务器，Web 服务器把 URL 信息转发到本案例应用程序中，通过 index 类，把响应信息（Hello,world!）返回给 Web 服务器，Web 服务器根据用户 URL 列表把响应信息返回到指定浏览器里的过程。

把上述 show.py 在命令执行符里启动，如图 16.2 所示。

图 16.2  show.py 启动

启动成功后，在浏览器里输入 http://localhost:8080/，显示结果如图 16.3 所示。在图 16.2 执行命令时，可以增加其他端口号参数，其命令格式如下：

```
python show.py 8088
```

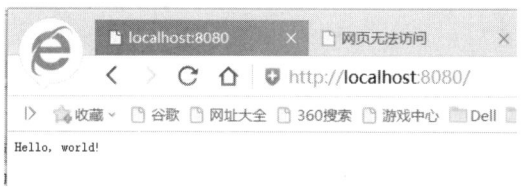

图 16.3  浏览器里访问 Web 服务器后返回的内容

### 16.2.3　使用模板

在案例 15.2 中，已经接触了用纯 HTML 语言编写的静态网页。接下来要让静态网页动起来，也就是通过把 Python 代码嵌入到 HTML 语言代码中，产生网页内容动态变化的过程。这是主流动态网页的通用编程方法。

在 show.py 文件路径下建立一个子目录（名为 templates），在该目录下用 Windows 的笔记本新建一个以 .html 结尾的文件（Show_temp.html），内容如下：

［案例 16.2］建立 Web 应用程序的模板（Show_temp.html）

```
$def with (name)                    #name 为从应用程序传递给该模板的一个变量
$if name:                           #在$if 条件成立，显示 html 格式的内容
    我想说<em>hello</em> to $name.   #<em>标签使 hello 显示时为斜体字
$else:
    <em>Hello</em>, world!          #没有传递参数，调用该模板显示默认内容
```

案例 16.2 里的 "$" 开始的语句代表模板格式语句。

该模板要被案例 16.1 里的 show.py 文件调用，由此需要修改 show.py 文件（修改时另存为 show1.py）。

在 show1.py 文件的 import web 下增加如下一行：
```
render=web.template.render('templates/')        #为 show1.py 指定模板所在的路径
```
然后，通过 index 类把数据传入到指定模板里，这里把 show1.py 里的 index 类里的 GET 方法内容修改为：
```
class index:
    def GET(self):
        name='TOM'                              #指定模板对应变量显示的内容
        return render. Show_temp(name)          #把 name 变量值传入 Show_temp 模板文件
```
在命令提示符下执行 Python show1.py 命令，然后在浏览器里输入 http://localhost:8080/，显示结果如图 16.4 所示。

图 16.4　显示通过模板处理的执行结果

模板实现了 HTML 格式与 Python 业务逻辑代码的分离。若把 show1.py 里的 name 值从数据库里获取，那么显示的结果将可以动态变化。

web.py 为模板处理提供了强大的功能，若感兴趣，可以访问网址：http://webpy.org/docs/0.3/templetor。

### 16.2.4　数据库访问

利用数据库系统可以为网页提供动态信息，由此需要同步安装相应的数据库系统。这里可以安装关系型的数据库系统，如 MySQL、Oracle、SQLServer，或 Python 自带的 SQLite；也可以安装 NoSQL 数据库系统，如 MongoDB、Redis 等。

为了方便学习，这里采用 Python 自带的 SQLite 数据库系统，它虽然是单机系统的数据库，但是功能足够强大。

**1．数据库建表及插入数据**

为了让网页可以读取数据库里的记录，先需要数据库建表，并插入若干条网页需要显示的内容。

```
>>> import sqlite3                                      #导入 sqlite3 数据库模块
>>> conn=sqlite3.connect('ShowDB')                      #建立 ShowDB 数据库❶
>>> cur=conn.cursor()                                   #建立指向 ShowDB 的游标
>>> cur.execute('create table T_Show(date text,ShowInf text)')   #建立 T_Show 表❷
<sqlite3.Cursor object at 0x03323020>
>>> cur.execute("insert into T_Show Values('2018-4-29','Dog')")  #插入第一条记录
<sqlite3.Cursor object at 0x03323020>
>>> cur.execute("insert into T_Show Values('2018-4-30','Cat')" ) #插入第二条记录
<sqlite3.Cursor object at 0x03323020>
```

```
>>> cur.execute("insert into T_Show Values('2018-5-1','三酷猫')")    #插入第三条记录
<sqlite3.Cursor object at 0x03323020>
>>> cur.execute("insert into T_Show Values('2018-5-2','大老狗')")    #插入第四条记录
<sqlite3.Cursor object at 0x03323020>
>>> conn.commit()                                                    #保存提交，确保数据保存成功
>>> conn.close()                                                     #关闭数据库连接
```

到此，在 SQLite 已经建立了 ShowDB 数据库（❶若该库已经存在，则只起连接作用）；在 ShowDB 数据库里建立了 T_Show 表（❷内含日期、显示信息字段），显示信息字段用于存放每天网页上需要更新的内容；然后连续往 T_Show 表插入四条记录。

数据库里的数据都准备好了，假设网页每天需要跟客户打新的招呼：

（1）2018 年 4 月 29 日，想显示 "Hello,Dog!"。
（2）2018 年 4 月 30 日，想显示 "Hello,Cat!"。
（3）2018 年 5 月 1 日，想显示 "Hello,三酷猫!"。
（4）2018 年 5 月 2 日，想显示 "Hello,大老狗!"。

**2．Web 应用程序改造**

继续改造 show1.py，在其内增加数据库连接及数据读取功能（请先把 show1.py 另存为 show2.py，在此基础上修改）。

[案例 16.3] 建立打招呼程序（show2.py）

```python
import web                                              #导入 web 模块
import sqlite3                                          #导入 sqlite3 数据库模块
from datetime import datetime,date                      #导入时间相关模块
render=web.template.render('templates\\')               #指向显示模板路径
urls = (                                                #网页地址的正则表达式处理
    '/', 'index'                                        #用 index 类处理 URL/（网站首页地址）
)
def GetDayHello():                                      #自定义获取数据库表数据的函数
    dd=datetime.now()
    showDay=str(dd.year)+'-'+str(dd.month)+'-'+str(dd.day)
    name=''
    conn=sqlite3.connect('ShowDB')
    cur=conn.cursor()
    cur.execute("select * from T_Show")
    for row in cur.fetchall():
        if row[0]==showDay:
            name=row[1]
            break
    if name=='':
        name="World"
    conn.close()
    return name
class index:                                            #自定义类 index
    def GET(self):                                      #用 GET 方法把内容发送到 Web 服务器
```

```
            name=GetDayHello()              #调用自定义 GetDayHello 函数，获取数据
            return render.Show_temp(name)   #把 name 变量值传入 Show_temp 模板文件
    if __name__ == "__main__":
        app=web.application(urls, globals())    #根据用户提交的 URL，告诉 Web 服务器
                                                #在全局命名空间中查找对应类，如 index
        app.run()                               #执行 Web 服务器里对应的上述应用
```

在命令提示符下执行 python show2.py 命令，然后在浏览器里输入 http://localhost:8080/，显示结果如图 16.5 所示。

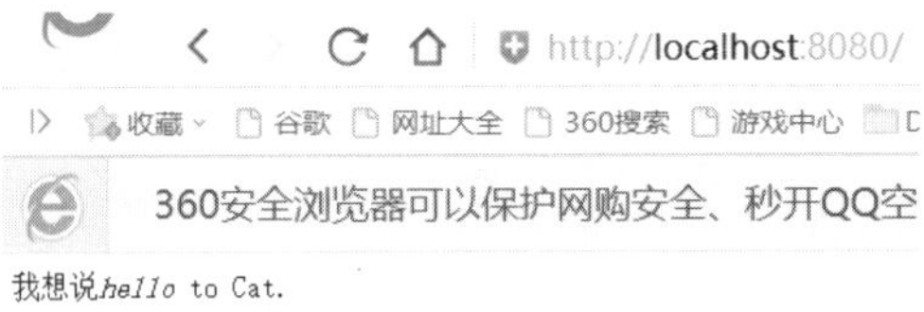

图 16.5 显示当天的招呼

## 16.2.5 表单处理

案例 16.3 数据库里的数据源于事先在 IDLE 的逐条插入，这在实际使用环境下是不可取的。

好的 Web 应用程序必须为用户提供基于网页的数据输入功能。本节就想通过表单的提交，往数据库里增加更多的打招呼数据。

### 1. 改造 Show_temp1.html

因为表单属于 HTML 语言内容，所以需要在 Show_temp.html 继续改造 HTML 模板，使模板增加表单输入、提交功能。在 templates 子路径下，用"记事本"把 Show_temp.html 改为 Show_temp1.html。然后，在其中最后处添加如下表单代码：

```
<form method="post" action="add">                        #表单的 method、action 属性❶
<p><input type="text" name="title" /><input type="submit" value="Add" /></p>❷
</form>
```

❶ HTML <form> 标签的 **method 属性**规定如何发送表单数据（表单数据发送到 action 属性所指定的网页页面）。表单数据可以作为 URL 变量（method="get"）或者 HTTP post（method="post"）的方式来发送。

**action 属性**规定当提交表单时，向指定网页发送表单数据。这里的 action="add" 指向了案例 16.4 的 show3.py 里的❶处的网址（URL/add）。

❷ name="title" 为输入文本框的名称属性，其名为"title"；<input type="submit" value="Add" /> 代表表单里的提交按钮，"Add"为提交按钮的名称。

### 2. 改造 show2.py

把 show2.py 另存为 show3.py。

[**案例 16.4**] 建立打招呼程序（show3.py）

```
import web                                  #导入 web 模块
import sqlite3                              #导入 sqlite3 数据库模块
from datetime import datetime,date          #导入时间相关对象
```

```python
render=web.template.render('templates\\')        #指定模板路径
urls = (
    '/', 'index',                                 #用户 URL 访问时调用 index 类
    '/add','add'                                  #URL/add 访问时，调用 add 类①
)
dd=datetime.now()                                 #获取计算机当前时间
showDay=str(dd.year)+'-'+str(dd.month)+'-'+str(dd.day)   #指定日期格式
def GetDayHello():                                #自定义得到打招呼信息函数
    name=''
    conn=sqlite3.connect('ShowDB')
    cur=conn.cursor()
    cur.execute("select * from T_Show")
    for row in cur.fetchall():
        if row[0]==showDay:
            name=row[1]
            break
    if name=='':
        name="World"
    conn.close()
    return name
def InsertHello(name):                            #自定义插入信息函数
    conn=sqlite3.connect('ShowDB')
    cur=conn.cursor()
    cur.execute("insert into T_Show Values('"+showDay+"','"+name+"')")
    conn.commit()
    conn.close()
class index:                                      #自定义 index 类
    def GET(self):
        name=GetDayHello()
        return render.Show_temp1(name)
class add:                                        #自定义 add 类
    def POST(self):                               #重定义 POST()方法
        input1=web.input(name=[])                 #获取表单对象提交的数据（字典格式）
        InsertHello(input1.title)                 #把键为 title 的值传递给插入函数
if __name__ == "__main__":
    app=web.application(urls,globals())           #根据 URL 通知 Web 服务器调用对应的类
    app.run()                                     #运行该应用程序
```

在命令提示符下执行 python show3.py 命令，然后在浏览器里输入 http://localhost:8080/，显示结果如图 16.6 所示。

图 16.6　显示带表单界面的网页

在图 16.6 所示界面上输入打招呼的内容，如 AIOK3，单击 Add 按钮提交，提交到数据库成功，显示如图 16.7 所示界面。

图 16.7　表单数据提交后的界面

> **注意**
> 表单提交后，URL 后增加了 add，对应于案例 16.4 的①处；InsertHello 函数插入数据后，默认返回 None；数据插入结果可以通过 IDLE 查询 SQLite 数据库获取。

### 16.2.6　使用 Session

对于登录的用户信息，如客户端 IP 地址、用户名、密码等，可以通过服务器端 Session 对象统一保存于内存，当用户退出对网站的访问后，存储于 Session 里的信息自动消失。这种存储用户的方法，可以带来很多好处，如统计有多少用户正在访问网站、用户自动登录网站（无须输入用户名、密码）、根据用户信息主动在网站上推荐商品信息（假如用户登录的是一个电商平台）等。

**1. 基于内存存储 Session 信息**

[案例 16.5] 基于内存的 Session（SessionWeb.py）

```
import web                                      #导入 web 框架模块
web.config.debug=False                          #禁 web.py 用调试模式¹
urls = (
    "/", "countUsers",                          #URL 访问时调用 countUsers 类
    "/reset", "resetSession"                    #URL 访问时调用 resetSession 类
)
app=web.application(urls,locals())              #根据 URL 通知 Web 服务器调用对应的类
if web.config.get('_session') is None:
    session=web.session.Session(app,web.session.DiskStore('sessions'),{'count':0})
                                                #把 session 信息存储到内存上，初始计数为 0
else:
    session = web.config._session
class countUsers:                               #自定义访问用户数统计类
    def GET(self):                              #重写 GET()方法
        session.count+= 1                       #访问用户数累计
        return str(session.count)               #返回累计结果
class resetSession:                             #自定义重置访问清除 session 进程函数
    def GET(self):
        session.kill()                          #清除内存里的特定用户 session 对象
```

---

[1] web.py 应用框架默认情况下属于调试模式，若不禁止该方式，在 Session 记录访问信息时，一次访问将产生两条记录，属于不正常现象。

```
            return ""
if __name__ == "__main__":
    app.run()                                    #运行该应用程序
```

在命令提示符下执行 python SessionWeb.py 命令，然后在浏览器里输入 http://localhost:8080/，显示结果如图 16.8 所示。

图 16.8　基于内存 Session 访问结果

基于内存的 Session 的用户数据的存储，在内存允许存储量的情况下，处理速度快，这是它的优势；但是一旦当用户退出对网站的访问时，基于内存的 Session 数据就丢失。而电子商务平台等，希望持续分析网站的访问情况，而不仅仅了解正在使用网站的用户量。接下来准备把 Session 数据存放到数据库中，这样访问的用户数据可以永久性地被使用。

**2．基于数据库存储 Session 信息**

要把服务器端 Session 里的数据存储到数据库中，先要安装并建立数据库。这里直接使用 Python 自带的 SQLite 数据库（省去了数据库系统、数据库驱动程序的安装）。

📖 **说明**

实际使用环境下选择数据库考虑要周到，避免数据库性能适应不了实际需要。SQLite 用于小规模的网站访问量（如一天几百上千人的访问量），还是胜任的。若大规模的并发访问要求，还是应该选择 MySQL 等功能更加强大的数据库系统。

（1）建立 SessionDB 数据库，建立存放数据的 sessions 表。

```
>>> import sqlite3                              #导入 sqlite3 数据库模块
>>> conn=sqlite3.connect('SessionDB')           #连接并建立 SessionDB 数据库
>>> cur=conn.cursor()                           #建立与数据库之间指向的游标
>>> cur.execute("create table sessions (\       #建立 sessions 表
    session_id char(128) UNIQUE NOT NULL,\
    atime timestamp NOT NULL default current_timestamp,\
    data text)")
<sqlite3.Cursor object at 0x059EFAA0>
>>> conn.commit()                               #执行并提交信息到硬盘
>>> conn.close()                                #关闭数据库连接
>>>
```

（2）改造 SessionWeb.py。改造 SessionWeb.py，先把它另存为 SessionWeb1.py，然后在其中修改代码，把 Session 信息存储到 SQLite3 数据库中。

[案例 16.6] 基于 SQLite3 数据库的 Session（SessionWeb1.py）

| | |
|---|---|
| import web | #导入 web 框架模块 |
| web.config.debug=False | #禁 web.py 用调试模式 |

```python
urls = (
    "/", "countUsers",                                    #调用访问用户数量类
    "/reset", "resetSession"                              #URL 访问时调用 resetSession 类
)
db = web.database(dbn='sqlite', db='SessionDB')           #连接 sqlite 的 SessionDB 数据库
app=web.application(urls,locals())                        #根据 URL 通知 Web 服务器调用对应的类
store = web.session.DBStore(db,'sessions')                #建立 session 的内容存储到数据库表对象★
session=web.session.Session(app,store,{'count': 0})       #用户访问信息存储到 sessions 表中
web.config.session_parameters['cookie_name'] = 'webpy_session_id'    #❶
web.config.session_parameters['cookie_domain'] = None                #❷
web.config.session_parameters['timeout'] = 86400,                    #一天的秒数❸
web.config.session_parameters['ignore_expiry'] = True                #❹
web.config.session_parameters['ignore_change_ip'] = True             #❺
web.config.session_parameters['secret_key']='fLjUfxqXtfNoIldA0A0J'   #❻
web.config.session_parameters['expired_message']='Session expired'   #❼
class countUsers:                                         #自定义访问用户数统计类
    def GET(self):                                        #重写 GET()方法
        session.count+= 1                                 #访问用户数累计
        return str(session.count)

class resetSession:                                       #自定义重置访问清除 session 进程函数
    def GET(self):
        session.kill()                                    #清除内存里的特定用户 session 对象
        return ""
if __name__ == "__main__":
    app.run()
```

★处的 DBStore 类封装了把指定 session 数据存储到指定数据库表的过程，这里看不到相应的 SQL 语句，其相关内容可以在如下文件里看到：Lib\site-packages\web.py-0.40dev0-py3.6egg\ web\session.py。

Session 记录数据的参数作用说明：

❶cookie_name——保存 session id 的 Cookie 的名称。

❷cookie_domain——保存 session id 的 Cookie 的 domain 信息。

❸timeout——session 的有效时间，以秒为单位。

❹ignore_expiry——如果为 True，session 就永不过期。

❺ignore_change_ip——如果为 False，就表明只有在访问该 session 的 IP 与创建该 session 的 IP 完全一致时，session 才被允许访问。

❻secret_key——密码种子，为 session 加密提供一个字符串种子。

❼expired_message——session 过期时显示的提示信息。

在命令提示符下执行 python SessionWeb1.py 命令，然后在浏览器里输入 http://localhost:8080/，执行结果如图 16.9 所示。

图 16.9　基于数据库 Session 访问结果

为了验证 Session 数据是否已经存入数据库，在 IDLE 里执行如下代码：

```
>>> import sqlite3                              #导入 sqlite3 模块
>>> conn=sqlite3.connect('SessionDB')           #连接 SessionDB 数据库
>>> cur=conn.cursor()                           #建立对应数据库游标
>>> cur.execute("select * from sessions")       #执行 Select 语句查看表记录
<sqlite3.Cursor object at 0x0471F920>
>>> for get in cur.fetchall():                  #循环打印输出表记录
        print(get)
('d5c7b5a337831c7ab3f27372826bf30c2310b4e2', '2018-05-01 08:54:01.793363', b'gAN9cQAoWAoAAABzZXNzaW9uX2lkcQFYKAAAAGQ1YzdiNWEzMzc4MzFjN2FiM2YyNzM3MjgyNmJm\nNzBjMjMxMGI0ZTJxAlgFAAAAY291bnRxA0sAsAWAIAAABpcHEEWAkAAAAxMjcuMC4wLjFxBXUu\n')
>>>
```

会话记录 ID 号
会话记录时间
记录会话用户数据

## 16.2.7　使用 Cookie

当访问一个网站的用户数量猛增后（如日均访问量达到了几十万人次），采用 Session 在服务器端存放用户访问信息，将给服务器的内存带来很大压力，甚至会导致网站无法访问的严重问题。

于是人们设计了一种叫 Cookie 的技术，把用户访问的信息存放到运行浏览器的本地计算机上，一个用户访问一个网站的信息存放到本地计算机可以大幅减轻服务器端的压力。

先建立一个登录网页模板，存放于单独的 login 子路径下。这个网页界面提供了"用户名""密码"输入框及"提交"按钮。

[**案例 16.7**] 登录网页模板（login.html）

```
<html>
    <head>
        <meta http-equiv="Content-Type" content="text/html; charset=gb2312">
        <title>登录界面</title>
    </head>
    <h1>登录界面</h1>
    <FORM method=POST>                                    #表单 POST 方法
        <table id="login">
            <tr>
                <td>用户名: </td>
                <td><input type=text name='username'></td>    # "用户名" 输入框
            </tr>
            <tr>
                <td>密码: </td>
                <td><input type="password" name=passwd></td>  # "密码" 输入框
            </tr>
            <tr>
```

```
                <td></td>
                <td><input type=submit></td>              #"提交"按钮
            </tr>
        </table>
    </form>
</html>
```

接着用 Cookie 实现 Web 应用程序登录验证功能。

[**案例 16.8**] 基于 Cookie 的登录（Cookie_login.py）

```
import web                                    #导入 Web 应用框架模块
urls = (                                      #URL 访问 Web 服务器关联对象
    '/','Index',                              #URL 访问调用 Index 类
    '/login','Login',                         #转入 login 子路径时调用 Login 类
    '/logout','Logout',                       #转入 logout 子路径时调用 Logout 类
)
render = web.template.render("login\\")       #指向存放 login.html 模板的子路径
firstSet= (
    ('admin','123'),                          #设置访问登录页面的初始用户名、密码
)                                             #用于与输入的用户名、密码比较
web.config.debug = False                      #关闭 Web 服务器的调试模式
app=web.application(urls, locals())           #用户 URL 访问 Web 服务器里的关联类
session=web.session.Session(app, web.session.DiskStore('sessions'))
class Index:
    def GET(self):
        if session.get('logged_in',False):
            return '<h1>成功!</h1><a href="/logout">Logout</a>'.encode("gb2312")
        raise web.seeother('/login')
class Login:
    def GET(self):
        return render.login()
    def POST(self):
        i=web.input()
        username=i.get('username')
        passwd=i.get('passwd')
        if (username,passwd) in firstSet:
            session.logged_in = True
            web.setcookie('test', '',3600)    #设置一个 cookie，3min 后过期
            raise web.seeother('/')
        else:
            return '<h1>出错</h1></br><a href="/login">Login</a>'.encode("gb2312")
class Logout:
    def GET(self):
        session.logged_in = False
        raise web.seeother("/login")
if __name__ == '__main__':
    app.run()
```

在命令提示符下执行 python Cookie_login.py 命令，然后在浏览器里输入 http://localhost:8080/，执行结果如图 16.10 所示。

第一次在图 16.10 所示界面输入 admin、123 值提交后，关掉浏览器界面，然后重新打开浏览器，访问 http://localhost:8080/，正常状态将发现"用户名""密码"输入框里已经存在默认值。这意味这 Cookie 本地存储起作用了。

图 16.10 带默认值的登录界面

这个案例采用了 Session 和 Cookie 合理分工存放用户信息的方法。表单登录信息存放于 Cookie 里，访问的 URL 信息存放于服务器端。

> **说明**
>
> web.py0.40-dev1 在 Python 3.X 下使用 Cookie 存在一些 Bug。通过本节的代码演示，明白 Cookie 的作用即可。

## 16.2.8 Web 实际使用环境部署

web.py 官网为程序员开发了 Web 应用系统，在实际使用环境下部署提供了如下方案。

（1）lighttpd 服务器+Fastcgi 标准接口模块+web.py+Web 应用程序的部署：

http://webpy.org/cookbook/fastcgi-lighttpd

（2）Apache 服务器+Fastcgi 标准接口模块+web.py+Web 应用程序的部署：

http://webpy.org/cookbook/fastcgi-apache

（3）Apache 服务器+CGI 标准接口模块+web.py+Web 应用程序的部署：

http://webpy.org/cookbook/cgi-apache

（4）在 Red Hat 操作系统上，Apache 服务器+mod_wsgi 标准接口模块+web.py+Web 应用程序的部署：

http://webpy.org/cookbook/mod_wsgi-apache

（5）在 Ubuntu 操作系统上，Apache 服务器+mod_wsgi 标准接口模块+web.py+Web 应用程序的部署：

http://webpy.org/cookbook/mod_wsgi-apache-ubuntu

（6）Nginx 服务器+mod_wsgi 标准接口模块+web.py+Web 应用程序的部署：

http://webpy.org/cookbook/mod_wsgi-nginx

（7）Nginx 服务器+Fastcgi 标准接口模块+web.py+Web 应用程序的部署：

http://webpy.org/cookbook/fastcgi-nginx

（8）IIS7/IIS6 服务器+PyISAPIe 标准接口模块+web.py+Web 应用程序的部署：

http://webpy.org/cookbook/iis7_iis6_windows_pyisapie

（9）Google App Engine+web.py+Web 应用程序的部署：

http://webpy.org/cookbook/google_app_engine

## 16.3 Django 框架

web.py 属于 Python 下的轻量级的应用程序框架，适合初学者学习和使用。接下来准备介绍一款重量级的应用程序框架——Django，它具有非常强大的应用程序支持功能，是大家公认最出名的 Python 应用程序框架产品。

### 16.3.1 Django 简介

初学者在学习 web.py 过程中除了解什么是模板、怎么根据数据库互动、怎么处理表单、怎么使用 Session 和 Cookie 外，是否感觉到，这样编写 Web 应用程序非常累人？写一个登录网页，需要一大堆代码来处理界面显示、要考虑与 Web 服务器之间的数据交互、要熟悉大量的 HTML 语言的内容，还有很多事情还没有提及，如建立可以设置的数据库等配置文件、登录信息后台管理、权限分配管理等。

太辛苦了，有没有更好的方法？有！Django 提供了强大的内置模块，只需要读者简单定义一些对象，它就能自动生成数据库结构、后台管理等功能！

Django 是一个开放源代码的 Web 应用框架，由 Python 语言写成。它最初是被开发来用于管理劳伦斯出版集团旗下的一些以新闻内容为主的网站的，即是 CMS（内容管理系统）软件，并于 2005 年 7 月在 BSD 许可证下发布。这套框架是以比利时的吉普赛爵士吉他手 Django Reinhardt 来命名的。

Django 采用了 MVC 的软件设计模式，即模型 M（Model）、视图 V（View）和控制器 C（Controller）。但是在 Django 中，控制器接收用户输入的部分由框架自行处理，所以 Django 里更关注的是模型（Model）、模板（Template）和视图（Views），称为 MTV 模式。

模型（Model）处理与数据相关的所有事务：如何存取、如何验证有效性、包含哪些行为以及数据之间的关系等。

模板（Template）处理与表现相关的决定：如何在页面或其他类型文档中进行显示。

视图（Views）存取模型及调取恰当模板的相关逻辑，是模型与模板的桥梁。

Django 是走大而全的方向，它最出名的是其全自动化的管理后台：只需要使用 ORM（Object-Relational Mapper），做简单的对象定义，就能自动生成数据库结构以及全功能的管理后台。Django 的卖点是超高的开发效率，其性能扩展有限；采用 Django 的项目，在流量达到一定规模后，都需要对其进行重构，才能满足性能的要求。

ORM 简单可以理解为，原先需要通过数据库（这里指关系型数据库系统）SQL 语句执行的对数据库的操作，变成了面向对象的参数设置，传递需要处理的数据，而无须考虑 SQL 语句本身的处理。其实已经在 16.2.6 节案例 16.6 的★处体验过如何使用 ORM 技术，那里见不到直接的 SQL 语句。

Django 的官方网站：https://www.djangoproject.com。Django 开源地址：https://github.com/django/ django。

## 16.3.2　Django 安装

若 Python 是 2.X 版本的，请安装 1.11 及以前的 Django 版本；若 Python 是 3.X 版本的，则可以安装最新版本的 Django。

### 1．在线安装

读者测试的计算机必须连接 Internet，然后，在命令提示符里执行如下命令：

```
pip install Django==2.0.5
```

安装完成后，在 IDLE 里若能顺利执行如下代码，则安装 Django 包成功。

```
>>> import django
>>> print(django.get_version())
2.0.5
```

### 2．下载安装

在网址 https://github.com/django/django 下载最新版本的 Django 源码安装包 django-master.zip。解压缩安装包，然后在命令提示符里进入 Django 安装目录，执行如下命令，完成安装。

```
python setup.py install
```

## 16.3.3　网站（创建项目）

安装完成 Django 包后，就可以进入网站项目开发阶段。这里需要说明一下 Django 开发环境下的项目与应用的区别。

项目（Project）是 Django 工具创建的一个网站的文件夹，初始状态下，会产生一些默认文件，供网站开发和运行使用。这个文件夹名称就是项目名称。

应用（Application，App）是存放于项目文件夹里的，相对独立的一个个网站功能，如博客功能、聊天功能、主网页展示功能等，由一个个的子文件夹组成，内含网站各个功能的代码文件、配置文件等。

### 1．创建项目

创建项目需要在命令提示符里通过 Django-admin.py 工具执行来实现。如图 16.11 所示，在指定路径下执行 django-admin.py startproject djsite，然后可以在指定路径下生成新的 djsite 子文件夹（网站的根路径，又叫项目名称）。

djsite 项目生成情况如图 16.12 所示，除了生成 djsite 文件夹外，还自动安装了 manage.py 工具。该工具提供了开发服务器的启动、应用的建立等功能。

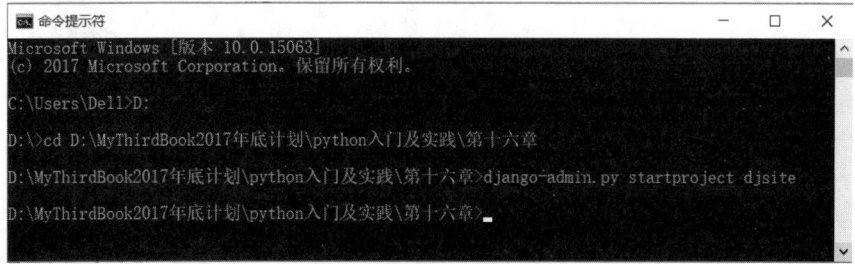

图 16.11　创建网站项目 djsite

图 16.12 网站根路径生成

在图 16.12 所示界面进入 djsite，将可以看到内部自动生成的一些项目文件，如下所示：

```
djsite/                    #网站项目名称
    manage.py              #manage.py 工具
    djsite/                #网站代码开发包名称
        __init__.py        #说明网站项目 djsite 是个应用程序包
        settings.py        #设置网站运行的一些参数
        urls.py            #提供用户访问 URL 列表清单
        wsgi.py            #提供符合 WSGI 标准的 Web 服务器访问接口
```

**2．启动开发服务器**

项目创建后，可以通过启动 Django 开发服务器验证一下安装是否成功。在命令执行符里执行如下命令：

python manage.py runserver

当显示如图 16.13 所示的结果时，开发服务器启动成功。Django 开发服务器是自带的，这有利于无须安装如 Apache、IIS 类似的 Web 服务器就可以进入网站功能开发。

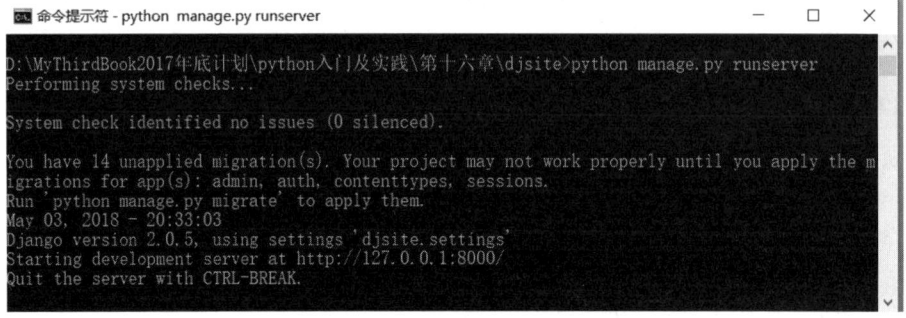

图 16.13 启动开发服务器

◁» **注意**

在开发环境下鼓励使用 Django 开发服务器，在实际业务环境下不要使用该服务器，需要采用 Apache、IIS 类似的专业 Web 服务器。

启动开发服务器后，可以在浏览器里输入 http://127.0.0.1:8000/，然后在浏览器里看到如图 16.14 所示开发服务运行成功界面。

图 16.14　Django 开发服务器成功运行界面

若网站需要运行不同的端口号，可以通过执行如下命令指定需要的端口号：
python manage.py runserver 8080

> **注意**
> 在运行开发网站前，必须先启动该开发服务器，否则运行代码将报错。操作系统关闭时，该服务器自动退出，所以每次新进入操作系统时，先要运行该开发服务器。

## 16.3.4　网站（连接数据库）

网站应用功能的开发，绝大多数情况下离不开数据库的使用，由此先介绍应用如何与数据库建立联系。

**1．设置 settings.py**

在已经建立的项目 djsite 文件夹里打开 settings.py 文件，找到 DATABASES 列表对象。所有与数据库连接的设置都在这里进行。

1）连接 sqlite 数据库系统

在最新的 Django 框架里默认数据库是与 sqlite 数据库系统建立连接，其参数设置如下：

```
'ENGINE': 'django.db.backends.sqlite3',              #数据库系统为 sqlite3
'NAME': os.path.join(BASE_DIR, 'db.sqlite3')         #数据库名为 sqlite3
```

这里选择 sqlite3 搭建网站，所以，这里无须事先安装数据库系统、无须安装数据库驱动程序、无须做任何设置，就可以进入下一步的工作。

2）连接 mysql 数据库系统

其实，作者认为在实际业务环境下，选择 sqlite3 数据库系统，很多时候是一件糟糕的事情。因为用户的网站业务量很可能猛增，这里包括用户访问量、产生的大量的业务数据、部署环境的安全要求、数据的安全存储及备份要求等。而这些作为单机版本的 sqlite3 数据库系统是很难胜任的。还是选择基于网络版本的一些成熟的中大型数据库系统较好。

```
'ENGINE': 'django.db.backends.mysql',        #数据库系统为 mysql
'NAME': 'mydatabase'                         #数据库名为 mydatabase
```

| 'USER':'root', | #数据库登录用户名 |
| 'PASSWORD':'mysql123', | #数据库登录密码 |
| 'HOST':'127.0.0.1' | #指向安装数据库系统的服务器 IP 地址 |

在设置 mysql 数据库系统连接参数之前,需要在指定计算机上已经安装 MySQL 数据库系统,安装过程见 12.2.3 节。HOST 参数指向安装 MySQL 数据库系统的服务器 IP 地址,这意味着网站应用程序和数据库系统可以部署在不同的硬件服务器上,增加了数据库系统运行的安全性,也减轻了在一台服务器上部署的运行压力。

3)连接其他数据库系统

其他中大型的数据库系统的连接方式与 MySQL 设置方式一样,只需要修改 ENGINE 配置内容。

Postgresql 数据库系统设置:

| 'ENGINE':'django.db.backends.postgresql_psycopg2', | #数据库系统为 postgresql |

Oracle 数据库系统设置:

| 'ENGINE': 'django.db.backends.oracle ', | #数据库系统为 oracle |

其他数据库系统设置见 Django 官网相关内容。

**2. 安装数据库**

在默认 sqlite 数据库系统情况下,本书案例选择了 Django 自带的数据库内容安装包。执行如下命令:

| python manage.py migrate | #旧版本 Django 提供的数据库为 syncdb |

显示结果如图 16.15 所示。

图 16.15 安装 Django 自带的数据库内容包

执行结束在 djsite 路径下生成 db.sqlite3 数据库文件。

若在 MySQL 数据库上安装 migrate 数据库内容包,则生成如图 16.16 所示的 10 个数据库表。若熟悉 SQL 语句,也可以通过 MySQL Workbench 可视化操作工具,在其上直接建立数据库和数据库表内容,供网站功能模块使用。

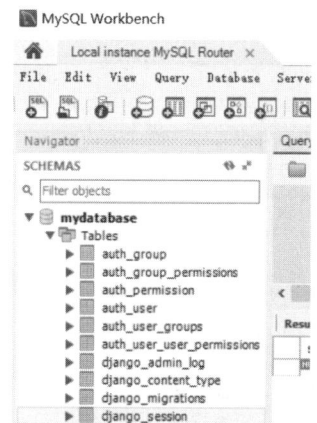

图 16.16　安装 migrate 生成 10 个数据库表

### 16.3.5　网站（创建应用）

项目创建完成了数据库系统的安装、数据库连接的参数配置、安装数据库内容包，就可以专心开发网站的应用功能。

Django 应用程序框架突出了"基础框架+修改"的开发思路。这意味着借助 Django 提供的 Web 应用程序基础代码，在其上做增量开发，可以大幅减少开发工作量，提高开发效率和质量。Django 提供了一个实现投票的网站功能模块包 polls，可以直接在此基础上开发相关功能。

**1. 安装 polls**

在命令提示符里执行如下命令：

```
python manage.py startapp polls
```

显示结果如图 16.17 所示。

图 16.17　安装 polls 包

在 djsite\路径下新生成 polls 应用程序包，其内容如下：

```
polls/
    __init__.py              #告诉 python 这是一个包
    admin.py
    apps.py
    migrations/
        __init__.py
    models.py                #数据模型
    tests.py                 #单元测试
    views.py                 #视图
```

poll.py 包生成的文件属于框架性的内容，需要为其增加相应的功能代码。

## 2. 修改 views.py

在 djsite\polls\子路径下打开 views.py 文件,显示如图 16.18 所示的代码内容。

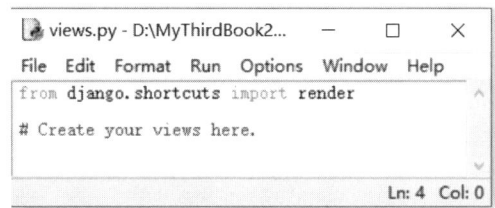

图 16.18 views.py 初始状态的内容

另存该文件为 views1.py,在其中添加如下代码:

| from django.http import HttpResponse | #为访问的 URL 用户返回指定内容,在浏览器显示 |
| def index(request): | #定义 index 函数 |
|     return HttpResponse("Hello, world. You're at the polls index.") | #返回内容 |

这里定义的 index 函数被特定访问用户通过 URL 访问时,提供响应返回内容,最终在用户浏览器里显示。

## 3. 建立 URL 映射关系

要使 views1.py 内容可以被用户 URL 访问,需要通过 urls.py 文件建立联系。

在 djsite\polls\子路径下新建 urls.py 文件,然后打开该文件,添加如下代码:

| from django.urls import path | #导入 urls 模块 path 函数 |
| from . import views1 | #导入新建的 views1.py 模块 |
| urlpatterns = [ | #建立调用 views1.py 函数列表 |
|     path('', views1.index, name='index'), | #调用 index 函数 |
| ] | |

用户是通过 Web 服务器访问 Web 应用程序的,所以还得实现 djsite 下的 urls.py 文件内容指向 polls\子路径下的 urls.py 文件内容,实现网站访问 URL 转向 polls 应用程序。注意:第一个 urls.py 是整个项目 URL 访问分配文件,第二个是投票应用的 URL 处理文件。在 djsite\下打开 urls.py,如图 16.19 所示。

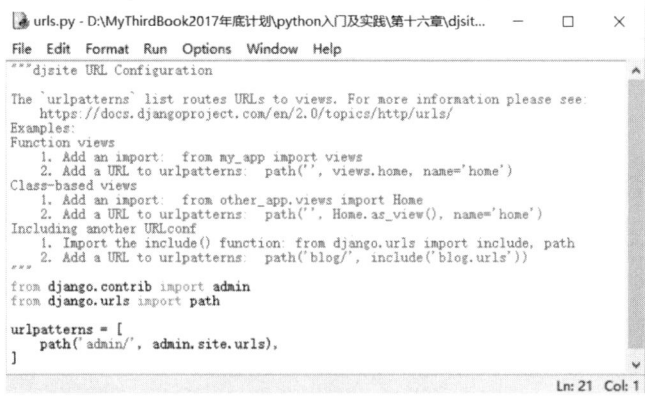

图 16.19 urls.py 初始内容

把上述代码修改为如下：

| | |
|---|---|
| from django.contrib import admin | #导入 contrib 模块 |
| from django.urls import include, path | #增加了 include 函数 |
| urlpatterns = [ | #分配 URL 列表 |
| path('polls/', include('polls.urls')), | #指向 polls 下的 urls 文件 |
| path('admin/', admin.site.urls), | #指向 admin.site.urls 对象 |
| ] | |

**4．设置 settings.py 文件**

最后，告诉 Django 框架，已经建立一个名为 polls 的 Web 应用网站。这里需要打开 djsite\下的 settings.py 文件，在 INSTALLED_APPS 列表底部增加一行代码：

'polls',

**5．访问该网站**

完成上述代码的编写后，就可以在命令提示符里执行如下命令，启动开发服务器：

D: \python 入门及实践\第十六章\djsite>python manage.py runserver

然后，在浏览器里输入 http://localhost:8000/polls/，显示结果如图 16.20 所示。

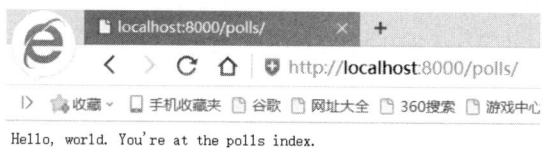

图 16.20　URL 访问并显示结果

## 16.3.6　网站（后台管理）

在上一节的基础上，继续在浏览器里输入如下新网址，显示结果如图 16.21 所示。

http://localhost:8000/admin/　　　　　　#注意，polls 改成了 admin

从中会发现，几乎没有做任何代码开发，竟然出现了网站后台管理登录界面！这简直太爽了。

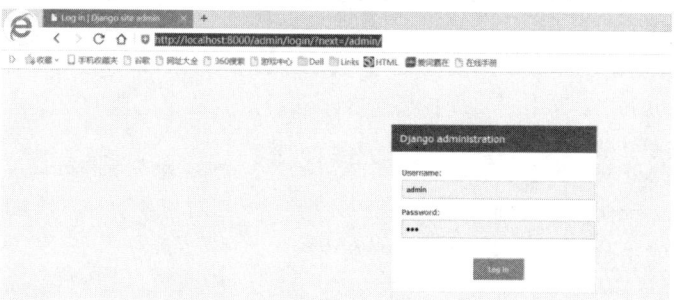

图 16.21　后台登录界面

为了登录后台，需要设置超级登录权限，在命令执行符里执行如下命令：

python manage.py createsuperuser
Username: admin
Email address: admin@example.com

Password:adm123..　　　　　　　　　　#输入密码必须 8 位及以上，并要求有一定复杂度
Password (again): adm123..
Superuser created successfully.

超级权限设置成功后，在图 16.21 里依次输入刚刚设置完成的用户名、密码，单击 Login 按钮，进入后台权限设置界面。

在图 16.22 所示的界面上，单击在 Users 行右边的 Add 按钮，进入登录用户信息管理界面，在其上输入新的用户名、密码，保存即可以添加新的系统登录用户信息。

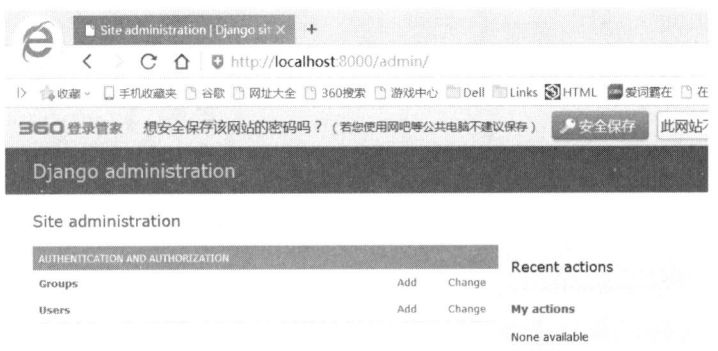

图 16.22　后台权限设置界面

这么复杂的后台管理功能，竟然不需要开发任何功能代码就可以实现，实在是太棒了！这就是 Django 应用程序框架的强大之处！

### 16.3.7　网站（投票应用）

为了在网站上实现投票功能，需要做两部分工作：建立投票业务对应的数据库表，实现投票应用功能。

**1．建立投票业务对应的数据库表**

1）修改 models.py

在投票应用中，先创建两个数据模型类——Question、Choice。Question 类用于实现问题和日期两个字段的定义；Choice 类用于实现投票选择项和投票数两个字段的定义。

```
from django.db import models
class Question(models.Model):                                    #定义提问字段类
    question_text=models.CharField(max_length=200)               #设置提问内容字段 ❶
    pub_date=models.DateTimeField('date published')              #设置提问时间字段 ❷
class Choice(models.Model):                                      #定义投票字段类
    question=models.ForeignKey(Question, on_delete=models.CASCADE)    #建立一对多关系
    choice_text=models.CharField(max_length=200)                 #设置投票选择项字段
    votes=models.IntegerField(default=0)                         #设置投票字段 ❸
```

Question、Choice 模型类都继承自 django.db.models.Model 子类。每个模型都有一些类变量，每一个类变量都代表了一个数据库字段。

在定义类变量的同时，确定了数据库里对应字段的名称、字段类型或字段长度。

如❶变量名 question_text 对应于数据库表里的字段名，CharField 代表该字段的数据类型为字符型（仔细看 Char），max_length=200 代表该字段的最大长度为 200 字节。

又如❷在数据库表里 pub_date 字段为时间（DateTimeField）字段。

❸投票数字段 votes 在数据库表里是数字型（IntegerField），默认初始值为 default=0，确保投票计数时，可以做数值累加计算。

> 📖 **说明**
>
> 学到这里，应该能强烈地意识到在学 Python 的同时，必须系统学习一门关系型数据库系统的课程，否则这里的很多知识要么无法理解，要么囫囵吞枣，硬着头皮看下去。

2）修改 settings.py

要告诉项目，已经安装了 polls 等的应用，需确保 djsite\下的 settings.py 文件参数如下配置：

```
INSTALLED_APPS = [
    'polls.apps.PollsConfig',         #投票配置应用
    'django.contrib.admin',           #后台管理应用
    'django.contrib.auth',            #身份验证应用
    'django.contrib.contenttypes',    #内容类型应用
    'django.contrib.sessions',        #sessions 应用
    'django.contrib.messages',        #消息应用
    'django.contrib.staticfiles',     #静态文件管理应用
    #'polls',
]
```

上述应用程序在安装后只提供基本功能框架，需要使用者在此基础上添加相应的功能代码。

3）在迁移文件中建立表

在数据模型文件里定义字段，并完成项目配置后，就可以在命令提示符里执行如下命令，往指定的迁移文件里生成对应的数据库创建对象代码。执行结果如图 16.23 所示。

```
python manage.py makemigrations polls      #polls 为新指定的数据库表名
```

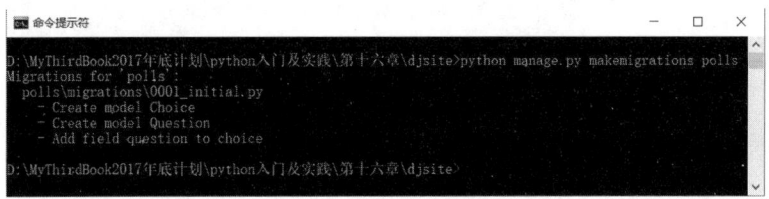

图 16.23　在 polls\migrations 下生成 0001_initial.py

然后，可以通过如下命令，查看迁移文件可以生成的数据库的 SQL 命令：

```
python manage.py sqlmigrate polls 0001      #polls 为新指定的数据库表名
```

显示结果如图 16.24 所示。

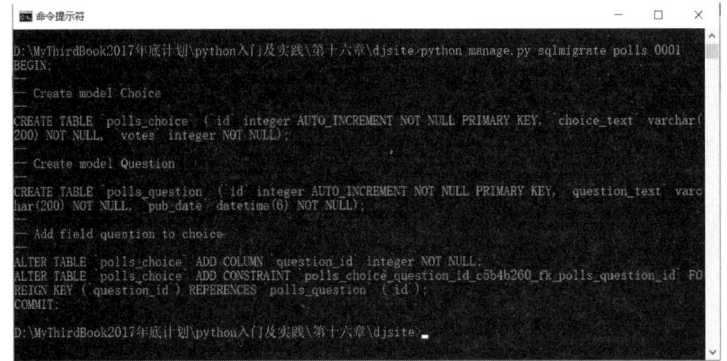

图 16.24　迁移文件可以生成的 SQL 表内容

投票应用相关的数据库信息准备完成后，就可以运行如下命令，实现数据库表信息从迁移文件到数据库的安装：

python manage.py migrate

在执行上述命令过程中，会发生如下错误提示：

django.core.exceptions.ImproperlyConfigured:Application labels aren't unique,
duplicates: polls

需要在 djsite\settings.py 里把 polls 注释掉。然后，再执行上述命令，显示结果如图 16.25 所示。

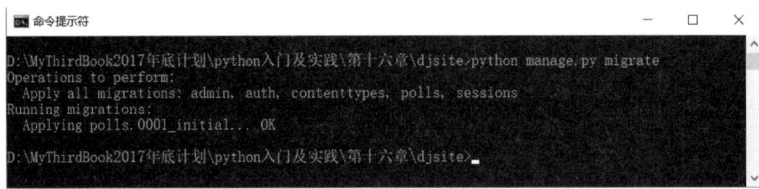

图 16.25　迁移生成 polls 数据库表

然后通过 IDLE 在 sqlite 数据库里可以找到已经生成的 polls_choice、polls_question 两个数据库表。

📖 **说明**

（1）迁移功能非常强大，随着时间的推移，可以随时改变数据模型，无须程序员开发项目、删除数据库或表格并创建新的数据库——专门用于实时升级数据库，而不会丢失数据。

（2）这对熟悉数据库的老程序员来说，需要一个适应过程。直接在数据库里建立数据库及表是一种直观的方法，但是通过迁移方法，不仅可以减少直接操作数据库带来的风险，而且有利于持续升级工作。

**2．实现投票应用功能**

需要为投票功能事先准备一些测试数据，然后让投票功能在网站上显示出来，可以操作使用。

1）通过 Python shell 建立投票测试数据

Django 为程序员提供了交互式操作数据库的使用终端 Python shell，可以在命令执行符里，执行如下命令启动它：

python manage.py shell

将在命令执行符里产生如下提示符号：
>>>
就可以在其上执行与数据库的相关操作了，该操作界面非常类似 IDLE 界面。

```
>>> from polls.models import Question, Choice          #导入 models 模块对象
>>> from django.utils import timezone                  #导入 utils 模块的时区对象
>>> q=Question(question_text="What's new?", pub_date=timezone.now())   #讨论内容
>>> q.save()                                           #保存到数据库 polls_question 表
>>> q=Question(question_text="今天吃鱼吗？",pub_date=timezone.now())   #新讨论内容
>>> q.save()                                           #保存到数据库表里
>>> Question.objects.all()                             #显示表中的记录
<QuerySet[<Question: Question object(1)>,<Question: Question object(2)>]>#2 条❶
>>> q.question_text                                    #显示当前记录的问题字段内容
'今天吃鱼吗？'                                          #显示结果
```

通过上面命令的执行，现在数据库 Question 表里已经存在两条供投票的记录。

❶处显示记录内容不够直观，在 polls\views.py 增加如下代码，使之可以直接显示记录内容：

```
from django.db import models
class Question(models.Model):
    #...原先代码保留
    def __str__(self):                    #类内部保留方法 str
        return self.question_text         #返回问题字段
class Choice(models.Model):
    #...原先代码保留
    def __str__(self):                    #类内部保留方法 str
        return self.choice_text           #返回选择项字段
```

在命令执行符下重新执行 python manage.py shell：

```
>>> from polls.models import Question, Choice
>>> Question.objects.all()                             #查找 polls_Question 表里的记录
<QuerySet [<Question: What's up?>, <Question: 今天吃鱼吗？>]>  #显示记录内容
>>>
```

2）在网站上显示投票界面

投票问题数据准备好了，接下来要通过浏览器让投票功能展现出来。

在 polls\admin.py 里增加如下代码：

```
from django.contrib import admin
from .models import Question
admin.site.register(Question)                          #在后台管理里注册投票功能对象
```

在命令执行符里执行 python manage.py runserver。执行成功后，在浏览器里输入 http://localhost:8000/admin/，显示如图 16.26 所示的结果。

单击 Questions 记录右边的 Add 按钮，可以在新的界面里增加新的问题记录；单击 Change 可以对现有的记录进行修改、删除操作。

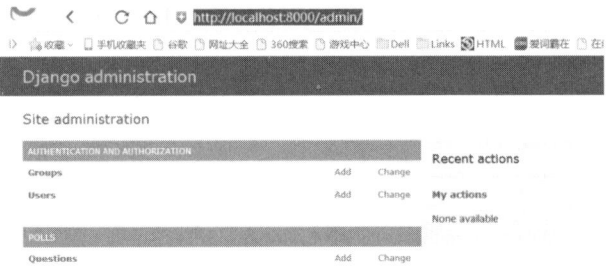

图 16.26　后台管理出现了 Questions 功能模块

### 16.3.8　网站（学习拓展）

Django 框架功能非常强大，到目前为止所介绍的功能只是它所提供的功能的冰山一角，如果继续介绍下去，可以单独写成一本很厚的书。

如果想利用 Django 开发真正实用的网站，请详细参考官网在线文档，其地址为：https://docs.djangoproject.com/en/2.0/。

## 16.4　案例［三酷猫鱼产品动态网站］

学了动态网站制作技术后，三酷猫不喜欢 15.5 节静态网页的效果了，它决定让自己的网站内容动起来。

### 16.4.1　网站准备工作

对于开发环境，三酷猫想实现鱼产品信息的动态显示，其他没有太强烈的要求，于是决定选择越简单的技术越好。

**1．Python 开发工具**

这里假定读者已经安装，安装过程详见 1.3 节内容。

**2．Web 框架选择 web.py**

web.py 安装过程见 16.2.1 节，已安装的就不需再安装了。

**3．数据库选择 SQLite**

Python 软件包自带数据库，无须安装。

### 16.4.2　建立数据库

建立数据库过程详细见 12.2.2 节内容。

数据库名为 First.db，记录鱼商品信息的表为 T_fish。

为了确认该表存在，而且有记录，在 IDLE 交互界面输入如下内容：

```
>>> import sqlite3                        #导入 sqlite3 数据库模块
```

```
>>> conn=sqlite3.connect("First.db")              #连接 First 数据库
>>> cur=conn.cursor()                              #建立 First 数据库游标对象
>>> cur.execute("select * from T_fish")           #执行 T_fish 表记录查找
<sqlite3.Cursor object at 0x03333020>
>>> for row in cur.fetchall():                     #循环获取表记录
print(row)                                         #打印输出表记录
('2018-3-29', '鲤鱼', 17, 10.3, 'John')            #第一条鱼记录
('2018-3-30', '鲢鱼', 9, 9.2, 'Tim')               #第二条鱼记录
>>>
```

可以继续增加几条鱼记录。

### 16.4.3 Web 应用实现

建立 FishSite 文件夹，用于存放网站相关代码文件。这里三酷猫想偷点懒，把 16.2.4 节的 show2.py, templates 文件夹及 Show_temp.html 都复制到 FishSite 文件夹下，采用修改代码的方式，快速搭建一个简易动态网站。

#### 1．修改 show2.py

先把 show2.py 文件名改为 ShowFish.py。

[案例 16.9] 鱼网站程序（ShowFish.py）

```
import web                                          #导入 web 框架模块
import sqlite3                                      #导入 sqlite 数据库模块
render=web.template.render('templates\\')           #指向模板路径
urls = (
    '/', 'index'                                    #用户 URL 访问，调用 index 类
)
class index:                                        #定义 index 类
    def GET(self):                                  #重写 GET()方法
        gets=[]                                     #定义列表变量，用于存储数据表记录
        conn=sqlite3.connect('First.db')            #连接 First.db 数据库
        cur=conn.cursor()                           #建立数据库游标对象
        cur.execute("select * from T_fish")         #执行 T_fish 表记录查询 SQL 命令
        for get in cur.fetchall():                  #循环把获得的表记录插入 gets 列表
            gets.append(get)                        #增加一条记录
        conn.close()                                #关闭数据库连接
        return render.Show_temp(gets)               #把 gets 列表对象返回
if __name__ == "__main__":
    app = web.application(urls, globals())          #根据 URL 通知 Web 服务器调用对应的类
    app.run()                                       #运行该应用程序
```

#### 2．修改 Show_temp.html 文件

用记事本打开该文件：

```
$def with (gets)                              #传递 gets 变量对象,该代码一定要在顶行
<!DOCTYPE html>
<html>
<head>
    <meta http-equiv="Content-Type" content="text/html; charset=gb2312">
</head>
<body>
    <table border="1">
        <tr>                                  #表头信息
            <td>钓鱼日期</td>
            <td>水产品名称</td>
            <td>数量</td>
            <td>价格</td>
            <td>说明</td>
        </tr>
$for data in gets:                            #循环获取 gets 列表数据
        <tr>                                  #表的一行开始
            <td>$data[0]</td>                 #一条记录的第一个元素(字段)的数据
            <td>$data[1]</td>                 #一条记录的第二个元素(字段)的数据
            <td>$data[2]</td>                 #一条记录的第三个元素(字段)的数据
            <td>$data[3]</td>                 #一条记录的第四个元素(字段)的数据
            <td>$data[4]</td>                 #一条记录的第五个元素(字段)的数据
        </tr>                                 #表的一行结束
</body>
</html>
```

在命令提示符下执行 python ShowFishs.py 命令,然后在浏览器里输入 http://localhost:8080/,显示结果如图 16.27 所示。

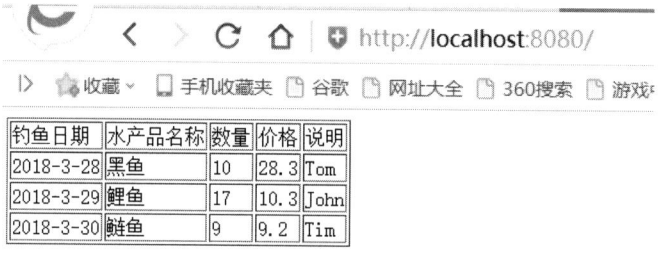

图 16.27　动态鱼产品网站

由于数据库表里的记录可以灵活增减,这意味着,不同时候网页显示的内容可以不一样,实现了内容动态变化的过程。

## 16.5　习题及实验

### 1．判断题

（1）商业级别的 Web 应用程序都是可靠的，不存在技术问题。（　　）

（2）基于 Django 的网站系统，在实际部署时，无须安装专门的 Web 服务器。（　　）

（3）web.py、Django 都自带开发用的 Web 服务器。（　　）

（4）在 web.py 框架开发 Web 网站的情况下，运行网站后，可以在网站启动的情况下，更新网站的网页模板，网站运行不受影响。（　　）

（5）Django 主要采用 ORM 方法实现与数据库之间的操作。（　　）

### 2．填空题

（1）（　　）属于轻量级的 Web 应用程序框架，（　　）属于重量级的 Web 应用程序框架。

（2）开源的 Web 应用程序框架，一般情况下都可以（　　）安装，也可以（　　）安装。

（3）Django 里更关注的是模型（　　）、模板（　　）和视图（　　），称为 MTV 模式。

（4）在 Django 里，对于开发者而言，一个网站叫一个（　　），一个相对独立的应用程序叫（　　）。

（5）在 Django 开发环境下，让网站服务器运行的命令是（　　）。

### 3．实验：为案例 16.4 增加输入鱼产品的网页功能

**实验要求：**

（1）在案例 16.4 的基础上改进。

（2）输入网页功能实现可以参考 16.2.5 节内容。

（3）在浏览器里显示运行结果。

（4）所开发代码及运行结果形成实验报告。

# 第 17 章

# 大数据应用入门

进入 21 世纪后，随着互联网的兴起，电子数据的爆发式增长，大数据技术也因此得到了迅猛发展。

利用大数据技术实现全球范围的信息获取，如抓取全球范围的石油价格、获取一个地域的市民对城市管理问题的抱怨信息、在线比较同一本书在不同网站上的价格、推测某地传染病的爆发路线等，给人们带来了全新的解决各种问题的思路，而且非常振奋人心。

Python 语言在大数据处理方面有其独特的优势。除了语言本身简单易学外，第三方还基于 Python 语言提供了大量处理大数据的功能库，这是 Python 语言最强的优势之一。

### 学习重点

- 什么是大数据
- 案例[一个完整的网络爬虫]
- Python+Spark
- 案例［三酷猫了解鱼的价格］

# 17.1　什么是大数据

什么是大数据？读者应该听说过该名称，但是有多少人能准确地描述"什么是大数据呢？"。对初学编程的读者来说，恐怕是件非常难的事情。那先整体介绍一下大数据相关的基本知识吧，这有利于系统掌握本章知识内容。

## 17.1.1　大数据基本知识

进入 21 世纪的人们是幸福的，遍布全世界的互联网，让人们足不出户，就可以在网上购买美国的水果、法国的香水，或了解如何去澳大利亚旅游，或查阅英国科学家编写的最新人工智能代码资料。

面对网上扑面而来的海量数据（以 TB、PB、EB、ZB[1]计），2003 年，两个美国人在考虑一个问题：怎样把 10 亿计的网页信息存储到本地，并进行快速检索使用？这两个人是 Apache Lucene 创始人 Doug Cutting 和 Mike Cafarella。并于 2008 年初步研究成功 Apache Hadoop 项目，实现了每天装载 10TB 数据的目标，并初步解决海量数据搜索及存储问题。Hadoop 是一个基于分布式处理技术的文件管理系统，它可以把数据存储到不同的服务器硬盘里，然后根据查询需要把数据快速返回给查询者。2008 年是大数据技术正式落地使用的元年。

从上述内容可以知道大数据最早来源于互联网，需要采用新的大数据技术来实现对大数据的管理和应用。

**定义:大数据（Big Data）**，美国的 Gartner 公司把大数据定义为高速、巨量且（或）多变的数据。所谓高速，指数据的生成或者变化速度很快；所谓巨量，是指数据的规模很大；所谓多变，是指数据类型的范围或数据中所含信息的范围非常广泛。[2]

（1）巨量，意味着一台普通的服务器无法满足数据存储及处理的需求，必须采用多服务器的分布式处理，分布式处理技术也是大数据技术的标配内容之一，如基于大数据处理的分布式数据库系统。目前，巨量数据入门量级在 PB 级别，因为随着硬件技术的发展，当前一般服务器都具备了存储几十个 TB、几百个 TB 数据的能力。

（2）高速，要求同时能支持每秒上千万次的并发访问数据的能力；或在 PB 级别的数据量的情况下，（时间上）能在秒级快速响应和处理。

（3）多变，指需要处理各种各样格式的数据，如网页数据、图片数据、视频数据、音频数据、财务表格数据等。

从大数据的定义可以看出，只有海量数据不能叫"大数据"，还需要提供处理海量数据的技术（数据管理），并可以根据需要实现海量数据的利用（分析数据）。由此，大数据实际实现过程应该

---

[1]计算机存储数据的单位，目前大数据的入门量级都在 PB 级。
[2]Dan Sullivan. NoSQL 实践指南. 爱飞翔译. 11.3 节.

是"**海量数据的获取+大数据管理+大数据分析应用**",三大环节缺一不可。

## 17.1.2  大数据技术三步曲

什么样的条件下需要采用大数据技术?

在实际业务环境下,当一台顶级配置的服务器满足不了数据的存储量(可以考虑磁盘阵列),读写响应速度很慢,而累积的数据本身具有使用价值的情况下,就应该考虑采用大数据技术。

"海量数据的获取+大数据管理+大数据分析应用"其实对应着大数据三个方面的技术要求。

**1. 大数据获取技术**

海量数据的获取,需要相应的数据获取技术。

1)借助网络技术主动获取数据

如 Doug Cutting 和 Mike Cafarella,面对的是全世界范围网站的海量网页信息,于是他们开发了检索、下载网——非常类似目前红火的爬虫技术。通过网络技术把网页数据存储到本地服务器上,他们开创性地发明了 Hbase[1] 数据库技术,用于存储和管理网页数据。

2)人工输入产生的数据

通过在专业系统终端人工输入数据。

如在人工智能领域,人们基于海量样本数据进行深度学习。这些数据,如大名鼎鼎的 **AlphaGo** ——第一个战胜围棋世界冠军的人工智能程序,它是在几千万个围棋棋谱的训练基础上进行人工智能判断,进而战胜世界冠军的。而这几千万个围棋棋谱数据是需要通过人工处理,存储到数据库之中的。

3)借助传感器等自动化设备产生的数据

传感器等自动化设备产生的自动采集数据,如医疗行业的海量医疗影像图、城市里的庞大的视频摄像系统、交通道路上的流量采集系统等。

**2. 大数据存储及管理技术**

大数据管理对应分布式处理技术的数据库系统的选择。要实现海量数据的存储和快速读写操作要求,必须要选择一款合理的数据库系统。

具体选择数据库技术时,还需要考虑数据本身 ACID 四性要求[2],通俗说法要求数据库是否支持事务处理(Transaction Processing)功能。

价值非常高的记录型的数据,如公司的财务数据、销售数据,往往需要事务处理功能的数据库系统,以保证数据的完整性、可靠性等的要求,避免数据记录丢失等问题的发生。处理高价值的数据是关系型数据库的优势,它们大多数支持事务处理数据功能,如 MySQL、SQL Server、Oracle、SQLite 等数据库系统。但是关系型数据库系统往往在速度、分布式存储等方面存在致命问题,这也是新的大数据技术(主要是 NoSQL 数据库技术)产生的原因。

NoSQL 数据库技术以速度为第一考虑因素,增加了分布式存储及管理功能,同时牺牲了数据

---

[1] Hbase 数据库系统,Hadoop 生态系统下的一个子项目,https://hbase.apache.org/
[2] A 原子性(Atomicity)、C 一致性(Consistency)、I 隔离性(Isolation)、D 持久性(Durability)。

的完整性、可靠性等的要求，如 MongoDB、Redis、Hbase、Cassandra 等。

最近几年出现了一种兼顾关系型数据库系统和 NoSQL 数据库系统特点的新型数据库系统（New SQL），如 PostgreSQL、SequoiaDB、MariaDB、VoltDB。

**3．大数据分析技术**

大数据分析应用须用大数据分析技术，如要从海量的视频文件里获取特定的人的信息，这需要用到人脸识别技术；要把通过收费站的汽车牌照识别出来，这就需要图像识别技术；要进行语音翻译，则需要音频识别技术等。

下面通过一个完整的爬虫技术来说明大数据的采集、大数据的存储及管理、大数据的分析过程。

## 17.2 案例［一个完整的网络爬虫］

2003 年 Doug Cutting 和 Mike Cafarella 在做爬取网页数据的事情，这里也打算做一个完整的网络爬虫，把需要的网页数据进行抓取、存储和分析。

### 17.2.1 编写网络爬虫准备工作

把计算机连接到互联网上，使之可以访问需要爬取数据的网站。

**1．安装 Python**

这里假定已经安装了 Python 3.X。

**2．requests 库**

若在 13.7.1 节里已经安装过 requests 库，则在 IDLE 里执行如下命令：

```
>>> import requests
>>>
```

其正常结果无输出，意味着该库已经被安装，否则报 ModuleNotFoundError: No module named 'requests'。

requests 库安装及简单使用过程详见 13.7.1 节。若想深入了解该库的功能，可以参考网址：http://docs.python-requests.org/zh_CN/latest/user/quickstart.html。

**3．安装 MongoDB**

用于存放爬取网页数据，详见 17.2.2 节内容。

**4．安装 pymongo**

用于实现 Python 访问 MongoDB 的数据库驱动程序。安装过程详见 13.7.1 节。

### 17.2.2 基于 MongoDB 的数据存储

在 12.3.2 节里，初步介绍了如何连接 MongoDB 数据库。MongoDB 数据库具备分布式集群部署及数据使用处理能力，它能对 PB 级的数据具备快速存储、快速读写访问的能力，但存在丢失极少数数据的可能。网络爬虫获取的网页数据，在极特殊情况下，即使稍微丢失一部分，也不影响主体数据的使用和分析。

考虑到读者的使用要求和初学的实际情况，这里还是决定介绍一下 MongoDB 的单机安装过程。

### 1. MongoDB 的安装及启动

1）安装过程

（1）建立安装路径，如 E:\MongoDB\data。在 E:\MongoDB\data\路径下分别创建\db 和\log 子路径，E:\MongoDB\data\db 用于存放数据库文件，E:\MongoDB\data\log 用于存放日志（**Journal**）文件（mongod.log）。

（2）单击并运行 MongoDB 安装包。如单点击 mongodb-win32-x86_64-2008plus-ssl-3.4.4-signed.msi，在操作系统上将看见其安装界面，如图 17.1 所示。在界面上单击 Next 按钮；在第二个界面上选择 Custom，接着单击 Browse 按钮，然后选择安装路径，这里指 E:\MongoDB\data，单击 Next 按钮；在第三个界面上，单击 Install 按钮，开始安装，最后单击 Finish 按钮完成安装包的安装。

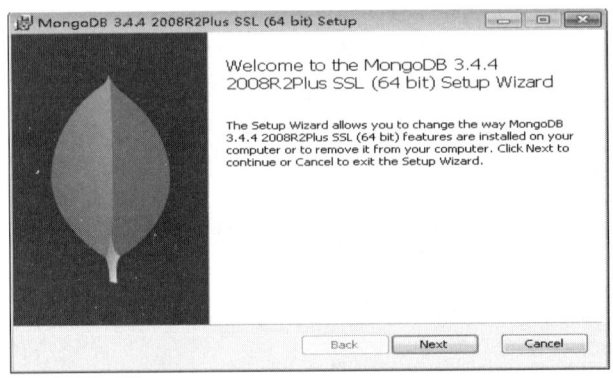

图 17.1　MongoDB 安装开始界面

> **注意**
> （1）安装计算机必须是 64 位以上的 CPU 操作系统，MongoDB 最新版本不支持 32 位的了。
> （2）在安装路径下必须建立 data 子路径和 db、log 子路径，否则安装后将无法正常使用。

2）MongoDB 启动

要在计算机上持续运行 MongoDB，可以在命令提示符里执行如下命令：

> \>E:\mongodb\bin>mongod --dbpath "E:\mongodb\data\db" --logpath "E:\mongodb\data\log\MongoDB.log" --install --serviceName "MongoDB"

接着在命令提示符里执行如下命令：

> \>E:\mongodb\bin>net start MongoDB
> MongoDB 服务正在启动 ..
> MongoDB 服务已经启动成功。

然后，即使退出计算机，下次进入时，也会自动启动 mongod 服务器进程。

> **注意**
> 在命令提示符里执行 MongoDB 启动命令时，必须以操作系统管理员权限进入命令提示符，否则会报"bin>net start MongoDB 服务名无效"的错误。

**2．pymongo 安装**

pymongo 的官网地址：https://pypi.org/project/pymongo/。

1）在线安装

在命令提示符里执行 pip install pymongo 命令。

2）下载安装

在如下地址下载源码安装包，如 pymongo-3.6.1.tar。

https://pypi.org/project/pymongo/#files
https://github.com/mongodb/mongo-python-driver

在命令提示符下执行如下命令：

```
python setup.py install
```

pymongo 文档可以通过运行 python setup.py doc 来生成。

3）测试安装效果

```
>>> import pymongo                               #导入 pymongo 驱动程序模块
>>> client=pymongo.MongoClient("localhost", 27017)   #连接 MongoDB 的客户端
>>> db=client.test                               #指向 test 数据库名
>>> db.name                                      #获取数据库名
'test'                                           #显示数据库名
```

能顺利执行上述命令，则意味着单机单 MongoDB 数据库系统安装成功，并可以正常使用。

**3．基本使用操作**

通过 pymongo 数据库驱动程序实现对 MongoDB 的查找、插入、修改、删除等见 12.3.2 节内容。若需要深入使用 MongoDB 必须系统学习 MongoDB 数据库的知识，并全面了解 pymongo 数据库驱动程序函数使用方法。

### 17.2.3 爬虫获取网页数据

有了 MongoDB 数据库系统，就可以通过 Python+pymongo 实现所抓取网页数据的存储。

**1．爬取指定 URL 网页信息**

在 IDLE 交互式界面里输入如下命令，获取指定 URL 的网页数据。

```
>>> import requests                              #导入 requests 模块（获取网页）
>>> r=requests.get('https://www.amazon.cn/')     #获取指定 URL 的网页信息
>>> print(r.text)                                #以文本形式显示获取网页信息
```

代码执行结果如下：

```
<!doctype html><html class="a-no-js" data-19ax5a9jf="dingo">
   <head><script>var aPageStart = (new Date()).getTime();</script><meta charset="utf-8">
<script>
…
<option value='search-alias=digital-text'>Kindle 商店</option>
<option value='search-alias=mobile-apps'>应用程序和游戏</option>
<option value='search-alias=amazon-global-store'>亚马逊海外购</option>
<option value='search-alias=stripbooks'>图书</option>
```

```
<option value='search-alias=music'>音乐</option>
<option value='search-alias=videogames'>游戏/娱乐</option>
<option value='search-alias=video'>音像</option>
<option value='search-alias=software'>软件</option>
<option value='search-alias=audio-visual-education'>教育音像</option>
<option value='search-alias=communications'>手机/通讯</option>
<option value='search-alias=photo-video'>摄影/摄像</option>
…
```

这些显示内容都是网页脚本格式，内含商品方面的数据。

### 2．网页内容存入 MongoDB 数据库

```
>>> import requests                                      #导入 requests 模块
>>> r=requests.get('https://www.amazon.cn/')             #获取网页信息
>>> dis={"_id":2,"context":r.text}                       #把网页以文本方式存入字典变量 ❶
>>> import pymongo                                       #导入 pymongo 模块
>>> from pymongo.mongo_client import MongoClient         #导入访问 MongoDB 客户端接口功能
>>> mongoClient=MongoClient('localhost',27017)           #连接本地 Mong。DB 数据库系统
>>> mongoDatabase=mongoClient.site                       #创建（或连接）site 数据库
>>> mongoCollection=mongoDatabase.T_context              #在 site 创建（或连接）T_context 集合
>>> mongoCollection.insert(dis)                          #插入 dis 字典变量到集合
>>> import pprint                                        #导入 pprint 模块
>>> for get in mongoCollection.find({"_id":2}):          #循环打印获取的网页数据
       pprint.pprint(get)                                #带格式控制的打印输出
```

代码执行结果如图17.2所示（该图只显示一部分内容）。

❶处 MongoDB 数据库存储的标准数据结构是 JSON[1] 格式，是一种轻量级的数据交换格式，与 Python 的字典变量格式兼容。

图17.2　显示存储于 MongoDB 的网页数据

---

[1] JSON，http://www.json.org/

## 17.2.4 爬虫获取网页内指定数据

上一节实现了对整个网页数据的获取和存储。若获取的网页数量不多,这种处理方式也能接受;若获取的网页数量非常大(如几百万、几千万个网页),这会给存储带来很大压力,也不利于数据的整理和分析。

仔细观察上一节获取的网页数据,会发现大量的内容是网页格式控制脚本代码,而属于用户关心的业务数据只占了很小一部分(如商品名称、数量、价格、规格等业务数据)。

既然大量的网格格式控制脚本代码,与数据分析和利用无关,那么不应该被数据库保存,而应该被抛弃,只留下有用的业务数据。这一节将实现指定业务数据的爬取,并保存到数据库中。

**1. 仔细分析网页格式特点**

上一节获取的网页部分格式如图 17.3 所示。仔细观察是与商品分类相关的信息,通过网页脚本代码 option 格式进行控制显示。

图 17.3　获取网页的部分格式

这里需要把商品分类信息提取出来,供业务使用。

**2. 正则表达式提取法**

正则表达式使用方法详见附录六。

```
>>> import requests                              #导入 requests 模块
>>> r=requests.get('https://www.amazon.cn/')     #获取网页信息
>>> import re                                    #导入正则表达式模块
>>>pa=re.compile(r'<option.+>(.+?)</option>')    #预编译正则表达式字符串
>>> option=pa.findall(r.text)                    #查找文本中所有与正则表这式匹配的字符串
>>> for get_text in option:                      #循环获取子串值
    print(get_text)                              #打印输出子串值
```

compile 函数根据一个模式字符串和可选的标志参数生成一个正则表达式对象。经过预编译的正则表达式对象,在被反复使用的情况下,避免了反复编译正则字符串的过程,可以大幅提高运行效率。

模式字符串'<option.+?>(.+?)</option>'用于匹配图 17.3 所示的"<option value='xxx'>文本内容</option>"内容。

(1)<option.+?>代表一条"<option"开头的字符串。

(2)</option>代表该字符串结尾的字符串。

(3).代表"<option"后出现的任意一个字符(\n 除外)。

(4)+代表匹配前面出现的正则表达式 1 次或多次,这里的正则表达式指"."。

(5)?代表匹配前面出现的正则表达式 0 次或 1 次,这里考虑到"文本内容"后出现空格等现象。

(6)(…)匹配封闭的正则表达式内容,并另存为子串。

代码执行结果如下:

全部分类
亚马逊设备
Kindle 商店
应用程序和游戏
亚马逊海外购
图书
音乐
游戏/娱乐
音像
软件
教育音像
手机/通讯
摄影/摄像
电子
数码影音
电脑/IT
办公用品
小家电
大家电
电视/音响
家用
家居
厨具
家居装修
宠物用品
食品

酒
美容化妆
个护健康
母婴用品
玩具
运动户外休闲
服饰箱包
鞋靴
钟表
珠宝首饰
汽车用品
乐器
礼品卡
LuxuryBeauty 高端美妆店
Z实惠

> **注意**
> （1）不可以频繁爬取本书指定网页的内容，避免引起相关网站拥有者的不满！甚至引起法律纠纷！
> （2）本书爬虫获取的任何数据，除了用于学习外，不能用作其他用途，否则产生的任何纠纷由爬虫实施者承担。
> （3）建议分散爬取对象（选择不同的网站），避免集中访问同一个网站。

上一节爬虫爬取网页分两个步骤：第一步，先把指定的网页爬取到本地计算机上，然后再进行内容提取。若第一步爬取过程不顺利，如发生网络拥堵，甚至网页迟迟无法响应返回的情况下，会连累后续网页内容的提取分析。

这里把这两个步骤进行明确的拆分。爬取网页的程序独立运行，爬取下来后存储到数据库中；然后，由提取分析程序通过数据库进行独立分析。这样，两个程序各管各的，可以大大提高程序运行效率。

[**案例17.1**] 从数据库提取业务数据存储到新的集合中（dbToDB.py）

```
import pymongo                                    #导入 pymongo 数据库驱动模块
from pymongo.mongo_client import MongoClient      #导入 Mongo 客户端对象
mongoClient=MongoClient('localhost',27017)        #连接 MongoDB 并生成连接对象
mongoDatabase=mongoClient.site                    #建立与 site 数据库的连接
mongoCollection=mongoDatabase.T_context           #建立与 T_context 集合的连接
gets=mongoCollection.find_one({"_id":2})          #在集合里寻找指定的文档记录❶
import re                                         #导入正则表达式模块
pa=re.compile(r'<option.+>(.+?)</option>')        #预编译正则表达式并生成对象
option=pa.findall(gets["context"])                #获取键为 context 的值，并生成正则表达式结果❷
```

```
mongoCollection=mongoDatabase.T_end_text      #建立存储提取内容的集合
add={"_id":1,"context": option }               #建立一个字典对象（一个文档）
mongoCollection.insert(add)                    #把文档插入新的 T_end_text 集合中
import pprint                                  #导入带格式控制的 pprint 模块
for get in mongoCollection.find({"_id":1}):    #检索新插入记录，循环并打印
    pprint.pprint(get)                         #格式控制的打印输出
```

❶返回的是字典结构的数据，❷findall()返回列表对象给 option。

代码执行结果如图 17.4 所示。

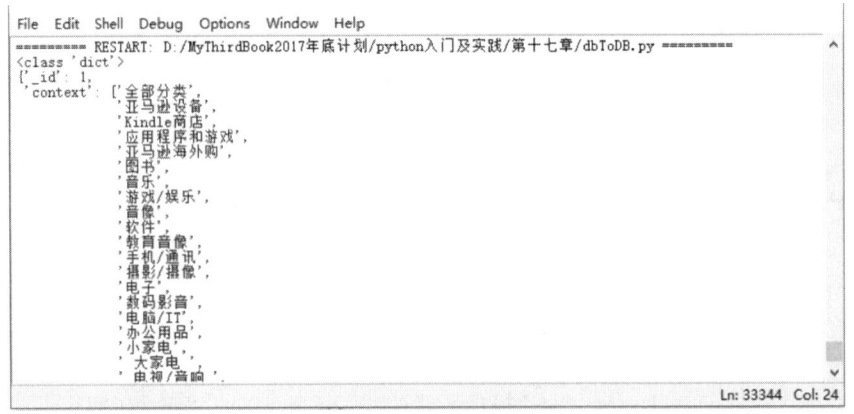

图 17.4　从数据库提取内容

上述代码提供了在线爬取网页内容与数据库里的原始网页数据的分析两个步骤分开进行的操作技巧。因为爬虫在爬取网页时会碰到各种各样的问题，如爬取网页过程突然中断、在线网页无响应、爬取的网页格式不能识别、爬取进程被拒绝（有些网站具有反爬虫功能）等。网页爬取与数据分析分开执行，就可以保证前一步骤即使出问题了，也不影响第二步骤数据的分析和提取，除非数据库中需要分析的网页数据不够。

如果有想象力，可以想到几台服务器用于专门爬取网页，而另外几台服务器用于数据分析和提取的情景。

## 17.2.5　爬虫知识拓展

其实，利用爬虫技术获取网页数据的要求，远远比前面几节介绍的要求复杂得多。

（1）从网页里遍历所有的链接网址，把每个网址的内容进行检查，并要去除重复的连接网址。

（2）不同技术编写的网页格式是不一样的，如 ASP.NET、Java、PHP、纯 HTML 等。读者可能事先要检查一下爬取网站失败的原因，是否与网页的不同格式脚本有关。最笨的检查网页格式的方法，用浏览器打开该网页，然后在浏览器里单击鼠标右键，在弹出的快捷菜单里选择"查看源代码"选项，就可以看到该网页的脚本格式，如图 17.5 所示。

（3）并发爬取网页数据。单个进程（或线程）一个个地爬取网页数据，效率显然不够高，采用多进程（或线程）爬取大量的网页，是必须考虑的技术问题。

图 17.5　在浏览器上查看网页源代码

（4）必须考虑法律问题。本书作者一边在编写爬虫程序，一边在思考这个问题。这是一个非常严肃的问题，一不小心，使用爬虫技术的人或公司有可能被相应网站管理者所起诉。因为爬虫爬取的有些数据是不能随便被使用的，会侵犯别人的隐私或知识产权。如果频繁爬取一个不被允许的网站，还会给该网站带来大量的访问压力，是不受欢迎的行为。

但是爬虫技术毕竟是自动在网上获取大量数据的一个好方法，有些网站专门允许爬虫访问被允许爬取的网页内容，同时规定哪些内容不允许爬取。感兴趣的读者可以在相关网站查找 robots 协议。如下列网站的 robots.txt 文件里就规定了相关内容：

https://www.jd.com/robots.txt
http://www.baidu.com/robots.txt
http://news.sina.com.cn/robots.txt
http://www.qq.com/robots.txt
http://news.qq.com/robots.txt
http://www.moe.edu.cn/robots.txt

（5）在开发爬虫技术方面，可以采用一些功能强大的第三方功能库，如分析网页内容功能非常强大的 BeautifulSoup 库（可以在网址 https://pypi.org/project/beautifulsoup4/ 下载并安装）和快速处理大规模网页数据的 scrapy 库。

总之要写好爬虫技术，需要一本书才能解决问题，感兴趣的读者可以寻找相关的专著或网上资料。

## 17.3　Python+Spark

利用 MongoDB 等分布式数据库系统，可以实现数据的分布式存储及读写操作。另外，对于繁重的数据计算任务，也可以实现分布式计算。这里简单介绍一下 Spark **集群计算框架（Cluster**

Computing Framework），让读者初步明白分布式计算的特点，以及深入学习方向。

### 17.3.1　Spark 基础知识

Apache Spark[1]是一个快速且通用的集群计算框架，用于分布式计算。它提供了支持 Java、Scala、Python、R 开发语言的高级 API，并支持通用执行图的优化引擎。同时，它还提供了一套高级功能库，包括用于 SQL 和结构化数据处理的 SQL、Data Frame 库，用于支持机器学习的 Mllib 库，用于图形处理的 GraphX 包以及用于实时数据流计算的 Spark Streaming 库，如图 17.6 所示。

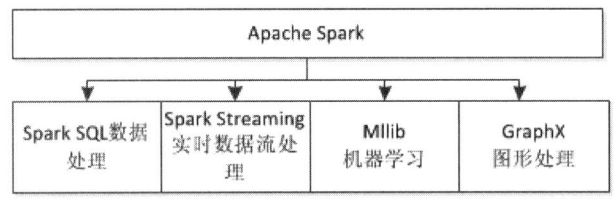

图 17.6　Spark 核心功能库

**1. Spark 使用基本要求**

Spark 在实际业务环境下，需要借助 Apache Hadoop[2]或 Apache Mesos[3]或 Kubernetes[4]进行运行，这意味着在使用 Spark 之前必须安装上述任意一款软件；但是也可以独立安装运行或在云环境下运行，在独立安装情况下适合简单学习使用，本书采用直接独立安装方式进行使用。

Spark 在分布式处理过程中需要访问各种各样的数据，由此它支持 HDFS[5]、Apache Cassandra[6]、Apache HBase[7]、Apache Hive[8]等几百个分布式数据源的访问。当然，这里也包括了 MongoDB 数据库系统。由此可知，在实际业务使用环境下，必须安装相应的分布式数据库系统，以支持数据的存储及相关操作。

**2. 集群使用原理**

当一台计算机无法满足数据的计算及存储要求时，一个好的办法就是把这些任务放到不同的计算机里去处理，最后返回处理结果即可。Spark 的核心功能就是分布式计算。

要实现分布式计算功能，就需要 Spark 可以对不同的服务里的数据进行各种任务处理，并返回处理结果。由此，先需要建立服务器集群[9]，让一群服务器同时为 Spark 服务，这是硬件方面的要求；然后要对一群服务器进行集群管理，如上面提到的 Hadoop、Mesos、Kubernetes；最后，由 Spark

---

[1] Spark 官网地址：http://spark.apache.org/
[2] Hadoop 分布式系统基础架构，官网地址：http://hadoop.apache.org/
[3] Mesos 分布式资源管理框架，官网地址：http://mesos.apache.org/
[4] Kubernetes 分布式资源管理框架，官网地址：https://kubernetes.io/
[5] HDFS 英文全称 Hadoop Distributed File System，Hadoop 分布式文件系统
[6] Hadoop 生态系统下非常成功的一款 NoSQL 数据库系统，https://cassandra.apache.org/
[7] Hadoop 生态系统下最早的一款 NoSQL 数据库系统，http://hbase.apache.org/
[8] Hadoop 生态系统下的一款数据仓库工具，https://hive.apache.org/
[9] 服务器集群，百度百科，https://baike.baidu.com/item/服务器集群

在前面软件功能的基础上实现分布式计算任务。Spark 在集群环境下的任务处理原理如图 17.7 所示。

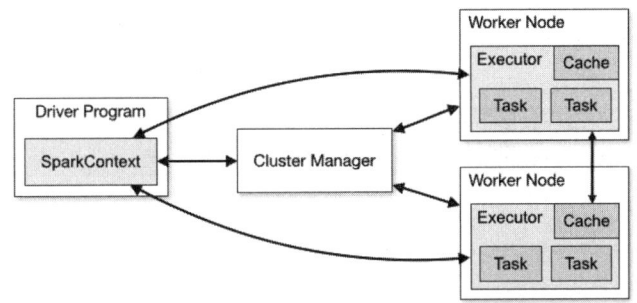

图 17.7　Spark 集群分布式任务处理原理图[1]

Spark 应用程序作为集群上的独立进程集运行,并由主程序中的 SparkContext 对象(称为驱动程序)进行协调。

**Driver Program** 是靠近用户端的应用驱动程序,它通过 SparkContext 对象向集群管理器(如 Hadoop、Mesos、Kubernetes)进行访问连接,并通过集群管理器向不同服务器节点发布分布式计算任务(发送的是各种计算任务的应用程序代码,如计算气象预报的应用程序,可以附带计算用的数据)。

**Cluster Manager** 就是集群管理器,负责把 Driver Program 提交的分布式计算任务发放到不同的服务器节点上,并返回不同服务器节点的执行结果给 Driver Program。

**Worker Node** 就是不同服务器上的分布式计算节点(Spark 安装于不同服务器上的节点处理软件)。当 Worker Node 接收到 SparkContext 发送的分布式计算任务后,由 **Executor**(**执行者**)运行一个个的计算**任务**(**Task**),并负责对执行任务相关的数据的**存储管理**(**Cache**)。任务处理结束后,把计算结果返回给 SparkContext。

## 17.3.2　使用环境安装

为了方便使用 Windows 用户的学习,这里仅介绍直接单机安装 Spark 的方式。

◆》注意

(1)实际业务环境下,必须安装集群管理器软件(实际环境下完整安装过程见 https://spark.apache.org/downloads.html)。

(2)考虑到 Hadoop、Python、Spark 主流应用环境是 Linux 操作系统,建议需要实战的读者认真学习一下 Linux 操作系统的基本使用。

**1. Java SDK 安装**

Java SDK 安装包下载路径如下,需要根据自己的操作系统选择不同安装包。本书测试环境为 Windows 10(64 位操作系统),选择 jdk-8u171-windows-x64.exe 下载。

http://www.oracle.com/technetwork/java/javase/downloads/jdk8-downloads-2133151.html

---

[1] Spark 集群分布式任务处理原理图,http://spark.apache.org/docs/latest/cluster-overview.html

下载安装包后，在 Windows 操作系统里双击执行该安装包，弹出如图 17.8 所示的安装界面，单击"下一步"按钮，后续可以一直采用默认项，单击"下一步"按钮完成安装。为了方便后续系统变量设置，在安装过程中请记住安装路径。

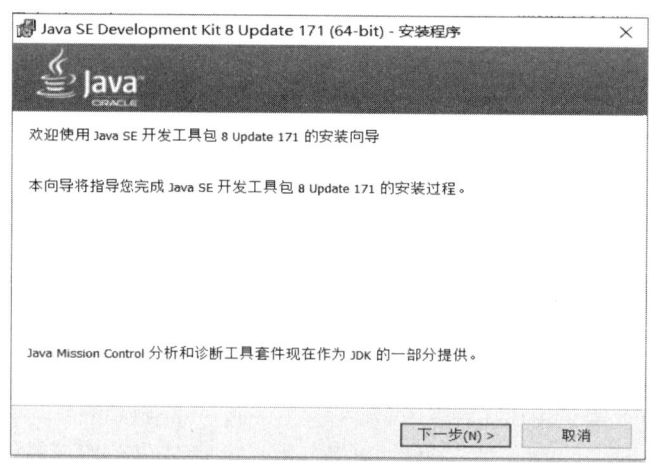

图 17.8　Java JDK 安装界面

要让 Java JDK 能被其他应用软件使用，必须先在 Windows 操作系统里配置环境变量。

（1）打开环境变量配置界面。在操作系统上右击我的电脑，依次进入"属性"→"高级系统设置"→"高级"→"环境变量"，在"系统变量"中进行参数配置。

（2）配置 JAVA_HOME 参数变量。在"系统变量"下面单击"新建"按钮，输入变量名 JAVA_HOME；输入变量值，选择 JDK 安装路径，本书的 JDK 安装路径是 C:\Program Files\Java\jdk1.8.0_171，然后单击"确定"按钮完成参数保存。设置过程如图 17.9 所示。

图 17.9　新建 JAVA_HOME 系统变量

（3）配置 CLASSPATH 参数变量。在系统变量界面上继续单击"新建"按钮，在弹击出来的子界面上输入变量名 CLASSPATH；然后在"变量值"文本框中输入".;%JAVA_HOME%\lib;%JAVA_HOME%\lib\tools.jar"

（注意，第一个分号前面有一个点），然后单击"确定"按钮，参数完成设置。操作过程如图 17.10 所示。

图 17.10　新建 CLASSPATH 变量

（4）配置 Path 参数变量。在"系统变量"界面，双击列表框里的 Path，单击"新建"按钮，输入%JAVA_HOME%\bin;%JAVA_HOME%\jre\bin;参数值，单击"确认"按钮完成设置。

（5）Java JDK 安装测试。为了验证 Java JDK 安装及设置是否成功，可以在命令提示符里输入 Java –version 命令，显示 Java 版本则成功，如图 17.11 所示。

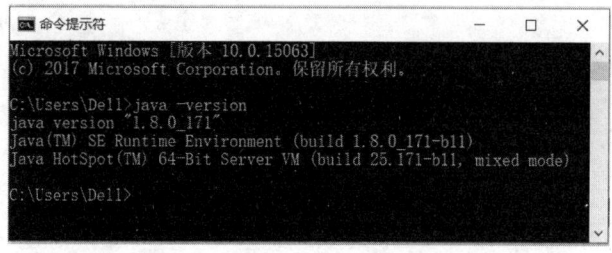

图 17.11　Java JDK 安装成功测试

**2．单机方式 Spark 安装**

单机版本 Spark 安装非常简单，从 Spark 官网 http://spark.apache.org/downloads.html 下载一个源码包，如 Spark-2.3.0-bin-hadoop2.7.tgz，然后双击解压到相应路径下，就完成了初步安装。

为了方便 Python 等对 Spark 的调用，需要在操作系统"环境变量"里设置相应运行参数。在图 17.12 所示的"系统变量"列表框里双击 Path，在弹出来的"编辑环境变量"子窗体里单击"浏览"按钮，找到 Spark 的安装路径，如本书测试环境下 Spark 的安装路径为：

D:\...\spark-2.3.0-bin-hadoop2.7\spark-2.3.0-bin-hadoop2.7\bin

选中后，单击"确定"按钮，就完成了参数设置。

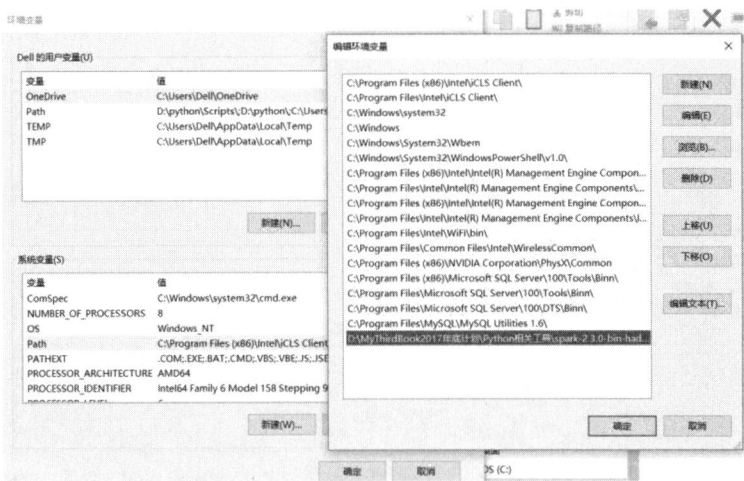

图 17.12 为 Spark 设置环境变量参数

完成 Spark 安装包的解压及运行环境参数后，可以在命令提示符里输入如下命令，以测试 Spark 是否可以正常使用。

spark-shell                                    #启动 spark 脚本交互式执行工具

图 17.13 所示为该命令的执行结果。当出现 scala> 提示符时，意味着基于 scala 语言的交互式执行工具启动成功。可以忽略该执行界面中间部分的出错提示信息，如 "at org.apache.hadoop…" 开头的错误信息，是因为没有安装 Hadoop 软件。到此，读者的计算机上可以简单地使用 Spark 功能了。

图 17.13 测试 Spark 安装及配置是否成功

### 3．pyspark 安装

安装完成 Spark 后，Python 还无法直接访问 Spark，需要通过 pyspark 为 Python 提供 Spark 访

问的 API 函数，即 pyspark 是基于 Python 语言的驱动程序包。

由此，需要安装 pyspark 包，这里采用在线安装方法，在命令提示符里输入如下命令：
pip install pyspark
就可以实现如图 17.14 所示的安装过程。

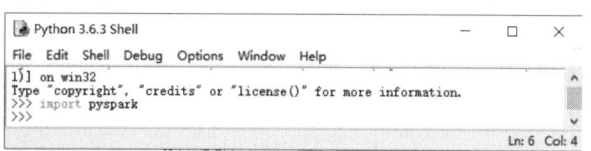

图 17.14　安装 pyspark

完成 pyspark 安装后，就可以在 Python 的 IDLE 环境下直接使用它，如图 17.15 所示，在导入 pyspark 包后，无出错提示，则意味着 pyspark 包安装成功。

图 17.15　IDLE 使用 pyspark 包

## 17.3.3　pyspark 基础

在利用 pyspark+Spark+Python 做应用计算前，先需要整体熟悉一下，pyspark 包提供了哪些操作功能。在学习 pyspark 基础知识时，应该与 17.3.1 节的内容对照着学习，尤其是图 17.7。

**1．pyspark 包的公共类**

1）SparkContext 类

class pyspark.SparkContext(master=None,appName=None,sparkHome=None,pyFiles=None, environment=None,batchSize=0,serializer=PickleSerializer(),conf=None,gateway=None, jsc=None, profiler_cls=<class 'pyspark.profiler.BasicProfiler'>)[source]

调用 Spark 功能的主要入口点。SparkContext 类用于与 Spark 集群管理器的连接，可用于在集群上创建 RDD 和广播变量。

2）RDD 类

class pyspark.RDD(jrdd, ctx, jrdd_deserializer=
　　　　AutoBatchedSerializer(PickleSerializer()))[source]

**弹性分布式数据集**（**Resilient Distributed Dataset，RDD**），Spark 中的基本抽象类，表示可以并行操作的不可变分区（Partitions）元素集合。

RDD 分为**转化**（**Transformation**）和**动作**（**Action**）两种操作。根据已经存在的数据集创建新的数据集的操作称为 Transformation；对数据集做计算并将结果（数值、集合、字典等）返回 Driver Program 的操作被称为 Action。所以在通过 Python 调用 Spark 的 API 时要确定返回值是什么。如果返回的是 Partitions，调用 collect()函数可以获取封装后的数据集，分区部分对客户端是透明的，也可以调用 glom()函数来关心具体的分区情况；如果调用的是 Action，则直接返回结果内容。

3）Broadcast 广播类

class pyspark.Broadcast(sc=None,value=None,pickle_registry=None,path=None)[source]

一个广播变量，可以在任务之间重复使用。通过 Broadcast 变量的作用域对应用所申请的每个节点上的 Executor 进程都是可见的，而且广播后，变量会一直存在于每个 Worker 节点的 Executor 进程中，直到任务结束。使用 SparkContext.broadcast()创建的广播变量，通过 value 获取其值。

4）Accumulator 累加器类

class pyspark.Accumulator(aid, value, accum_param)[source]

一个 add-only 的共享变量，任务只能向其中增加值。Spark 群集上的工作任务可以使用"＋＝"运算符将值添加到累加器，但只有驱动程序可以使用 Value 访问其值。

5）SparkConf 类

class pyspark.SparkConf(loadDefaults=True, _jvm=None, _jconf=None)

用于 Spark 应用程序的配置，将各种 Spark 参数设置为键值对，并作为 conf 参数传给 pyspark.SparkContext 实例的构造函数。若未动态创建 conf，则 pyspark.SparkContext 实例从安装路径 conf\spark-defaults.conf 中读取默认的全局配置。

6）SparkFiles 类

class pyspark.SparkFiles

在使用 Spark 时，有时候需要将一些数据分发到计算节点中。一种方法是将这些文件上传到 HDFS 上，然后计算节点从 HDFS 上获取这些数据。也可以使用 addFile 函数来分发这些文件。在 Spark 的节点任务中访问上述数据文件，使用 L{SparkFiles.get(filename) <pyspark.files. SparkFiles.get>}可以找到下载位置。SparkFiles 仅包含类方法，用户不应该创建 SparkFiles 实例。

7）StorageLevel 类

class pyspark.StorageLevel(useDisk,useMemory,useOffHeap,deserialized, replication=1)[source]

更细粒度的缓存持久性级别。用于控制 RDD 存储的标志。每个 StorageLevel 记录是否使用内存，是否将 RDD 丢弃到内存不足，是否将数据保存在特定于 Java 的序列化格式的内存中，以及是否在多个节点上复制 RDD 分区。还包含一些常用存储级别 MEMORY_ONLY 的静态常量。由于数据总是在 Python 端序列化，所有常量都使用序列化格式。

8）TaskContext 类

class pyspark.TaskContext[source]

在执行期间读取或变更的任务的上下文信息。可以通过 TaskContext.get()方法得到正在运行的任务信息。

## 2．pyspark 专题库

1）pyspark.sql 库学习地址：http://spark.apache.org/docs/latest/api/python/pyspark.sql.html

2）pyspark.streaming 库学习地址：http://spark.apache.org/docs/latest/api/python/pyspark.streaming.html

3）pyspark.ml 库学习地址：http://spark.apache.org/docs/latest/api/python/pyspark.ml.html

4）pyspark.mllib 库学习地址：http://spark.apache.org/docs/latest/api/python/pyspark.mllib.html

## 17.3.4 案例［蒙特卡洛法求π］

在 Spark 安装路径下提供了一些基于 Python 语言的使用案例，如下所示：
D:\...\spark-2.3.0-bin-hadoop2.7\spark-2.3.0-bin-hadoop2.7\examples\src\main\python
其中的 pi.py 用于求π，采用了蒙特卡洛方法。

### 1．蒙特卡洛方法近似求π的原理[1]

蒙特卡洛方法近似求π的思路为"画一个正方形，并在正方形里画最大圆，然后在正方形中随机放置点。最后统计圆内点的数量与点的总数比大致等于π/4"，如图 17.16 所示。

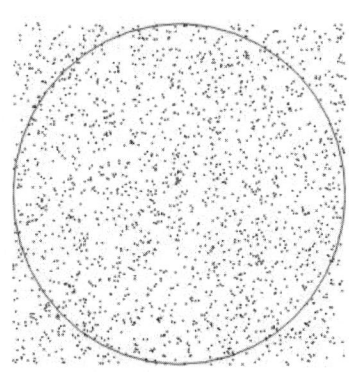

图 17.16  蒙特卡洛方法近似求π

蒙特卡洛方法近似求π的速度非常慢，而且不是很精确，该方法主要用于测试计算机的运行速度。目前国际上对顶尖超级计算机的运行速度的测试，就是利用类似方法做比较测试的。

### 2．求π的近似值

用 IDLE 打开 pi.py 文件，其源码如下。

［案例 17.2］蒙特卡洛方法近似求π的值（pi.py）

```
#Apache 授权使用
#http://www.apache.org/licenses/LICENSE-2.0
#
from __future__ import print_function
import sys                                          #导入 sys 模块
from random import random                           #导入 random 模块（随机函数）
from operator import add                            #导入运算符模块，add 为做 x+y 加法函数
from pyspark.sql import SparkSession                #DataFrame 和 SQL 功能的主要入口点类
if __name__ == "__main__":
    """ Usage: pi [partitions]
    """
    spark = SparkSession\                           #创建 SparkSession 构建器模式❶
        .builder\                                   #构建 SparkSession 对象实例
        .appName("PythonPi")\                       #应用程序名称
```

---

[1] Pi，维基百科，https://en.wikipedia.org/wiki/Pi

```
        .getOrCreate()                                    #获取现有（或构建新）的 SparkSession
partitions=int(sys.argv[1]) if len(sys.argv)>1 else 2     #设置分区数量，默认值为 2
n = 100000 * partitions                                   #n 的数值为 100000*2
def f(_):                                                 #自定义函数 f，求随机值
    x = random() * 2 – 1                                  #x 值的范围为[-1,1)
    y = random() * 2 – 1                                  #y 值的范围为[-1,1)
    return 1 if x ** 2 + y ** 2 <= 1 else 0               #根据随机值返回 1 或 0❷
count=spark.sparkContext.parallelize(range(1,n+1),partitions).map(f).reduce(add) ❸
print("Pi is roughly %f" % (4.0 * count / n))             #圆内 1 数和与总数比乘以 4.0,并打印
spark.stop()                                              #分布式计算结束
```

❶读取或创建 SparkSession，SparkSession 类可用于创建 DataFrame，将 DataFrame 注册为表格，在表格上执行 SQL，缓存表格以及读取实验文件。

❷ x ** 2 + y ** 2 <= 1 为圆内范围公式，在圆内返回 1，在圆外返回 0。

❸ parallelize(c, numSlices=None)并发方法，用于分发本地 Python 集合以形成 RDD。c 为集合参数，numSlices 为分区切片数量。map(f)求 range(1,n+1)集合的 1 数和 0 数生成元素为 0、1 的新集合，reduce(add)统计集合元素 1 的和。

示例一：进行本地数据集合 RDD 运算。

```
>>> spark = SparkSession.builder.appName("ddd").getOrCreate()
>>> spark.sparkContext.parallelize([0, 2, 3, 4, 6], 5).glom().collect()
[[0], [2], [3], [4], [6]]
>>> spark.sparkContext.parallelize(range(0, 6, 2), 5).glom().collect()
[[], [0], [], [2], [4]]
```

map(f, preservesPartitioning=False)映射函数，通过对该 RDD 的每个元素应用函数 f 来返回新的 RDD。

示例二：

```
>>> sc=SparkSession.builder.appName("eee").getOrCreate()
>>> rdd=sc.sparkContext.parallelize(["b", "a", "c"])
>>> sorted(rdd.map(lambda x: (x, 1)).collect())
[('a', 1), ('b', 1), ('c', 1)]
```

reduce(f)并归函数，使用指定的交换和关联二元运算符来减少此 RDD 的元素。当前减少本地分区。

示例三：

```
>>> from operator import add
>>> sc=SparkSession.builder.appName("ccc").getOrCreate()
>>> sc.sparkContext.parallelize([1, 2, 3, 4, 5]).reduce(add)
15
>>>sc.sparkContext.parallelize((2 for _ in range(10))).map(
                                           lambda x: 1).cache().reduce(add)
10
```

在 IDLE 中按 F5 键执行案例 17.2 代码，最后执行结果如下所示：

```
>>>
RESTART: D:\... \examples\src\main\python\pi.py
Pi is roughly 3.142920
>>>
```

## 17.4 案例［三酷猫了解鱼的价格］

三酷猫深入学习了爬虫知识后，它决定利用爬虫技术抓取远在美国的一个网站上的鱼的价格。三酷猫似乎想做跨国生意，第一步了解美国当地鱼的价格，确实是一个好开头。三酷猫先找到了这样的一个网站，上面标注了某个农场的鲜鱼价格、大小、最佳供应时间，如图 17.17 所示。

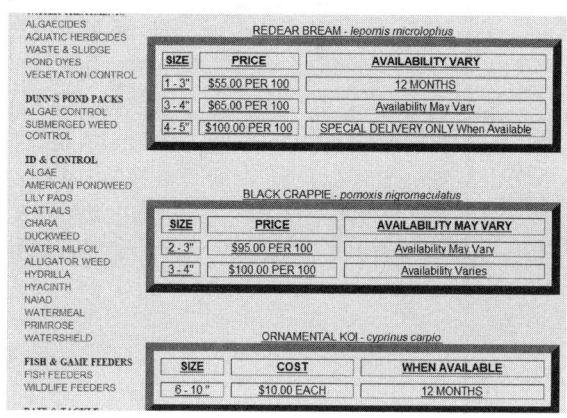

图 17.17　美国某农场鱼的价格表[1]

该农场鱼价格网站对应的源代码如图 17.18 所示。

```
<p> </p>
<table width="600" border="12" cellspacing="10" cellpadding="1">
  <caption>
    <a href="http://www.dunnsfishfarm.com/black_crappie_242_prd1.htm">BLACK CRAPPIE -<em> pomoxis nigromaculatus
    </em></a><em>   </em>
  </caption>
  <tr>
    <th scope="col"><a href="http://www.dunnsfishfarm.com/black_crappie_242_prd1.htm">SIZE</a></th>
    <th scope="col"><a href="http://www.dunnsfishfarm.com/black_crappie_242_prd1.htm">PRICE</a></th>
    <th scope="col"><a href="http://www.dunnsfishfarm.com/black_crappie_242_prd1.htm">AVAILABILITY MAY VARY </a></th>
  </tr>
  <tr>
    <td><div align="center"><a href="http://www.dunnsfishfarm.com/black_crappie_242_prd1.htm">2 - 3" </a></div></td>
    <td><div align="center"><a href="http://www.dunnsfishfarm.com/black_crappie_242_prd1.htm">$95.00 PER 100 </a></div></td>
    <td><div align="center"><a href="http://www.dunnsfishfarm.com/black_crappie_242_prd1.htm">Availability May Vary </a></div></td>
  </tr>
  <tr>
    <td><div align="center"><a href="http://www.dunnsfishfarm.com/black_crappie_242_prd1.htm">3 - 4"</a></td>
    <td><div align="center"><a href="http://www.dunnsfishfarm.com/black_crappie_242_prd1.htm">$100.00 PER 100 </a></div></td>
    <td><div align="center"><a href="http://www.dunnsfishfarm.com/black_crappie_242_prd1.htm">Availability Varies </a></div></td>
  </tr>
</table>
<p> </p>
<table width="600" border="12" cellpadding="1" cellspacing="10">
  <caption>
    <a href="http://www.dunnsfishfarm.com/ornamental_koi_249_prd1.htm">ORNAMENTAL KOI -
```

图 17.18　美国某农场鱼网站的源代码（部分）

为了方便测试爬虫技术，作者把该网站的源代码保存到了 fish.html 文件里，然后双击它，它就可以显示在本地计算机上做离线爬虫技术测试。（见本书附赠源代码文件夹第 17 章里的内容）

---

[1]　http://www.carsingtonwater.com/2015-fly-fishing-prices/cat_37.html

（1）在本地运行 fish.html 文件。
（2）查看该网页的源码格式（在浏览器里单击鼠标右键，从弹出的快捷菜单中选择"查看源代码"命令）。
（3）编写爬虫程序，爬取需要的鱼相关的信息。

```
>>> from bs4 import BeautifulSoup                    #导入 BeautifulSoup 对象
>>> url=file:///D:/MyThirdBook2017 年底计划/python 入门及实践/第十七章/fish.html
>>>     from urllib.request import urlopen           #导入 urlopen 方法
>>> resp=urlopen(url)                                #爬取 url 指定网页的数据
>>> soup=BeautifulSoup(resp,'html.parser')           #对爬取网页数据进行解析
>>> body=soup.body                                   #获取 body 格式内的数据
>>> data=body.find('tr')                             #获取 body 内 tr 格式的数据
>>> data=body.find('div')                            #获取 tr 内 div 格式的数据
>>> ai=data.findAll('a')                             #获取 div 内 a 标签的数据
>>> for ai in data.find_all('a'):                    #循环获取 a 标签内的鱼内容
    print(ai.string)                                 #打印输出鱼相关信息
```

连续执行上述代码，将获得如下信息（在书上仅显示一部分）：

```
…
SIZE
PRICE
AVAILABILITY
250 TO 300 FISH PER LB.
$10.95 PER LB.                                       #鱼的价格
12 MONTHS
…
```

从上述显示内容可以看出，三酷猫初步获得了远在美国的一个农场鲜鱼的价格。对于获取的数据，可以通过正则表达式等方法进行进一步提取，直至满足实际业务需求为止。

## 17.5 习题及实验

**1．判断题**

（1）具有 PB 级别或以上的海量数据就是大数据。（　　）
（2）网络爬虫是网络海量数据获取的一个主要技术实现方法。（　　）
（3）网络爬虫技术可以随意应用，不受限制。（　　）
（4） requests、pymongo、BeautifulSoup 都可以直接抓取网页内容。（　　）
（5）网页获取的数据可以直接存储到 MongoDB 数据库中。（　　）

**2．填空题**

（1）大数据实现过程包括（　　　　）、（　　　　　　）、（　　　　　　）三大环节。
（2）（　　　　　　）数据库系统是大数据技术环节下新产生的第一款 NoSQL 数据库系统。

（3）要解决大数据存储及管理问题，相应的数据库系统必须采用（　　　）式处理技术。

（4）网络爬虫抓取网页数据前，先需要分析网页的（　　　）格式，然后进行针对性的网页数据爬取。

（5）Apache Spark 是一个快速且通用的集群计算框架，用于（　　　）计算。

**3．实验：对 17.4 节案例［三酷猫了解鱼的价格］进行改造**

实验要求：

（1）把已经获取的数据存储到数据库中。

（2）在存储的数据里进一步获取每种鱼的价格。

（3）获取每种鱼的名称。

（4）形成鱼名称、价格、大小记录。

（5）形成实验报告。

# 第 18 章 AI 应用入门

进入 21 世纪后,随着计算机技术、人工智能算法技术、大数据技术等的突破,**人工智能**(Artificial Intelligence,AI)进入了实质性的应用阶段。从机器人、无人飞机、无人驾驶汽车,到医院里的语言播报系统、围棋界的智能对弈系统、安全领域的视频识别系统,到家庭用的指纹门禁系统,再到每个人手里的智能手机,都闪现着 AI 的身影。它正在深刻而深远地影响着这颗蓝色的星球。

Python 语言的优势之一,借助大量的第三方库,可以快速实现 AI 的相应系统的开发。本章为对 AI 感兴趣的读者提供入门级的开发技术知识。

## 学习重点

- 什么是人工智能
- Python AI 编程序
- Numpy 应用示例
- 三酷猫的梦

# 18.1 什么是人工智能

人工智能到底是什么？先从基础知识了解一下吧。

## 18.1.1 从深蓝到阿尔法狗

1997 年作者正处于上大学期间，得到一个消息，美国的一台名叫"深蓝（Deep Blue）"的计算机，第一次成功击败卫冕世界国际象棋冠军卡斯帕罗夫。这让世界上的很多人深为震惊，明显感觉到了 AI 对人类自然智能（Natural Intelligence，NI）的挑战。深蓝实际上是 IBM 开发的一款计算机国际象棋系统。

深蓝最早发展于 1985 年，是卡内基梅隆大学的一个项目。

Deep Blue 采用定制 VLSI 芯片并行执行 alpha-beta 搜索算法，这种算法是一种表现良好的老式人工智能技术，与目前非常火热的深度学习技术还存在不少差距。Alpha-beta 修剪是一种搜索算法，旨在减少在其搜索树中由最小最大值算法评估的节点数量。[1]这是一种强力方法，其开发者甚至否认它是人工智能。

2011 年 AI 技术得到了进一步发展。美国名叫"沃森（Watson）"的问题解答系统成功击败了两位问答节目表演赛的冠军布拉德拉特和肯詹宁斯。而这次采用了性能更快的计算机系统，以**大数据**和**深度学习（Deep Learning）**算法为基础的 AI，使机器学习和感知得到了进步。基于海量数据的深度学习方法[2]在 2012 年左右开始引领新的 AI 技术方向。

2016 年 3 月，AlphaGo 在与围棋世界冠军、职业九段棋手李世石进行围棋人机大战，以 4 比 1 的总比分获胜，成为第一个在没有障碍的情况下击败专业人类职业围棋选手的人工智能程序。

在 2017 年中国乌镇围棋峰会上，AlphaGo 赢得了与柯洁（Ke Jie）的三场比赛，当时他连续两年保持世界排名第一。围棋界公认 AlphaGo 的棋力已经超过人类职业围棋顶尖水平。图 18.1 所示为 AlphaGo 与柯洁的比赛结果。

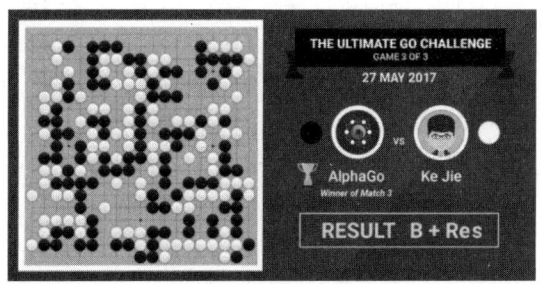

图 18.1 AlphaGo 与围棋世界冠军柯洁对弈

---

[1]Alpha-beta pruning，https://en.wikipedia.org/wiki/Alpha-beta_pruning
[2]Deep learning，https://en.wikipedia.org/wiki/Deep_learning

这一系列惊世之举，让人们对这些 AI 的技术背景非常感兴趣。其中，AlphaGo 主要工作原理是"深度学习"，主要通过 C++、CUDA、Python、LUA 等来编写的。

Python 作为人工智能处理热门语言之一，主要源于它的简单易学，以及可以黏合诸多第三方 AI 技术库的优势。

## 18.1.2　人工智能基础知识

人工智能（Artificial Intelligence），英文缩写为 AI。它是研究、开发用于模拟、延伸和扩展人的智能的理论、方法、技术及应用系统的一门新的技术科学。[1]

用来研究人工智能的主要物质基础以及能够实现人工智能技术平台的机器就是计算机，人工智能的发展历史是和计算机科学技术的发展史联系在一起的。除了计算机科学以外，人工智能还涉及信息论、控制论、自动化、仿生学、生物学、心理学、数理逻辑、语言学、医学和哲学等多门学科。人工智能学科研究的主要内容包括知识表示、自动推理和搜索方法、机器学习和知识获取、知识处理系统、自然语言理解、计算机视觉、智能机器人、自动程序设计等方面。

**1．机器学习**[2]

**机器学习（Machine Learning，ML）**是计算机科学的一个领域，它以统计知识为基础，为计算机系统提供利用数据"学习"（例如逐步提高特定任务的性能）的能力，而不是借助确定的编程任务为主来实现。

机器学习这个概念是由美国电气工程师和计算机科学家阿瑟·塞缪尔于 1959 年创造的。从模式识别和计算学习理论在人工智能研究中发展而来，机器学习探讨了可以学习和预测数据的算法的研究和构建——这些算法克服了严格的静态程序指令，数据驱动的预测或决策。通过从样本输入建立模型。机器学习用于一系列计算任务，其中设计和编写具有良好性能的显式算法代码是困难的或不可行的。机器学习与计算统计密切相关（并且通常与计算统计重叠），计算统计也侧重于通过使用计算机进行预测。它与数学优化紧密相关，它为该领域提供了方法、理论和应用领域。机器学习有时与数据挖掘相混淆，后者的子领域更侧重于探索性数据分析，被称为无监督学习。机器学习也可以是无监督的。

在数据分析领域，机器学习是一种用于设计复杂模型和算法的方法，可用于预测；在商业用途中，这被称为预测分析。这些分析模型使研究人员、数据科学家、工程师和分析人员能够"通过学习历史关系和数据趋势，产生可靠的、可重复的决策和结果"，并发现"隐藏的见解"。

**2．深度学习**

**深度学习（Deep Learning）**（也称为深度结构学习或分层学习）是基于学习数据表示形式的机器学习方法家族的一部分。与特定于任务的算法不同，深度学习算法包括有监督学习、半监督学习或无监督学习。

深度学习架构如深度神经网络、深层信任网络和递归神经网络已应用于包括计算机视觉、语音

---

[1] 人工智能，https://baike.baidu.com/item/人工智能/918
[2] Machine learning，https://en.wikipedia.org/wiki/Machine_learning

识别、自然语言处理、音频识别、社交网络过滤、机器翻译、生物信息学和药物设计等领域。它们已经产生了与人类专家相媲美并且在某些情况下优于人类专家的结果。

深度学习模型隐约受到生物神经系统中信息处理和通信模式的启发,但与生物大脑的结构和功能特性存在着差异。

## 18.2 Python AI 编程库

大量的第三方编程库,为 Python 语言提供了强大的 AI 编程功能支持。这里介绍一些网上可以公开获取的第三方库(https://pypi.org/),除了开阔视野外,为需要定向研究和应用的学习者提供深入学习参考。

### 18.2.1 科学计算和数据分析库

AI 算法的核心是数学计算。科学计算与分析库为 AI 功能的实现提供了各种算法功能。

**1. NumPy 库**

NumPy 英文全称是 Numeric Python,是一个由多维数组对象和用于处理数组的函数及工具集合组成的库。它被公认为 Python 科学计算的基石,许多其他 Python 科学计算库都在 NumPy 基础上开发而成,如 Scipy、Scikit-learn、Matplotlib 等。

该工具可用来存储和处理大型矩阵,比 Python 自身的嵌套列表(Nested List Structure)结构要高效的多(该结构也可以用来表示矩阵(Matrix))。它通过提供数组对象(Array)来存储和处理大型矩阵。

(1)提供了一个强大的 $N$ 维数组对象:NumPy 定义了一个对象 ndarray,可以灵活地表示各种数据类型的多维数组。

(2)功能强大的数据处理函数:NumPy 中定义了许多数据处理函数,可以对 ndarray 进行不同的操作。

(3)提供了可用于集成 C++和 Fortran 代码的工具:可使用 NumPy 提供的 API 来调用相关工具集成 C++和 Fortran 代码。

(4)拥有线性代数、傅里叶变换、随机数生成等功能:NumPy 提供的功能函数。

除了用于科学计算,在一般数据处理中,NumPy 中的 ndarray 还可作为高效的容器使用。也就是通过 NumPy 定义任意类型的多维数组,让 NumPy 可以快速无缝地与多种数据库集成。

NumPy 官网地址:http://www.numpy.org/。

NumPy 开源地址:https://github.com/numpy/numpy。

**2. SciPy 库**

SciPy 库是 Python 的科学计算工具集。SciPy 库构建于 NumPy 之上,提供了一个用于在 Python 中进行科学计算的工具集,如数值计算的算法和一些功能函数,可以方便地处理数据。

SciPy 官网地址：https://www.scipy.org/scipylib/index.html。

SciPy 开源地址：https://github.com/scipy/scipy。

### 3．Statsmodels 库

Statsmodels 库用于统计建模和计量经济学，是一个包含统计模型、统计测试和统计数据挖掘的 Python 第三方库。

Statsmodels 官网地址：http://www.statsmodels.org/。

Statsmodels 开源地址：https://github.com/statsmodels/statsmodels。

### 4．PyMC 库

PyMC 是马尔科夫链蒙特卡洛采样工具，是一个实现贝叶斯统计模型和马尔科夫链蒙特卡洛采样工具拟合算法的 Python 库。PyMC 的灵活性及可扩展性使得它能够适用于解决各种问题。除了包含核心采样功能，PyMC 还包含了统计输出、绘图、拟合优度检验和收敛性诊断等方法。

以下是一些 PyMC 库的特性。

（1）用马尔科夫链蒙特卡洛算法和其他算法来拟合贝叶斯统计分析模型。

（2）包含了大范围的常用统计分布。

（3）吸收了 NumPy 的一些功能。

（4）包括一个高斯建模过程的模块。

（5）采样循环可以被暂停和手动调整，或者保存和重新启动。

（6）创建包括表格和图表的摘要说明。

（7）算法跟踪记录可以保存为纯文本、Pickles、SQLite 或 MySQL 数据库文档或 HDF5 文档。

（8）提供了一些收敛性诊断方法。

（9）引入自定义的步骤方法和非常规的概率分布。

（10）MCMC 循环可以嵌入在较大的程序中，结果可以使用 Python 进行分析。

PyMC 官网地址：http://pymc-devs.github.io/pymc/index.html。

PyMC 开源地址：https://github.com/pymc-devs/pymc。

### 5．bcbio-nextgen 库

bcbio-nextgen 是一个 Python 工具，它为全自动高通量测序分析提供了最佳的实践管道。bcbio 的目标是提供一个能够进行数据测序分析处理组件的资源共享社区，以此能够让研究人员更专注于下游生物科学的研究。

（1）可量化性：优秀的科学研究需要能够准确地评估结果的质量，新的算法和软件成为可用。

（2）可分析性：将结果导入工具使得查询结果与可视化结果更加容易。

（3）可扩展性：在分布式异构计算环境中处理大数据集以及样本数据。

（4）可复用性：跟踪配置、版本、来源以及命令行以便对结果的调试、扩展以及复用。

（5）社区开发：开发过程是完全开放的并且由来自多个社区的贡献者来共同维护。通过在共享框架上的协作，可以克服在迅速变化的研究领域维护复杂管道的挑战。

（6）易理解性：生物信息学家、生物学家和公众能够将研究材料、个人基因组的临床样本数据

等各种数据作为输入来运行整个工具。

bcbio-nextgen 官网地址：http://bCBIO-nextgen.readthedocs.io/en/latest/index.html。

bcbio-nextgen 开源地址：https://github.com/chapmanb/bcbio-nextgen。

### 6. cclib 库

cclib 是一个用来解析和解释计算化学软件包输出结果的库，它是由 Python 编写的开源库，用于解析计算化学软件包的结果。cclib 的目标主要是对来自程序和包含在输出文件中的数据进行重用。

（1）从多个程序的输出文件中提取（解析）数据。

（2）提供一个与计算化学结果一致的接口，特别是那些对于算法或者可视化有用的结果。

（3）促进那些对特定计算化学软件包不明确算法的实现。

（4）最大化与其他开源计算化学及化学信息软件库的互操作性。

cclib 官网地址：http://cclib.github.io/contents.html。

cclib 开源地址：https://github.com/ccli。

### 7. Open Mining 库

OpenMining 是 Github 上的开源项目，它是由 Python 编写的商务智能应用服务器，为商务智能中大数据的处理提供了便捷的操作，以此来提高用户挖掘商业情报的效率。

OpenMining 开源地址：https://github.com/mining/mining。

### 8. Blaze 库

Blaze 库为 Python 用户提供了高效处理大数据的高层访问接口，它是新一代基于 Python 实现的科学计算包，专为大数据打造用于处理分布式的各种数据源的计算。它是 NumPy 和 Pandas 的大数据接口。它在现有的数学计算库 NumPy 和科学计算库 SciPy 的基础上进行功能扩展，使其更适应大数据库技术。Blaze 聚焦在内核外处理超过系统内存容量的大型数据集，并同时支持分布式数据和流数据。

Blaze 整合了基于 Python 的 Pandas、NumPy 及 SQL、Mongo、Spark 在内的多种技术，使用 Blaze 能够非常容易地与一个新技术进行交互操作。

Blaze 目前主要用于数据库和数组技术的分析查询，并且它在不断地整合和提供基于其他计算系统的应用接口。Blaze 主要通过为数据科学家提供直观的各种工具访问来展现性能。

Blaze 官网地址：http://blaze.pydata.org。

Blaze 开源地址：https://github.com/blaze。

### 9. Orange 库

通过可视化编程或 Python 脚本进行数据挖掘、数据可视化、分析和机器学习，是一个基于组件的数据挖掘软件。它包括一系列的数据可视化、检索、预处理和建模技术。它不但具有一个良好的用户界面，同时也可以作为 Python 的一个模块使用。

（1）让数据挖掘变得生动有趣：通过大量的流程交互工具让它能同时帮新手和专家提供数据可视化和分析的功能。

（2）交互式数据可视化：通过数据可视化进行数据分析，包括统计分布图、柱状图、散点图和更深层次的决策树、分层聚簇、热点图、MDS（多维度分析）、线性预测等。

（3）可视化编程：通过可视化交互操作让你快速进行高质量的数据分析。图形化用户界面可以让人集中于数据分析而非编码。通过在画布中放置组件、连接组件、加载数据组件等操作让数据流过程变得高效而简单。

（4）附加组件功能：通过使用 Orange 自带的各类附加功能组件可以进行 NLP、文本挖掘、构建网络分析、推断高频数据集和关联规则数据分析。

Orange 官网地址：http://orange.biolab.si/。

Orange 开源地址：https://github.com/biolab/orange。

**10．Bayesian-belief-networks 库**

优雅的贝叶斯网络推理框架，该工具支持用纯 Python 创建贝叶斯网络推理和其他图模型，目前支持四种不同的推理方法。

Bayesian-belief-networks 开源地址：https://github.com/eBay/bayesian-belief-networks。

## 18.2.2 数据可视化库

**数据可视化（Data Visualization）** 被许多学科视为视觉通信的现代等价物，它涉及创建和研究数据的视觉表示[1]。

为了清晰有效地传达信息，数据可视化使用统计图形、图表、信息图形和其他工具来表示。数字数据可以使用点、线或条（Bars）进行编码，从而在视觉上传达定量信息。有效的可视化有助于用户分析数据和进行数据推理。它使复杂的数据更易于访问，易于理解和使用。

Python 科学计算体系相当成熟，并且有各种用例的库，包括机器学习和数据分析。数据可视化是探索数据和交流结果的重要组成部分。最近几年新出现的数据可视化库为基于 Python 的数据展现提供了强大的支持功能。

**1．Matplotlib 库**

Matplotlib 库已经成为事实上的数据可视化方面最主要的库。

Matplotlib 是一个 Python 2D 绘图库，它可以在各种平台上以各种硬拷贝格式和交互式环境生成出版品质数字。Matplotlib 可以在 Python 脚本、Python 或 IPython shell、Jupyter 笔记本、Web 应用程序服务端等环境下被使用。

Matplotlib 尝试让复杂的绘图过程变得尽量简单。只需几行代码即可生成绘图、直方图、功率谱、条形图、错误图、散点图等。

为了简单绘图，pyplot 模块提供了类似于 MATLAB 的界面；对于高级用户，可以通过面向对象的界面或 MATLAB 用户熟悉的一组函数完全控制线条样式、字体属性、轴属性等。

安装过程可以通过在线方式直接完成。

```
pip install matplotlib
```

也可以下载源码安装，下载地址：https://github.com/matplotlib/matplotlib。

**2．VisPy 库**

VisPy 是一个用于交互式科学可视化的 Python 库，旨在实现快速、可扩展和易于使用。VisPy

---

[1]Data Visualization，维基百科，https://en.wikipedia.org/wiki/Data_visualization

是一款高性能交互式 2D／3D 数据可视化库，利用现代图形处理单元（GPU）通过 OpenGL 库的计算能力显示非常大的数据集。

VisPy 官网地址：http://vispy.org/。

VisPy 开源地址：https://github.com/vispy/vispy。

**3．Bokeh 库**

Bokeh 是一个用于 Python 的交互式可视化库，可在 Web 浏览器中实现美观而有意义的数据视觉呈现。借助 Bokeh，可以快速创建交互式绘图、仪表板和基于数据的应用程序。Bokeh 提供了一种优雅简洁的方式来构建多功能图形，同时为大型或流式数据集提供高性能的交互性。

Bokeh 开源地址：https://github.com/bokeh/bokeh。

**4．Seaborn 库**

Seaborn 库提供了一整套可以展现强大功能的统计图形。它建立在 Matplotlib 之上，并与 PyData 堆栈紧密集成。Seaborn 提供的一些功能罗列如下：

（1）提供了几个内置主题，改进了默认的 Matplotlib 展示效果（更加美观）。

（2）提供了选择调色板的工具，使数据展示模式更加漂亮。

（3）提供可视化单变量和双变量分布或用于在数据子集之间进行比较的函数。

（4）提供针对不同种类的独立和因变量拟合及可视化线性回归模型的工具。

（5）提供了可视化数据矩阵并使用聚类算法来发现这些矩阵中的结构的功能。

（6）绘制统计时间序列数据的功能，灵活估计和表示估计的不确定性。

（7）用于构建网格图的高级抽象，可让读者轻松构建复杂的可视化。

Seaborn 官网地址：http://seaborn.pydata.org/。

Seaborn 开源地址：https://github.com/mwaskom/seaborn。

## 18.2.3　计算机视觉库

计算机视觉是一门研究如何使机器"看"的科学，更进一步地说，就是指用摄影机和计算机代替人眼对目标进行识别、跟踪和测量的机器视觉，并进一步做图形处理，使计算机处理成为更适合人眼观察或传送给仪器检测的图像。作为一门科学学科，计算机视觉研究相关的理论和技术，试图建立能够从图像或者多维数据中获取"信息"的人工智能系统。这里所指的信息指 Shannon 定义的，可以用来帮助做一个"决定"的信息。因为感知可以看作是从感官信号中提取信息，所以计算机视觉也可以看作是研究如何使人工系统从图像或多维数据中"感知"的科学。[1]

**1．SimpleCV 库**

SimpleCV 是用于构建计算机视觉应用程序的开源框架。有了它，可以访问几个高性能计算机视觉库，如 OpenCV，无须先了解位深度、文件格式、色彩空间、缓冲区管理、特征值或矩阵与位图存储，这使得计算机视觉变得简单。

SimpleCV 官网地址：http://simplecv.org/。

---

[1] 计算机视觉，百度百科，https://baike.baidu.com/item/计算机视觉

该官网上还提供了相应的视觉计算案例及相关源代码，值得读者去了解。

SimpleCV 开源地址：https://github.com/sightmachine/simplecv。

**2．Facehugger 库**

免费、开源的人脸识别技术库。

Facehugger 的开源地址：https://github.com/dnmellen/facehugger。

### 18.2.4　机器学习库

机器学习，最近非常流行。因为它正在代替人的大脑的部分思考能力，甚至在超越人的部分智力。如前面提到的 AlphaGo 已经打败了代表人类在围棋领域最高水平的世界冠军。对于机器学习，需要一套理论和实践知识。如果详细介绍，需要再写一本厚厚的书。这里仅介绍相关的机器学习库，让读者可以尝试着去体验一下。

**1．Pylearn2 库**

Pylearn2 是一个机器学习库，基于 Theano 库实现其机器学习的主要模块功能。这意味着用户可以用数学表达式去编写 Pylearn2 插件（新模型、算法等），Theano 不仅会帮助用户优化这些表达式，并且将这些表达式编译到 CPU 或者 GPU[1]中。另外，Pylearn2 的部分功能需要 scikit-learn 库支持。

Pylearn2 官网地址：http://deeplearning.net/software/pylearn2。

Pylearn2 开源地址：https://github.com/lisa-lab/pylearn2。

**2．PyBrain 库[2]**

PyBrain 库是基于 Python 的机器学习库。

PyBrain 是 Python 的模块化机器学习库。其目标是为机器学习任务提供灵活、易于使用且功能强大的算法，以及通过各种预定义环境来测试和比较算法，可供入门级学生使用。

PyBrain 包含神经网络算法、强化学习（以及两者的组合）、无监督学习和演化。由于目前大多数问题都涉及连续的状态空间和动作空间，因此必须使用函数逼近器（如神经网络）来处理大的维数。我们的库是围绕内核中的神经网络构建的，所有的训练方法都接受一个神经网络作为待训练的实例。这使得 PyBrain 成为真实任务的强大工具。

PyBrain 官网地址：http://pybrain.org/。

PyBrain 开源地址：https://github.com/pybrain/pybrain。

**3．python-recsys 库**

python-recsys 是一个用来实现推荐系统的 Python 库。

python-recsys 开源地址：https://github.com/ocelma/python-recsys。

**4．Hebel 库**

Hebel 库是支持 GPU 加速的深度学习 Python 库。深度学习是机器学习研究中的一个新的领域，其动机在于建立、模拟人脑进行分析学习的神经网络。Hebel 通过 PyCUDA 库使用 GPU CUDA 来

---

[1] 图形处理器（Graphics Processing Unit，GPU）。
[2] Tom Schaul, Justin Bayer, Daan Wierstra, Sun Yi, Martin Felder, Frank Sehnke, Thomas Rückstieß, Jürgen Schmidhuber. PyBrain. To appear in: Journal of Machine Learning Research, 2010.

加速建立神经网络的过程。它实现了几类最重要的神经网络模型，提供各种激活函数和训练模型，包括 momentum、Nesterov momentum、dropout 和 early stopping。

Hebel 开源地址：https://github.com/hannes-brt/hebel。

### 18.2.5 其他知名的第三方库

Python 语言相关的 AI 库非常多，这里列举几个知名的第三方库。

**1．Dejavu 库**

Dejavu 库是通过音频指纹和识别算法来实现的 Python 库。

Dejavu 开源地址：https://github.com/worldveil/dejavu。

**2．vrep-api-python 0.1.1 库**

vrep-api-python 0.1.1 库是简单的 Python 绑定 V-REP 机器人模拟器。

vrep-api-python 开源地址：https://github.com/Troxid/vrep-api-python。

**3．rnn 库**

rnn 库使用 TensorFlow[1]的递归神经网络。

rnn 开源地址：https://pypi.org/project/rnn/#files。

**4．tensorflow-model-analysis 库**

tensorflow-model-analysis 库是 TensorFlow 模型分析库。

tensorflow-model-analysis 源码下载地址：https://pypi.org/project/tensorflow-model-analysis/#files。

## 18.3　NumPy 应用示例

NumPy 是学习 AI 的基础库内容之一，掌握了 NumPy 知识，才能更好地理解和掌握更加专业的其他 AI 库。

在介绍 NumPy 库的使用过程时，会兼顾介绍 Matplotlib 库的简单使用方法。

### 18.3.1　安装 NumPy

NumPy 开发组已把安装包放到了 Pypi 网[2]，具备上网条件的读者，可以在线直接安装。在 Windows 的命令提示符里执行如下命令，就可以非常简单地完成在线安装过程。

```
pip install numpy
```

也可以从 https://github.com/numpy/numpy 上直接下载源码进行安装。安装时，先把下载的源码包进行解压，然后在解压的路径里找到 setup.py 文件，就可以在命令提示符对应的路径下执行如下命令，进行安装。

```
python install setup.py
```

---

[1]TensorFlow，https://tensorflow.google.cn/

[2]一个著名的提供各类 Python 安装包的网站，https://pypi.org/project/numpy/

> **注意**
>
> 要正常使用 NumPy 必须先安装 Python，并考虑 Python 的版本是 2.X 版本还是 3.X 版本。

## 18.3.2 数组相关计算

NumPy 中定义的最重要的对象是称为 ndarray 的 *N* 维数组类型。它描述相同类型的元素集合。可以使用基于从零开始的数字索引访问集合中的元素。

ndarray 中的每个元素在内存中使用相同大小的块。ndarray 中的每个元素是数据类型对象的对象（称为 dtype）。dtype 类型包括 Python 支持的 Integer、Float、String 等类型（含元组、列表、字典等对象）。

基本的 ndarray 对象是用 NumPy 中的 array 函数创建的。其使用方法如下：

numpy.array(object, dtype=None, copy=True, order=None, subok=False, ndim=0)

array 函数使用参数说明如表 18.1 所示。

表 18.1 array 函数参数使用说明

| 参数名称 | 功能描述 |
| --- | --- |
| object | 列表形式的数据 |
| dtype | 数组所需的数据类型，可选 |
| copy | 可选，默认为 true，对象是否被复制 |
| order | C（按行）、F（按列）或 A（任意，默认） |
| subok | 默认情况下，返回的数组被强制为基类数组；设置 true，则返回子类 |
| ndim | 指定返回数组的最小维数 |

根据 NumPy 官网提供的资料，关于数组计算的内容非常丰富，这里仅介绍与后面案例紧密相关的知识。感兴趣的读者可以上 NumPy 官网查看对应的《NumPy Reference》。

**示例一**：一维数组输出。

```
>>> import numpy as np                   #导入 numpy 模块
>>> data=[1,2,3,4]                       #定义列表变量，作为数组的元素列表
>>> ar=np.array(data)                    #用 numpy 的 array 函数创建数组对象
>>> print(ar)                            #打印输出数组内容
[1 2 3 4]                                #数组输出结果
>>> type(ar)                             #检查 ar 对象的类型
<class 'numpy.ndarray'>                  #数组类型对象
>>>
```

**示例二**：多维数组输出。

```
>>> import numpy as np                   #导入 numpy 模块
>>> datas=[[1,2,2],[8,9,7],[0,5,2]]      #定义嵌套的列表对象
>>> ar=np.array(datas)                   #创建二维数组对象
>>> print(ar)                            #打印输出二维数组
[[1 2 2]
 [8 9 7]
```

```
            [0 5 2]]
>>> ar.ndim                          #利用 ndim 函数求数组对象的维度
2                                    #2 维数组
>>>
```

**示例三**：指数函数 exp

执行底为 e（e≈2.71828183）、指数为数组元素提供的数组计算，返回新的数组计算结果。exp(x,[ out ])，对 x 数组元素进行指数运算。其参数使用说明如表 18.2 所示。

表 18.2  exp 函数参数使用说明

| 参数名称 | 功能描述 |
| --- | --- |
| x | 要进行 e 底指数运算的数组 |
| out | 可选参数，ndarray、None 或者 ndarray 和 None 的元组，存储结果的位置。如果未提供或无，则返回新分配的数组 |

```
>>> import numpy as np               #导入 numpy 模块
>>> x=np.array([1,2,3,4,5,6])        #创建数组
>>> np.exp(x)                        #求 e1、e2、e3、e4、e5、e6 形成新数组
array([2.71828183,7.3890561 ,20.08553692,54.59815003,
       148.4131591 , 403.42879349])  #数组求指数的结果
>>>
```

可以通过 math.e 乘 math.e 的方式加以验证（需要先引用 math 模块）。

**示例四**：用 arange 函数返回指定范围的值。

np.arange([start,] stop[, step,][, dtype])

其参数使用说明如表 18.3 所示。

表 18.3  arange 函数参数使用说明

| 参数名称 | 功能描述 |
| --- | --- |
| start | 可选参数，数字型，指定范围开始的值，默认为 0 |
| stop | 范围结束值，数字型 |
| step | 范围值的步长，默认为 1，可以根据需要设置为 2、3、4… |

```
>>> import numpy as np               #导入 numpy 模块
>>> np.arange(10)                    #用 arange 函数求 0~9 的数组
array([0, 1, 2, 3, 4, 5, 6, 7, 8, 9])  #返回的数组
>>> np.arange(2,10)                  #用 arange 函数求 2~9 的数组
array([2, 3, 4, 5, 6, 7, 8, 9])      #返回的数组
>>> np.arange(2,10,2)                #用 arange 函数求步长为 2 范围为 2~9 的数组
array([2, 4, 6, 8])                  #返回的数组
>>>
```

**示例五**：mgrid 函数，常用于为 2D 绘画提供数组。

基于 $N$ 维空间数字建立网格形状数组，这里的 $N$ 可以是 1、2、3…使用格式：

numpy.mgrid[start:stop:step, start1:stop1:step1]

参数使用说明，Start:stop:step，start 表示数字范围开始值，stop 表示数字范围结束值，这两个参数表示了一个数字区间范围；step 默认值为 1，step 为实数，表示间隔，区间范围为左闭右开；step 为复数表示点数，区间范围为左闭右闭。

同时，在 start 与 stop 之间产生的每个数字进行横向重复 M 次，形成一个二维列表；这个 M 由 stop1-start1 决定。Start1:stop1:step1 区间产生的新的数字范围，并对产生的每一个数字进行竖向重复 X 次，形成另外一个二维列表；这个 X 由 stop-start 决定。Stop1-start1-step1 参数可以省略。

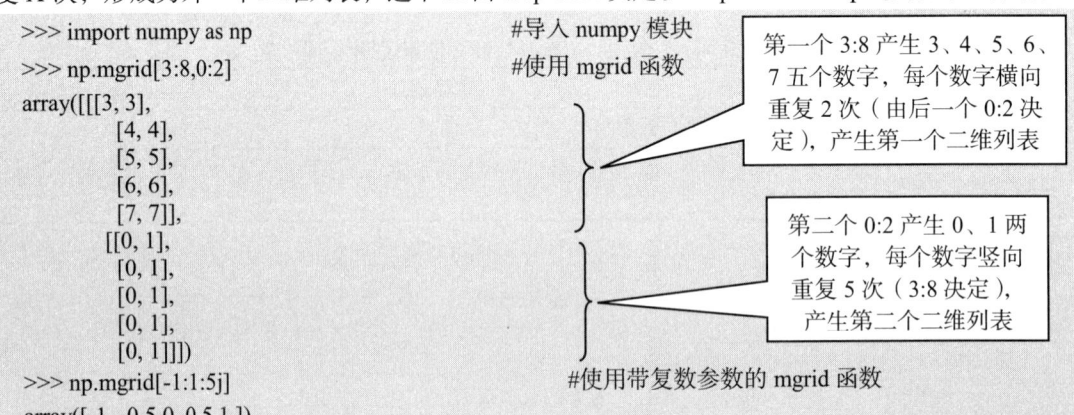

```
>>> import numpy as np                    #导入 numpy 模块
>>> np.mgrid[3:8,0:2]                     #使用 mgrid 函数
array([[[3, 3],
        [4, 4],
        [5, 5],
        [6, 6],
        [7, 7]],
       [[0, 1],
        [0, 1],
        [0, 1],
        [0, 1],
        [0, 1]]])
>>> np.mgrid[-1:1:5j]                     #使用带复数参数的 mgrid 函数
array([-1.,-0.5,0.,0.5,1.])
```

**示例六**：meshgrid 函数，常用于为 3D 绘画提供数组表示从坐标向量返回坐标矩阵。使用格式：
numpy.meshgrid(* xi，** kwargs)

其参数使用说明如表 18.4 所示。

表 18.4  meshgrid 函数参数使用说明

| 参数名称 | 功能描述 |
| --- | --- |
| * xi | 给定一维网格坐标数组 x1，x2，…，xn |
| indexing | 可选参数，{'xy', 'ij'}。默认为 xy（输出的笛卡尔（Cartesian）索引），ij 为输出的矩阵索引 |
| sparse | 可选参数，布尔型（True/False）。默认为 False，为 True 时返回一个稀疏网格 |
| copy | 可选参数，布尔型（True/False）。默认为 True，如果为 False，则返回原始数组的视图以节省内存。当 sparse = False，copy = False 可能返回不连续的数组 |

返回坐标矩阵数组：

对于长度为 Ni = len（xi）的矢量 x1，x2，…，'xn'，如果索引='ij'或（N2，N1，N3…）返回（N1，N2，N3，…，Nn）形阵列。如果 indexing ='xy'，则重复 xi 的元素以沿 x1 的第一维填充矩阵，为 x2 填充第二维，依次类推。

```
>>> import numpy as np                        #导入 numpy 包
>>> x=np.array([1,2,3,4,5])                   #定义一维数组 x
>>> y=np.array([2,3])                         #定义一维数组 y
>>> X,Y=ny.meshgrid(x,y,indexing='xy')        #调用 meshgrid 函数生成坐标矩阵
>>> X                                         #X 坐标数组
array([[1, 2, 3, 4, 5],
```

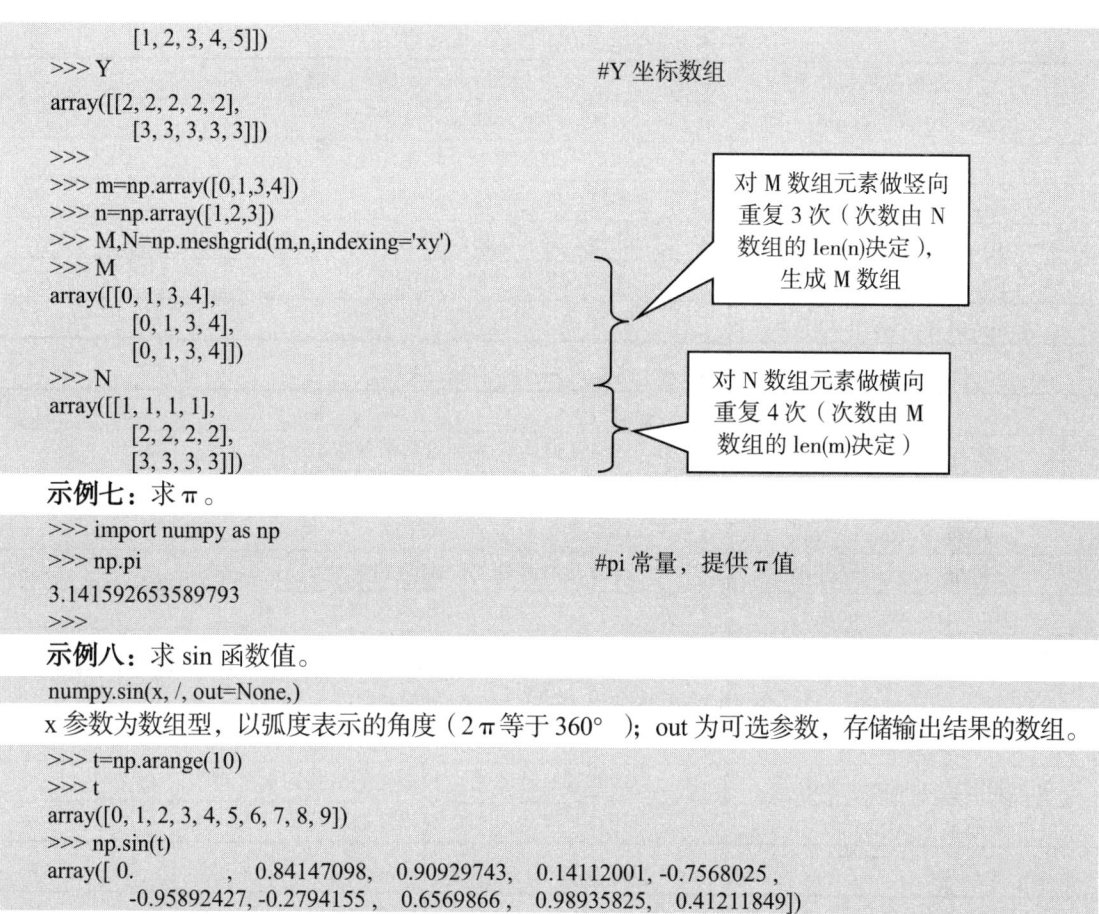

```
            [1, 2, 3, 4, 5]])
>>> Y                              #Y 坐标数组
array([[2, 2, 2, 2, 2],
       [3, 3, 3, 3, 3]])
>>>
>>> m=np.array([0,1,3,4])
>>> n=np.array([1,2,3])
>>> M,N=np.meshgrid(m,n,indexing='xy')
>>> M
array([[0, 1, 3, 4],
       [0, 1, 3, 4],
       [0, 1, 3, 4]])
>>> N
array([[1, 1, 1, 1],
       [2, 2, 2, 2],
       [3, 3, 3, 3]])
```

**示例七**：求π。

```
>>> import numpy as np
>>> np.pi                          #pi 常量，提供π值
3.141592653589793
>>>
```

**示例八**：求 sin 函数值。

numpy.sin(x, /, out=None,)

x 参数为数组型，以弧度表示的角度（2π等于360°）；out 为可选参数，存储输出结果的数组。

```
>>> t=np.arange(10)
>>> t
array([0, 1, 2, 3, 4, 5, 6, 7, 8, 9])
>>> np.sin(t)
array([ 0.        ,  0.84147098,  0.90929743,  0.14112001, -0.7568025 ,
       -0.95892427, -0.2794155 ,  0.6569866 ,  0.98935825,  0.41211849])
```

### 18.3.3 傅里叶变换

NumPy 库提供的强大的功能之一，用于进行傅里叶变换计算。

傅里叶分析是一种将函数表示为周期性分量之和并从这些分量中恢复函数的方法。当函数和它的傅里叶变换都被离散化的对应物取代时，它被称为**离散傅里叶变换**（**Discrete Fourier Transform，DFT**）。DFT 已成为数值计算的主流，部分原因在于其计算速度非常快，所以又称为**快速傅里叶变换**（**Fast Fourier Transform，FFT**）。

由于离散傅里叶变换将其输入分离为对离散频率有贡献的分量，因此其在数字信号处理中具有大量应用，例如用于滤波。在此情况下，对变换的离散化输入通常被称为信号，它存在于时域中；输出被称为频谱或变换，并存在于频域中。

**1. NumPy 库提供的傅里叶变换函数**

NumPy 库所提供的傅里叶变换函数如表 18.5 ~ 表 18.8 所示。

表 18.5　标准 FFTs（Standard FFTs）

| 函数名称 | 功　能 |
| --- | --- |
| fft(a[, n, axis, norm]) | 计算一维离散傅里叶变换 |
| ifft(a[, n, axis, norm]) | 计算一维离散傅里叶逆变换 |
| fft2(a[, s, axes, norm]) | 计算二维离散傅里叶变换 |
| ifft2(a[, s, axes, norm]) | 计算二维离散傅里叶逆变换 |
| fftn(a[, s, axes, norm]) | 计算 N 维离散傅里叶变换 |
| ifftn(a[, s, axes, norm]) | 计算 N 维离散傅里叶逆变换 |

表 18.6　真实的 FFTs（Real FFTs）

| 函数名称 | 功　能 |
| --- | --- |
| rfft(a[, n, axis, norm]) | 计算实际输入的一维离散傅里叶变换 |
| irfft(a[, n, axis, norm]) | 计算实数输入的 n 点离散傅里叶的倒数 |
| rfft2(a[, s, axes, norm]) | 计算真实数组的二维 FFT |
| irfft2(a[, s, axes, norm]) | 计算实数阵列的二维逆 FFT |
| rfftn(a[, s, axes, norm]) | 计算实际输入的 N 维离散傅里叶变换 |
| irfftn(a[, s, axes, norm]) | 计算实际输入的 N 维 FFT 的逆变换 |

表 18.7　埃尔米特 FFTs（Hermitian FFTs）

| 函数名称 | 功　能 |
| --- | --- |
| hfft(a[, n, axis, norm]) | 计算具有埃尔米特对称性的信号即真实频谱的 FFT |
| ihfft(a[, n, axis, norm]) | 计算具有埃尔米特对称性的信号的逆 FFT |

表 18.8　助手例程（Helper Routines）

| 函数名称 | 功　能 |
| --- | --- |
| fftfreq(n[, d]) | 返回离散傅里叶变换采样频率 |
| rfftfreq(n[, d]) | 返回离散傅里叶变换采样频率（用于 rfft、irfft） |
| fftshift(x[, axes]) | 将零频率分量移到光谱的中心 |
| ifftshift(x[, axes]) | fftshift 的倒数 |

**2．DFT 的数学意义**

定义 DFT 的数学方法有很多，在指数符号、标准化等方面有所不同。这里，DFT 被定义为

$$A_k = \sum_{m=0}^{n-1} a_m \exp\left\{-2\pi i \frac{mk}{n}\right\} \quad k = 0, \cdots, n-1$$

DFT 通常定义为复数输入和输出，线性频率 $f$ 处的单频分量由复指数 $a_m = \exp\{2\pi i f m \Delta t\}$ 表示，其中 $\Delta t$ 是采样间隔。

结果值遵循所谓的"标准"顺序：如果 A = fft(a,n)，则 A[0]包含零频率项（信号的总和），其总是纯粹为真实的输入。那么 A [1:n/2]包含正频率项，而 A[n/2+1:]包含负频率项，按负频率递减的顺序。对于偶数个输入点，A[n/2]表示正奈奎斯特频率和负奈奎斯特频率，并且对于实际输入也

是纯粹实数的；对于奇数个输入点，A[(n-1)/2]包含最大正频率，而 A[(n+1)/2]包含最大负频率。例如，np.fft.fftfreq(n)返回一个数组，给出输出中相应元素的频率。又如，np.fft.fftshift(A)移动变换及其频率以将零频分量置于中间，并且 np.fft.ifftshift(A)消除该变化。

当输入 a 是时域信号并且 A=fft(a)时，np.abs(A)是其幅度谱，并且 np.abs(A)** 2 是其功率谱。相位谱由 np.angle(A)获得。

逆 DFT 被定义为

$$a_m = \frac{1}{n}\sum_{k=0}^{n-1} A_k \exp\left\{-2\pi i \frac{mk}{n}\right\} \qquad m = 0, \ldots, n-1$$

在更高维度中，使用 FFT，例如用于图像分析和滤波。FFT 的计算效率意味着它也可以是计算大卷积的一种更快的方法，使用时域中的卷积等同于频域中的逐点相乘的特性。

在二维中，DFT 被定义为

$$A_{kl} = \sum_{m=0}^{M-1}\sum_{n=0}^{N-1} a_{mn} \exp\left\{-2\pi i \left(\frac{mk}{M} + \frac{nl}{N}\right)\right\} \qquad k = 0, \ldots, M-1; l = 0, \ldots, N-1$$

它以显式的方式延伸到更高的维度，而更高维度的反转也以相同的方式延伸。

## 18.3.4 案例［一维离散傅里叶变换］

计算一维离散傅里叶变换。函数公式如下：
numpy.fft.fft(a, n=None, axis=-1, norm=None)
fft 函数参数使用说明如表 18.9 所示。
该函数使用高效的快速傅里叶变换（FFT）算法[CT]来计算一维 n 点离散傅里叶变换（DFT）。

表 18.9  fft 函数参数使用说明

| 参数名称 | 功能描述 |
| --- | --- |
| a | 输入数组 |
| n | 可选参数，整型；输出变换轴的长度。如果 n 小于输入的长度，则会裁剪输入。如果它较大，输入将填充零。如果未指定 n，则使用 axis 参数指定的轴输入的长度 |
| axis | 可选参数，整型；用于计算 FFT 的轴。如果没有给出，则使用最后一个轴 |
| norm | 可选参数，其选择值为{None,"ortho"}，默认值是 None |

```
>>> import numpy as np                          #导入 numpy 库
>>> np.fft.fft(np.exp(2j * np.pi * np.arange(8)/8))    #2j 代表复数❶
array([ -3.44505240e-16 +1.14383329e-17j,
         8.00000000e+00 -5.71092652e-15j,
         2.33482938e-16 +1.22460635e-16j,
         1.64863782e-15 +1.77635684e-15j,
         9.95839695e-17 +2.33482938e-16j,
         0.00000000e+00 +1.66837030e-15j,
         1.14383329e-17 +1.22460635e-16j,
        -1.64863782e-15 +1.77635684e-15j])
```

对❶处执行过程进行分析。

（1）2j * np.pi * np.arange(8)/8 执行结果如下：

```
>>> t=2j * np.pi * np.arange(8)/8                    #求带复数的数组
>>> t
array([0.+0.j, 0.+0.78539816j, 0.+1.57079633j, 0.+2.35619449j,
       0.+3.14159265j, 0.+3.92699082j, 0.+4.71238898j, 0.+5.49778714j])
>>>
```

（2）np.exp(t)执行结果如下：

```
>>> s=np.exp(t)                                      #求幂数
>>> s
array([ 1.00000000e+00+0.00000000e+00j,  7.07106781e-01+7.07106781e-01j,
        6.12323400e-17+1.00000000e+00j, -7.07106781e-01+7.07106781e-01j,
       -1.00000000e+00+1.22464680e-16j, -7.07106781e-01-7.07106781e-01j,
       -1.83697020e-16-1.00000000e+00j,  7.07106781e-01-7.07106781e-01j])
>>>
```

（3）用 fft 函数对 s 数组求一维傅里叶变换。

### 注意

FFT（快速傅里叶变换）指的是通过使用计算术语中的对称性可以有效计算离散傅里叶变换（DFT）的方式。当 n 是 2 的幂时，对称性最高，因此变换对于这些尺寸是最有效的。

在这个例子中，实数输入具有埃尔米特的 FFT，即在实部中是对称的，在虚部中是非对称的。

```
>>> import matplotlib.pyplot as plt                  #导入 matplotlib 库 ❶
>>> t=np.arange(256)                                 #创建 256 个元数的数组 t
>>> sp=np.fft.fft(np.sin(t))                         #对 t 进行正弦计算后，进行一维傅里叶变换
>>> freq=np.fft.fftfreq(t.shape[-1])                 #返回离散傅里叶变换采样频率
>>> plt.plot(freq, sp.real, freq, sp.imag)           #❷
[<matplotlib.lines.Line2D object at 0x...>, <matplotlib.lines.Line2D object at 0x...>]
>>> plt.show()                                       #显示图像
```

一维傅里叶变换图形可视化展示如图 18.2 所示。

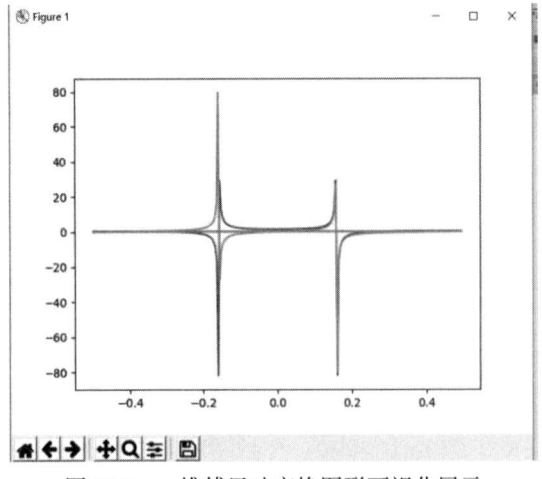

图 18.2　一维傅里叶变换图形可视化展示

❶需要先安装 matplotlib 库，可以采用在线安装或源码下载安装。
❷matplotlib.pyplot.plot(*args, **kwargs)，将线条和（或）标记绘制到轴上。args 是一个可变长度参数，允许多个带有可选格式字符串的 x、y 对。kwargs 是 Line2D 属性[1]。sp.real 返回复数的实部，sp.imag 返回复数的虚部。

### 18.3.5　案例 [ 二维离散傅里叶变换 ]

计算二维离散傅里叶变换。函数公式如下：
numpy.fft.fft2(a, s=None, axes=(-2, -1), norm=None)[source]

该函数通过快速傅里叶变换（FFT）计算 $M$ 维阵列中任意轴上的 $n$ 维离散傅里叶变换。默认情况下，变换是在输入数组的最后两个轴上计算的，即二维 FFT。参数使用说明如表 18.10 所示。

表 18.10　fft 函数参数使用说明

| 参数名称 | 功能描述 |
| --- | --- |
| a | 输入数组 |
| n | 可选参数，整数的顺序；输出（s[0]）的形状（每个变换轴的长度）指的是轴0，s[1]指向轴1等）。这对应于 f(x,n)中的 n。沿着每个轴，如果给定的形状比输入的形状小，则输入被裁剪。如果它较大，输入将填充零。如果没有给出 s，则使用沿轴指定的轴的输入形状 |
| axis | 可选参数，整数的顺序；用于计算 FFT 的轴。如果没有给出，则使用最后两个轴。轴中的重复索引意味着对该轴的变换执行多次。单元序列意味着执行一维 FFT |
| norm | 可选参数，其选择值为{None,"ortho "}，默认值是 None |

```
>>> import numpy as np                                      #导入 numpy 库
>>> a=np.mgrid[:5,:5][0]                                    #建立网格形状数组
>>> np.fft.fft2(a)                                          #计算二维离散傅里叶变换
array([[ 50.0 +0.j         ,    0.0 +0.j         ,    0.0 +0.j,
          0.0 +0.j         ,    0.0 +0.j         ],
       [-12.5+17.20477401j,    0.0 +0.j         ,    0.0 +0.j,
          0.0 +0.j         ,    0.0 +0.j         ],
       [-12.5 +4.0614962j ,    0.0 +0.j         ,    0.0 +0.j,
          0.0 +0.j         ,    0.0 +0.j         ],
       [-12.5 -4.0614962j ,    0.0 +0.j         ,    0.0 +0.j,
          0.0 +0.j         ,    0.0 +0.j         ],
       [-12.5-17.20477401j,    0.0 +0.j         ,    0.0 +0.j,
          0.0 +0.j         ,    0.0 +0.j         ]])
>>> import matplotlib.pyplot as plt                         #导入 matplotlib 库
>>> [X,Y]=np.meshgrid(2*np.pi*np.arange(200)/12,2* np.pi*np.arange(200)/34)
>>>S=np.sin(X)+np.cos(Y)+np.random.uniform(0,1,X.shape)     #数组正弦、余弦、随机运算
>>> FS=np.fft.fftn(S)                                       #计算 N 维离散傅里叶变换
>>> plt.imshow(np.log(np.abs(np.fft.fftshift(FS))**2))      #用 imshow 绘制二维图 ❶
<matplotlib.image.AxesImage object at 0x0EEA8F70>
>>> plt.show()                                              #显示图像
```

---

[1]matplotlib.pyplot.plot，https://matplotlib.org/api/pyplot_api.html

二维傅里叶变换图形可视化展示如图 18.3 所示。

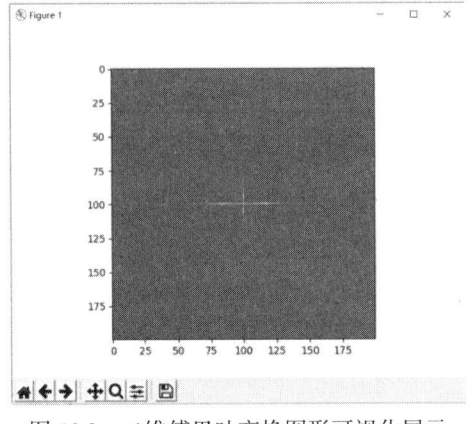

图 18.3　二维傅里叶变换图形可视化展示

❶这里所指的二维图，是二维矩阵数据的平面色彩显示。fftshift(FS)用于将零频率分量移到光谱的中心，np.abs 求数组元素的绝对值；np.log 自然对数，求 e 底的指数。

## 18.4　三酷猫的梦

AI 相关知识学到这里，三酷猫豁然开朗。想在 AI 领域进行深耕，要具备如下的条件。
（1）数学要好，特别是研究生层次的数学，需要系统掌握。
（2）至少掌握一门语言，如 Python 语言，用于基本的代码阅读和编写。
（3）深入掌握和研究 AI 库，如 NumPy、ScikPy、Matplotlib、Pylearn2 等。
（4）非英语区的读者，最好能熟练掌握英语。
（5）研究人的能力特征，如思维、视觉、听觉、语音、触觉、味觉等。
其实，能持续做 AI 研究的人，就是该领域的科学家。三酷猫，砸了砸嘴，"准备好了吗？我的梦想是做 AI 方面的科学家！"

## 18.5　习题及实验

**1．判断题**
（1）机器学习和深度学习是一回事。（　　）
（2）NumPy 库是科学计算的基石，其他很多科学计算库都基于该库进行功能拓展。（　　）
（3）Pylearn2、PyBrain、Hebel 是机器学习库。（　　）
（4）只有在 https://pypi.org 网上能找到的 Python 第三方库，才能通过 pip 命令进行在线安装。（　　）

（5）NumPy 提供的 exp 函数用于数组的指数运算，计算结果为一个新的数组。（　　）

**2．填空题**

（1）以（　　　）和（　　　　　）算法为基础的 AI，使机器学习和感知得到了进步。

（2）（　　　　　）库是一套著名的科学计算工具集，在 NumPy 库的基础上开发而成。

（3）（　　　　　　）库已经成为基于 Python 的事实上的数据可视化方面最主要的库。

（4）Python 第三方库的安装一般情况下可以分（　　　　　）安装和（　　　　　）安装。

（5）（　　　　　）函数基于 N 维空间数字建立网格形状数组，（　　　　　）函数从坐标向量返回坐标矩阵。

**3．实验：绘制 cos 图**

cos 即数学里的余弦函数，在 Python 里使用方法同 sin。

**实验要求：**

（1）调试下列代码，输出如图 18.4 所示的结果。

```
>>> import numpy as np
>>> np.cos(np.array((0.,30.,45.,60.,90.))*np.pi/180.)
array([1.00000000e+00, 8.66025404e-01, 7.07106781e-01, 5.00000000e-01,
       6.12323400e-17])
>>> import matplotlib.pylab as plt
>>> x=np.linspace(-np.pi, np.pi, 201)
>>> plt.plot(x, np.cos(x))
>>> plt.xlabel('Angle [rad]')
Text(0.5,0,'Angle [rad]')
>>> plt.ylabel('cos(x)')
Text(0,0.5,'cos(x)')
>>> plt.axis('tight')
(-3.4557519189487724, 3.4557519189487724, -1.1, 1.1)
>>> plt.show()
```

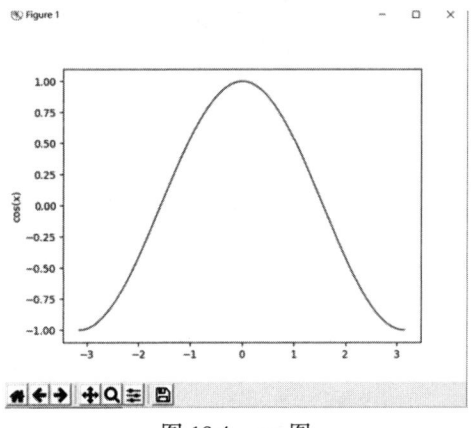

图 18.4　cos 图

（2）对每行代码的功能进行注释。

（3）形成实验报告。

# 附录一　IDLE 代码编写工具菜单使用说明

## 1. File 菜单类 https://docs.python.org/3/library/idle.html

| 菜单项（含快捷键） | 使用功能说明 |
| --- | --- |
| New File（Ctrl+N） | 建立新脚本文件 |
| Open…（Ctrl+O） | 打开一个脚本文件 |
| Open Module…（Alt_M） | 打开指定的模块文件 |
| Recent Files | 最近操作过的文件 |
| Class Browser（Alt+C） | 操作功能同 Alt_M 类似 |
| Path Browser | Python 安装路径查看 |
| Save（Ctrl+S） | 保存脚本文件内容 |
| Save As…（Ctrl+Shift+S） | 另存脚本文件内容 |
| Save Copy As…（Alt+Shift+S） | 另存脚本文件（可以覆盖原文件） |
| Print Window（Ctrl+P） | 打印脚本内容到默认打印机 |
| Close（Alt+F4） | 关闭当前脚本文件编辑窗 |
| Exit（Ctrl+Q） | 退出 IDLE |

## 2. Edit 菜单类

| 菜 单 项 | 使用说明 |
| --- | --- |
| Undo | 撤销上一次的修改 |
| Redo | 重复上一次的修改 |
| Cut | 将所选文本剪切至剪贴板 |
| Copy | 将所选文本复制到剪贴板 |
| Paste | 将剪贴板的文本粘贴到光标所在位置 |
| Select All | 选择当前窗口的全部内容 |
| Find | 在窗口中查找单词或模式 |
| Find Again | 重复上次搜索，如果刚刚做过搜索 |
| Find Selection | 搜索当前选择的字符串 |
| Find in files | 打开文件搜索对话框，在指定文件范围内搜索，并将结果放入新的输出窗口 |
| Replace | 打开一个搜索和替换对话框 |
| Go to line | 将光标定位到指定行首 |
| Show Completions | 打开一个可滚动的列表，允许选择关键字和属性。请参阅下面"提示"部分的"完成" |
| Expand Word | 单词自动完成指的是，当用户输入单词的一部分后，从 Edit 菜单选择 Expand word 项，或者直接按"Alt+/"组合键自动完成该单词 |
| Show call tip | 在函数的未闭括号之后，用函数参数提示打开一个小窗口 |
| Show surrounding parens | 突出显示周围的圆括号 |

## 3. Shell 菜单类

| 菜 单 项 | 使用说明 |
| --- | --- |
| View Last Restart | 将 Shell 窗口滚动到最后一个 Shell 重新启动 |
| Restart Shell | 重新启动 Shell 以清理编写环境 |
| Interrupt Execution | 停止正在运行的程序 |

## 4. Debug 菜单类

| 菜 单 项 | 使用说明 |
| --- | --- |
| Go to File/Line | 在调试模式下查看当前行内容。如果找到，请打开文件（如果尚未打开），并显示该行。使用它可以查看异常回溯中引用的源代码行和查找文件中找到的代码行。在 Shell 窗口和 Output 窗口的上下文菜单中也可用 |
| Debugger | 选择该菜单项时，在 Shell 中输入或从编辑器运行的代码将在调试器下运行。在编辑器中，可以使用上下文菜单设置断点。此功能仍然不完整，有点实验性 |
| Stack Viewer | 显示树部件中最后一个异常的栈跟踪，可以访问本地和全局 |
| Auto-open Stack Viewer | 在未处理的异常情况下自动打开堆栈查看器 |

## 5. Options 菜单类

| 菜 单 项 | 使用说明 |
| --- | --- |
| Configure IDLE | 打开一个配置对话框，并为以下内容更改首选项：字体、缩进、键绑定、文本颜色主题、启动窗口和大小。在 OS X 上，通过选择应用程序菜单中的首选项来打开配置对话框。要在较旧的 IDLE 中使用新的内置颜色主题（IDLE Dark），请将其保存为新的自定义主题。非默认用户设置保存在用户主目录的 .idlerc 目录中。通过编辑或删除 .idlerc 中的一个或多个文件来解决由不良用户配置文件引起的问题 |
| Code Context | 在编辑窗口的顶部打开一个窗格，其中显示了在窗口顶部滚动的代码的块上下文 |

## 6. Window 菜单类

| 菜 单 项 | 使用说明 |
| --- | --- |
| Zoom Height | 在正常大小和最大高度之间切换窗口。初始大小默认为 40 行 80 个字符，除非在配置 IDLE 对话框的常规选项卡上更改 |

## 7. Help 菜单类

| 菜 单 项 | 使用说明 |
| --- | --- |
| About IDLE | 显示版本、版权、许可证、致谢等信息 |
| IDLE Help | 显示 IDLE 的帮助文件，详细说明菜单选项，基本编辑和导航以及其他提示 |
| Python Docs | 访问本地 Python 技术文档（如果已安装），或者启动 Web 浏览器并在线打开显示最新 Python 技术文档 |
| Turtle Demo | Python 3.X 提供了名叫"乌龟"的功能强大的代码示例，单击该处可以进入代码演示模块 |

# 附录二　字符串转义字符

当需要在字符中使用特殊字符时，Python用反斜杠（\）转义字符。

| 转义字符 | 解　　释 | 举　　例 |
| --- | --- | --- |
| \（在行尾时） | 续行符 | >>> a=[1,\<br>2,\<br>3] |
| \\ | 反斜杠 | >>> print('a\\c')<br>a\c |
| \' | 单引号 | >>> print('I\'m a cat!')<br>I'm a cat! |
| \" | 双引号 | >>> print('Tom says\"Good Night!\"')<br>Tom says"Good Night!" |
| \a | 响铃 | >>> '\a'<br>'\x07' |
| \b | 退格（Backspace） | >>> '123\b'<br>'123\x08' |
| \e | 转义 | |
| \000 | 空 | >>> print('\000') |
| \n | 换行 | >>> print('a\nb')<br>a<br>b |
| \v | 纵向制表符 | >>> 'a\vb'<br>'a\x0bb' |
| \t | 横向制表符 | >>> print( 'a\tb')<br>a　　b |
| \r | 按 Enter 键 | >>> print('a\rbc')<br>a　bc |
| \f | 换页 | >>> 'a\fbc'<br>'a\x0cbc' |
| \oyy | 八进制数，yy 代表的字符 | \o41 代表感叹号 |
| \xyy | 十六进制数，yy 代表的字符 | >>> print('abc%s'%('\x33'))<br>abc3 |
| \other | 其他字符以普通格式输出 | |

# 附录三 ASCII 表

| Bin（二进制） | Oct（八进制） | Dec（十进制） | Hex（十六进制） | 缩写/字符 | 解 释 |
|---|---|---|---|---|---|
| 0000 0000 | 0 | 0 | 00 | NUL(null) | 空字符 |
| 0000 0001 | 1 | 1 | 01 | OH(start of headline) | 标题开始 |
| 0000 0010 | 2 | 2 | 02 | STX (start of text) | 正文开始 |
| 0000 0011 | 3 | 3 | 03 | ETX (end of text) | 正文结束 |
| 0000 0100 | 4 | 4 | 04 | EOT (end of transmission) | 传输结束 |
| 0000 0101 | 5 | 5 | 05 | ENQ (enquiry) | 请求 |
| 0000 0110 | 6 | 6 | 06 | ACK (acknowledge) | 收到通知 |
| 0000 0111 | 7 | 7 | 07 | BEL (bell) | 响铃 |
| 0000 1000 | 10 | 8 | 08 | BS (backspace) | 退格 |
| 0000 1001 | 11 | 9 | 09 | HT (horizontal tab) | 水平制表符 |
| 0000 1010 | 12 | 10 | 0A | LF (NL line feed, new line) | 换行键 |
| 0000 1011 | 13 | 11 | 0B | VT (vertical tab) | 垂直制表符 |
| 0000 1100 | 14 | 12 | 0C | FF (NP form feed, new page) | 换页键 |
| 0000 1101 | 15 | 13 | 0D | CR (carriage return) | 按 Enter 键键 |
| 0000 1110 | 16 | 14 | 0E | SO (shift out) | 不用切换 |
| 0000 1111 | 17 | 15 | 0F | SI (shift in) | 启用切换 |
| 0001 0000 | 20 | 16 | 10 | DLE (data link escape) | 数据链路转义 |
| 0001 0001 | 21 | 17 | 11 | DC1 (device control 1) | 设备控制 1 |
| 0001 0010 | 22 | 18 | 12 | DC2 (device control 2) | 设备控制 2 |
| 0001 0011 | 23 | 19 | 13 | DC3 (device control 3) | 设备控制 3 |
| 0001 0100 | 24 | 20 | 14 | DC4 (device control 4) | 设备控制 4 |
| 0001 0101 | 25 | 21 | 15 | NAK (negative acknowledge) | 拒绝接收 |
| 0001 0110 | 26 | 22 | 16 | SYN (synchronous idle) | 同步空闲 |
| 0001 0111 | 27 | 23 | 17 | ETB (end of trans. block) | 结束传输块 |
| 0001 1000 | 30 | 24 | 18 | CAN (cancel) | 取消 |
| 0001 1001 | 31 | 25 | 19 | EM (end of medium) | 媒介结束 |
| 0001 1010 | 32 | 26 | 1A | SUB (substitute) | 代替 |
| 0001 1011 | 33 | 27 | 1B | ESC (escape) | 换码(溢出) |

续表

| Bin（二进制） | Oct（八进制） | Dec（十进制） | Hex（十六进制） | 缩写/字符 | 解释 |
|---|---|---|---|---|---|
| 0001 1100 | 34 | 28 | 1C | FS (file separator) | 文件分隔符 |
| 0001 1101 | 35 | 29 | 1D | GS (group separator) | 分组符 |
| 0001 1110 | 36 | 30 | 1E | RS (record separator) | 记录分隔符 |
| 0001 1111 | 37 | 31 | 1F | US (unit separator) | 单元分隔符 |
| 0010 0000 | 40 | 32 | 20 | (space) | 空格 |
| 0010 0001 | 41 | 33 | 21 | ! | 叹号 |
| 0010 0010 | 42 | 34 | 22 | " | 双引号 |
| 0010 0011 | 43 | 35 | 23 | # | 井号 |
| 0010 0100 | 44 | 36 | 24 | $ | 美元符 |
| 0010 0101 | 45 | 37 | 25 | % | 百分号 |
| 0010 0110 | 46 | 38 | 26 | & | 和号 |
| 0010 0111 | 47 | 39 | 27 | ' | 闭单引号 |
| 0010 1000 | 50 | 40 | 28 | ( | 开括号 |
| 0010 1001 | 51 | 41 | 29 | ) | 闭括号 |
| 0010 1010 | 52 | 42 | 2A | * | 星号 |
| 0010 1011 | 53 | 43 | 2B | + | 加号 |
| 0010 1100 | 54 | 44 | 2C | , | 逗号 |
| 0010 1101 | 55 | 45 | 2D | - | 减号/破折号 |
| 0010 1110 | 56 | 46 | 2E | . | 句号 |
| 0010 1111 | 57 | 47 | 2F | / | 斜杠 |
| 0011 0000 | 60 | 48 | 30 | 0 | 数字0 |
| 0011 0001 | 61 | 49 | 31 | 1 | 数字1 |
| 0011 0010 | 62 | 50 | 32 | 2 | 数字2 |
| 0011 0011 | 63 | 51 | 33 | 3 | 数字3 |
| 0011 0100 | 64 | 52 | 34 | 4 | 数字4 |
| 0011 0101 | 65 | 53 | 35 | 5 | 数字5 |
| 0011 0110 | 66 | 54 | 36 | 6 | 数字6 |
| 0011 0111 | 67 | 55 | 37 | 7 | 数字7 |
| 0011 1000 | 70 | 56 | 38 | 8 | 数字8 |
| 0011 1001 | 71 | 57 | 39 | 9 | 数字9 |
| 0011 1010 | 72 | 58 | 3A | : | 冒号 |
| 0011 1011 | 73 | 59 | 3B | ; | 分号 |
| 0011 1100 | 74 | 60 | 3C | < | 小于 |
| 0011 1101 | 75 | 61 | 3D | = | 等号 |

续表

| Bin（二进制） | Oct（八进制） | Dec（十进制） | Hex（十六进制） | 缩写/字符 | 解　释 |
|---|---|---|---|---|---|
| 0011 1110 | 76 | 62 | 3E | > | 大于 |
| 0011 1111 | 77 | 63 | 3F | ? | 问号 |
| 0100 0000 | 100 | 64 | 40 | @ | 电子邮件符号 |
| 0100 0001 | 101 | 65 | 41 | A | 大写字母 A |
| 0100 0010 | 102 | 66 | 42 | B | 大写字母 B |
| 0100 0011 | 103 | 67 | 43 | C | 大写字母 C |
| 0100 0100 | 104 | 68 | 44 | D | 大写字母 D |
| 0100 0101 | 105 | 69 | 45 | E | 大写字母 E |
| 0100 0110 | 106 | 70 | 46 | F | 大写字母 F |
| 0100 0111 | 107 | 71 | 47 | G | 大写字母 G |
| 0100 1000 | 110 | 72 | 48 | H | 大写字母 H |
| 0100 1001 | 111 | 73 | 49 | I | 大写字母 I |
| 0100 1010 | 112 | 74 | 4A | J | 大写字母 J |
| 0100 1011 | 113 | 75 | 4B | K | 大写字母 K |
| 0100 1100 | 114 | 76 | 4C | L | 大写字母 L |
| 0100 1101 | 115 | 77 | 4D | M | 大写字母 M |
| 0100 1110 | 116 | 78 | 4E | N | 大写字母 N |
| 0100 1111 | 117 | 79 | 4F | O | 大写字母 O |
| 0101 0000 | 120 | 80 | 50 | P | 大写字母 P |
| 0101 0001 | 121 | 81 | 51 | Q | 大写字母 Q |
| 0101 0010 | 122 | 82 | 52 | R | 大写字母 R |
| 0101 0011 | 123 | 83 | 53 | S | 大写字母 S |
| 0101 0100 | 124 | 84 | 54 | T | 大写字母 T |
| 0101 0101 | 125 | 85 | 55 | U | 大写字母 U |
| 0101 0110 | 126 | 86 | 56 | V | 大写字母 V |
| 0101 0111 | 127 | 87 | 57 | W | 大写字母 W |
| 0101 1000 | 130 | 88 | 58 | X | 大写字母 X |
| 0101 1001 | 131 | 89 | 59 | Y | 大写字母 Y |
| 0101 1010 | 132 | 90 | 5A | Z | 大写字母 Z |
| 0101 1011 | 133 | 91 | 5B | [ | 开方括号 |
| 0101 1100 | 134 | 92 | 5C | \ | 反斜杠 |
| 0101 1101 | 135 | 93 | 5D | ] | 闭方括号 |
| 0101 1110 | 136 | 94 | 5E | ^ | 脱字符 |
| 0101 1111 | 137 | 95 | 5F | _ | 下划线 |

续表

| Bin（二进制） | Oct（八进制） | Dec（十进制） | Hex（十六进制） | 缩写/字符 | 解　　释 |
|---|---|---|---|---|---|
| 0110 0000 | 140 | 96 | 60 | ` | 开单引号 |
| 0110 0001 | 141 | 97 | 61 | a | 小写字母 a |
| 0110 0010 | 142 | 98 | 62 | b | 小写字母 b |
| 0110 0011 | 143 | 99 | 63 | c | 小写字母 c |
| 0110 0100 | 144 | 100 | 64 | d | 小写字母 d |
| 0110 0101 | 145 | 101 | 65 | e | 小写字母 e |
| 0110 0110 | 146 | 102 | 66 | f | 小写字母 f |
| 0110 0111 | 147 | 103 | 67 | g | 小写字母 g |
| 0110 1000 | 150 | 104 | 68 | h | 小写字母 h |
| 0110 1001 | 151 | 105 | 69 | i | 小写字母 i |
| 0110 1010 | 152 | 106 | 6A | j | 小写字母 j |
| 0110 1011 | 153 | 107 | 6B | k | 小写字母 k |
| 0110 1100 | 154 | 108 | 6C | l | 小写字母 l |
| 0110 1101 | 155 | 109 | 6D | m | 小写字母 m |
| 0110 1110 | 156 | 110 | 6E | n | 小写字母 n |
| 0110 1111 | 157 | 111 | 6F | o | 小写字母 o |
| 0111 0000 | 160 | 112 | 70 | p | 小写字母 p |
| 0111 0001 | 161 | 113 | 71 | q | 小写字母 q |
| 0111 0010 | 162 | 114 | 72 | r | 小写字母 r |
| 0111 0011 | 163 | 115 | 73 | s | 小写字母 s |
| 0111 0100 | 164 | 116 | 74 | t | 小写字母 t |
| 0111 0101 | 165 | 117 | 75 | u | 小写字母 u |
| 0111 0110 | 166 | 118 | 76 | v | 小写字母 v |
| 0111 0111 | 167 | 119 | 77 | w | 小写字母 w |
| 0111 1000 | 170 | 120 | 78 | x | 小写字母 x |
| 0111 1001 | 171 | 121 | 79 | y | 小写字母 y |
| 0111 1010 | 172 | 122 | 7A | z | 小写字母 z |
| 0111 1011 | 173 | 123 | 7B | { | 开花括号 |
| 0111 1100 | 174 | 124 | 7C | \| | 垂线 |
| 0111 1101 | 175 | 125 | 7D | } | 闭花括号 |
| 0111 1110 | 176 | 126 | 7E | ~ | 波浪号 |
| 0111 1111 | 177 | 127 | 7F | DEL (delete) | 删除 |

# 附录四　math 模块函数

### 1. math 模块-数论和表示函数（Number-Theoretic and Representation Functions）

| 函　　数 | 使用说明 |
| --- | --- |
| ceil(x) | 取大于等于 x 的最小的整数值，如果 x 是一个整数，则返回 x |
| copysign(x,y) | 把 y 的正负号加到 x 前面，可以使用 0 |
| fabs(x) | 返回 x 的绝对值 |
| factorial(x) | 取 x 的阶乘的值 |
| floor(x) | 取小于等于 x 的最大的整数值，如果 x 是一个整数，则返回自身 |
| fmod(x, y) | 得到 x/y 的余数，其值是一个浮点数 |
| frexp(x) | 返回一个元组(m,e)，其计算方式为：x 分别除 0.5 和 1，得到一个值的范围 |
| fsum(iterable) | 对迭代器里的每个元素进行求和操作 |
| gcd(x, y) | 返回 x 和 y 的最大公约数 |
| isclose(a, b, *, rel_tol=1e-09, abs_tol=0.0) | 如果值 a 和 b 彼此接近，则返回 True，否则返回 False；rel_tol 是相对容差——它是 a 和 b 之间允许的最大差值。默认值为 1e-09(0.000000001)；abs_tol 是最小绝对容差——对于接近零的比较有用，默认值为 0.0 |
| isfinite(x) | 如果 x 既不是无穷也不是 NaN[1]，则返回 True，否则返回 False |
| isinf(x) | 如果 x 是正无穷大或负无穷大，则返回 True，否则返回 False |
| isnan(x) | 如果 x 不是数字 True，否则返回 False |
| ldexp(x, i) | 返回 x*(2**i)的值 |
| modf(x) | 返回由 x 的小数部分和整数部分组成的元组 |
| trunc(x) | 返回 x 的整数部分 |

### 2. math 模块-幂数和对数函数（Power and Logarithmic Functions）

| 函　　数 | 使用说明 |
| --- | --- |
| exp(x) | 返回 e**x |
| expm1(x) | 返回 e**x - 1 |
| log(x[, base] | 返回 x 的自然对数，默认以 e 为基数；base 参数给定时，将 x 的对数返回给定的 base |
| log1p(x) | 返回 1 + x 的自然对数（基数 e）。计算结果的方式对于接近零的 x 是准确的 |
| log2(x) | 返回 x 的基数为 2 的对数。这通常比 log(x,2)更准确 |
| log10(x) | 返回 x 的基数为 10 的对数。这通常比 log(x,10)更准确 |
| pow(x, y) | 返回 x 的 y 次方，即 x**y |
| sqrt(x) | 返回 x 的平方根。 |

---

[1]NaN 是 IEEE 754 定义的一个特殊数值，它表示不是一个数字。如 $2^{e-1}$ 且小数部分非 0。

### 3. math 模块-三角函数（Trigonometric Functions）

| 函　　数 | 使用说明 |
| --- | --- |
| acos(x) | 返回 x 的反余弦，单位为弧度 |
| asin(x) | 返回 x 的反正弦，单位为弧度 |
| atan(x) | 返回 x 的反正切，单位为弧度 |
| atan2(y, x) | 返回 atan(y / x)，单位为弧度 |
| cos(x) | 返回 x 弧度的余弦 |
| hypot(x, y) | 返回欧几里得范数 sqrt(x*x + y*y) |
| sin(x) | 返回 x 弧度的正弦值 |
| tan(x) | 返回 x 弧度的切线 |

### 4. math 模块-角度转换函数（Angular Conversion）

| 函　　数 | 使用说明 |
| --- | --- |
| degrees(x) | 将角度 x 从弧度转换为度数 |
| radians(x) | 将角度 x 从度数转换为弧度 |

### 5. math 模块-双曲函数（Hyperbolic Functions）

| 函　　数 | 使用说明 |
| --- | --- |
| acosh(x) | 返回 x 的反双曲余弦 |
| asinh(x) | 返回 x 的反双曲正弦 |
| atanh(x) | 返回 x 的反双曲正切 |
| cosh(x) | 返回 x 的双曲余弦 |
| sinh(x) | 返回 x 的双曲正弦 |
| tanh(x) | 返回 x 的双曲正切 |

### 6. math 模块-特殊功能函数（Special Functions）

| 函　　数 | 使用说明 |
| --- | --- |
| erf(x) | 返回 x 处的错误函数 |
| phi(x) | 标准正态分布的累积分布函数，返回(1.0+erf(x/sqrt(2.0)))/2.0 |
| erfc(x) | 返回 x 处的补充错误函数。互补误差函数定义为 1.0–erf(x) |
| gamma(x) | 返回 x 处的伽马函数(Gamma Function)[1] |
| lgamma(x) | 返回 x 处伽马函数绝对值的自然对数 |

### 7. math 模块-数学常量（Constants）

| 常　　量 | 使用说明 |
| --- | --- |
| pi | 数学常数 π = 3.141592…，可用精度 |
| e | 数学常数 e = 2.718281…，可用精度 |

---

[1]Gamma function，https://en.wikipedia.org/wiki/Gamma_function

续表

| 常量 | 使用说明 |
| --- | --- |
| tau | 数学常数 τ = 6.283185…，可用精度。Tau 是一个等于 2π 的圆常量，即圆的周长与其半径之比 |
| inf | 浮点正无限。（对于负无穷大，请使用-math.inf）等同于 float('inf')的输出 |
| nan | 浮点"不是数字"（NaN）值。等同于 float('nan')的输出 |

# 附录五  第三方库列表

| 库 名 称 | 相关网址 |
|---|---|
| NumPy | http://www.numpy.org/<br>https://github.com/numpy/numpy |
| SciPy | https://www.scipy.org/scipylib/index.html<br>https://github.com/scipy/scipy |
| Statsmodels | http://www.statsmodels.org/<br>https://github.com/statsmodels/statsmodels |
| PyMC | http://pymc-devs.github.io/pymc/index.html<br>https://github.com/pymc-devs/pymc |
| bcbio-nextgen | http://bcbio-nextgen.readthedocs.io/en/latest/index.html<br>https://github.com/chapmanb/bcbio-nextgen |
| cclib | http://cclib.github.io/contents.html<br>https://github.com/ccli |
| Open Mining | https://github.com/mining/mining |
| Blaze | http://blaze.pydata.org/<br>https://github.com/blaze |
| Orange | http://orange.biolab.si/<br>https://github.com/biolab/orange |
| Matplotlib | https://github.com/matplotlib/matplotlib |
| Vispy | http://vispy.org/<br>https://github.com/vispy/vispy |
| Bokeh | https://github.com/bokeh/bokeh |
| Seaborn | http://seaborn.pydata.org/<br>https://github.com/mwaskom/seaborn/ |
| SimpleCV | http://simplecv.org/<br>https://github.com/sightmachine/simplecv |
| facehugger | https://github.com/dnmellen/facehugger |
| Pylearn2 | http://deeplearning.net/software/pylearn2<br>https://github.com/lisa-lab/pylearn2 |
| PyBrain | http://pybrain.org/<br>https://github.com/pybrain/pybrain |
| python-recsys | https://github.com/ocelma/python-recsys |
| Hebel | https://github.com/hannes-brt/hebel |
| Dejavu | https://github.com/worldveil/dejavu |
| rnn | https://pypi.org/project/rnn/#files |
| tensorflow-model-analysis | https://pypi.org/project/tensorflow-model-analysis/#files |
| requests | http://docs.python-requests.org/en/master/ |
| BeautifulSoup | https://www.crummy.com/software/BeautifulSoup/ |
| lxml | http://lxml.de/ |
| Django | https://www.djangoproject.com/ |
| Web.py | http://webpy.org/ |

# 附录六　正则表达式

正则表达式（Regular Expression），又称规则表达式，通过一定规则，用来对文本（字符串）内容进行检索、替换。

要搜索的模式和字符串都可以是 Unicode 字符串（str）以及 8 位 ASCII 字符串（字节）。但是，Unicode 字符串和 ASCII 符串不能混合使用。也就是说，无法将 Unicode 字符串与字节模式匹配，反之亦然；同样，当要求替换时，替换字符串必须与模式和搜索字符串的类型相同。

这些建立的规则在使用时又叫模式字符串，采用特殊的语法来表示一个正则表达式。

（1）字母和数字表示它们自身。一个正则表达式模式中的字母和数字匹配同样的字符串。

多数字母和数字前加一个反斜杠时会拥有不同的含义。

（2）标点符号只有被转义时才匹配自身，否则它们表示特殊的含义。

（3）反斜杠本身需要使用反斜杠转义。

由于正则表达式通常都包含反斜杠，所以最好使用原始字符串来表示它们。模式元素（如 r'\t'，等价于 '\\t'）匹配相应的特殊字符。

（4）正则表达式可以连接起来形成新的正则表达式。如果 A 和 B 都是正则表达式，那么 AB 也是一个正则表达式。通常，如果一个字符串 p 匹配 A 而另一个字符串 q 匹配 B，则字符串 pq 将匹配 AB。除非 A 或 B 包含低优先级操作，A 和 B 之间的边界条件，或者有编号的组参考。因此，复杂的表达式可以很容易地从简单的基本表达式构建，就像这里描述的那样。

（5）正则表达式可以包含特殊字符和普通字符。大多数普通字符，如'A'、'a'或'0'是最简单的正则表达式。它们只是匹配自己。可以连接普通字符，因此最后匹配字符串'last'。

特殊字符，一些字符，如'|'或'('）是特殊的，特殊字符或者代表普通字符类，或者影响它们周围正则表达式的解释方式。特殊符号和字符如下表所示。

| 符号 | 使用说明 | 示例 |
| --- | --- | --- |
| ^ | 匹配字符串的起始部分 | ^Cat |
| $ | 匹配字符串的末尾部分 | Cat$ |
| . | 匹配任意字符，除了换行符（\n） | Cat.cool |
| […] | 用来匹配字符集里的任意单个字符 | [abc] |
| [^…] | 匹配不在[]中的字符 | [^abc] |
| * | 匹配 0 个或多个的表达式 | [abc] * |
| + | 匹配 1 个或多个的表达式 | [abc] + |
| ? | 匹配 0 个或 1 个由前面的正则表达式定义的片段 | Cat? |
| {n} | 精确匹配 n 次前面出现的表达式 | [0-9] {2} |
| {n,} | 匹配 n 次前面出现的表达式 | oo{2,} |

续表

| 符 号 | 使用说明 | 示 例 |
|---|---|---|
| {n, m} | 匹配 n 到 m 次由前面的正则表达式定义的片段,贪婪方式 | [0-9]{2, 4} |
| a\| b | 匹配 a 或 b | Cat\|abc |
| (…) | 匹配括号内的表达式,然后另存匹配的值 | (abc?) |
| (?-imx) | 正则表达式关闭 i、m 或 x 可选标志,只影响括号中的区域 | (?-imx) |
| (?…) | 类似(…),但是不另存匹配的值 | [?:abc] |
| (?imx:…) | 在括号中使用 i、m 或 x 可选标志 | (?imx:abc) |
| (?-imx:…) | 在括号中不使用 i、m 或 x 可选标志 | (?-imx: abc) |
| (?#.…) | 注释,所有内容都被忽略 | (?#OK) |
| (?=…) | 前向肯定界定符 | (?= .com) |
| (?!…) | 前向否定界定符 | (?!.cn) |
| (?>…) | 匹配的独立模式,省去回溯 | (?> 20) |
| \w | 匹配任意字母数字及下划线 | (\w) |
| \W | 匹配非字母数字及下划线 | (\W) |
| \s | 匹配任意空白字符,等价于 [\t\n\r\f] | (\s) |
| \S | 匹配任意非空字符 | (\S) |
| \d | 匹配任意数字,等价于 [0-9] | (\d) |
| \D | 匹配任意非数字 | (\D) |
| \A | 匹配字符串开始 | \Agood |
| \Z | 匹配字符串结束,如果是存在换行,只匹配到换行前的结束字符串 | good\Z |
| \z | 匹配字符串结束 | Good\z |
| \G | 匹配最后匹配完成的位置 | Good\G |
| \b | 匹配一个单词边界,也就是指单词和空格间的位置 | Good \b and\b |
| \B | 匹配非单词边界 | T\B |
| \n, \t | 匹配一个换行符,匹配一个制表符 | Bird\n\t |
| \1...\9 | 匹配第 n 个分组的内容 | \1abc |

正则表达式使用代码示例:

```
>>> import re
>>> m=re.search('(?<=abc)def', 'abcdef')         #匹配 def
>>> m.group(0)
'def'
>>>
>>> m=re.search(r'(?<=-)\w+', 'spam-egg')         #在连字符后面找单词
>>> m.group(0)
'egg'
```

# 附录七  附赠案例代码清单

| 章　　名 | 节及名称 | 代码文件名称 | 存放路径 |
|---|---|---|---|
| 第1章 | 15.1节 嗨，三酷猫！ | ThreeCoolCats.py | 第1章\ |
| | | helloWorld.py | |
| 第2章 | 2.2.3节 三酷猫钓鱼记录 | ThreeCatfishRecord.py | 第2章\ |
| | 2.5节 三酷猫记账单 | ThreeCatBilling.py | |
| 第3章 | 3.1.2节 三酷猫判断找鱼 | FindFishInString.py | 第3章\ |
| | 3.2.2节 三酷猫线性法找鱼 | ExhaustiveMonthed.py | |
| | 3.3.2节 三酷猫统计鱼数量 | easyStat.py | |
| | 3.6节 三酷猫核算收入 | CheckIncome.py | |
| 第4章 | 4.2.1节 三酷猫列表记账 | ListBookkeeping.py | 第4章\ |
| | 4.2.2节 三酷猫冒泡法排序 | ListBubbleSort.py | |
| | 4.2.3节 三酷猫二分法查找 | ListBinarySearch.py | |
| | 4.2.4节 三酷猫列表统计 | ListStat.py | |
| | 4.4节 三酷猫钓鱼花样大统计 | List_Tuple_Mix_Stat.py | |
| 第5章 | 5.3.1节 三酷猫字典记账 | Dict_Bookkeeping.py | 第5章\ |
| | 5.3.2节 三酷猫字典修改 | Dict_fish_edit.py | |
| | 5.3.3节 三酷猫分类统计 | Dict_fish_stat.py | |
| | 5.4节 三酷猫管理复杂的钓鱼账本 | Dict_fish_stat.py | |
| 第6章 | 6.2.1节 实现一个不带参数的求因素的自定义函数 | factor_no_parameter.py | 第6章\ |
| | 6.2.2节 带参数求因数函数案例 | factor_seq1_parameter.py | |
| | 6.2.3节 带返回值的求因数函数案例 | factor_parameter_return.py | |
| | 6.2.4节 自定义函数建立相应的函数文档 | factor_docstring.py | |
| | 6.2.5节 把函数放到模块中 | test_function.py | |
| | 6.3.2节 用元组形式传递西瓜的特性 | watermelon_tuple.py | |
| | 6.3.2节 自定义函数内部修改直接传递的列表的元素 | edit_watermelon_L_D.py | |
| | 6.3.5节 递归函数求1、2、3…n加法和 | recursion_add.py | |
| | 6.3.5节 跟踪递归函数在内存中开辟新地址的情况 | recursion_add_,memory.py | |
| | 6.3.5节 二分法查找 | recursion_dichotomy.py | |
| | 6.4.2节 利用函数方法实现记账统计 | test_function.py | |
| | 6.4.3节 自定义函对应的模块文件 | FishStat_M.py | |

续表

| 章　名 | 节及名称 | 代码文件名称 | 存放路径 |
|---|---|---|---|
| 第 7 章 | 7.1.2 节 编写第一个类 box1 类的实现 | BoxClass.py | 第 7 章\ |
| | 7.2.3 节 把颜色类赋给颜色属性 | property_BoxClass.py | |
| | 7.3.1 节 Box2 子类的通过继承 Box1 父类实现 | inher_BoxClass.py | |
| | 7.4 节 变量、函数私有化 | Class_private.py | |
| | 7.5.2 节 通过导入实现对独立类的使用 | Main_Program.py | |
| | 7.6.1 节 静态类的使用 | StaticClass.py | |
| | 7.6.1 节 静态类的调用 | Main_SHost.py | |
| | 7.7 节 三酷猫把鱼装到盒子里 | Class_module.py | |
| 第 8 章 | 8.2 节 测试 datetime 模块里的 datetime 类基本功能 | test_datetime.py | |
| | 8.10 节 用标准库函数实现钓鱼记账统计 | Cat_free.py | |
| 第 9 章 | 9.2.1 节 给函数加上出错捕捉机制 | test_try_error.py | |
| | 9.2.2 节 强制执行 finally 子句 | test_error1.py | |
| 第 10 章 | 10.1.1 节 自动建立文本文件 | Build_new_file.py | 第 10 章\ |
| | 10.1.2 节 读写文本文件内容 | rw_new_file.py | |
| | 10.1.3 节 多行读写 | complex_do_file.py | |
| | 10.1.4 节 文件异常处理 | except_file.py | |
| | 10.1.5 节 文件异常处理 | path_except_file.py | |
| | 10.1.6 节 把装盒子信息存放到文件中 | Main_fish_stat_file.py | |
| | 10.2.2 节 实现对 json 文件的基本读写操作 | rw_json.py | |
| | 10.3.2 节 生成 XML 文件 | build_XML.py | |
| | 10.3.4 节 用 SAX 解析 XML 文件 | SAX_parse_XML.py | |
| | 10.3.5 节 用 DOM 解析 XML 文件 | DOM_parse_XML.py | |
| | 10.3.5 节 用 DOM 修改 XML 文件 | DOM_edit_XML.py | |
| | 10.4 节 三酷猫自建文件数据库 | FishDB_class.py | |
| | 10.4 节 引用 FishDB 写业务数据 | Write_FishDB.py | |
| 第 11 章 | 11.2.1 节 建立第一个窗体 | ShowForms.py | 第 11 章\ |
| | 11.2.2 节 在窗体上建立第一个按钮 | ShowForms.py | |
| | 11.2.2 节 在窗体上定位设置 | widget_pack.py | |
| | 11.2.2 节 在窗体上定位设置 1 | widget_pack1.py | |
| | 11.3.2 节 简易组件使用案例 | base_easy.py | |
| | 11.3.3 节 Menu 使用案例 | Menu.py | |
| | 11.3.3 节 Menu 使用案例，跳出菜单 | PopupMenu.py | |
| | 11.3.4 节 Canvas 使用案例 | canvas.py | |
| | 11.3.5 节 PhotoImage 进一步使用案例 | PhotoImage.py | |

续表

| 章　名 | 节及名称 | 代码文件名称 | 存放路径 |
|---|---|---|---|
| | 11.4.1 节 Combobox 使用案例 | combobox.py | |
| | 11.4.2 节 Notebook 使用案例 | Notebook.py | |
| | 11.4.3 节 Progressbar 使用案例 | Progressbar.py | |
| | 11.4.4 节 Sizegrip 使用案例 | Sizegrip.py | |
| | 11.4.5 节 Treeview 使用案例 1 | Treeview.py | |
| | 11.4.5 节 Treeview 使用案例 2 | Treeview2.py | |
| | 11.5.1 节 DirList 使用案例 | DirList.py | |
| | 11.5.1 节 DirTree 使用案例 | DirTree.py | |
| | 11.5.2 节 ButtonBox 使用案例 | ButtonBox.py | |
| | 11.6 节 scrolledtext 使用案例 | scrolledtext.py | |
| | 11.7 节 ShowPyQt5Form 使用案例 | ShowPyQt5Form.py | |
| | 11.9 节 Treeview 使用案例 1 | Treeview_fish.py | |
| 第 12 章 | 12.2.3 节 连接 MySQL 数据库，建立 T_fish 表使用案例 | MySQLLink.py | 第 12 章\ |
| | 12.2.3 节 在 T_fish 表进行插入、修改、删除、查找案例 | OperatingMySQL.py | |
| | 12.2.3 节 T_fish 表数据在 Treeview 显示案例 | showSQLData.p | |
| | 12.2.4 节 连接 Oracle 数据库案例 | linkOracle.py | |
| | 12.2.4 节 连接 Oracle 数据库并查找 T_fish 表案例 | OracleSQL.py | |
| | 12.2.5 节 利用 MySQL 实现钓鱼记账的保存与显示案例 | CoolCatRecords.py | |
| | 12.3.2 节 MongoDB 数据库连接、插入记录、查找记录案例 | mongodbSQL1.py | |
| | 12.3.2 节 MongoDB 数据库连接、修改录、删除记录案例 | mongodbSQL2.py | |
| | 12.3.3 节 连接 Redis 案例 | redisLink.py | |
| | 12.3.3 节 用连接池技术连接 Redis 案例 | redisPool.py | |
| 第 13 章 | 13.2.1 节 无线程购买火车票案例 | buy_train_tickets.py | 第 13 章\ |
| | 13.1.2 节 线程调用函数实现买火车票案例 | threading_train_tickets1.py | |
| | 13.1.3 节 用类方式实现多线程买火车票案例 | threading_train_tickets2.py | |
| | 13.3.2 节 出错的多线程买火车票案例 | error_threading_train_tickets.py | |
| | 13.3.4 节 带锁的多线程买火车票案例 | Lock_threading.py | |
| | 13.3.5 节 线程锁死案例 | MultiThreadLocking.py | |
| | 13.3.5 节 多次锁定线程案例 | MultiThread_RLock.py | |
| | 13.4 节 队列线程案例 | Queue.py | |

续表

| 章　　名 | 节及名称 | 代码文件名称 | 存放路径 |
|---|---|---|---|
| | 13.5.1 节　多进程案例 | Process.py | |
| | 13.5.2 节　带进程池的多进程实现案例 | Process_pool.py | |
| | 13.5.3 节　用管道实现进程之间的数据通信 | Process_pipe.py | |
| | 13.5.4 节　用队列实现进程之间的数据通信 | Process_queue.py | |
| | 13.7.2 节　简易多线程爬虫 | process_scrape.py | |
| 第 14 章 | 14.1.1 节　代码嵌入式测试一个自定义函数 | testfunction.py | 第 14 章\ |
| | 14.1.1 节　用文本方式测试自定义函数 | testfunction1.py | |
| | 14.1.2 节　用 TestCase 测试多函数多用例 | testcase.py | |
| | 14.2.2 节　建立一个用于打包测试的模块 | setupFile.py | |
| | 14.2.2 节　建立一个用于打包测试的模块 | setup.py | |
| 第 15 章 | 15.1.4 节　建立一个简易 Web 应用程序 | simpleWeb.py | 第 15 章\ |
| | 15.5.2 节　三酷猫简易网站 | index.html | |
| 第 16 章 | 16.2.2 节　建立 Hello,World!程序 | Show.py | 第 16 章\ |
| | 16.2.3 节　建立 Web 应用程序的模板 | Show_temp.html | |
| | 16.2.4 节　建立打招呼程序 | Show2.py | |
| | 16.2.4 节　建立打招呼程序 | Show3.py | |
| | 16.2.6 节　基于内存的 Session | SessionWeb.py | |
| | 16.2.6 节　基于 SQLite3 数据库的 Session | SessionWeb1.py | |
| | 16.2.7 节　登录网页模板 | login.html | |
| | 16.2.7 节　基于 Cookie 的登录 | Cookie_login.py | |
| | 16.4.3 节　鱼网站程序 | ShowFish.py | |
| 第 17 章 | 17.2.5 节　从数据库提取业务数据，存储到新的集合中 | dbToDB.py | 第 17 章\ |
| | 17.3.4 节　蒙特卡洛方法近似求 π 的值 | pi.py | |
| 第 18 章 | | | |

# 参 考 文 献

[1] John V. Guttag. 编程导论[M]. 梁杰（译）.
[2] https://www.python.org/，Python 语言官网.
[3] https://pypi.org/，著名的提供 Python 各类专题安装包的网站.
[4] https://wiki.python.org/moin/DatabaseInterfaces，官网提供的 Python 支持的数据库接口.
[5] https://pypi.python.org/pypi，Python 支持的数据库驱动程序下载地址.
[6] https://wiki.python.org/moin/WebFrameworks，支持 Python 语言的 Web 应用框架.
[7] https://wiki.python.org/moin/WebApplications，一些 Web 应用程序案例.
[8] http://webpy.org/docs/0.3/tutorial.zh-cn web.py，webpy 应用框架使用文档.
[9] http://spark.apache.org/docs/latest/api/python/，pyspark 学习文档.
[10] http://hao.jobbole.com/，伯乐在线，提供了不少 Python 第三方库的中文使用介绍.
[11] https://docs.scipy.org/doc/numpy/reference/routines.fft.html，NumPy 库里的傅里叶变换函数清单.

# 后 记

花了一年多时间，总算完成了本书。写书过程中，翻阅了大量的国内外资料，400 多页的内容，精心设置的案例，让自己很辛苦，但是值得！把编写过程的体会总结如下，与读者共享。

（1）Python 语言的优势之一是简单易学，与 C、C++相比容易多了，适合作为初学者入门编程语言。

（2）Python 包含的信息量非常大，我在编写本书的过程中发现，若要把 Python 语言本身介绍完整，恐怕还得写一本 Python 的书。如多媒体编程、与 C/C++的混合编程、网络通信编程、互联网编程、文字处理编程、数据压缩与加密等，感兴趣的读者，可以在 Python 官网上找到相关内容。

（3）Python 拥有丰富、庞大的第三方支持库，这是其另外一大优势。读者借助第三方库，可以很轻松地研究 AI 这样高、大、上的东西。这得感谢那些免费开源的人和公司。

（4）写作过程中，尽管我感觉已经非常用心，但毕竟知识水平有限，若在书中出现个别失误，请读者们积极与作者沟通，方便重新印刷时修订，并致谢。

我和我的儿子喜欢动物，对猫、狗经常留意观察。其实看看这些可爱的动物，来个发自内心的微笑，也是快乐的！

哦，让我们感谢一下三酷猫！它陪伴着大家完成了 Python 的学习。让《Three Cool Cats》美妙的旋律在耳边常常响起……

最后，祝大家 Python 学习之路一帆风顺！